PHOTOSHOP CC

艺术设计精粹案例教程

刘 斌 / 编著

律师声明

侵权举报电话

图书在版编目（CIP）数据

中文版 Photoshop CC 艺术设计精粹案例教程 / 刘斌编著．— 北京：中国青年出版社，2017.4
ISBN 978-7-5153-4734-9
I. ①中… II. ①刘… III. ①图像处理软件 - 教材 IV. ①TP391.413
中国版本图书馆 CIP 数据核字（2017）第 096452 号

中文版PHOTOSHOP CC艺术设计精粹案例教程

刘 斌 / 编著

出版发行：中国青年出版社
地　　址：北京市东四十二条 21 号
邮政编码：100708
电　　话：（010）50856188 / 50856199
传　　真：（010）50856111
企　　划：北京中青雄狮数码传媒科技有限公司
策划编辑：张 鹏
责任编辑：张 军

印　　刷：山东省高唐印刷有限责任公司
开　　本：787×1092　1/16
印　　张：14
版　　次：2017 年 6 月北京第 1 版
印　　次：2017 年 6 月第 1 次印刷
书　　号：ISBN 978-7-5153-4734-9
定　　价：59.90 元（附赠的网盘下载资料，含语音视频教学与案例素材文件）

本书如有印装质量等问题，请与本社联系　电话：(010) 50856188 / 50856199
读者来信：reader@cypmedia.com　投稿邮箱：author@cypmedia.com
如有其他问题请访问我们的网站：http://www.cypmedia.com

首先，感谢您选择并阅读本书。

提到Photoshop，也许大家并不陌生。这主要是因为，在日常生活和工作中，只要涉及到图片处理都会在第一时间想到它。现如今，我们又迎来了新的版本——Adobe Photoshop CC。它是集图像扫描、编辑修改、动画制作、图像制作、广告创意、图像输入与输出于一体的图形图像处理软件，深受广大平面设计人员和电脑美术爱好者的喜爱。

本书以平面设计软件Photoshop CC为平台，向读者全面阐述了平面设计中常见的操作方法与设计要领。书中从软件的基础知识讲起，从易到难循序渐进地对软件功能进行了全面论述，以让读者充分熟悉软件的各大功能。同时，还结合在各领域的实际应用进行了案例展示和制作，并对行业相关知识进行了深度剖析，以辅助读者完成各项平面设计工作。正所谓要“授人以渔”，学习完本书后，读者不仅可以掌握这款平面设计软件，还能利用它独立完成平面作品的创作。

本书内容概述

章 节	内 容
Chapter 01	主要讲解了Photoshop CC的工作界面和基本操作，图像的选择与编辑操作，以及图像颜色的调整等
Chapter 02	主要讲解了图像的编辑处理操作，涉及的知识点有画笔工具组、图章工具组、橡皮擦工具组、修复工具组的使用方法与应用技巧等
Chapter 03	主要讲解了文本的应用，如文字的输入、文字格式的设置、段落格式的设置、文本内容的编辑，以及特效字的设计等
Chapter 04	主要讲解了图层的应用，如图层的类型、图层的操作、图层样式的应用等
Chapter 05	主要讲解了路径的应用，如路径的创建与编辑、路径的应用等
Chapter 06	主要讲解了通道与蒙版的应用，如通道的类型、通道的基本操作、蒙版的创建及编辑等
Chapter 07	主要讲解了滤镜的应用，如各种修饰滤镜、内部滤镜及外部滤镜等
Chapter 08	主要讲解了VI系统的设计，其中对VI系统的设计流程、设计原则，以及世纪星VI系统的设计过程进行了介绍
Chapter 09	主要讲解了房地产户外广告的设计，其中涉及的理论知识包括户外广告的特征、媒介类型等
Chapter 10	主要讲解了培训班宣传海报的设计，其中涉及的理论知识包括海报设计的原则、分类、要素等
Chapter 11	主要讲解了果汁包装盒的设计，其中涉及的理论知识包括产品包装的概念、分类、选材以及包装工艺等

适用读者群体

本书是引导读者轻松快速掌握Photoshop CC的最佳途径。它非常适合以下群体阅读：

- 各高等院校刚刚接触Photoshop的莘莘学子
- 各大中专院校相关专业及Photoshop培训班学员
- 平面设计和广告设计初学者
- 从事艺术设计工作的初级设计师
- 对Photoshop平面设计感兴趣的读者

赠送超值资料

为了帮助读者更加直观地学习本书，随书附赠的资料中包括如下学习资料：

- 书中全部实例的素材文件，方便读者高效学习；
- 语音教学视频，手把手教你学，扫除初学者对新软件的陌生感；
- 海量设计素材，即插即用，可极大提高工作效率，真正做到物超所值；
- 赠送大量设计模板，以供读者练习使用。

本书由河北水利电力学院的刘斌老师编写，全书共计约35万字，在介绍理论知识的过程中，不但穿插了大量的图片进行佐证，还实时以课堂实训作为练习，从而加深读者的学习印象。由于编者能力有限，书中不足之处在所难免，敬请广大读者批评指正。

编 者

Part 01 基础知识篇

Chapter 01 Photoshop CC 入门操作

Chapter 02 图像的编辑处理

Chapter 03 文本

Chapter 04 图层

Chapter 05 路径

Chapter 06 通道与蒙版

Chapter 07 滤镜

Part 02 综合案例篇

Chapter 08 VI系统设计案例

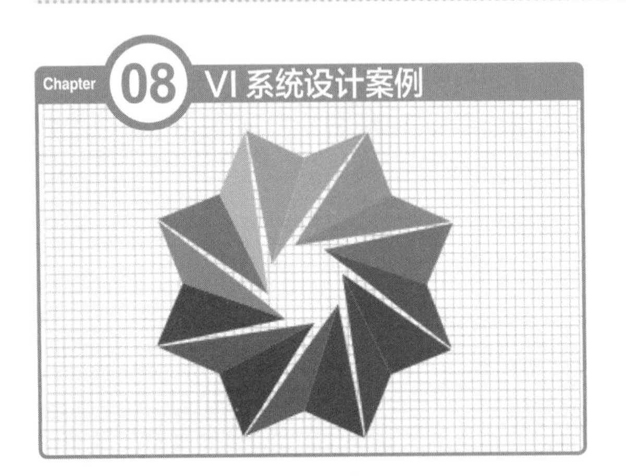

Chapter 09 户外广告设计案例

Chapter 10 宣传海报设计案例

Chapter 11 产品包装设计案例

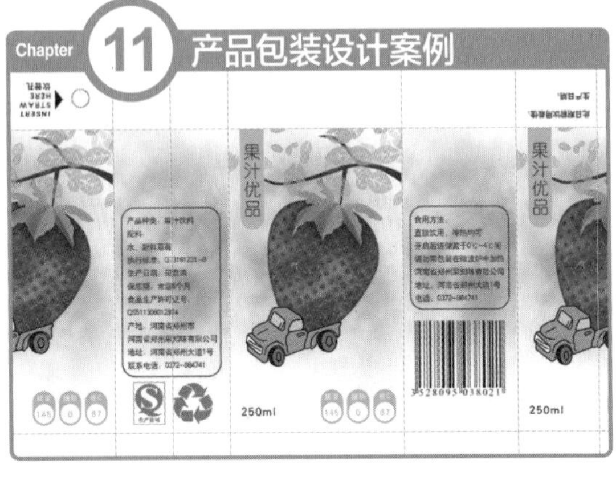

PART

01 基础知识篇

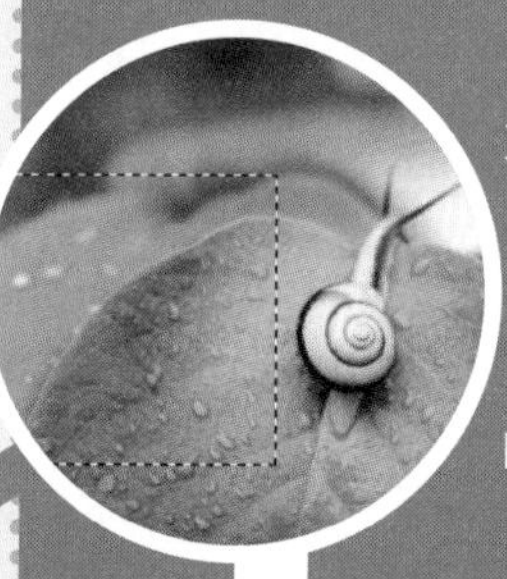

第1~7章属于基础知识内容，主要是对Photoshop CC各知识点的概念及应用进行详细的介绍，熟练掌握这些理论知识，将为后期综合应用中大型案例的学习奠定良好的基础。

Chapter 01 Photoshop CC入门操作

本章概述

Photoshop是Adobe公司开发的专业数字化图像编辑软件，是现在最为流行的图像设计和制作软件。本章就对新版本的基本操作、选区的创建与编辑，以及颜色的调整操作进行介绍。

知识要点

1. Photoshop CC的工作界面
2. Photoshop CC的基本操作
3. 选区的创建
4. 选区的编辑
5. 图像色调的调整
6. 制作老照片效果

1.1 初识Photoshop CC

Photoshop CC（Creative Cloud）是Adobe公司于近期推出的新版本，其新增了对相机防抖动功能的支持，改进了Camera RAW、图像采样、“属性”面板、Behance集成等功能，当然最大的变化就是Creative Cloud，即添加了云功能。

1.1.1 Photoshop CC工作界面

启动Photoshop CC软件，并打开一幅图像。从中可以看出，Photoshop CC的工作界面主要由标题栏、菜单栏、工具箱、工具选项栏、面板、图像编辑窗口、状态栏等部分组成，如下图所示。

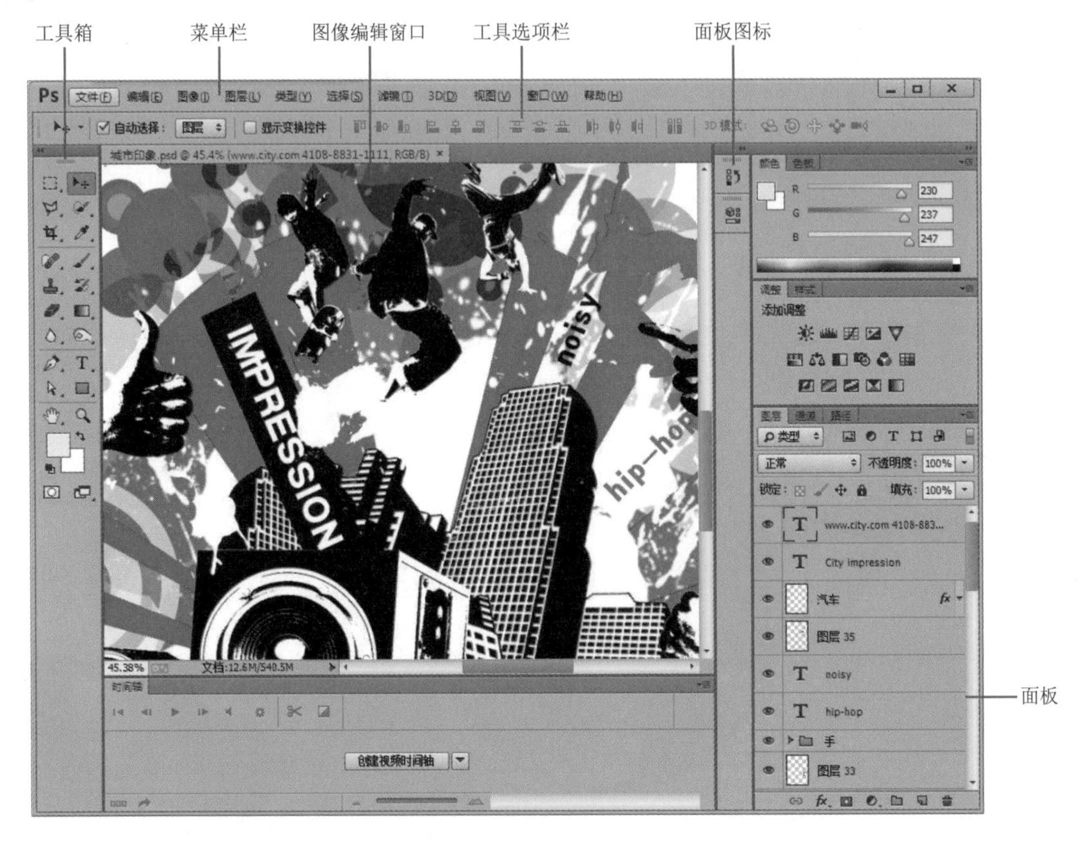

1. 标题栏

标题栏位于整个窗口的顶端，显示了当前应用程序的名称和相应功能的快捷图标，以及用于控制图像编辑窗口显示大小的窗口最小化、窗口最大化（还原窗口）、关闭窗口等几个按钮。

2. 菜单栏

Photoshop CC中的菜单栏包含“文件”、“编辑”、“图像”、“图层”、“类型”、“选择”、“滤镜”、“3D”、“视图”、“窗口”和“帮助”共11个菜单，每个菜单里又包含了相应的子菜单。需要使用某个命令时，首先单击相应的菜单名称，然后从下拉菜单列表中选择相应的命令即可。

知识点拨

命令快捷键的应用

一些常用的菜单命令右侧显示有该命令的快捷键，如“图层>图层编组”命令的快捷键为Ctrl+G，有意识地记忆一些常用命令的快捷键，可以加快操作速度，提高工作效率。

3. 选项栏

在工具箱中选择一个工具后，工具选项栏就会显示出相应的工具选项，在工具选项栏中可以对当前所选工具的参数进行设置。工具选项栏所显示的内容随选取工具的不同而不同，如下图所示为画笔工具的选项栏。

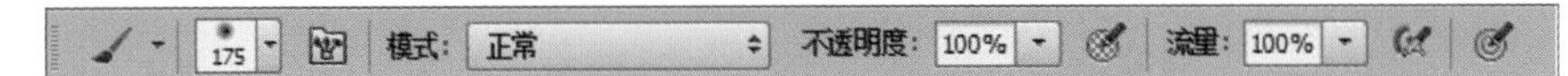

4. 工具箱

Photoshop CC的工具箱中包含了大量具有强大功能的工具，利用这些工具可以在处理图像的过程中制作出精美的效果，是处理图像的好帮手。选择工具时，直接单击工具箱中的所需工具即可。工具箱中的许多工具并没有直接显示出来，而是以成组的形式隐藏在右下角带小三角形的工具按钮中，使用鼠标按住该工具按钮不放，即可显示该组所有工具。

知识点拨

切换工具的方法

在选择工具时，可配合Shift键，比如魔棒工具组，按下快捷键Shift+W，可在“快速选择工具”和“魔棒工具”之间进行切换。

5. 面板

默认状态下，面板是以面板组的形式停靠在软件界面的最右侧，单击某一个面板图标，就可以打开对应的面板。用鼠标单击面板组右上角的双箭头，可以将收缩的面板返回展开状态。在面板组标题空白位置按住鼠标左键，可以将面板组拖出以单独显示。

面板可以自由地拆开、组合和移动，用户可以根据需要随意摆放或叠放各个面板，为图像处理提供便利的条件。此外，选择“窗口”菜单中的各个面板的名称可以显示或隐藏相应的面板。

6. 图像编辑窗口

文件窗口也就是图像编辑窗口，它是Photoshop设计制作作品的主要场所。针对图像执行的所有编辑功能和命令都可以在图像编辑窗口中显示，通过图像在窗口中的显示效果，来判断图像最终输出效果。在编辑图像过程中，可以对图像窗口进行多种操作，如改变窗口大小和位置、对窗口进行缩放等。

7. 状态栏

状态栏位于Photoshop CC中一个打开的图像文档的下端，单击状态栏右侧的三角形按钮▶，可弹出如右图所示的菜单，从中选择不同的选项，状态栏中将显示相应的信息内容。

Adobe Drive
✔ 文档大小
文档配置文件
文档尺寸
测量比例
暂存盘大小
效率
计时
当前工具
32 位曝光
存储进度

1.1.2 图像文件的操作

当处理或创作设计作品时，需要打开图像文件或是新建一个图像文件，下面向读者讲述一些基本的图像文件操作。

1. 新建文件

启动Photoshop CC软件，然后在菜单栏里选择“文件>新建”命令，或按快捷键Ctrl+N，弹出“新建”对话框，如下图所示。设置相应的选项后，单击“确定”按钮，即可创建一个新的文件。

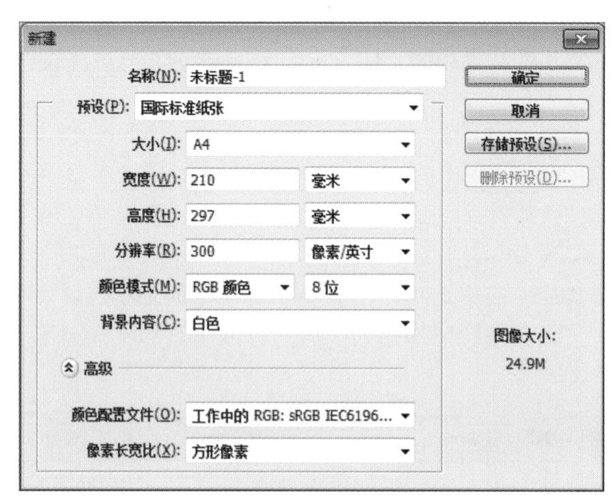

该对话框中各选项作用介绍如下。

- **名称**：可以在文本框中输入新建文件的名称，默认状态下为“未标题-1”。
- **预设**：在该下拉列表框中可以选择新建文件的大小，也可在“宽度”和“高度”文本框中输入值，设置宽度和高度。
- **分辨率**：如果在同样的打印尺寸下，分辨率高的图像会比低分辨率图像包含更多的像素，图像会更清楚、更细腻。
- **颜色模式**：该下拉列表框中提供了位图、灰度、RGB颜色、CMYK颜色和Lab颜色模式，用户可根据工作需要进行选择。
- **背景内容**：确定画布颜色，选择“白色”时，是用白色（默认的背景色）填充背景或第一个图层。选择“背景色”时，是用当前的背景色填充背景或第一个图层。选择“透明”时，是使第一个图层透明，没有颜色值。最终的文件将包含单个透明的图层。
- **颜色配置文件**：可以选择一些固定的颜色配置方案。
- **像素长宽比**：可以选择一些固定的文件长宽比例，如方形像素、宽银幕等。

2. 打开文件

打开文件时，首先选择“文件>打开”命令，或按快捷键Ctrl+O，弹出“打开”对话框。随后从中选择要打开的图像文件，单击“打开”按钮即可。选择“文件>最近打开文件”命令，在弹出的子菜单中会列出最近打开的图像文件。

3. 导入、置入文件

使用“导入”命令，可导入相应格式的文件，其中包括“变量数据组”、“视频帧到图层”、“注释”、“WIA支持”4种格式的文件。操作时选择“文件>导入”子菜单中的命令即可。

使用“置入”命令可以置入AI、EPS和PDF格式的文件，以及通过输入设备获取的图像。在Photoshop中置入AI、EPS、PDF或由矢量软件生成的任何矢量图形时，这些图形将自动转换为位图图像。选择“文件>置入”命令，在弹出的“置入”对话框中选择需要置入的文件后单击“置入”按钮即可。

4. 保存文件

保存文件时，包括了以下几种情况。

- 当第一次保存文件时，选择“文件>存储”命令，或按快捷键Ctrl+S，弹出“另存为”对话框。
- 当对已经保存的图像文件进行了编辑操作后，选择“文件>存储”命令，将不再弹出“另存为”对话框，而会直接保存最终确认的结果，并覆盖原始文件。
- 如果要保留修改过的文件，又不想覆盖之前已经存储过的源文件，可以选择“文件>存储为”命令，弹出“另存为”对话框，在对话框中可以为修改过的文件重新命名，并设置文件的路径和类型。设置完成后，单击“保存”按钮，源文件不会发生变化，修改过的文件会被另存为一个新的文件。

5. 关闭文件

完成图像文件的编辑后可将其关闭。选择“文件>关闭”命令，或按快捷键Ctrl+W，可将当前文件关闭。“关闭”命令只有当文件被打开时才呈现为可用状态。

单击绘图窗口右上角的“关闭”按钮也可关闭文件，若当前文件被修改过或是新建的文件，那么在关闭文件的时候就会弹出一个警告对话框，如下图所示。单击“是”按钮即可先保存对文件的更改再关闭文件，单击“否”按钮即不保存文件的更改而直接关闭文件。

1.1.3 图像窗口的操作

利用Photoshop处理图像时，需要经常放大和缩小图像显示比例，或不停地移动图像，以配合其他操作，掌握调整图像显示的方法，将会使工作更为顺畅。

1. 调整图像显示比例

选择工具箱中的“缩放工具”后单击图像，或按快捷键Ctrl++（“视图>放大”命令）可以放大图像显示比例。选择“缩放工具”后，按住Alt键单击图像，或按快捷键Ctrl+-（“视图>缩小”命令）可以缩小图像显示比例。按住键盘上的Ctrl+空格键，可将当前工具切换到“缩放工具”，此时在图像中单击并向左拖动鼠标可缩小视图；单击并向右拖动鼠标可放大视图。

2. 移动显示区域

放大后的图像超出图像窗口显示范围时，图像窗口中右侧和下侧将出现滚动条，移动水平和垂直滚动条可以显示其他部分的图像。此外，也可以使用“抓手工具”和“导航器”面板快速移动图像显示区域。

- **抓手工具：**选择“抓手工具”，直接在图像中进行拖动即可浏览到不同区域中的图像内容。在实际工作中，都通过按住键盘上的空格键，将当前工具切换到“抓手工具”来移动视图。
- **导航器：**在“导航器”面板上，移动光标至红色框线内单击并拖动即可移动图像显示区域。移动光标至红色框线外，单击鼠标可将显示范围跳至该图像区域。

1.1.4 图像和画布的调整操作

使用“图像大小”和“画布大小”命令可以对图像的大小进行更改。图像大小和画布大小是两个不同的概念，容易产生混淆。画布指的是绘制和编辑图像的工作区域，改变画布的大小会使图像周围的工作空间产生大小变化，文件中的图像本身尺寸不变；改变图像大小，是指改变图像的分辨率、宽度或高度，图像会随着文件的尺寸变化而发生相应的改变。

1. 调整图像大小

选择“图像>图像大小”命令，会弹出“图像大小”对话框，如下图所示。使用“图像大小”对话框可以调整图像的尺寸和分辨率。

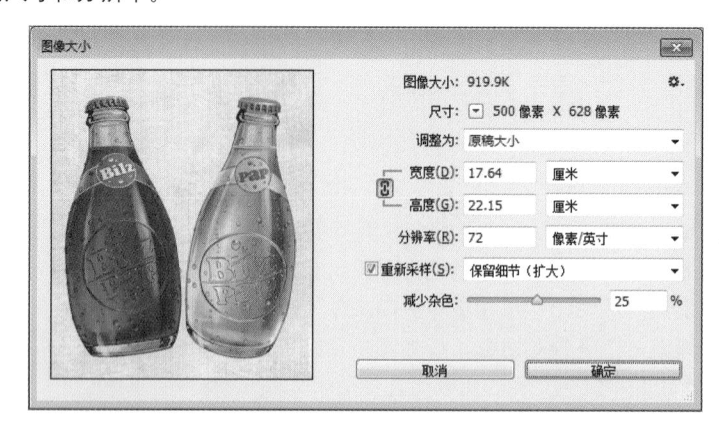

在该对话框中，包括了以下几个选项。

(1) 缩放样式

单击对话框右上角的“设置其他‘图像大小’选项”按钮，在弹出菜单中选中“缩放样式”命令后，图像在调整大小的同时，添加的图层样式也会相应地进行缩放。

(2) 约束比例

在“宽度”和“高度”选项中间有个锁链图标，选中状态下，“宽度”和“高度”文本框将链接在一起，表示图像尺寸中的宽度和高度将等比例发生变化。若取消链接状态，则可以单独更改宽度或是高度选项参数。

(3) 重新采样

该复选框默认状态下是勾选状态，即在改变图像尺寸或分辨率时，图像的像素大小发生变化。此时如果减小图像尺寸或分辨率，图像就必须减少像素；如果增大图像尺寸或分辨率，图像就必须增加像素。

其中若选择“保留细节（扩大）”选项，将小尺寸图像放大时，可在一定程度上保护图像的画质不会太差。

2. 调整画布大小

选择“图像>画布大小”命令，会弹出“画布大小”对话框，如下图所示。使用“画布大小”对话框可以更改画布的大小。

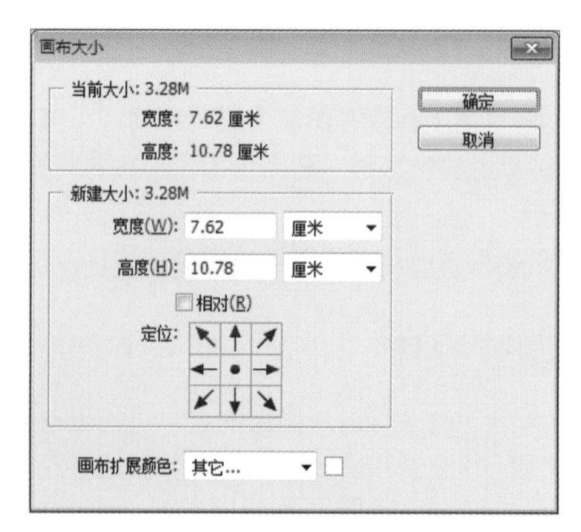

在该对话框中，包括了以下几个选项。

- **宽度/高度**：在文本框中输入数值，可定义新画布的尺寸。
- **定位**：在该选项中，圆点为图像在画布中的位置，用户可直接单击圆点周围8个方向上的箭头，定义画布扩展或缩减时变化的方向。
- **画布扩展颜色**：可以控制增加画布尺寸时用什么颜色填充。

1.2 图像的选取与编辑

选区的创建是Photoshop中最基本的编辑功能，要想很好地利用选区，首先要根据各种要求创建合适的选区。为了满足不同的要求，Photoshop提供了不同的选取工具与命令。

1.2.1 选区的创建

使用选框工具组、套索工具组、魔棒工具组中的工具可以创建选区，而使用“色彩范围”命令还可以创建出半透明的选区。

1. 选框工具组

选框工具组包括“矩形选框工具”、“椭圆选框工具”、“单行选框工具”与“单列选框工具”。

（1）矩形选框工具

选框工具组中的“矩形选框工具”与“椭圆选框工具”是Photoshop中最常用的选取工具。在工具箱中选择“矩形选框工具”，在画布上单击并拖动鼠标，绘制出一个矩形区域，释放鼠标后会看到区域四周有流动的虚线，如下图所示。

该工具的选项栏如下图所示。

在工具选项栏的“样式”下拉列表中包括“正常”、“固定比例”与“固定大小”3种样式。

（2）椭圆选框工具

“椭圆选框工具”与“矩形选框工具”的使用方法相同，在工具选项栏中多了“消除锯齿”选项，该选项用于消除曲线边缘的锯齿效果，如下图所示为启用与禁用该选项并填充颜色后的圆形边缘效果。

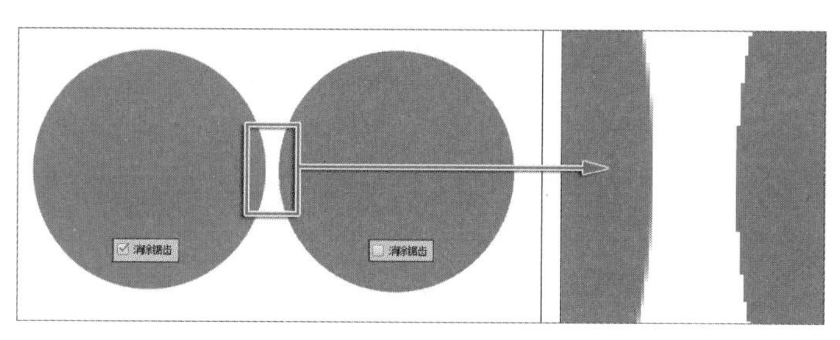

创建矩形或者椭圆选区时，按住Shift键的同时单击并拖动鼠标，得到的将是正方形或者正圆选区；按住Alt键的同时拖动鼠标，将以鼠标单击处为中心向外创建选区；按住Shift＋Alt组合键，可以创建以鼠标单击处为中心点向外的正方形或者正圆选区。

(3) 单行、单列选框工具

利用工具箱中的“单行选框工具”与“单列选框工具”，可以选择一行像素或者一列像素，其工具选项栏与“矩形选框工具”相同，只是“样式”选项不可用。“单行选框工具”与“单列选框工具”创建的区域只有一个像素的高度或宽度。

2. 套索工具组

在多数情况下，要选取的范围并不是规则的范围，而是不规则区域，这时就可以考虑使用套索工具组中的工具来创建选区。

Photoshop的套索工具组中包括“套索工具”、“磁性套索工具”与“多边形套索工具”。

(1) 套索工具

“套索工具”创建的选区是手绘的不规则选区。使用该工具创建选区时，如果鼠标光标没有与起点重合就释放鼠标，会自动与起点之间生成一条直线，封闭未完成的选择区域。

(2) 磁性套索工具

使用“磁性套索工具”可以方便、准确、快速地选取边缘较为清晰的对象，只要在对象边缘单击并沿对象边缘移动光标即可，软件会自动查找颜色对比最强烈的边缘来创建选区，如下图所示。

(3) 多边形套索工具

“多边形套索工具”是通过鼠标的连续单击创建由直线连接起来的选区，如下图所示。使用时只需不断在视图中单击即可。

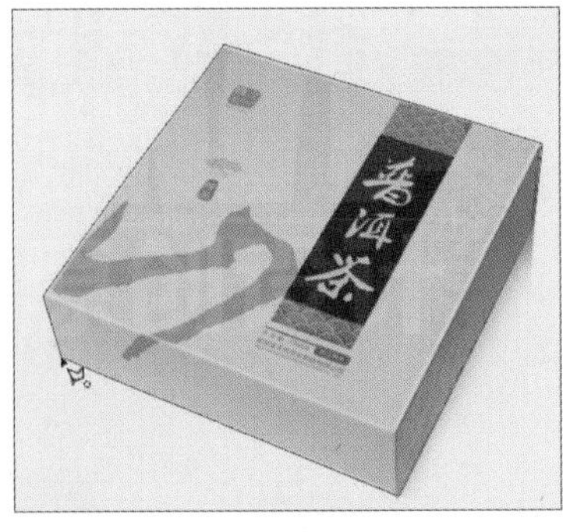

在选取过程中按住Shift键可保持以水平、垂直或45°角的轨迹方向绘制选区。如果想在同一位置中创建曲线与直线选区，那么在使用“套索工具”与“多边形套索工具”时，按住Alt键可以在两者之间快速切换。

3. 魔棒工具组

魔棒工具组包括“魔棒工具”和“快速选择工具”两种工具。

(1) 魔棒工具

“魔棒工具”是根据在图像中单击处的颜色范围来创建选区的，该工具选项栏如下图所示，常用的选项作用介绍如下。

- **容差**：设置选取颜色范围的容差值，取值范围在0～255之间，默认的容差数值为32。输入的数值越大，则选取的颜色范围越广，创建的选区就越大；反之选区范围越小。
- **连续**：默认情况下为启用状态，表示只能选中与单击处相连区域中的相同颜色像素；如果禁用该选项，则能够选中整幅图像中符合该颜色像素要求的所有区域。
- **对所有图层取样**：当图像中包含多个图层时，启用该选项后，可以将当前视图中所有可以看到的图像作为一个图层进行选择；禁用该选项后，则只对当前作用图层有效。

(2) 快速选择工具

“快速选择工具”利用可调整的圆形画笔笔尖快速建立选区，使用该工具在视图中拖动时，选区会向外扩展并自动查找和跟随图像中定义的边缘。

选择“快速选择工具”后，工具选项栏中显示“新选区”、“添加到选区”和“从选区减去”。当启用“新选区”并且在图像中单击建立选区后，此选项将自动更改为“添加到选区”。

1.2.2 选区的编辑

了解如何创建选区后，还需要了解关于选区的编辑操作，如修改选区形状、移动选区，以及如何保存与再次载入选区等操作。这些看似简单的操作，在实际工作中却能提供很多帮助。

1. 反转选区

执行“选择>反向”命令（快捷键Ctrl+Shift+I），可以将当前的选区反转，即选中当前选区以外的所有区域。

2. 选择全部视图

要选择整个图像作为选区，可以执行“选择>全选”命令（快捷键Ctrl+A），如下图所示。

3. 取消选区

当在选区中完成编辑操作后，可将选区取消，这样才可以在图像其他位置继续操作。执行“选择>取消选择”命令（快捷键Ctrl+D），可取消选区。

4. 显示或隐藏选区

隐藏选区，可以让设计师很好地观察图像的当前效果。要想隐藏选区而不取消，可以执行“视图>显示额外内容”命令（快捷键Ctrl+H）。重新显示选区同样执行该命令即可。

5. 移动选区

当创建选区后，可以移动选区以调整选区位置，移动选区不会影响图像本身效果。使用鼠标拖动来移动选区是最常用的方法，确保当前选择了用于创建选区的工具，将光标指向选区内，单击并拖动即可，如下图所示。

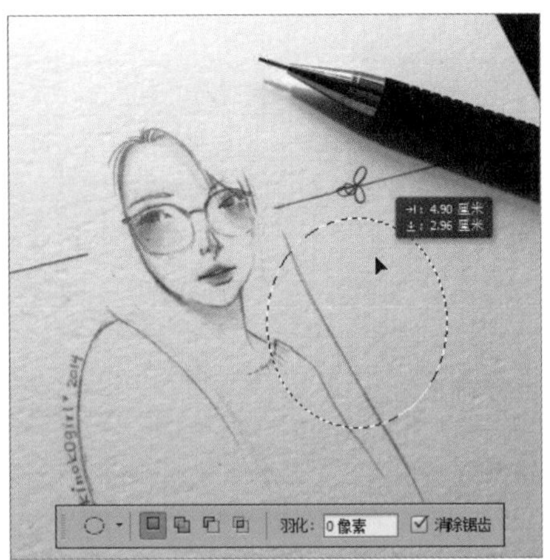

下面是移动选区的几个不同小技巧。

- 在创建选区的同时也可以移动选区，方法是在绘制的同时按住空格键并拖动鼠标即可。
- 想要精确地移动选区，可以通过键盘上的4个方向键，按一下移动一个像素的距离；如果同时按住键盘上的Shift键，则按一次移动10个像素的距离。
- 如果想移动选区内的图像，选择工具箱中的“移动工具”，单击并拖动选区即可同时移动选区和选区内的图像。还可以在不选择“移动工具”的情况下移动选区内的图像，方法是按住Ctrl键的同时单击并拖动选区。

6. 选区的存储与载入

创建一个较为精确的选区往往需要花费很长时间才能完成，在创建选区后，可以将其保存起来，以便在需要时载入重新使用，提高工作效率。

（1）保存选区

创建选区后，执行“选择>存储选区”命令，可以将现有的选区保存起来，如下图所示。

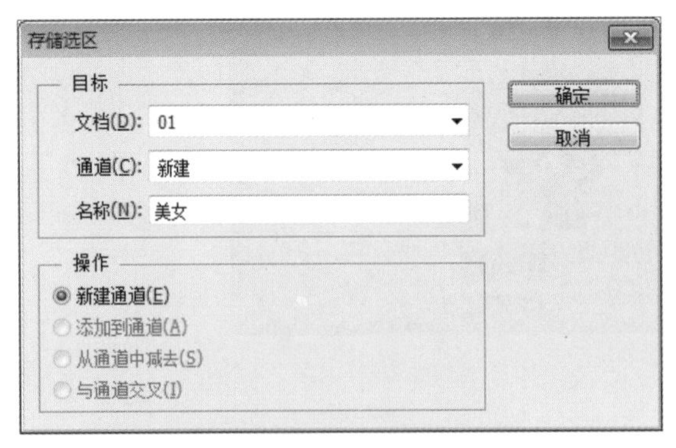

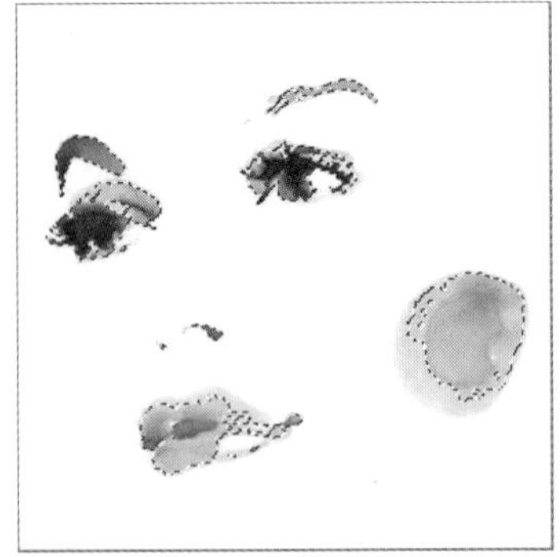

对话框中各选项的功能介绍如下。

- **文档**：设置选区文件保存的位置，默认为当前图像文件。
- **通道**：在Photoshop中保存选区实际上是在图像中创建Alpha通道。如果图像中没有其他通道，将新建一个通道；如果存在其他通道，那么可以将选区保存或替换该通道。
- **名称**：当“通道”选项为“新建”时，该选项被激活，用于为新建通道创建名称。

- **新建通道**：当“通道”选项为“新建”时，“操作”为该选项。
- **替换通道**：当“通道”选项为已存在的通道时，“新建通道”选项将更改为“替换通道”选项。该选项是将选区保存在“通道”列表中选择的通道里，并且替换该通道中原有的选区。
- **添加到通道**：当“通道”选项为已存在的通道时，启用该选项是将选区添加到所选通道的选区中，保存为所选通道的名称。
- **从通道中减去**：当“通道”选项为已存在的通道时，启用该选项是将选区从所选通道的选区中减去后，保存为所选通道的名称。
- **与通道交叉**：当“通道”选项为已存在的通道时，启用该选项是将选区与所选通道的选区相交部分，保存为所选通道的名称。

通过对话框将选区保存后，“通道”面板中会出现在对话框中命名的新通道，如下图所示。

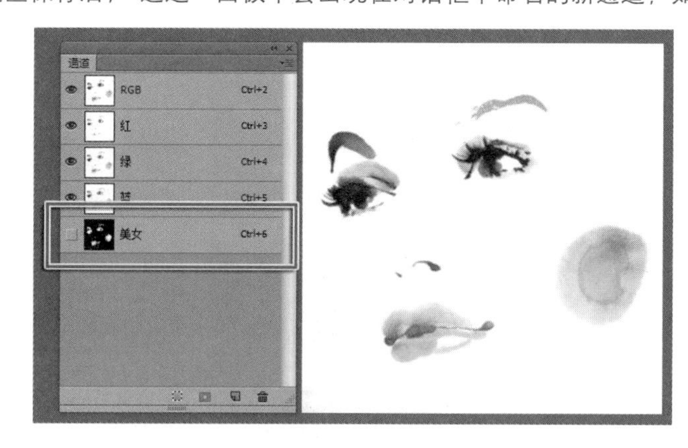

（2）载入选区

将选区保存后，可将选区取消进行其他更多的操作，当想要再次借助该选区进行其他操作时，执行“选择>载入选区”命令，打开如下图所示的对话框，在“通道”选项中选择指定通道名称，然后单击“确定”按钮，即可将保存的选区重新载入。

“载入选区”对话框中各选项的功能介绍如下。

- **文档**：选择已保存过选区的图像文件名称。
- **通道**：选择已保存为通道的选区名称。
- **反相**：启用该选项，载入选区将反选选区外的图像。相当于载入选区后执行“选择>反向”命令。
- **新建选区**：在图像窗口中没有其他选区时，只有该选项可以启用，即为图像载入所选选区。
- **添加到选区**：当图像窗口中存在选区时，启用该选项是将载入的选区添加到图像原有的选区中，生成新的选区。
- **从选区中减去**：当图像窗口中存在选区时，启用该选项是将载入的选区与图像原有选区相交副本删除，生成新的选区。
- **与选区交叉**：当图像窗口中存在选区时，启用该选项是将载入的选区与图像原有选区相交副本以外的区域删除，生成新的选区。

1.3 图像颜色的调整

在Photoshop中，可以对图像的色调、颜色变化进行调整，不管是图像的局部、某一色调或是整个图像色调，都可以进行细致的编辑和改变。

1.3.1 查看图像的色彩分布

在对图像色彩的色调和颜色进行调整时，一般先分析图像色彩的色阶状态以及色阶的分布，然后决定进行何种颜色方面的调整处理。在Photoshop中，除了“信息”面板和“吸管工具”外，常用于图像颜色分析的工具还有“直方图”面板，如下左图所示。

选择“窗口>直方图”命令，可以打开或隐藏“直方图”面板，单击该面板右上角的小三角按钮，在打开的菜单中选择“扩展视图”命令，可以将“直方图”面板扩展显示，如下右图所示。

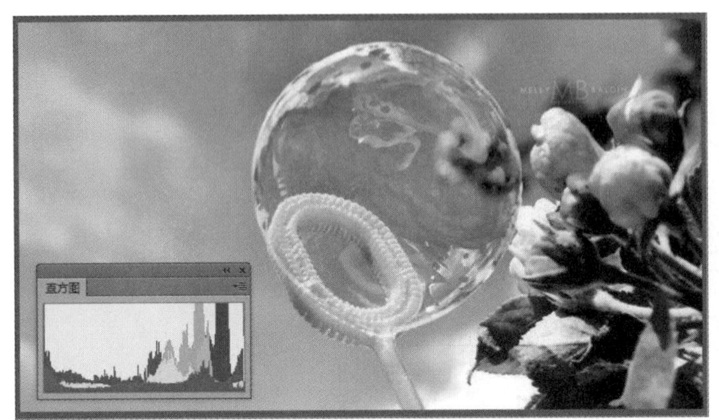

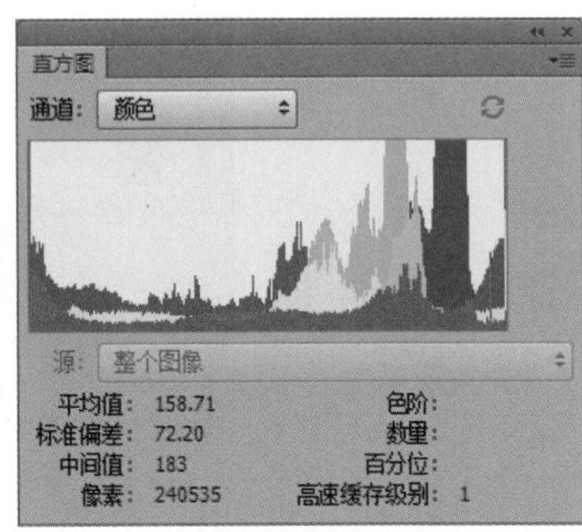

知识点拨

“直方图”面板

“直方图”面板仅显示当前图像中的颜色信息，对于它的操作不会修改图像画面。该面板通过图形方式表示图像中各个色阶数值的变化，以及这些色阶的图像中的分布情况。

直方图的横轴代表色调的数值范围，该数值范围是0~255；纵轴代表各个区域含有的像素数值。如果通过选区框选图像，可以在“直方图”面板中显示该选区的颜色色阶状况。从图形中峰顶的分布可以观察图像颜色的色阶特点，如果图形峰顶多分布在直方图右边，说明该图像中含有较多的高光像素部分；如果图形峰顶多分布在直方图左边，说明该图像中含有较多的暗调像素部分；如果图形峰顶多分布在直方图中间位置，说明该图像中含有较多的中间调像素部分。

在“通道”下拉列表中选择“明度”选项后，当图像处于RGB或者CMYK模式时，可显示一个直方图，表示复合通道的亮度或强度值。选择“颜色”选项后，当图像处于RGB或者CMYK模式时，可显示颜色中单个颜色通道的复合直方图。

统计结果将会显示在“扩展视图”中，下面是各项统计结果的介绍。

- **平均值**：表示平均亮度值。
- **标准偏差**：表示亮度值的变化范围。
- **中间值**：显示亮度值范围内的中间值。
- **像素**：表示用于计算直方图的像素总数。
- **色阶**：显示指针下面的区域亮度级别。
- **数量**：表示相当于指针下面亮度级别的像素总数。
- **百分位**：显示指针所指的级别或是该级别以下的像素累计数，该值可表示图像中所有像素的百分数，从左侧的0%到右侧的100%。
- **高速缓存级别**：显示当前用于创建直方图的图像高速缓存。

1.3.2 调整图像色调

在Photoshop软件中，最基本的技巧就是色彩调整技巧，这也是Photoshop雄踞其他图形处理软件之上的一项看家本领。

1. 色阶命令

该命令可以调整图像的暗调、中间调和高光等强度级别，校正图像的色调范围。执行“图像>调整>色阶”命令，即可打开“色阶”对话框，如下图所示。使用快捷键Ctrl+L可快速打开“色阶”对话框。

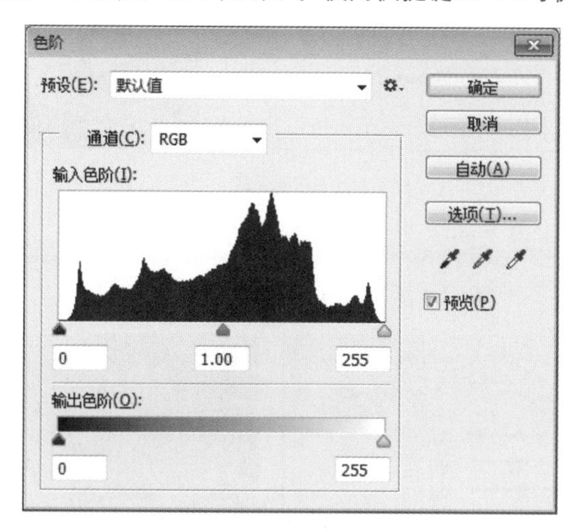

“色阶”命令将每个颜色通道中的最亮和最暗像素定义为白色和黑色，然后按比例重新分布中间像素值。

2. 曲线命令

“曲线”命令可以提亮或降低图像整体的亮度和对比度，达到精确调整图像色调的目的。执行“图像>调整>曲线”命令，即可打开“曲线”对话框。该命令在调整色调时不只针对高光、暗调、中间调区域，而是可以调整0~255色调范围内的任意点，只需拖动色调曲线图中的曲线就可以实现，如下图所示。

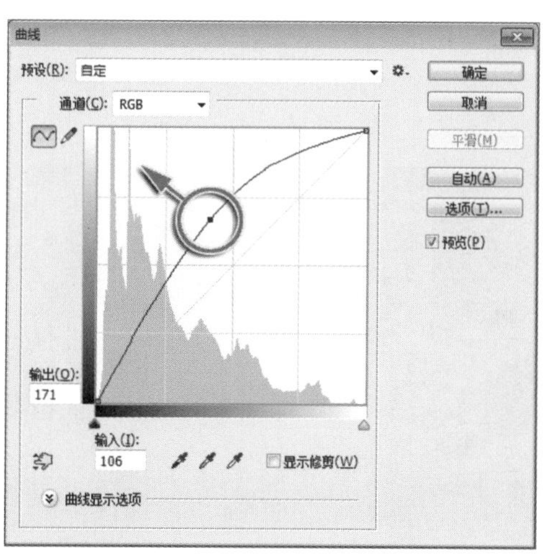

如果在曲线色调图中的右上端单击添加节点提亮亮部区域，在左下端添加节点调暗暗部区域，可以实现增强图像对比度的作用，如下图所示。如果要删除添加的节点，只需拖动节点到曲线色调图以外松开鼠标就可以了，也可以按住Ctrl键单击节点将其删除。

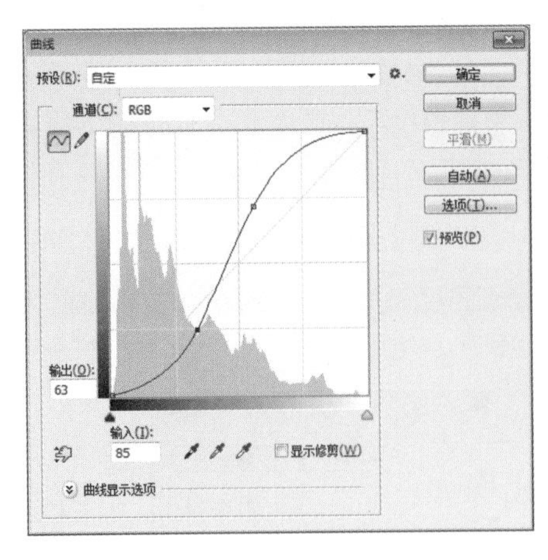

3. 色彩平衡命令

该命令可以增加或减少图像中包含的不同颜色，使图像的整体色调更加丰富。执行“图像>调整>色彩平衡”命令，即可打开“色彩平衡”对话框，如下图所示。

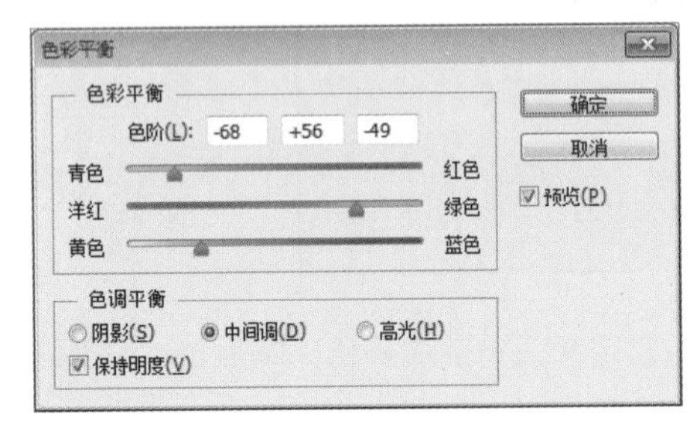

在“色彩平衡”对话框中，可以首先选定要调整哪个区域的颜色变化，如选中“阴影”、“中间调”或是“高光”单选按钮，然后再拖动滑杆上的滑块来调整颜色。滑杆两端分别是对应的两个互补色，将滑块向哪一端拖动，哪一端的颜色就将增加。

4. 亮度/对比度命令

可以调节图像的亮度和对比度，执行“图像>调整>亮度/对比度”命令，即可打开“亮度/对比度”对话框，如下图所示。在“亮度/对比度”对话框中，“亮度”参数用来调整图像的明暗程度，值越大亮度越高；“对比度”参数用来调整图像的对比度，值越大对比度越大。

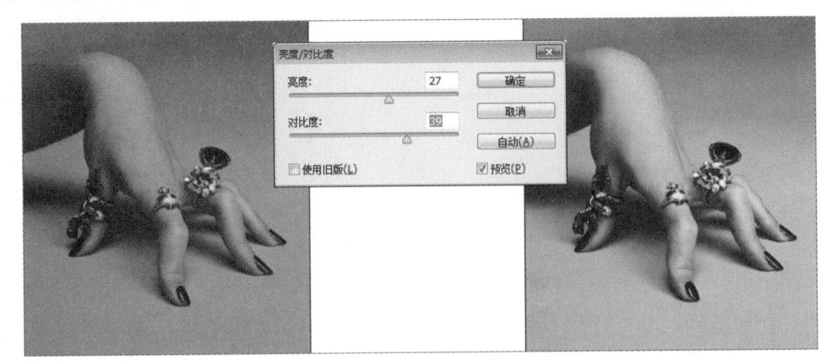

5. 色相/饱和度命令

“色相/饱和度”命令可以调整整个图像或是局部的颜色、饱和度和亮度变化，实现图像色彩的改变。执行“图像>调整>色相/饱和度”命令，即可打开“色相/饱和度”对话框，如下图所示。使用快捷键Ctrl+U，可快速打开“色相/饱和度”对话框。

在“色相/饱和度”对话框中，可以使用颜色滑块手动调整颜色变化。“色相”参数可更改色调颜色，而“饱和度”参数可提高或降低颜色的纯度，“明度”参数可调整色彩的明暗度。

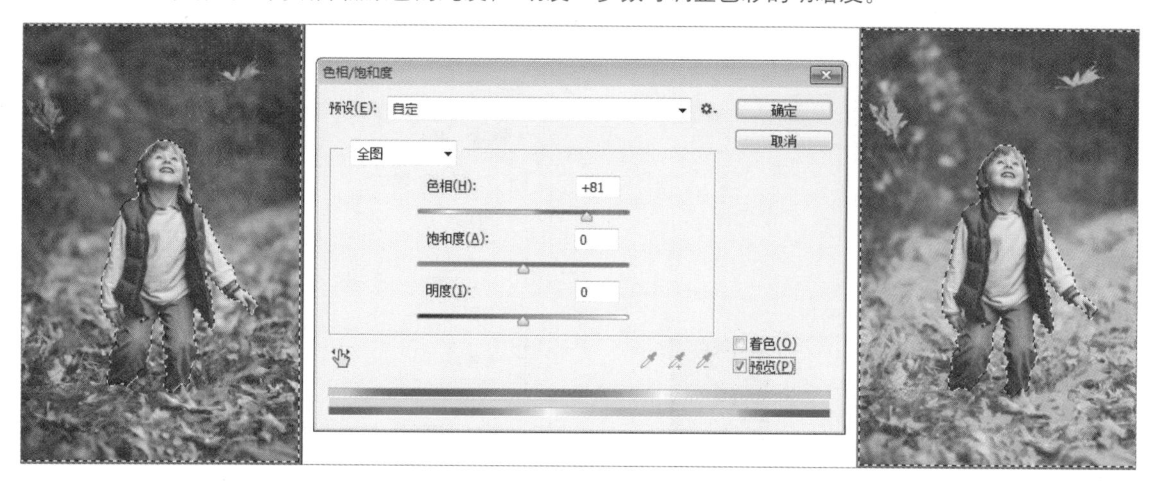

若勾选“着色”复选框，则可将当前图像的色调转换为单一的一种颜色。

6. 黑白命令

“黑白”命令可以将彩色图像转换为灰度图像，同时保持对各颜色转换方式的完全控制。执行“图像>调整>黑白”命令，弹出“黑白”对话框，如下图所示。另外还可以通过对图像应用色调来为灰度着色。

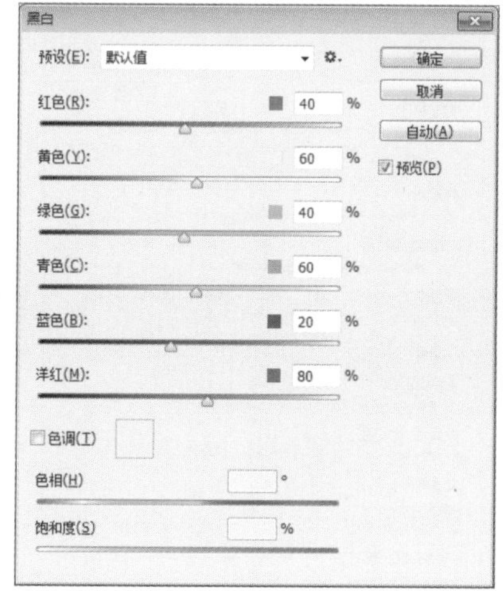

7. 匹配颜色命令

“匹配颜色”命令可以匹配多个图像、多个图层或者多个选区之间的颜色。执行“图像>调整>匹配颜色”命令，即可打开“匹配颜色”对话框，如下左图所示。其中“目标图像”为当前打开的图像文件，用户可在“图像统计”选项组内的“源”或“图层”下拉列表中选择要匹配的文档或图层。“匹配颜色”命令仅适用于RGB模式。

8. 可选颜色命令

选择“图像>调整>可选颜色”命令，即可打开“可选颜色”对话框，如下右图所示。“可选颜色”命令可以校正颜色的平衡，主要针对RGB、CMYK和黑、白、灰等主要颜色的组成进行调节。可以选择性地在图像某一主色调成分中增加或减少印刷颜色含量，而不影响该印刷色在其他主色调中的表现，从而对图像的颜色进行校正。

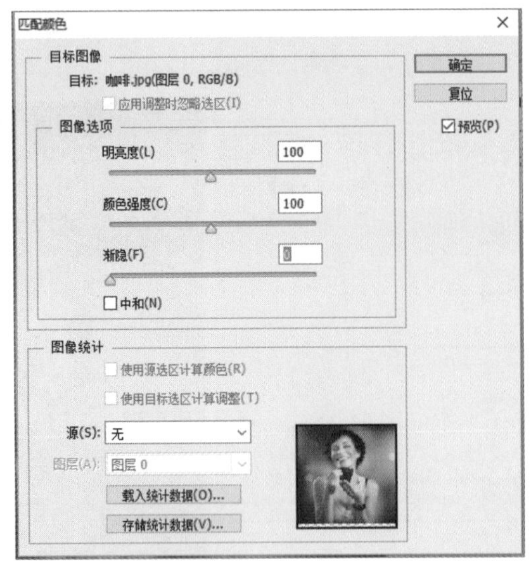

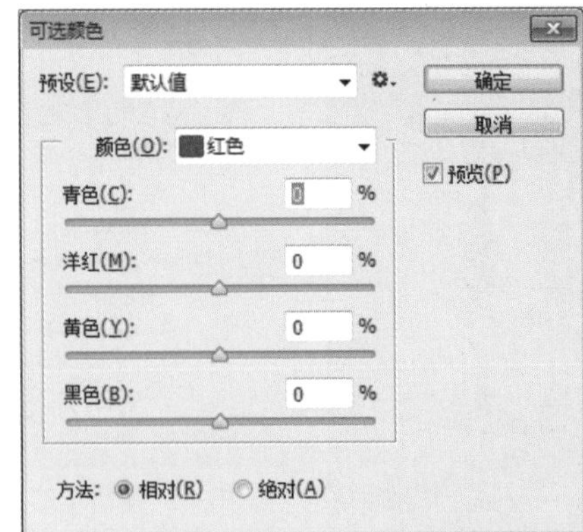

9. 阴影/高光命令

“阴影/高光”命令可以调整图像中阴影和高光的分布，矫正曝光过度或是曝光不足的图像，参数设置对话框及调整前后效果对比如下图所示。

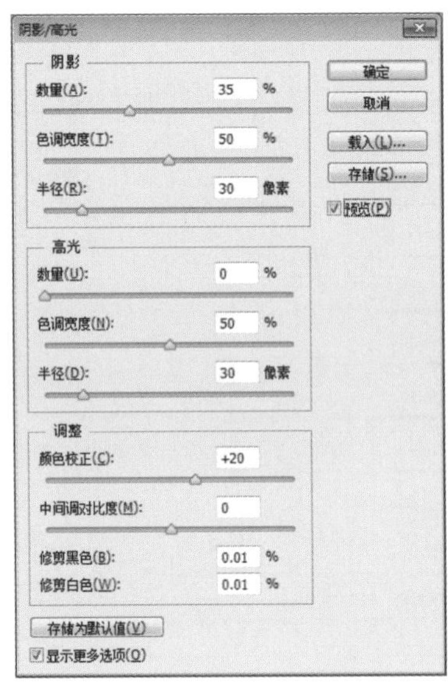

“阴影/高光”命令不是单纯地使图像变亮或变暗，而是通过计算，对图像局部进行明暗处理。也就是说，可以将一幅曝光不足的图像调整成正常曝光效果，将一幅曝光过度的图像调整成正常曝光效果。

上机实训：制作老照片效果

接下来制作老照片效果，主要使用颜色调整命令来实现。

步骤 01 启动Photoshop CC后，打开“建筑.jpg”文件，如下图所示。

步骤 02 在“图层”面板中对“背景”图层进行复制，如下图所示。随后执行“图像>调整>去色”命令，去除图像色调。

步骤03 执行“图像>调整>色相/饱和度”命令，打开“色相/饱和度”对话框，在其中勾选“着色”复选框，然后设置相关参数，如下图所示。

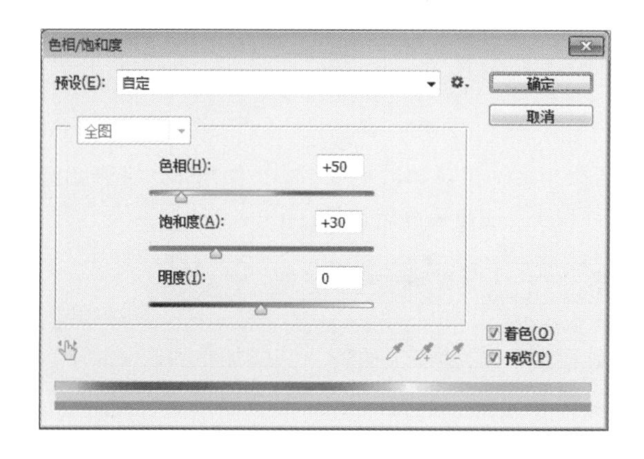

步骤05 在“图层”面板中将“背景 拷贝”图层的“不透明度”选项设置为80%，以透出些许底层的图像颜色，如下图所示。

步骤04 完成参数设置后，单击“确定”按钮，效果如下图所示。

步骤06 至此，完成该实例的制作，最终的老照片效果如下图所示。

Chapter  图像的编辑处理

本章概述

Photoshop的工具箱中包含了绘制图像类、修饰图像类的工具，如画笔工具组、图章工具组等，可以实现绘制图像，对图像细节进行修复的操作。

知识要点

1. 形状工具组的应用
2. 背景橡皮擦工具的应用
3. 修复工具组的应用
4. 如何设计书籍插画

2.1 画笔工具组的应用

Photoshop CC的画笔工具组包括“画笔工具”、“铅笔工具”、“颜色替换工具”和“混合器画笔工具”4种工具，它们主要用来绘制颜色。

2.1.1 画笔工具

使用“画笔工具”可以在页面中绘制颜色，下面对该工具进行介绍。

1. 画笔工具选项栏

“画笔工具”使用前景色进行绘制，选择“画笔工具”后，工具选项栏显示如下图所示。在开始绘图之前，应选择所需的画笔笔尖形状和大小，并设置不透明度、流量等画笔属性。

在实际工作中，经常使用快捷键调整画笔的粗细和软硬度，按[键细化画笔，按]键加粗画笔。对于实边圆、柔边圆和书法画笔，按快捷键Shift+[可以减小画笔硬度，按快捷键Shift+]可以增加画笔硬度。

（1）画笔预设

Photoshop提供了许多常用的预设画笔，在工具选项栏中单击画笔预设右边的下三角按钮，打开画笔预设选取器，拖动滚动条即可浏览、选择所需的预设画笔，如下图所示。单击画笔预设选取器右上角的齿轮图标会弹出下拉菜单，从中选择“小缩览图”或“大缩览图”等命令，可以改变画笔预设的视图，从而能比较直观地展示画笔形状的效果。

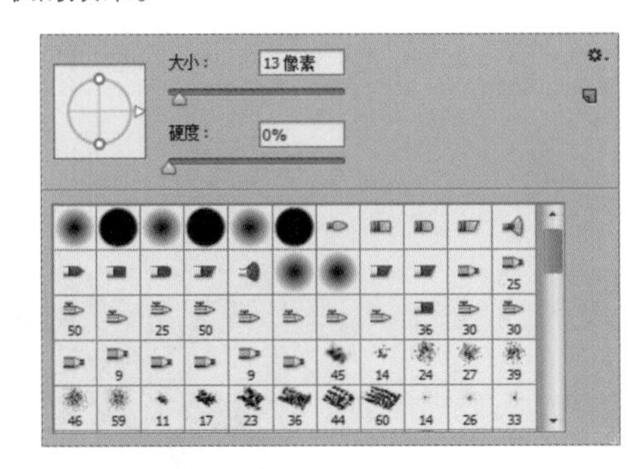

在画笔预设选取器中还可以设置画笔笔刷的硬度和大小，“大小”参数用于设置画笔笔刷大小，“硬度”参数用于控制画笔边缘的柔和程度。

（2）模式

该下拉列表中包含“正常”、“溶解”、“正片叠底”等选项，用于设置画笔绘画颜色与底图的混合效果。

（3）不透明度

用于设置绘画图像的不透明度，该数值越小，透明度越高。

（4）流量

用于设置画笔墨水的流量大小，该数值越大，墨水的流量越大，配合“不透明度”设置可以创建更加丰富的笔调效果。

（5）启用喷枪样式的建立效果

单击该工具按钮后，可转换画笔为喷枪工作状态。喷枪可以使用极少量的颜色使图像显得柔和，是增加亮度和阴影的最佳工具，而且喷枪描绘的颜色具有柔和的边缘。如果使用喷枪工具时按住鼠标左键不放，前景色将在单击处淤积，直至释放鼠标。

2.“画笔”面板

画笔属性的设置直接影响到最终绘制的图像效果，只有熟练掌握编辑画笔的方法，才能更好地使用画笔。

（1）画笔笔尖形状

单击“画笔”面板左侧的“画笔笔尖形状”选项，在右侧可以设置当前画笔的“大小”、“角度”、“圆度”和“间距”等参数。

（2）形状动态

“大小抖动”用于控制在绘制过程中画笔笔迹大小的波动幅度。该百分比值越大，则波动幅度越大，如下左图所示。在“控制”下拉列表框中，“渐隐”参数数值越大，画笔渐隐消失的距离越长，变化越慢。其中“钢笔压力”、“钢笔斜度”、“光笔轮”等3种方式需要压感笔的支持。

（3）散布

散布动态用于控制画笔偏离绘画路线的程度和数量，单击面板左侧“散布”选项，如下右图所示。

- **散布**：控制画笔偏离绘画路线的程度。该百分比值越大，则偏离程度就越大。
- **两轴**：选中该选项，则画笔将在X、Y两轴上发生分散，反之只在X轴上发生分散。
- **数量**：控制绘制轨迹上画笔点的数量。该数值越大，画笔点越多。
- **数量抖动**：用来控制每个空间间隔中画笔点的数量变化。该百分比值越大，得到的笔划中画笔的数量波动幅度越大。

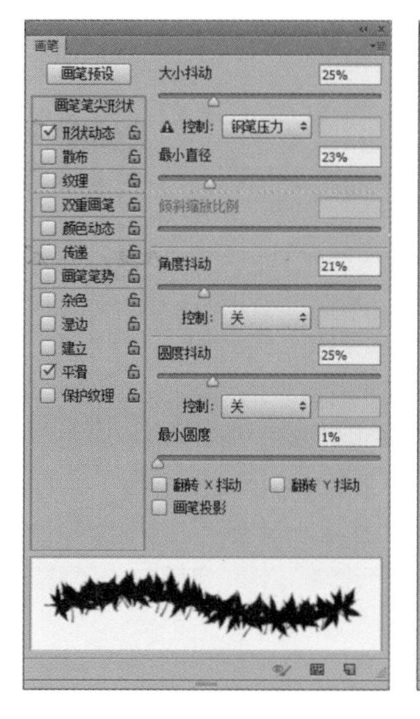

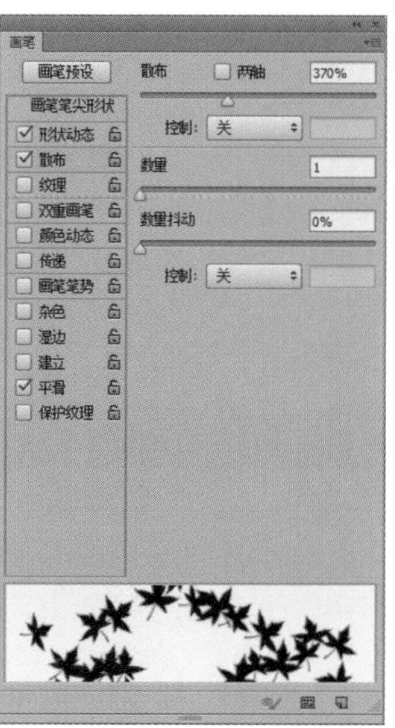

（4）纹理

在画笔上添加纹理效果，单击面板左侧“纹理”选项，在右侧可以设置纹理的混合模式、“缩放”比例、“深度”等参数，如下左图所示。首先在“画笔”面板顶端的纹理列表框中选择需要的纹理效果，可以通过勾选“反相”复选框反转纹理效果。

- **缩放**：拖动滑块或在数值输入框中输入数值，设置纹理的缩放比例。
- **为每个笔尖设置纹理**：用来确定是否对每个画笔点都分别进行渲染，若不勾选此项，则“深度”、“最小深度”和“深度抖动”参数不可用。
- **模式**：用于选择画笔和图案之间的混合模式。
- **深度**：用来设置图案的混合程度，数值越大，图案越明显。
- **最小深度**：用来确定纹理显示的最小混合程度。
- **深度抖动**：用来控制纹理显示浓淡的抖动程度。该百分比值越大，波动幅度越大。

（5）双重画笔

双重画笔指的是使用两种笔尖形状创建的画笔，单击面板左侧“双重画笔”选项，首先在面板右侧“模式”下拉列表中选择两种笔尖的混合模式，然后在笔尖形状列表框中选择一种笔尖作为画笔的第二个笔尖形状，再来设置叠加画笔的大小、间距、数量和散布等参数，如下右图所示。

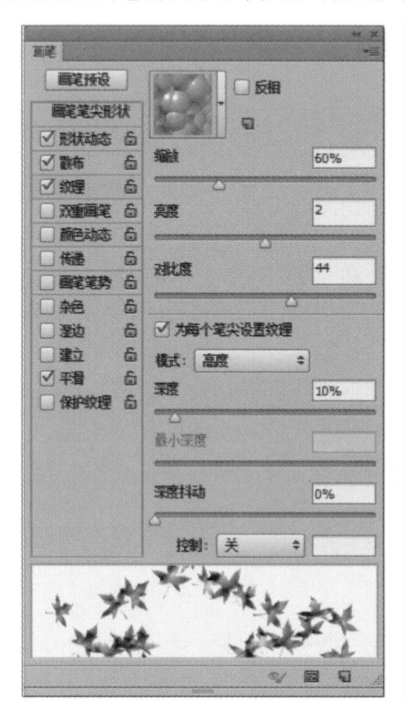

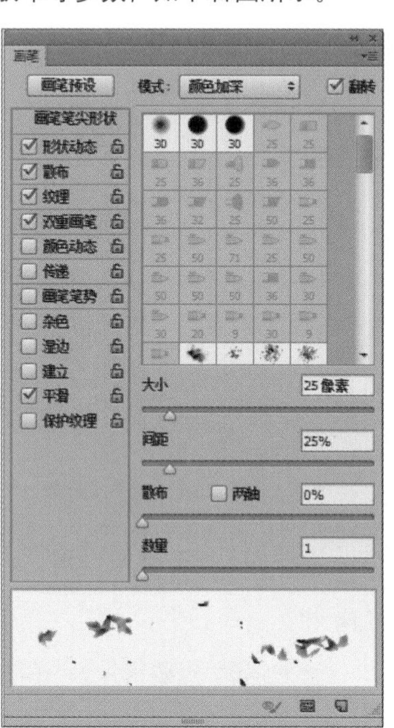

（6）颜色动态

颜色动态用于控制在绘画过程中画笔颜色的变化情况，单击面板左侧“颜色动态”选项，如下左图所示。设置颜色动态属性时，“画笔”面板下方的预览框并不会显示出相应的效果，动态颜色效果只有在图像窗口绘画时才会看到。

- **前景/背景抖动**：用来设置画笔颜色在前景色和背景色之间变化。
- **色相抖动**：指定画笔绘制过程中画笔颜色色相的动态变化范围，该百分比值越大，画笔的色调发生随机变化时就越接近背景色色调，反之就越接近前景色色调。
- **饱和度抖动**：指定画笔绘制过程中画笔颜色饱和度的动态变化范围，该百分比值越大，画笔的饱和度发生随机变化时就越接近背景色的饱和度，反之就越接近前景色的饱和度。
- **亮度抖动**：指定画笔绘制过程中画笔亮度的动态变化范围，该百分比值越大，画笔的亮度发生随机变化时就越接近背景色亮度，反之就越接近前景色亮度。
- **纯度**：设置绘画颜色的纯度。

（7）传递

单击面板左侧“传递”选项，在右侧可以设置画笔的不透明度抖动和流量抖动参数，如下右图所示。“不透明度抖动”用于指定画笔绘制过程中油墨不透明度的变化，“流量抖动”用于指定画笔绘制过程中油墨流量的变化。

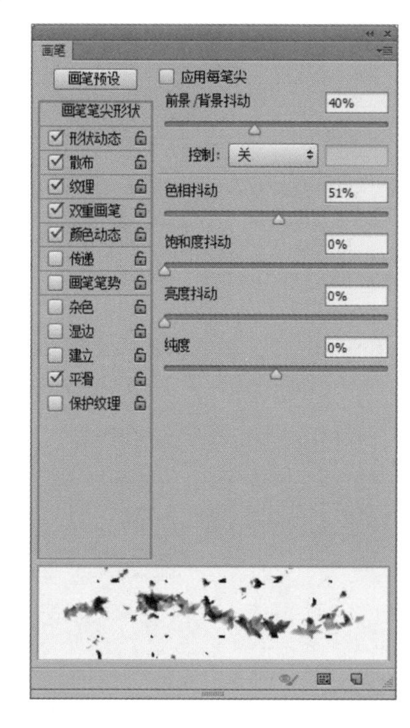

（8）附加选项设置

在左侧选项中还有5个附加选项，选中其中的任一选项就会为画笔添加相应的效果。

- **杂色**：在画笔边缘增加杂点效果。
- **湿边**：使画笔边界呈现湿边效果，类似于水彩绘画。
- **建立**：使画笔具有喷枪效果。
- **平滑**：可以使绘制的线条更平滑。
- **保护纹理**：选择此选项后，当使用多个画笔时，可模拟一致的画布纹理效果。

2.1.2 铅笔工具

“铅笔工具”可以绘制出硬边缘的图像，具体操作时设置好颜色，直接在图像中单击并拖动鼠标即可。该工具的相关设置与“画笔工具”相同。使用“铅笔工具”绘制时，在图像上单击，移动一定距离后按住Shift键再次单击，则在两个单击位置间自动绘制直线；按住Shift键后按住鼠标左键拖动，可以控制在水平方向或垂直方向上绘制。

2.1.3 颜色替换工具

使用“颜色替换工具”可以在保留图像原有材质与明暗的基础上，用前景色替换图像中的色彩。

具体操作时，首先在工具箱中选择“颜色替换工具”，选项栏如下图所示。

接着单击工具箱前景色按钮设置前景色，移动光标至目标位置，调整画笔到合适的大小，在需要替换颜色的区域拖动，以替换颜色，如下图所示。

2.1.4 混合器画笔工具

“混合器画笔工具”可以模拟真实的绘画技术，如混合画布上的颜色、组合画笔上的颜色以及在描边过程中使用不同的绘画湿度，效果如下图所示。

- **潮湿**：控制画笔从画布拾取的油彩量，较高的设置会产生较长的绘画条痕。
- **载入**：指定储槽中载入的油彩量，载入速率较低时，绘画描边干燥的速度会更快。
- **混合**：控制画布油彩量同储槽油彩量的比例。比例为100%时，所有油彩将从画布中拾取；比例为0%时，所有油彩都来自储槽。
- **对所有图层取样**：拾取所有可见图层中的画布颜色。

2.2 形状工具组的应用

在工具箱中的“自定形状工具”按钮上右击，将显示出所有形状工具的列表，如右图所示。利用这些工具可以绘制矩形、圆角矩形、椭圆、多边形和直线等图形，还可以绘制自定义形状。

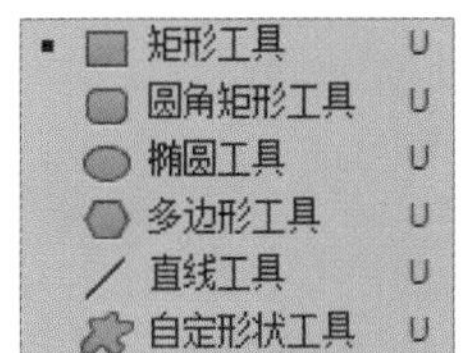

选择工具箱中的形状工具，在选项栏中设置各参数，移动光标至图像窗口中拖动，即可得到所需的形状路径。矩形工具选项栏如下左图所示。单击选项栏中的选择工具模式按钮，如下右图所示，可选择工具的工作模式。

- **形状**：用于创建形状图层。选择该选项在视图中绘制后，在“图层”面板中会自动添加一个新的形状图层。形状图层可以理解为带形状剪贴路径的填充图层，填充的颜色为前景色，双击缩览图可打开“拾色器”对话框改变填充颜色。
- **路径**：用于创建路径。选择该选项后进行绘制，只产生工作路径，并不产生形状图层和填充色。
- **像素**：选择此选项后，绘制图形时既不产生工作路径，也不产生形状图层，而是在当前图层绘制一个填充前景色的区域，绘制的图像将不能作为矢量对象编辑。

1. 矩形工具

使用“矩形工具”可绘制出矩形、正方形的形状、路径或填充区域。选择“矩形工具”，切换到“路径”工作模式，拖动鼠标即可绘制矩形路径；切换到“像素”工作模式，拖动鼠标即可得到矩形图像，按住Shift键拖动鼠标则可得到正方形图像。

如果要绘制固定大小的矩形，选择“矩形工具”后，单击选项栏中的按钮，选中“固定大小”单选按钮，输入宽度和高度值，之后单击鼠标即可得到固定大小的矩形。若绘制固定长宽比例的矩形，选中“比例”单选按钮，然后在宽度和高度比例文本框中输入比例数值即可。

选择矩形工具，按住Alt键在视图中单击，可以当前单击的点为中心绘制矩形；按住Alt+Shift组合键，可建立以单击点为中心的正方形。

2. 圆角矩形工具

使用“圆角矩形工具”可绘制圆角的矩形。在绘制之前，可在选项栏中设置圆角的“半径”值，如下图所示。半径值越大，得到的矩形边角就越圆滑。

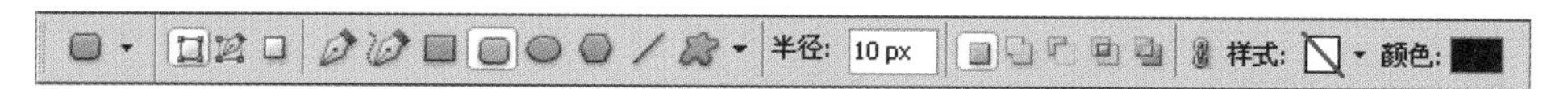

3. 椭圆工具

使用“椭圆工具”可绘制圆或椭圆的形状、路径或是图像，效果如下图所示。

4. 多边形工具

使用“多边形工具”可绘制等边多边形、星形等，在选项栏中可设置多边形的边数，还可以对星形的边进行缩进和平滑处理，如下图所示。

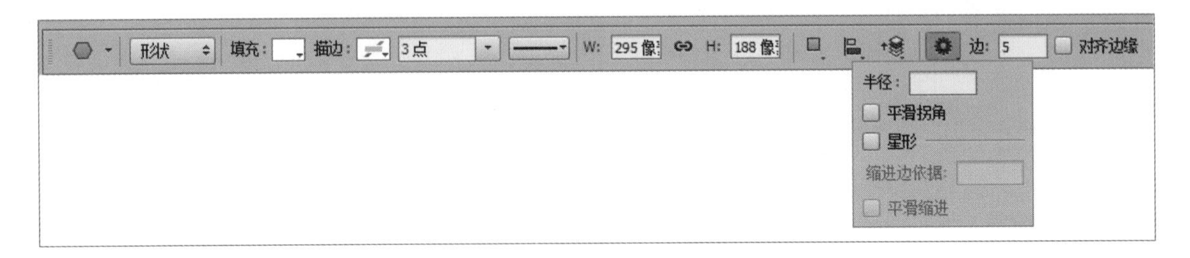

- **边**：设置多边形的边数。
- **半径**：设置多边形半径的大小。
- **平滑拐角**：勾选此复选框，可平滑多边形的尖角。
- **星形**：勾选此选项，可绘制得到星形。
- **缩进边依据**：设置星形边缩进的大小。
- **平滑缩进**：平滑星形凹角。

设置不同参数绘制的多边形如下图所示。

5. 直线工具

使用“直线工具”除了可绘制直线形状或路径外，还可以绘制箭头。在选项栏中可设置线条的粗细，如果要绘制箭头，则需要在箭头选项面板中设置箭头的形状，如下图所示。

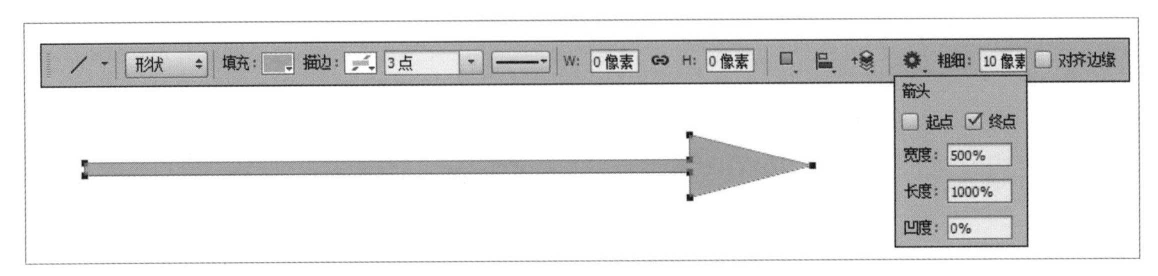

- **起点**：在线条头绘制箭头。
- **终点**：在线条尾绘制箭头。
- **宽度**：将箭头宽度设为线条粗细的百分比。
- **长度**：将箭头长度设为线条粗细的百分比。
- **凹度**：将箭头凹度设为长度的百分比，范围在-50%至50%之间。

6. 自定形状工具

使用“自定形状工具”可绘制Photoshop预设的各种形状，其选项栏的“形状”下拉列表中自带了很多形状，如下图所示，选择后拖动鼠标就可以得到该形状。

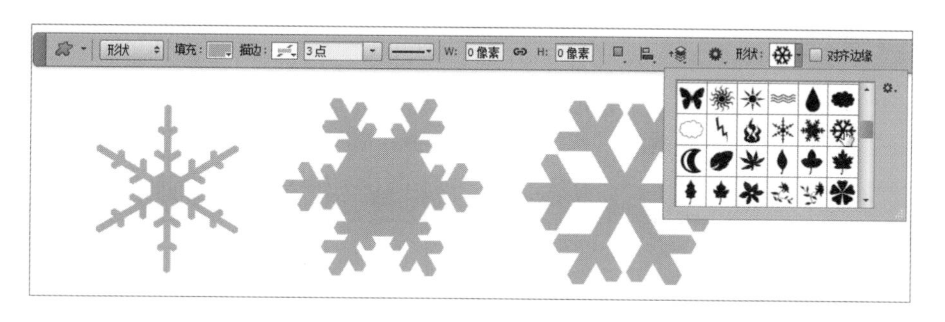

7. 自定义形状

自定义形状与画笔、图案的自定义相同，所不同的是形状的自定义必须先使用钢笔工具创建出相应形状的路径，选中该路径后选择“编辑>定义自定形状”命令，在弹出的“形状名称”对话框中为形状命名，如下图所示，确认后就会置入形状列表框中。

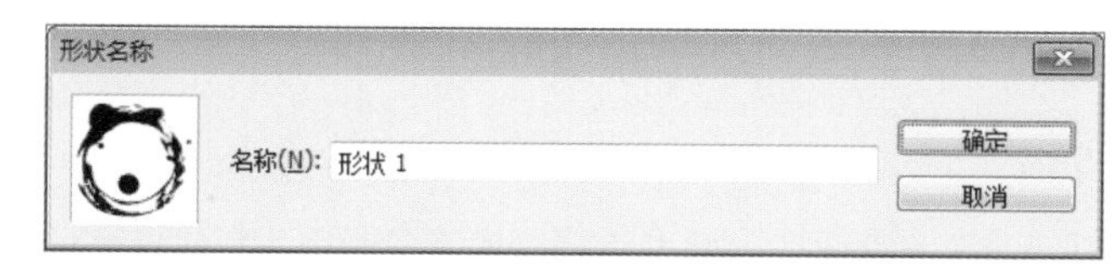

2.3 图章工具组的应用

图章工具组中的工具可以选择图像的不同部分，并将它们复制到同一个图像文件或另一个图像文件中，主要用于对图像的内容进行复制，或修补局部的图像。

2.3.1 仿制图章工具

使用“仿制图章工具”可分为两步进行，即取样和复制。按住Alt键先对样本区域进行取样，然后在图像的目标区域里单击并拖动鼠标，取样区域的内容就会复制到目标区域中并显示出来。其工具选项栏如下图所示。

勾选工具选项栏中的“对齐”复选框进行复制时，无论执行多少次操作，每次复制时都会以上次取样点的最终移动位置为起点开始复制，以保持图像的连续性；否则在每次复制图像时，都会以第一次按住Alt键取样时的位置为起点进行复制。该工具的具体操作如下。

步骤 01 打开图像，按住Alt键在图像中取样，如下左图所示。

步骤 02 使用“仿制图章工具”在日期文字上单击并拖动鼠标，将文字去除，如下右图所示。

2.3.2 图案图章工具

“图案图章工具”用于复制图案，使用该工具前需要选择一种图案，可以是预设图案，也可以是自定义的图案。该工具可用来创建特殊效果、背景网纹以及织物或壁纸设计等。其工具选项栏如下图所示。

勾选“对齐”复选框进行复制时，每次按住鼠标左键拖动得到的图像效果是图案重复衔接拼贴；未勾选此复选框时，多次复制时会得到图像的重叠效果。

2.4 橡皮擦工具组的应用

使用橡皮擦工具组中的工具可以擦除图像中不需要的区域，共有“橡皮擦工具”、“背景橡皮擦工具”和“魔术橡皮擦工具”三种。

2.4.1 橡皮擦工具

选择工具箱中的“橡皮擦工具”，其工具选项栏如下图所示，其中可设置模式、不透明度、流量和喷枪等选项。在“模式”下拉列表框内可设定橡皮擦的笔触特性，如“画笔”、“铅笔”和“块”，所得到的效果与使用这些方式绘图的效果相同。

勾选“抹到历史记录”复选框，能够有选择性地恢复图像至某一历史记录状态。只需在“历史记录”面板某一个状态前单击，将“设置历史记录画笔的源”设置在该状态上，然后使用“橡皮擦工具”在视图中单击即可。

在擦除图像时，按住Alt键，可激活“抹到历史记录”功能，相当于勾选该选项，这样可以快速恢复部分误擦除的图像。

如果在背景图层中使用橡皮擦工具，则擦除部分将由背景色进行填充。当在非背景图层中进行擦除时，擦除部分将透明化，以显示其底层的图像效果。

2.4.2 背景橡皮擦工具

“背景橡皮擦工具”可以有选择地擦除图像颜色，选择工具箱中的“背景橡皮擦工具”，其工具选项栏如下图所示。在选项栏中，单击画笔大小右侧的下拉按钮可打开“画笔预设”选取器，从中可以设置画笔大小、硬度、角度、圆度和间距等参数，但不能选择画笔的笔尖形状。

按下“取样：连续”按钮，画笔会随着取样点的移动而不断地取样。按下“取样：一次”按钮，画笔会以第一次的取样作为取样颜色，取样颜色不随鼠标光标的移动而改变。按下“取样：背景色板”按钮，则以工具箱背景色的颜色为取样颜色，只擦除图像中有背景色的区域。

工具选项栏中的“限制”选项用来选择擦除背景的限制类型，分为“连续”、“不连续”、“查找边缘”三种。“连续”选项只擦除与取样颜色连续的区域。“不连续”选项擦除容差范围内所有与取样颜色相同或相似的区域。“查找边缘”选项擦除与取样颜色连续的区域，同时能够较好地保留颜色反差较大的边缘。

“容差”选项用于控制擦除颜色区域的大小，数值越大，擦除的范围就越大。勾选“保护前景色”复选框，可以防止擦除与前景色颜色相同的区域。

2.4.3 魔术橡皮擦工具

"魔术橡皮擦工具"可以说是魔棒工具与背景橡皮擦工具功能的结合，可以将一定容差范围内的背景颜色全部清除而得到透明区域，具体操作介绍如下。

步骤 01 打开图像后，选择工具箱中的"魔术橡皮擦工具"，在工具选项栏中可设置容差、消除锯齿等参数，如下图所示。

容差：32 ☑消除锯齿 ☑连续 ☐对所有图层取样 不透明度：100%

步骤 02 使用"魔术橡皮擦工具"在图像中的背景上单击，可直接去除图像的背景，如下图所示。

2.5 减淡、加深、海绵工具的应用

图像颜色调整工具组包括"减淡工具"、"加深工具"和"海绵工具"，它们可以对图像的局部进行色调和颜色上的调整。

2.5.1 加深和减淡工具

"减淡工具"和"加深工具"通过增加和减少图像区域的曝光度来使图像变亮或变暗。

当选择"减淡工具"时，其工具选项栏如下图所示，加深工具的选项栏与之类似。在"范围"下拉列表中列出了"阴影"、"中间调"和"高光"3个选项。"阴影"选项用于调整图像中最暗的区域。"中间调"选项用于调整图像中色调处于高亮和阴暗间的区域。"高光"选项用于调整图像中的高亮区域。选择以上任一选项，就可以使用减淡工具或加深工具更改阴影区、中间色调区或高亮区，例如选择"高光"选项，则只有高亮区域会受到影响。

80 范围：中间调 曝光度：10% ☑保护色调

工具选项栏中的"曝光度"选项用于控制曝光度的百分比值，可以将曝光度设置为1%～100%，曝光度值越大，减淡或加深的效果越明显。

2.5.2 海绵工具

"海绵工具"可用来改变局部的色彩饱和度或增加饱和度。选择该工具后，可以从选项栏内的"模式"下拉列表中选择"去色"或"加色"选项，如下图所示。

200 模式：去色 流量：50% ☑自然饱和度

当选择“去色”选项时，使用“海绵工具”可降低图像的饱和度，从而使图像中的灰度色调增加。当选择“加色”选项时，使用海绵工具可增加图像的饱和度，从而使图像中的灰度色调减淡，若已是灰度图像时，则会减少中间灰度色调。

2.6 修复工具组的应用

修复工具组中包含常用的修补工具，可以修复图像中的缺陷，并能使修复的结果自然融入周围的图像，保持其纹理、亮度和层次与所修复的像素相匹配。

2.6.1 污点修复画笔工具

“污点修复画笔工具”可用于校正瑕疵。在修复时，可以将样本像素的纹理、光照和阴影与所修复的像素进行匹配，从而使修复后的像素不留痕迹地融入图像的其余部分。该工具的具体使用介绍如下。

步骤 01 打开需要修复的图像，如下左图所示。

步骤 02 选中“污点修复画笔工具”，设置好笔刷大小，在人物旁边的字母上按住鼠标左键拖动，如下右图所示。

步骤 03 去除字母后的图像效果如下左图所示。

步骤 04 选中“修复画笔工具”，按住键盘上的Alt键，在人物脸庞瑕疵的附近单击取样，然后在瑕疵上单击，去除人物皮肤上的斑点，如下右图所示。

2.6.2 修复画笔工具

“修复画笔工具”与“污点修复画笔工具”相似，最根本的区别在于使用“修复画笔工具”前需要指定样本，即在无污点位置进行取样，再用取样点的样本图像来修复图像。与“仿制图章工具”相同，

“修复画笔工具”用于修补瑕疵，可以从图像中取样或用图案填充图像。使用“修复画笔工具”在修复时，会在颜色上与周围颜色进行一次运算，使其更好地与周围融合。

选择“修复画笔工具”，在选项栏中显示其属性参数，如下图所示。

在该选项栏中，选中“取样”单选按钮表示在对图像进行修复时，以图像区域中某处颜色作为基点；选中“图案”单选按钮，可在其右侧的列表中选择已有的图案用于修复。

2.6.3 修补工具

“修补工具”与修复画笔工具类似，适用于对图像的某一块区域进行修补操作。修补工具会将样本像素的纹理、光照和阴影与源像素进行匹配。其工具选项栏如下图所示。修补工具的使用介绍如下。

步骤 01 打开图像，在工具箱中选择“修补工具”，在工具选项栏中选中“源”单选按钮，表示当前选中的区域是需要修补的区域。

步骤 02 拖动选择需要修补的区域，释放鼠标左键就会在修补区域的周围创建选区，如下图所示。

步骤 03 拖动选择需要修补的区域到颜色、图案、纹理等相似的采样区域，释放鼠标左键就会发现选中区域修补完成，如下图所示。

上机实训：书籍插画设计

创建选区和绘制路径，是图形创作中较为重要的一个环节，对作品最终能否成功实现设计师想法起着关键性作用。熟练掌握Photoshop CC中的钢笔工具，可以实现任何设想的图形图像。接下来运用钢笔工具绘制书籍插画中的小狗图像。

步骤01 执行“文件>新建”命令，打开“新建”对话框，如下图所示，设置参数，单击“确定”按钮新建文档。

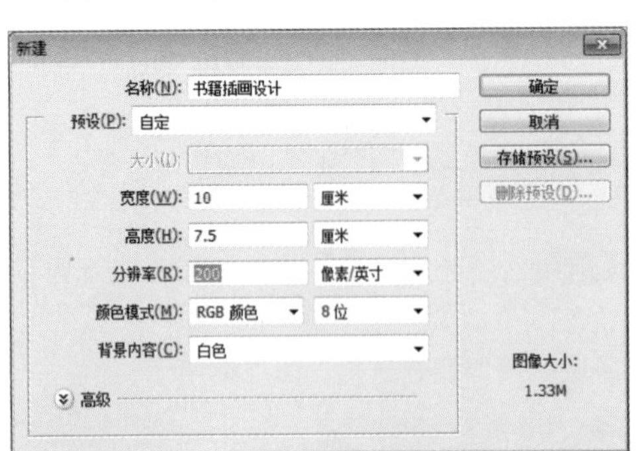

步骤02 打开“图案.jpg”文件，如下图所示。

步骤03 执行“编辑>定义图案”命令，打开“图案名称”对话框，如下图所示，单击“确定”按钮，定义图案。

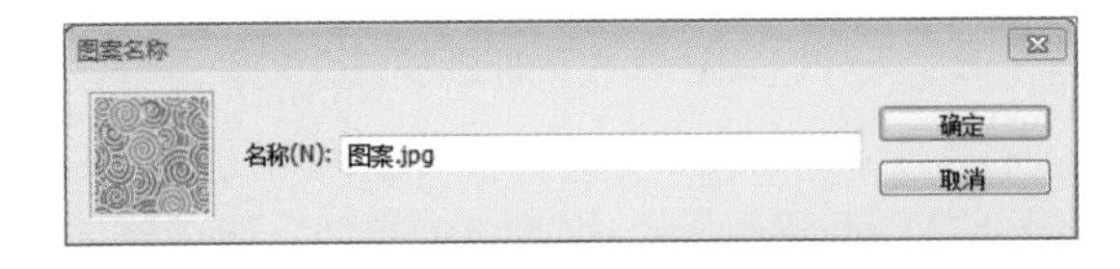

步骤04 新建图层，在工具箱中选中“油漆桶工具”，单击选项栏中的设置填充区域的源下拉按钮，设置填充区域源为“图案”，再打开“图案”拾色器，设置所要填充的图案，在图像编辑窗口中单击进行图案填充，如下图所示。

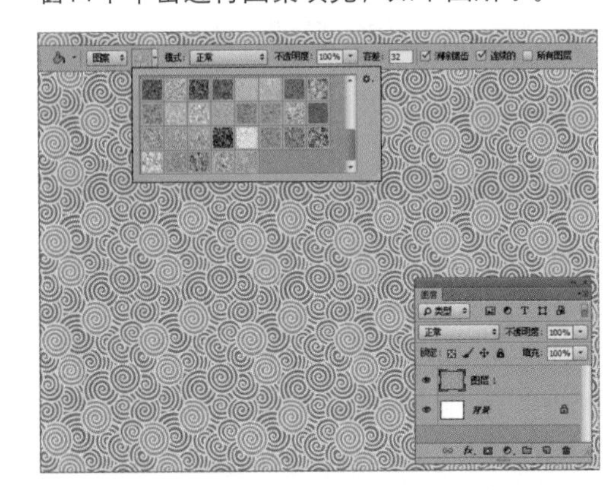

步骤05 在“图层”面板中，将“图层 1”的透明度设置为60%，如右图所示。设置完毕后将该图层隐藏。

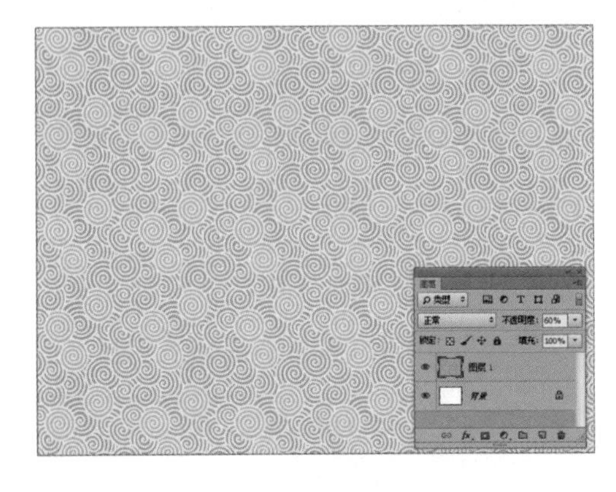

步骤 06 单击“路径”面板底部的“创建新路径”按钮，创建“路径 1”，如下图所示。选择“钢笔工具”，在选项栏中选择“路径”选项。

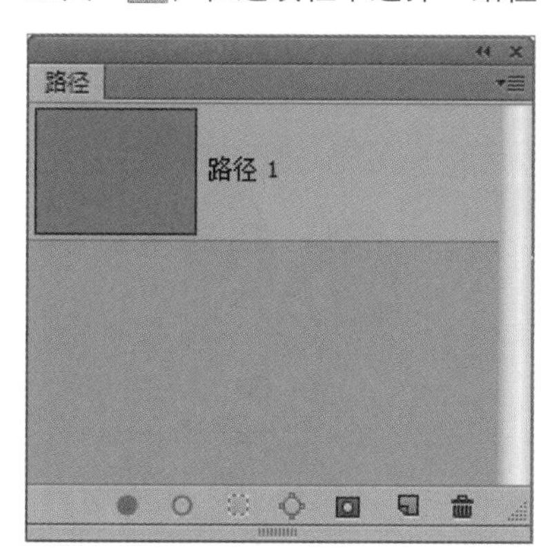

步骤 07 在图像编辑窗口中单击并拖动鼠标，绘制出第一个锚点，如下图所示。

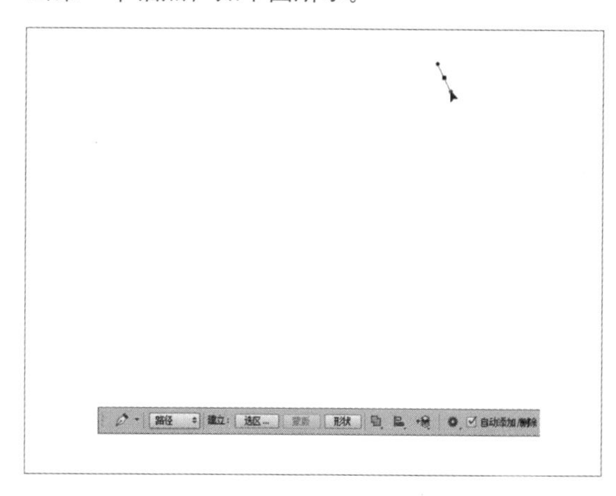

步骤 08 使用“钢笔工具”继续创建锚点，绘制出路径图案，并配合“直接选择工具”调整路径段的形状，效果如下图所示。

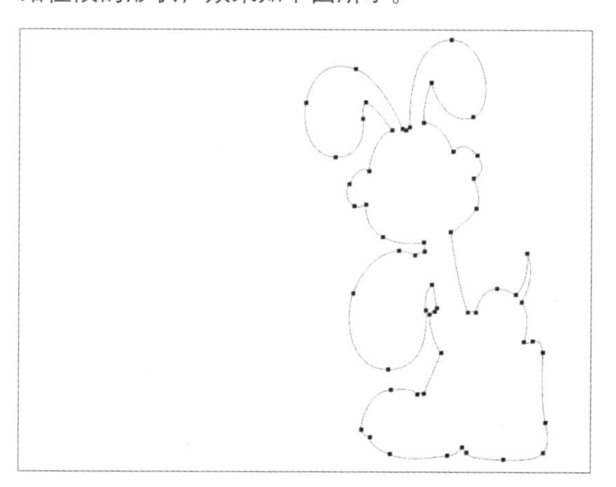

步骤 09 单击“图层”面板底部的“创建新图层”按钮，创建“图层 2”，如下图所示。

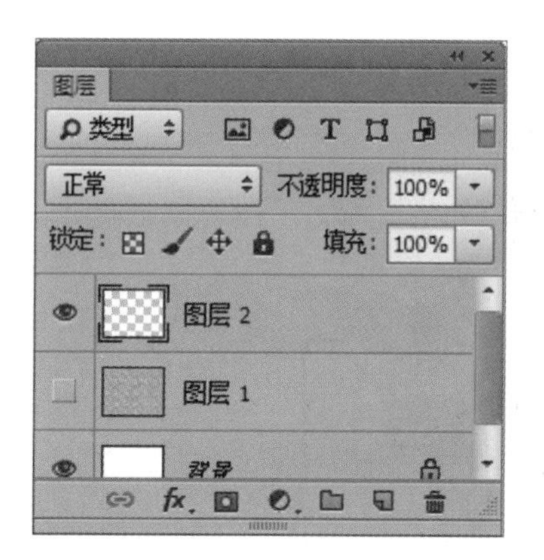

步骤 10 使用“直接选择工具”在编辑窗口中右击，在弹出的菜单中选择“建立选区”命令，打开“建立选区”对话框，直接单击“确定”按钮，如下图所示。

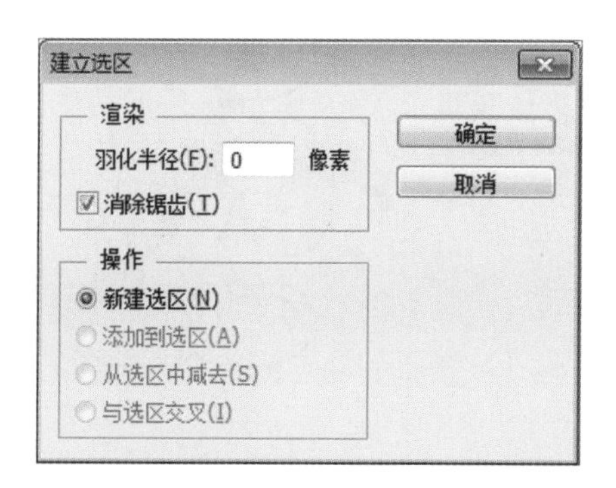

步骤 11 此时已将路径转换为选区，为其填充黑色，如下图所示。

步骤 12 继续使用“钢笔工具”在轮廓的里面绘制卡通形象的各个细节图形。为了便于查看绘制的路径形状，暂时将“图层 2”隐藏，如下图所示。

步骤 13 显示图层 2，使用同步骤9～11相同的方法，依次新建图层并转换路径为选区，然后填充耳朵为深红色（R:135、G:1、B:60）、身子为黄色（R:247、G:255、B:55）、舌头为朱红色（R:255、G:89、B:91），效果如下图所示。

步骤 14 在卡通狗的肚子下绘制路径，如下图所示。

步骤 15 将路径转换为选区后按下键盘上的Delete键，将选区内图像删除，如下图所示。

步骤 16 在“图层”面板中显示隐藏的“图层”，并添加相关的文字信息，完成该实例的制作，最终效果如右图所示。

Chapter 03 文本

本章概述

在Photoshop软件中，文字属于一项很特别的图像结构，它由像素组成，与当前图像具有相同的分辨率，熟悉文字键入和编辑的使用方法，可以在设计创作时更得心应手。

知识要点

❶ 横排文字工具
❷ 直排文字工具
❸ 文字属性的设置
❹ 文本的输入与编辑
❺ 特殊字效的设计

3.1 文字工具的应用

在Photoshop软件中，使用文字工具组中的工具可以在图像中创建文字或文字选区，创建的文字在“图层”面板中将作为一个单独的图层存在。选择文字工具，将出现对应的选项栏，用户可以预先在这里设置文字的各种属性，然后再开始键入文字，如下图所示。

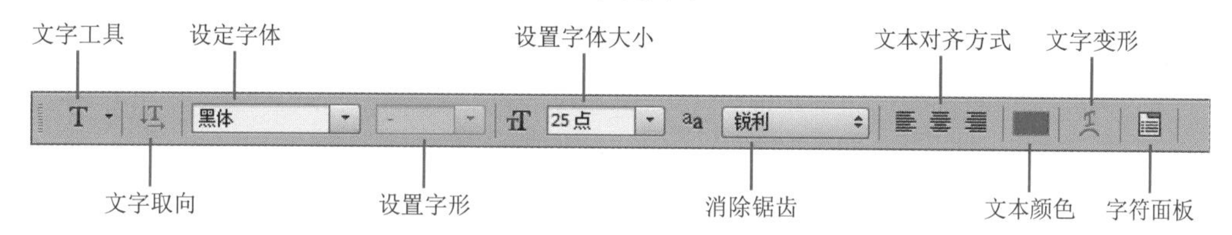

3.1.1 横排/直排文字工具

在工具箱中，用来创建文本的工具有“横排文字工具”T和“直排文字工具”IT。这两种工具的使用方法是相同的，只是一个是横排，一个是直排，在此以“横排文字工具”T的使用方法为例进行讲述。

1. 创建点文本

使用文字工具创建点文本的操作如下。

步骤 01 打开一幅图片，使用工具箱中的“横排文字工具”T在图像中单击，图像中将会出现一个闪动光标，输入文字后，Photoshop将自动创建一个缩览图显示为T的图层，如下左图所示，这是创建的横排文字图层。

步骤 02 在图像中输入所需的文本内容，如下右图所示。当文字工具处于选中状态时，可以输入文字并对文字进行编辑。但如果要执行其他命令或相关操作，则必须结束对文字图层的编辑才能进行。

当需要重新编辑文字时，可在“图层”面板中双击文字图层缩览图，以选中全部文字。或者使用“横排文字工具”T在文字上单击激活文字编辑状态，即可重新编辑。

2. 创建段落文本

使用文字工具创建段落文本的操作如下。

步骤01 使用“横排文字工具”T在窗口内拖动鼠标创建出一个文本框，效果如下左图所示。

步骤02 在文本框中直接输入文本，并根据需要设置文本属性，如下右图所示。

步骤03 设置完毕后单击“提交所有当前编辑”按钮✓，完成段落文本的录入，如下图所示。在输入文字时，按下Enter键可以换行。结束输入文字可按Ctrl+Enter组合键，或者按下小键盘上的Enter键，也可以直接单击工具箱中的其他工具按钮。

3.1.2 横排/直排文字蒙版工具

使用“横排文字蒙版工具”T和“直排文字蒙版工具”T可以创建出文字型的选区。

步骤01 选择“横排文字蒙版工具”T，并设置文字的各项属性。随后在图像窗口中单击，如下左图所示。此时视图进入蒙版编辑模式，从中输入文本，红色的区域为选区以外的内容，如下右图所示。

步骤 02 完成文字编辑后单击“提交所有当前编辑”按钮☑，文字蒙版区域将转换为文字的选区范围，如下左图所示。为选区填充颜色，即可得到如下右图所示的效果。

3.2 文字属性的设置

在Photoshop中，所有关于文字的设置都可以在“字符”和“段落”面板中完成。下面就针对这两个面板进行详细介绍。

3.2.1 设置字符属性

在“字符”面板中可以精确地控制所选文字的字体、大小、颜色、行间距、字间距和基线偏移等属性，方便文字的编辑。执行“窗口>字符”命令，可以打开或隐藏“字符”面板，如右图所示。选中文字所在图层，使用快捷键Ctrl+T可变换文字大小；当文字处于编辑状态时，按下快捷键Ctrl+T，可打开或关闭“字符”面板。

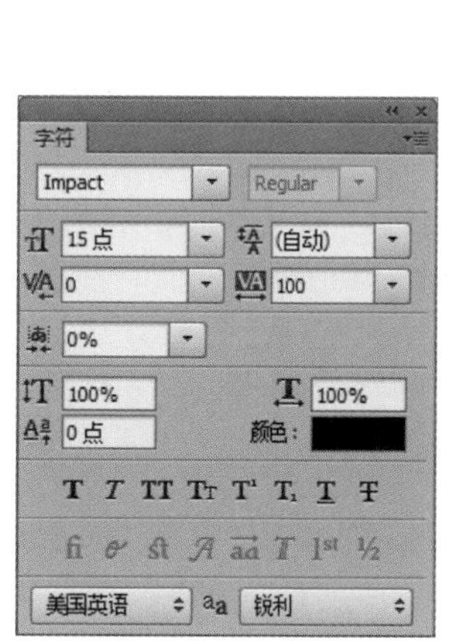

“字符”面板主要选项及按钮的含义介绍如下。

- **设置字体和字型：** 在“设置字体系列”下拉列表框中，可选择所需的字体或字型。
- **设置字体大小：** 选中文本后，可在“设置字体大小”下拉列表中设置字体大小。
- **设置行距：** 行距是指文字行之间的间距量。间距控制文字行之间的距离，若设为自动，间距将会跟随字号的改变而改变，若为固定的数值时则不会。因此如果手动指定了行间距，在更改字号后一般也要再次指定行间距。如果间距设置过小就可能造成行与行的重叠。
- **竖直缩放和水平缩放：** 这两个选项可以指定文字高度和宽度的比例，相当于将字体变高或变扁，数值小于100%为缩小，大于100%为放大。
- **字符间距：** 设置文本与文本之间的间距。
- **比例间距：** 按指定的百分比值减少字符周围的空间，字符本身并不因此被伸展或挤压。当向字符添加比例间距时，字符两侧的间距按相同的百分比减小，百分比越大，字符间压缩就越紧密。
- **设置文字颜色：** 为创建的文本更换颜色，选中文本后，单击色块，可通过打开的“拾色器（文本颜色）”对话框选取所需颜色。
- **设置文字样式：** 在“字符”面板的底部有一排设置字体样式的属性栏，其中包含了有关字符的多种功能，如加粗、倾斜、全部大写字母等。
- **设置消除锯齿的方法：** 该选项中有5种消除锯齿的方法可供选择。其中，“锐利”使文字边缘显得最为锐利；“犀利”使文字边缘显得稍微锐利；“平滑”使文字边缘更光滑；“浑厚”显得文字粗重；“无”就是不进行消除锯齿操作。

3.2.2 设置段落属性

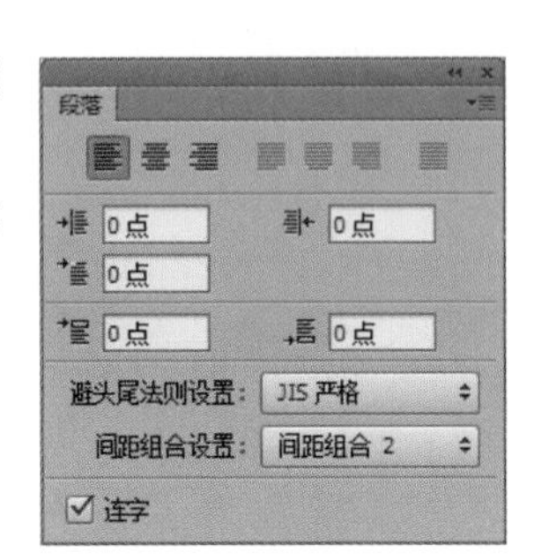

“段落”面板可对段落文本的属性进行细致的调整，还可使段落文本按照指定的方向对齐，如右图所示，执行“窗口>段落”命令，即可打开该面板。

选中段落文本后，利用“段落”面板中的对齐按钮，可使选中的段落文本按左对齐或者右对齐方式对齐文本。下面对其中的主要参数进行介绍。

- **左对齐文本**：将文字左对齐，段落右端则参差不齐。
- **居中对齐文本**：文字将居中对齐，段落两边则是参差不齐。
- **右对齐文本**：文字段落的右边对齐，左边文本参差不齐。
- **最后一行左对齐**：段落两边左右对齐，最后一行居左对齐。
- **最后一行居中对齐**：段落两边左右对齐，将最后一行文字居中对齐。
- **最后一行右对齐**：段落两边左右对齐，将最后一行文字右对齐。
- **全部对齐**：将所有文本两端对齐。
- **左缩进**：设置该段落向右的缩进，直排文字时控制向下的缩进量。
- **右缩进**：设置该段落向左的缩进，直排文字时控制向上的缩进量。
- **首行缩进**：设置首行缩进量，即段落的第一行向右或者直排文字时段落的第一列向下的缩进量。
- **段前添加空格和段后添加空格**：设置段落与段落之间的空余。如果同时设置段前和段后分隔空间，那么在各个段落之间的分隔空间则是段前和段后分隔空间之和。

3.3 文本的输入与编辑

如果想要在文字上应用Photoshop软件中的滤镜效果，画笔、橡皮擦、渐变等绘图工具以及部分菜单命令，需要将文字图层栅格化。对于文字的处理，还有将文字变形、转换为形状，以及创建沿路径绕排的文字。

3.3.1 栅格化文字

选中文字图层，执行“类型>栅格化文字图层”命令，可将文字图层转换为普通图层。转换为普通图层的文字只能作为一个图像来编辑，将不再拥有文字所具有的相关属性。

3.3.2 文字变形

文字变形就是根据所选的样式选项对文字进行扭曲变形，创建出不同的文字效果。使用文本工具在文本上单击后，在选项栏中单击“创建文字变形”按钮，打开“变形文字”对话框，效果如下图所示。

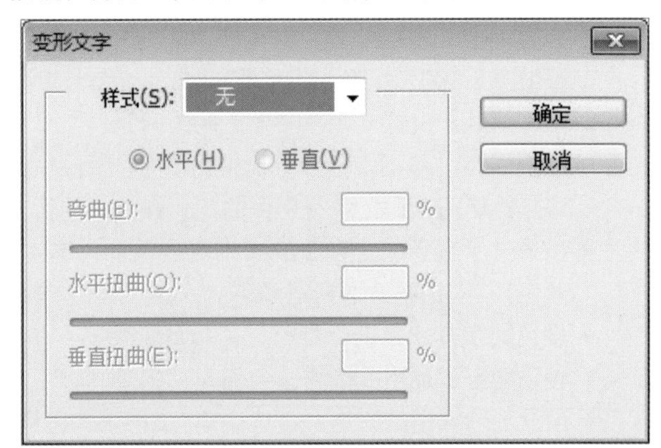

- **样式**：决定文本最终的变形效果，该下拉列表中包括各种变形的样式，选择不同的选项，文字的变形效果也各不相同。
- **水平/垂直**：决定文本的变形是在水平方向还是在垂直方向上变化。
- **弯曲**：设置文字的弯曲方向和弯曲程度。当参数为0时不做任何弯曲效果。
- **水平扭曲**：决定文本在水平方向上的扭曲程度。
- **垂直扭曲**：决定文本在垂直方向上的扭曲程度。

3.3.3 将文字转换为工作路径

可以利用路径来配合文字工具进行编辑，比如将文本的选区载入并转换为路径，以添加更多的其他编辑方法，或者可以在路径段上创建沿路径排列的文本等。

选中文本，执行“类型>创建工作路径”命令，即可沿文本轮廓创建出文字路径，以进行更多的编辑操作，如下图所示。

3.3.4 创建文本绕排路径

当创建文本绕排路径时，将光标放置在路径上，当光标下侧出现曲线图标时单击鼠标，此时输入文本，文本将沿着路径走向排列，如下图所示。

在创建文本绕排路径时，绘制路径的方向决定了Photoshop如何放置文本。如果从左向右绘制路径，文本在曲线上方排列；若方向相反，则会颠倒显示。如需翻转文本，使用直接选择工具将路径上左右两端的瞄点向相反的方向拖动即可。

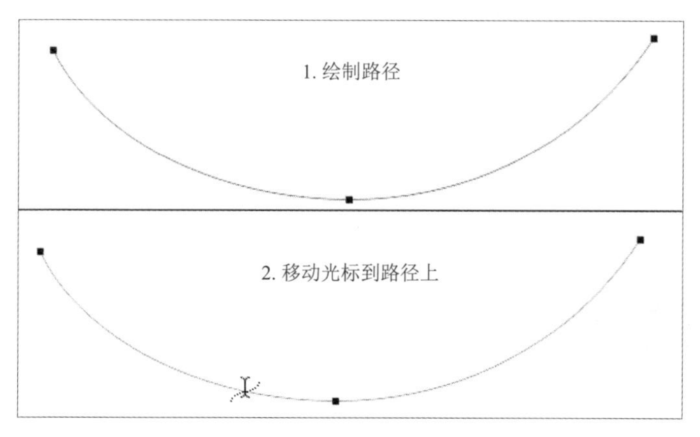

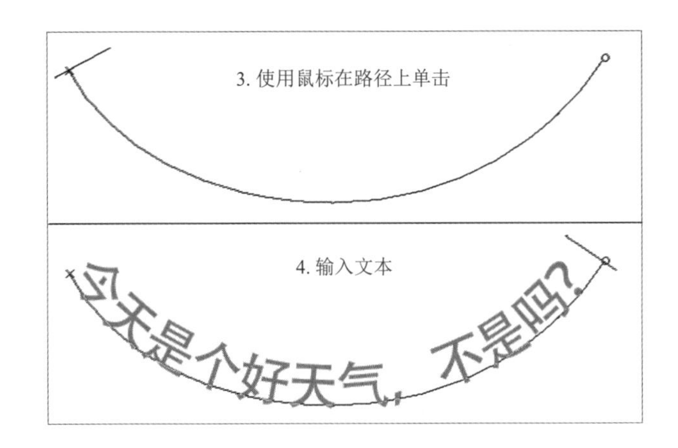

3.3.5 创建区域路径文本

使用文字工具在封闭的路径内单击，之后创建的文本将在封闭路径内部，即路径的轮廓变为段落文本的文本框，限制文本的走向，如下图所示。

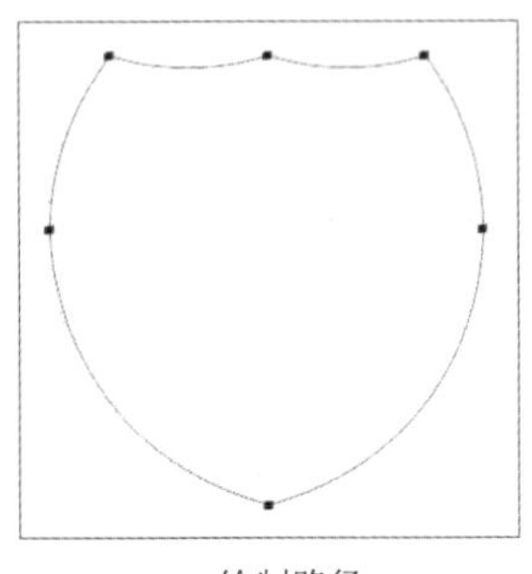
1. 绘制路径

2. 移动光标到封闭路径内部

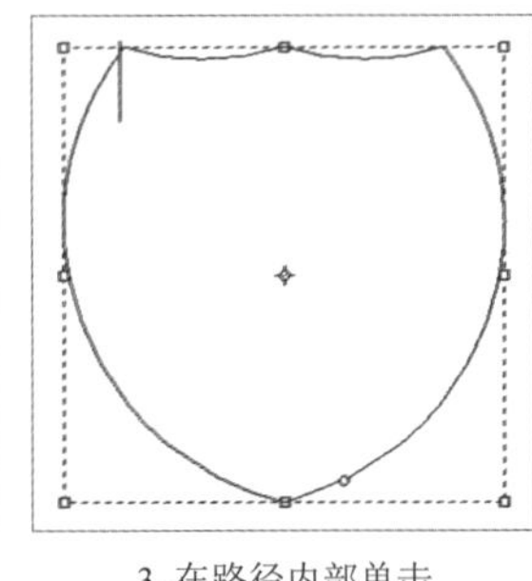
3. 在路径内部单击

4. 输入文本

上机实训：立方体字效设计

本案例要制作的是立方体字效，它是由高低不平的小立方体拼合在一起组成的文字效果。这种文字的立体效果是由图像的重复叠加形成的，为了使文字中的方块规则地排列，在背景中添加了网格加以辅助，下面开始该实例的制作。

步骤 01 新建文档，为文档的背景填充玫红色，如下图所示。

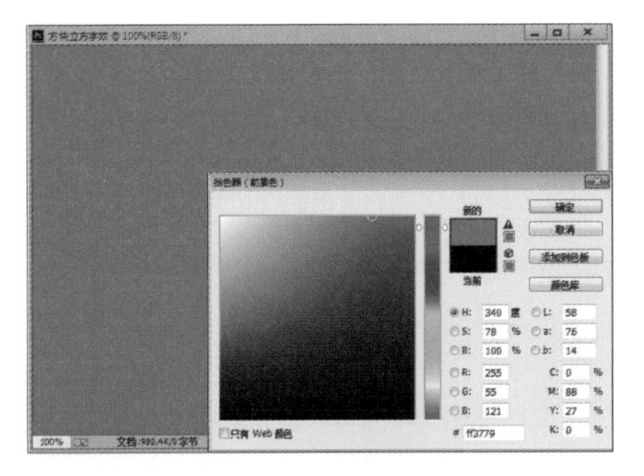

步骤 02 在“图层”面板中单击“创建新图层”按钮，新建“图层 1”，如下图所示。

步骤03 在工具箱中选择"直线工具"并在选项栏中设置相关参数，然后在"图层1"中绘制1像素粗的黑色网格线，如下图所示。

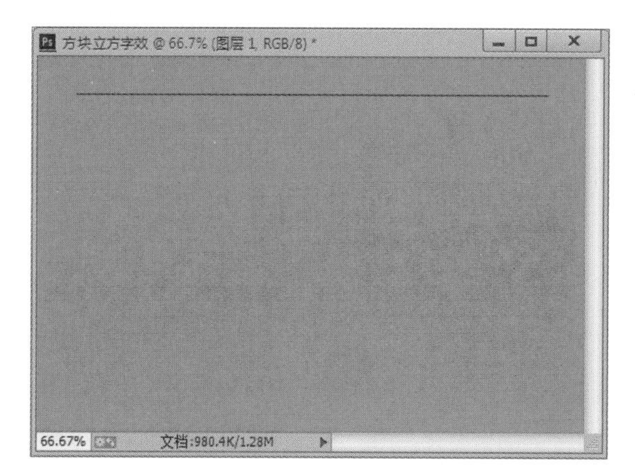

步骤04 按下键盘上的Ctrl+J组合键，将"图层1"复制，然后再按下Ctrl+T组合键，执行"自由变换"命令，按住Shift键的同时，再按下键盘上的向下方向键，将线条图像向下移动10个像素的距离，如下图所示。

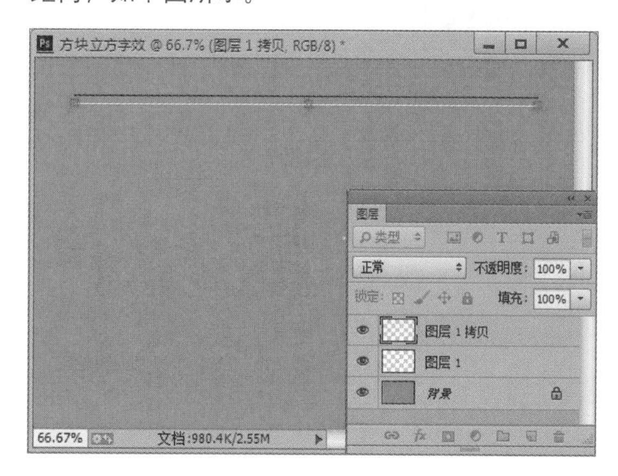

步骤05 确认变换操作后，按下Ctrl+Shift+Alt+T组合键，并重复多次，将线条多次复制，如下图所示。

步骤06 使用相同的方法绘制垂直的线条图案，如下图所示。最后将所有线条图层合并为"网格"图层。

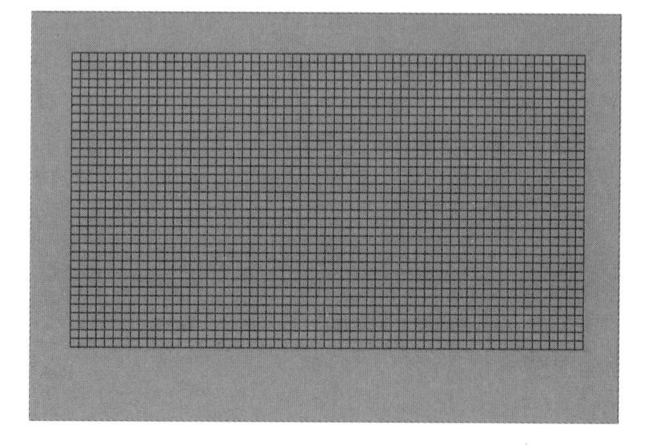

步骤07 使用"横排文字工具"在画面正中输入黑色的文本，如下图所示。

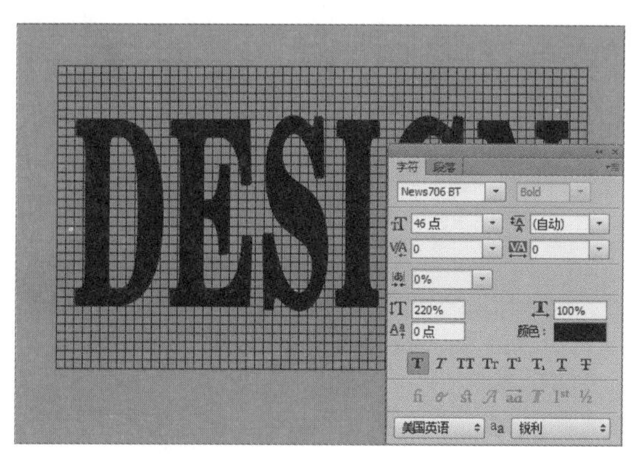

步骤08 将文本图层的不透明度设置为30%，单击选中"网格"图层，使用"魔棒工具"依据文本的轮廓，依次单击选中方格，如下图所示。

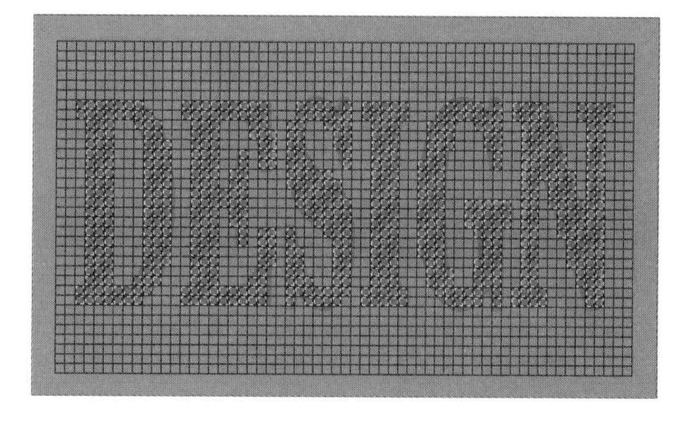

步骤 09 新建图层，使用深红色将选区填充，删除文字图层，并取消选区，如下图所示。

步骤 10 选中除“背景”图层外的所有图层，按快捷键Ctrl+T进行透视变形，如下图所示。

步骤 11 复制“图层1”，对副本执行“自由变换”命令，将图像向上移动1像素，向左移动2像素，如下图所示。

步骤 12 确认变换操作后，连续按10次快捷键Ctrl+Shift+Alt+T，复制、创建并变形图像，如下图所示。

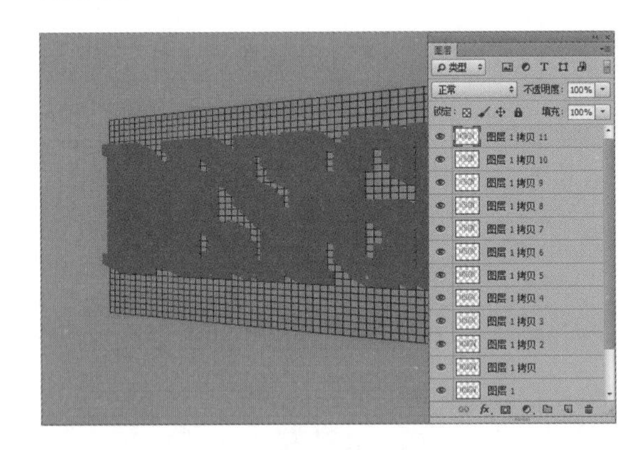

步骤 13 执行“色相/饱和度”命令，设置颜色为浅色，改变最上层图像颜色，最终效果如下图所示。

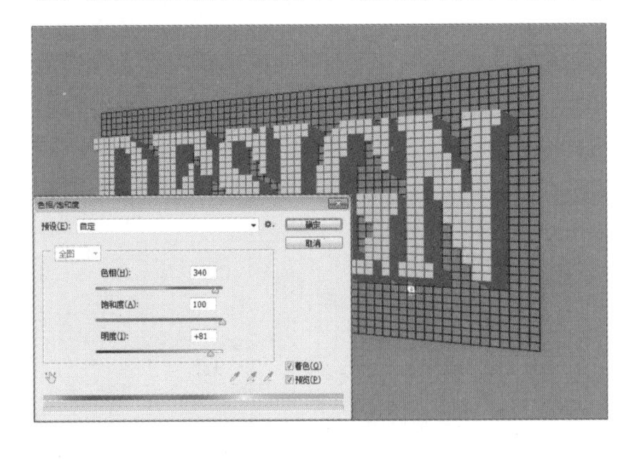

步骤 14 双击“图层1”，添加“投影”图层样式，为文本图像添加投影效果。至此，完成该字效的制作，最终效果如下图所示。

Chapter 04 图层

本章概述

图层是Photoshop创作的根本，因为有了图层，才可以实现不同图形图像的拼合，实现丰富多彩的设计图案。本章将对图层的基本操作、图层样式的添加等内容进行介绍。

知识要点

❶ 图层的类型
❷ 图层面板
❸ 图层的基本操作
❹ 图层样式
❺ 特殊效果的设计

4.1 图层概述

“图层”是Photoshop软件的核心功能，在图层上工作就像是在一张透明画布上画画，很多透明图层叠在一起，构成了一个多层图像。每个图像都独立存在于一个图层上，通过改动其中某一个图层的图像，不会影响到其他图层的图像。任何一幅优秀的作品都离不开图层的灵活运用。

4.1.1 图层的类型

执行“窗口>图层”命令，显示“图层”面板，如下图所示，这是打开一幅设计作品后显示的“图层”面板状态，从中可以查看到当前图像所包含的各种不同的图层类型，这些都是最常见的图层类型。快速、准确地识别图层类型，可以让设计者的工作更快捷。

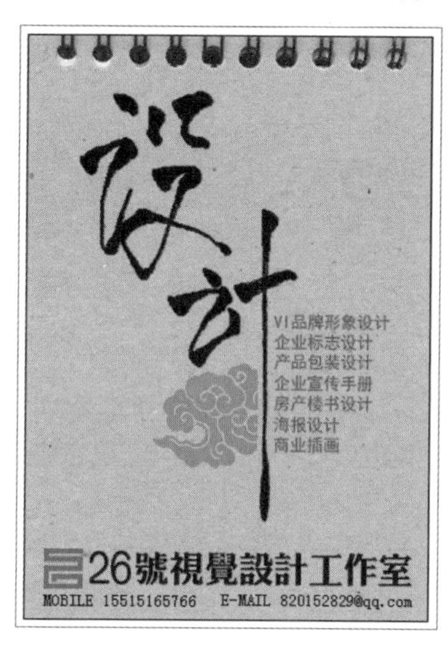

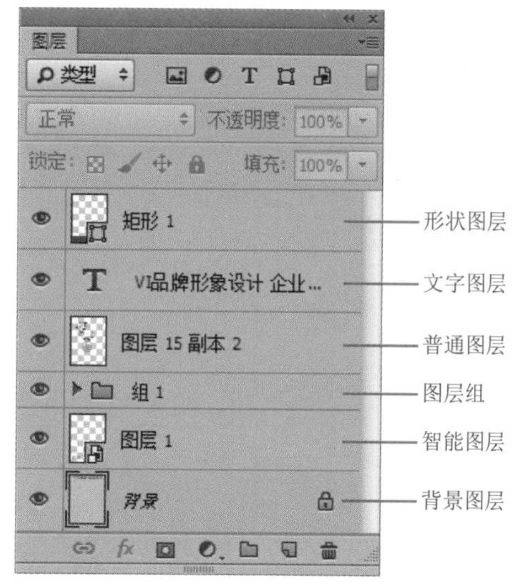

4.1.2 图层面板

在“图层”面板未显示的情况下，按下F7键，即可调出“图层”面板。接下来对“图层”面板内的功能选项进行介绍。

（1）图层类型按钮

通过单击5个不同的功能按钮，可定义图层中只显示哪些图层。如单击“调整图层滤镜”按钮，则“图层”面板中只显示所有的填充或调整图层，其他图层则暂时隐藏，如下左图所示；若单击“文字图层滤镜”按钮T，则“图层”面板中只显示文字图层，其他图层全部隐藏，效果如下右图所示。不论选择显示哪种图层类型，“图层”面板中隐藏的图层在视图中显示正常，但无法编辑。

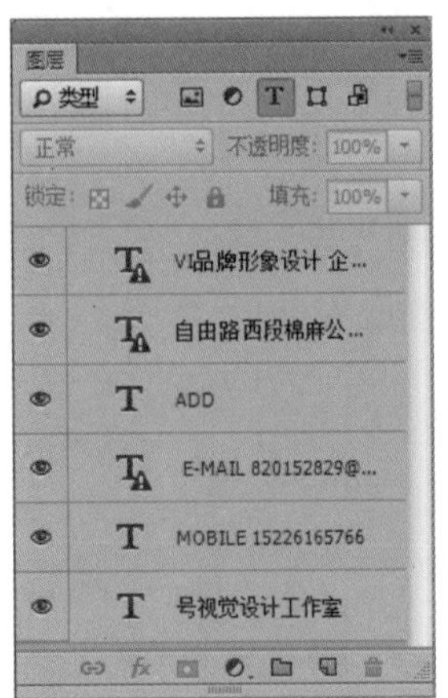

（2）图层混合模式

该选项决定当前图层的图像与其下面一层图像之间的混合形式，系统提供了23种模式可供选择。

（3）不透明度选项

可设置当前图层的不透明度，效果如下图所示。

20%

60%

100%

（4）锁定按钮

用来确定锁定图层的方式，可以单击锁定按钮锁定图层的透明像素（透明部分将无法绘制）、图像像素（图层中有图像的部分将无法使用画笔或修饰类工具进行编辑）、位置（无法移动位置），还可以将图层全部锁定（无法编辑），再次单击对应的锁定按钮就会解锁。

（5）填充选项

与不透明度选项相似，也是用来设置图层的不透明度，只不过“填充”选项影响的是图层中绘制的像素或图层上绘制的形状，不影响图层效果的不透明度；而“不透明度”选项会影响应用于图层的任何图层样式和混合模式。

（6）指示图层可见性

在“图层”面板中，每个图层的最左边都有一个小眼睛图标，表示此图层处于可见状态，单击该图标，眼睛图标消失，同时，在该图层上的图像也会被隐藏起来；再次单击眼睛图标则会重新显示图像。

（7）图层名称

显示各图层的名称，双击图层名称可更改其名称，或者执行“图层>重命名图层”命令，然后修改图层名称。

（8）图层缩览图

用以识别图层类别，并显示出当前图层的一些基本信息。图层缩览图的大小是可以调整的。单击“图层”面板右上角的扩展按钮，在弹出的菜单中选择“面板选项”命令，在打开的“图层面板选项”对话框中即可调整图层缩览图的大小。

4.2 图层的基本操作

图层是个相对抽象的概念，只能通过对图层的各种实际操作练习，去体会图层的各个功能。接下来从一些最简单的操作开始讲解。

4.2.1 选择图层

在“图层”面板中单击一个图层，即可将其选中，若再按住键盘上的Shift键单击另一个图层，则这两个图层及其之间的所有连续图层都将被选中。若按住键盘上的Ctrl键单击图层，可选中两个及两个以上的不相邻图层。

4.2.2 新建图层

在Photoshop软件中，通过单击“创建新图层”按钮创建出的图层称为普通图层，普通图层是透明的，可以在上面进行绘制，这是最基本的图层类型。下面介绍创建新图层的几种方法。

1. 选择“新建图层”命令

单击“图层”面板右上角的扩展按钮，在弹出的面板菜单中选择“新建图层”命令，打开“新建图层”对话框，如下左图所示，可以在其中设置新图层的名称、颜色、模式、图层不透明度等属性，设置完毕后单击“确定”按钮就可以创建出一个新图层，如下右图所示。也可以执行“图层>新建>图层”命令，通过弹出的“新建图层”对话框新建图层。

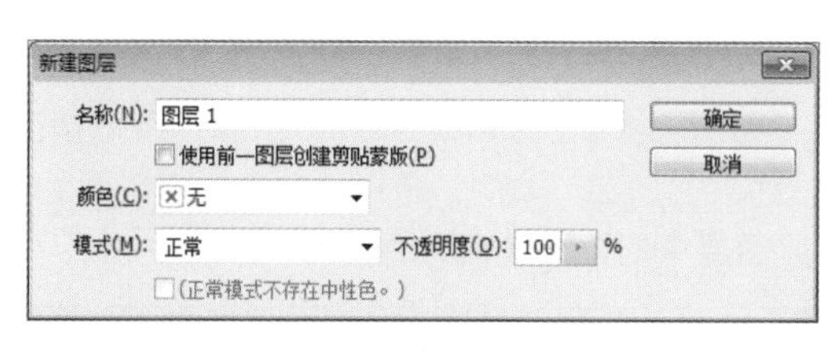

2. 单击“创建新图层”按钮

单击“图层”面板底部的“创建新图层”按钮，如下左图所示，即可直接在当前图层的上方创建出一个图层，并自动按顺序命名图层，这是最常用的新建图层的方法，如下右图所示。

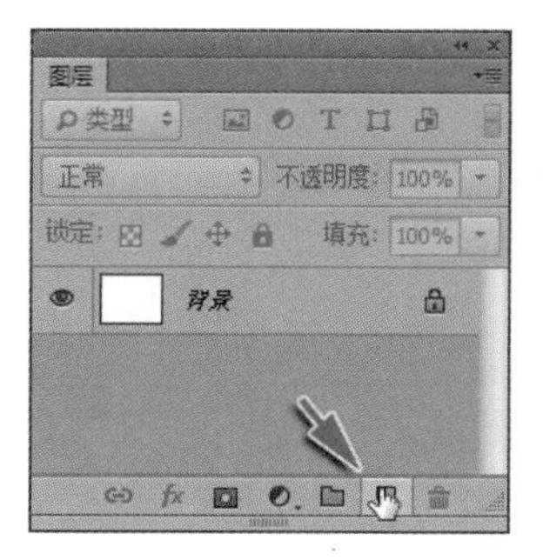

在按住Alt键的同时单击“创建新图层”按钮，会打开“新建图层”对话框，可在对话框中设置新图层的属性。

3. 从其他文档拖入图像

使用“移动工具”或是粘贴命令，将图像由其他文档拖动或粘贴到当前编辑的文档中，可以创建新的图层。

知识点拨

“新建图层”菜单命令的快捷键为Shift+Ctrl+N，“通过拷贝的图层”菜单命令的快捷键为Ctrl+J，“通过剪切的图层”菜单命令的快捷键为Shift+Ctrl+J。

4.2.3 删除图层

对于不需要的图层可以将其删除，选中要删除的图层，执行“图层>删除>图层”命令，会弹出一个对话框，如右图所示，单击“是”按钮，即可删除当前选中的图层。也可以选中图层后，直接按下键盘上的Delete键将图层删除。

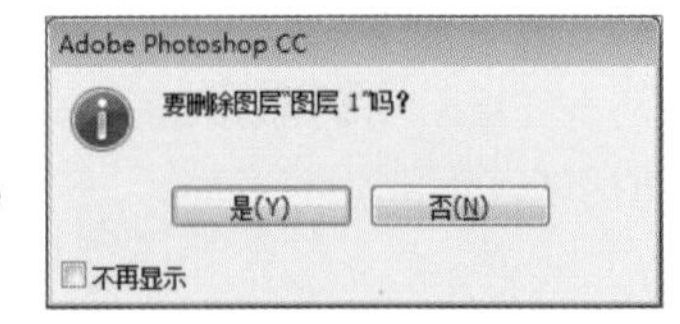

4.2.4 复制图层

复制图层就是创建一个与原图层一模一样的图层，复制的图层位于原图层的上方。

在“图层”面板中选择要复制的图层，执行“图层>复制图层”命令，弹出“复制图层”对话框，如下图所示，在其中可更改图层名称，并可以在“文档”下拉列表中选择复制到当前打开文档中的其中一个。设置完毕后直接单击“确定”按钮即可复制图层。

在“图层”面板中拖动要复制的图层到“图层”面板底部的“创建新图层”按钮上松开鼠标，可直接复制图层。如果执行“图层>新建>通过拷贝的图层”命令，将自动创建一个新图层，该图层是原选中图层的副本，图像在新图层中的位置与在原图层中的位置是相同的。

知识点拨

快速复制图层

使用“移动工具”可直接将要复制的图像拖动到另一个PSD格式文档中，完成两幅图像文档之间的复制。如果两幅图像文档的尺寸和分辨率相同，在拖动的时候按住Shift键，可以使复制的图像保持在同一位置。

4.2.5 合并图层

在设计创作中，有时需要将部分图层合并，以便继续编辑，而且合并图层可以减少文件中的图层数目，从而降低文件所占用的磁盘空间，提高操作速度。

在“图层”菜单下，有3项命令可实现图层合并，分别是“向下合并”、“合并可见图层”、“拼合图像”，如右图所示。

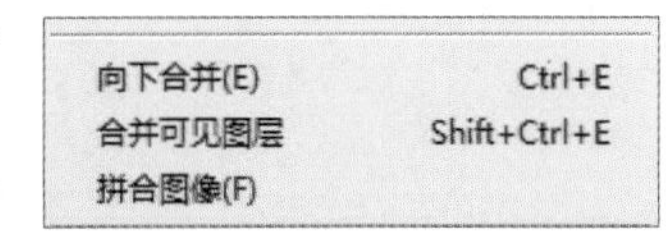

- **向下合并**：该命令可将当前图层合并到下方图层中去，只有在下方图层是可见的情况下，才能实现“向下合并”操作。当选中多个图

层时，该命令变为“合并图层”命令，可将选中的图层合并。“向下合并”命令快捷键为Ctrl+E。

- **合并可见图层**：该命令可将当前显示的所有图层合并，隐藏的图层不受影响。“合并可见图层”命令快捷键为Shift+Ctrl+E。
- **拼合图像**：将图像中所有的图层拼合到背景层上，如果没有背景层，将合并到最底图层上。如果在合并图像时中间有隐藏图层，将会弹出对话框提示是否丢弃隐藏的图层，如右图所示。单击“确定”按钮丢掉隐藏的图层，将所有图层合并；单击“取消”按钮，则所有图层保持原状不变。

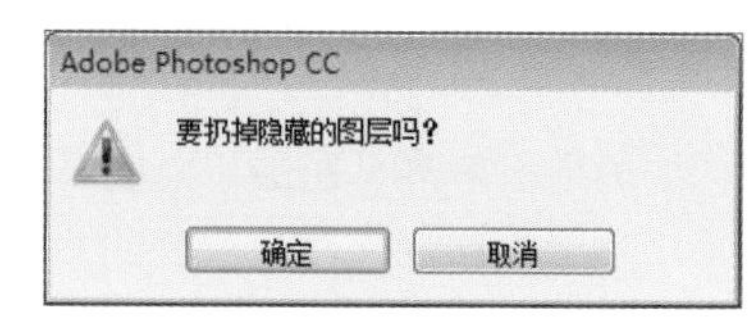

4.2.6 图层的对齐与分布

可以根据需要重新调整图层内图像的位置，使它们按照一定的方式沿直线自动对齐或者按一定的比例分布。

1. 对齐图层

要对齐图层必须是选择两个或者两个以上的图层，然后选择“移动工具”，其选项栏中的对齐工具按钮将被激活，如下左图所示。

各个按钮功能含义如下。

- **顶对齐**：将所有选定图层内图像依照最顶端像素对齐。
- **垂直居中对齐**：将所有选定图层内图像在垂直方向上居中对齐。
- **底对齐**：将所有选定图层内图像依照最底端像素对齐。
- **左对齐**：将所有选定图层内图像依照最左端像素对齐。
- **水平居中对齐**：将所有选定图层内图像在水平方向上居中对齐。
- **右对齐**：将所有选定图层内图像依照最右端像素对齐。

2. 分布图层

分布图层命令用来调整多个图层之间的距离，同时选择3个或者3个以上的图层，选择“移动工具”，其选项栏中的分布按钮就会被激活，如下右图所示。

各个按钮功能含义如下。

- **按顶分布**：从每个图层最顶端的像素开始，间隔均匀地分布图层内图像。
- **垂直居中分布**：从每个图层的垂直中心像素开始，间隔均匀地分布图层内图像。
- **按底分布**：从每个图层最底端的像素开始，间隔均匀地分布图层内图像。
- **按左分布**：从每个图层最左端的像素开始，间隔均匀地分布图层内图像。
- **水平居中分布**：从每个图层的水平中心开始，间隔均匀地分布图层内图像。
- **按右分布**：从每个图层最右端的像素开始，间隔均匀地分布图层内图像。

4.2.7 创建与编辑图层组

在Photoshop中，为了方便管理图层，可以将多个图层放在一个图层组中共同管理。

1. 创建图层组

执行“图层>新建>组”命令，弹出“新建组”对话框，如下图所示，可以根据个人所需设置图层组信息。设置完毕后单击“确定”按钮，即可创建图层组。按住Alt键单击“创建新组”按钮，也会弹出“新建组”对话框，单击“确定”按钮，即可新建图层组。

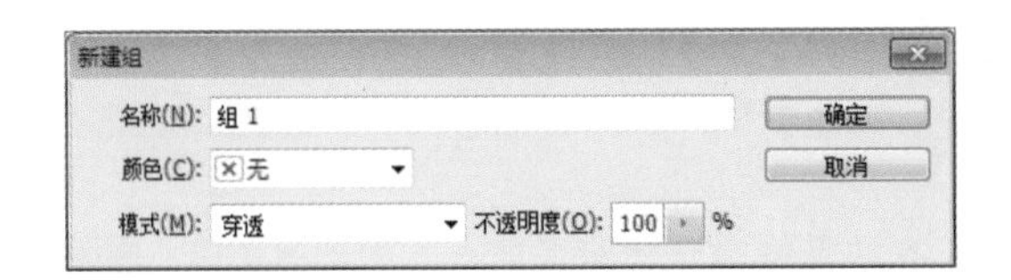

另外，单击“图层”面板底部的“创建新组”按钮，将会直接创建出图层组，名称为默认的“组1”，以此类推。创建出图层组后的效果如下左图所示，可以将图层拖动到图层组中，如下中图所示，编组效果如下右图所示。

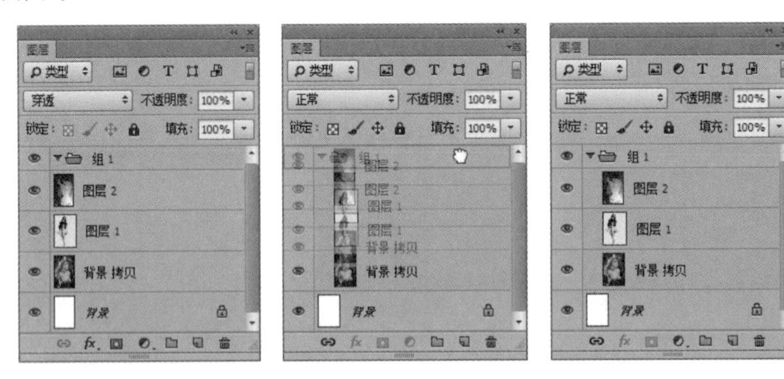

选中要放在同一个组的图层，执行“图层>新建>从图层建立组”命令，弹出“从图层新建组”对话框，如下图所示。在其中进行相关设置后单击“确定”按钮，即可将选中的图层直接放入此处命名的同一图层组中。

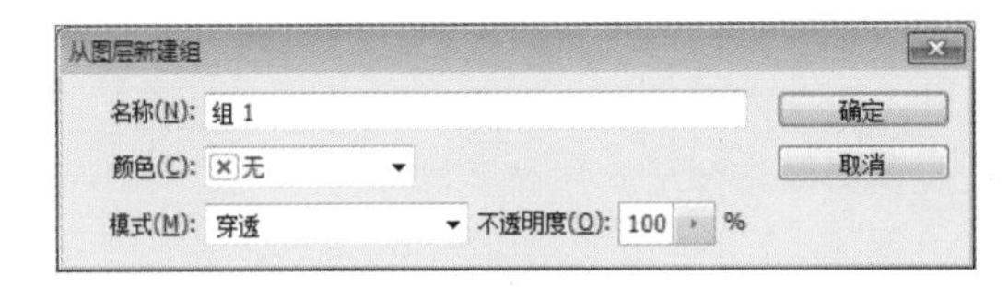

新建的图层组会在当前图层上方显示，且图层组默认情况下为打开状态，此时若新建图层会自动添加到图层组里。关闭图层组后新建的图层将在图层组上方显示。

2. 编辑图层组

创建图层组之后，可以对图层组进行添加、复制、删除、锁定等编辑操作。

(1) 移动图层组

选择“移动工具”，在其选项栏中勾选“自动选择”复选框，然后在后面的下拉列表中选择“组”选项，此时选中一个图层组后可在视图中随意对整个图层组进行移动。

(2) 移动图层到图层组

想要将图层加入到图层组内，可以使用“移动工具”拖动图层到图层组名称上，当图层组高亮显示时松开鼠标，图层即可加入到图层组中，并且位于图层组的最下方，如下图所示。

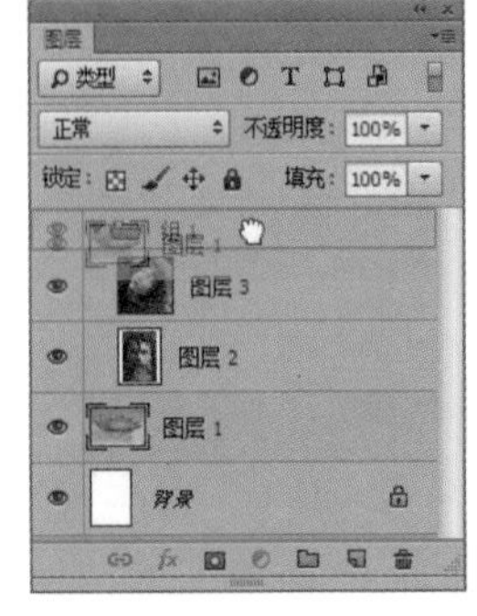

（3）复制图层组

执行“图层>复制组”命令，弹出“复制组”对话框，如下左图所示，在其中设置所需信息后单击“确定”按钮，即可复制图层组。另一种方法就是在“图层”面板中拖曳要复制的图层组到底部的“创建新图层”按钮上完成复制，此时不会弹出对话框，复制的图层组名称为系统默认名称。

（4）删除图层组

如果不再需要图层组来管理图层，可以执行“图层>删除>组”命令，在弹出的对话框中根据个人所需，删除相应内容，如下右图所示。

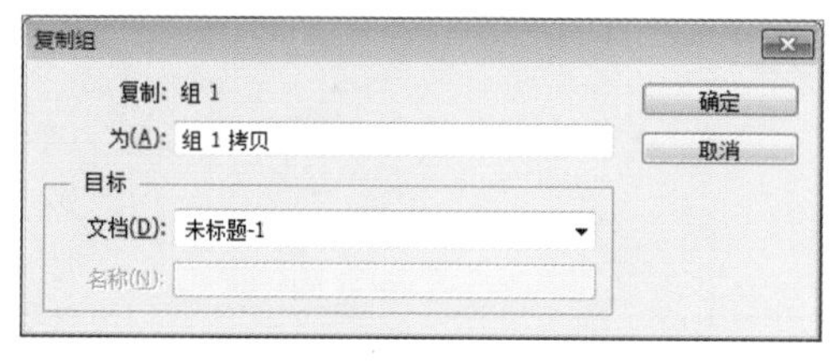

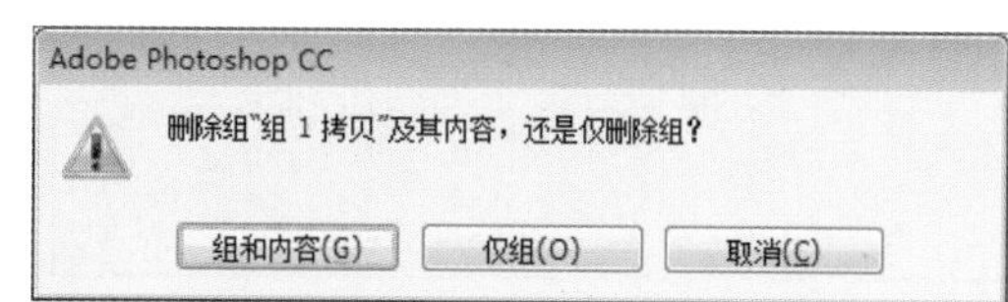

单击“组和内容”按钮，将删除整个图层组，包含组内的所有图层；单击“仅组”按钮，则只删除图层组，组内的图层不删除；单击“取消”按钮，则取消本次删除操作。

4.3 添加图层样式

在Photoshop中可以为图层添加各种各样的图层样式，如投影、浮雕、发光等，从而丰富画面的视觉效果，如下图所示，其中的水晶文字效果就是使用图层样式编辑出来的。

4.3.1 图层样式概览

Photoshop中任何类型的图层，不管是普通图层、文字图层、形状图层还是各种调整图层，都可以添加图层样式。执行“图层>图层样式>投影”命令，打开“图层样式”对话框，如下左图所示。

在“图层样式”对话框中，左边一栏是各种效果列表，中间的则是设置各种效果的参数，在右边的小窗口中就是所设置图像样式的预览窗口。

除了10种默认的图层样式之外，“图层样式”对话框中还有两种额外的选项“样式”和“混合选项”。在“图层样式”对话框中选择“样式”选项，会出现很多种预设的样式选项可供选择，如下右图所示。“样式”选项区域中显示了所有存储在“样式”面板中的样式，直接单击就可以将其应用到图层中。在“图层”面板中双击图层名称右侧的空白处，可直接打开“图层样式”对话框。

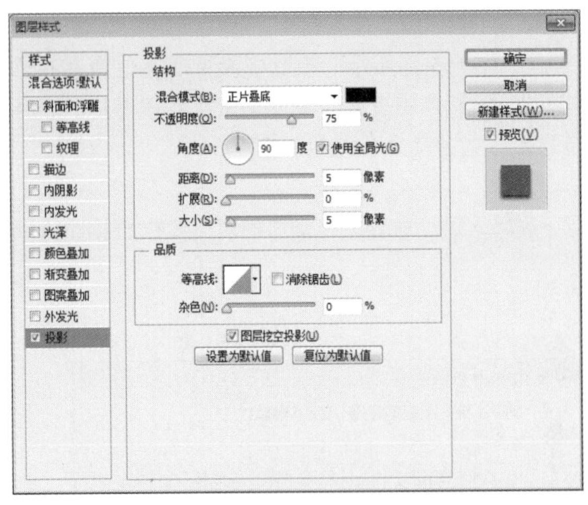

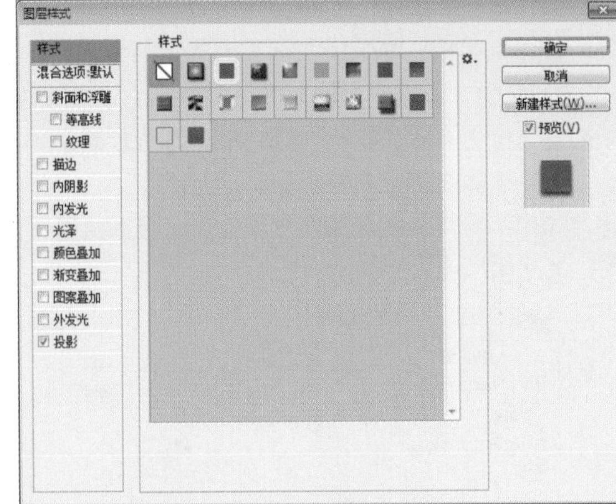

“图层样式”对话框内的10种样式中，有很多相同的选项设置，下面一并进行介绍。

- **混合模式**：提供不同的混合模式选项以供选择。
- **色彩样本**：有助于修改阴影、发光和斜面等的颜色。
- **不透明度**：减小其值将产生透明效果（0=透明，100=不透明）。
- **角度**：控制光源的方向。
- **使用全局光**：可以修改对象的阴影、发光和斜面角度。
- **距离**：确定对象和效果之间的距离。
- **扩展**：主要用于“投影”和“外发光”样式，从对象的边缘向外扩展效果。
- **阻塞**：常用于“内阴影”和“内发光”样式，从对象的边缘向内收缩效果。
- **大小**：确定效果影响的程度，以及从对象的边缘收缩的程度。

4.3.2 编辑图层样式

添加图层样式后，该图层的右侧将会出现“指示图层效果”标识，如下左图所示，单击黑色三角按钮，将会展开或是折叠起图层效果，如下中图和下右图所示。可直接将图层样式拖至“删除图层”按钮处松开鼠标，删除图层样式。

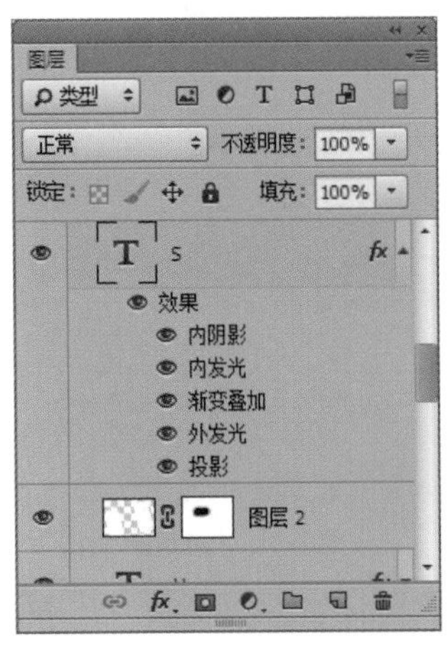

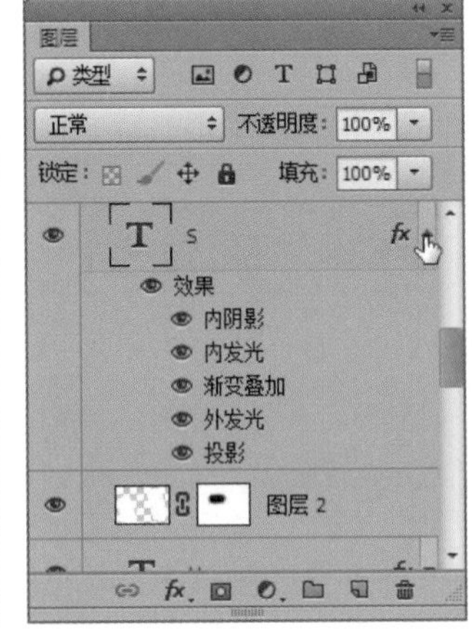

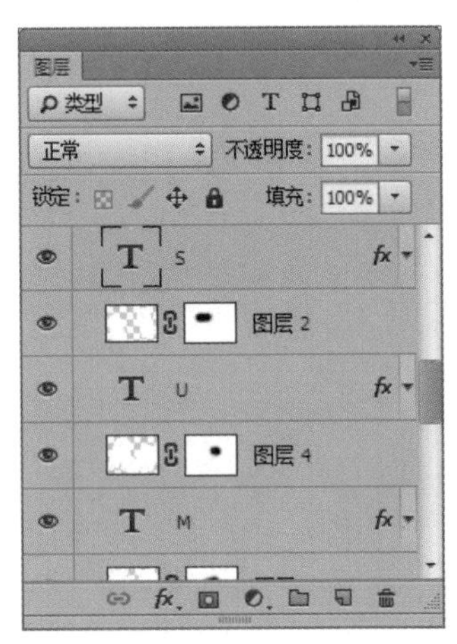

在图层样式中的10种图层效果，能够使当前图层获得不同光照、阴影、颜色填充、斜面与浮雕等特殊效果。下面介绍各种图层效果的使用方法。

（1）投影

就是添加图像阴影效果，根据个人需要在参数设置区中设置自己想要的阴影效果，其中主要依靠

"距离"控制阴影和图像之间的距离，用"大小"控制阴影柔化的程度，通过"不透明度"选项来控制投影的透明度，如下图所示。

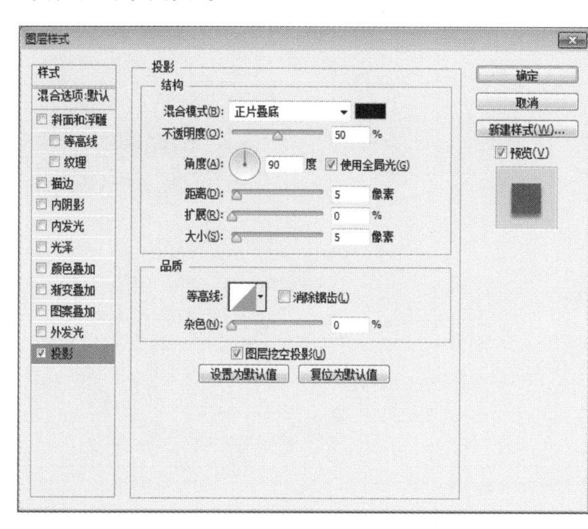

(2) 内阴影

为当前图层中的图像添加内阴影效果，使图像内部产生投影变化，如下图所示。

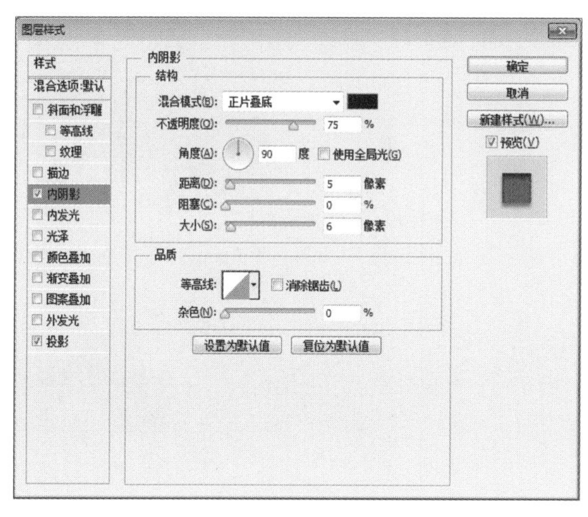

(3) 外发光

该样式可使图像的外部产生发光效果，如下图所示。

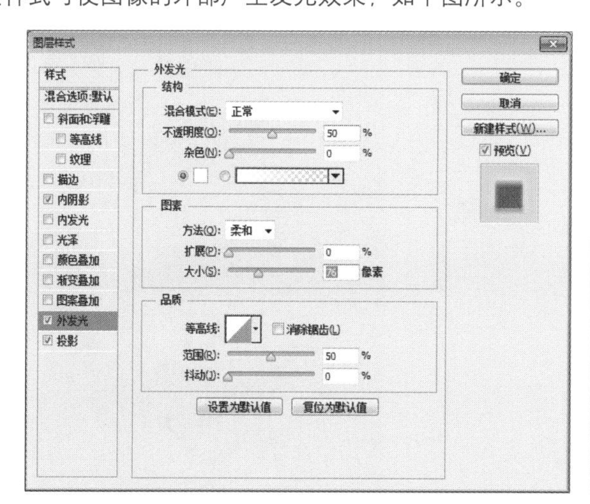

(4) 内发光

使图像边缘的内部产生发光效果，与“外发光”效果相似，如下图所示。

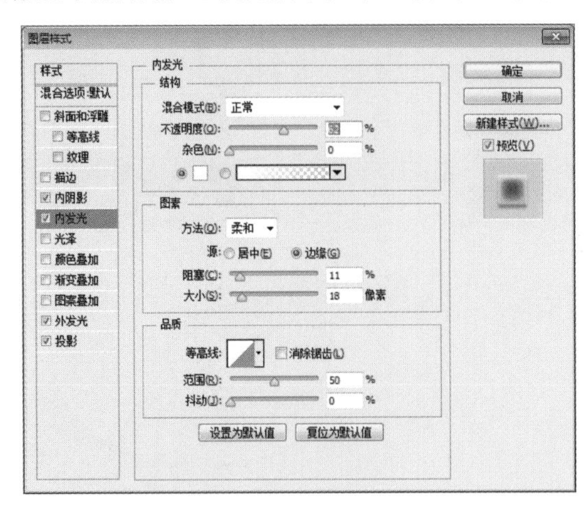

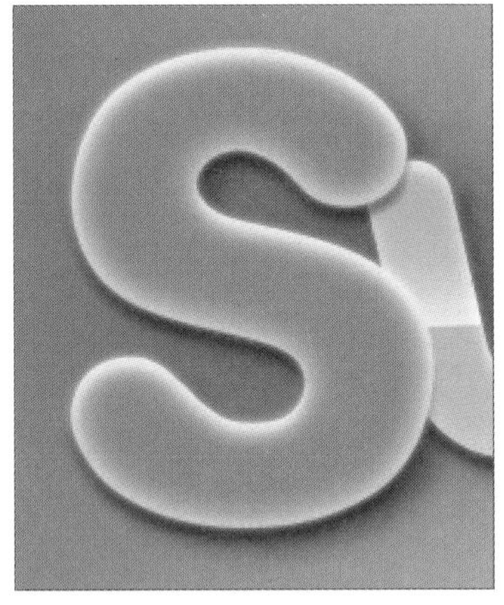

(5) 斜面和浮雕

该样式用于模拟浮雕效果，如下图所示。该效果共包括“外斜面”、“内斜面”、“浮雕效果”、“枕状浮雕”和“描边浮雕”5种浮雕样式，选择不同的选项可产生不同的浮雕效果。

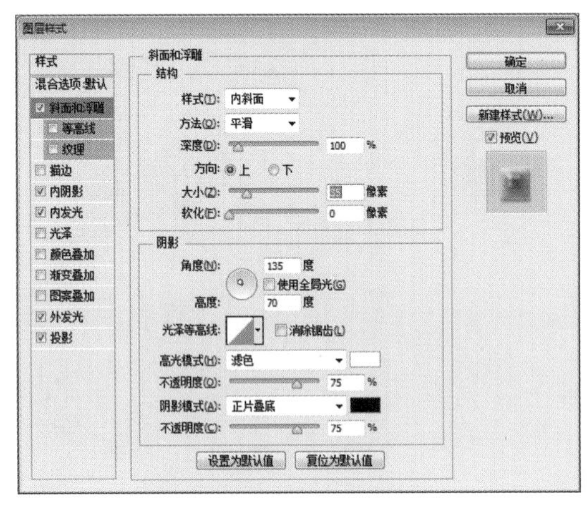

(6) 光泽

使当前图层中的图像产生类似光泽的效果。将对图层对象内部应用阴影，与对象的形状互相作用，通常创建规则波浪形状，产生光滑的磨光及金属效果，如下图所示。

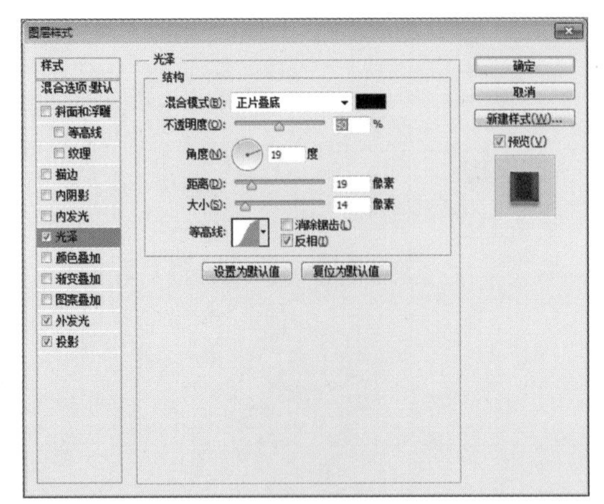

(7) 渐变叠加

在当前图层的上方覆盖一种渐变色，使其产生渐变填充效果，如下图所示。在“渐变叠加”效果设置界面中单击渐变条即可打开“渐变编辑器”对话框，可对渐变颜色进行手动调整。

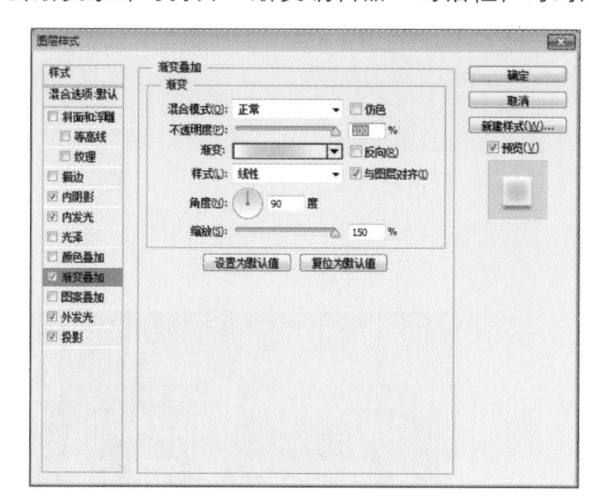

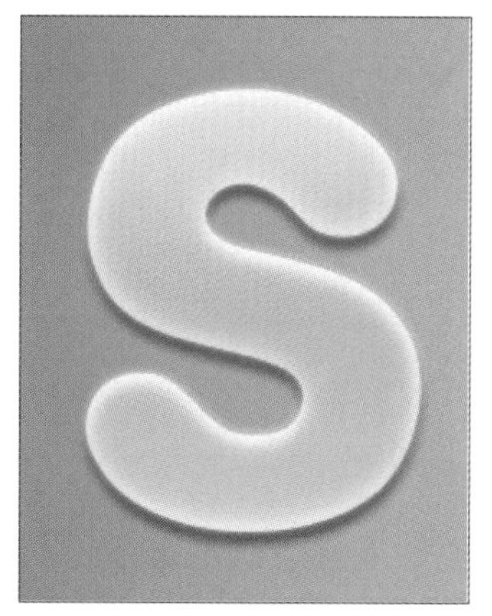

(8) 颜色叠加

在当前图层的上方覆盖一种颜色，对颜色可设置不同的混合模式及不透明度，使当前图像产生类似于纯色填充图层所产生的特殊效果，如下左图所示。

(9) 图案叠加

该效果可以在当前图层的上方覆盖不同的图案，如下右图所示。

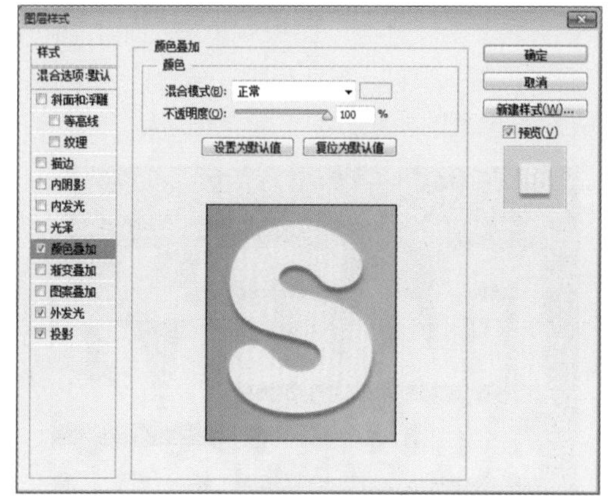

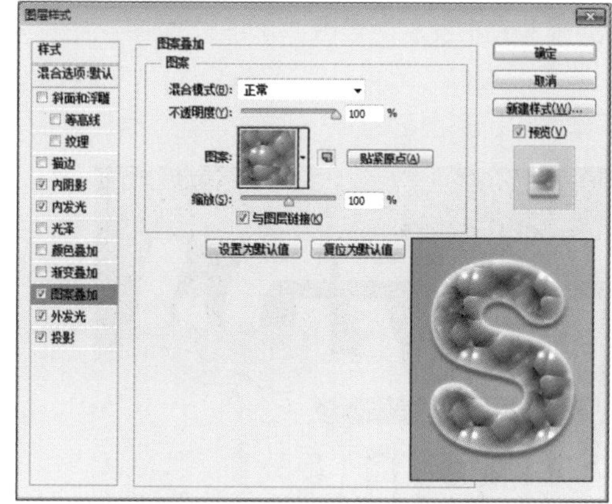

(10) 描边

为当前图像添加描边，该描边可以是纯色，也可以是图像或渐变色，如下图所示。

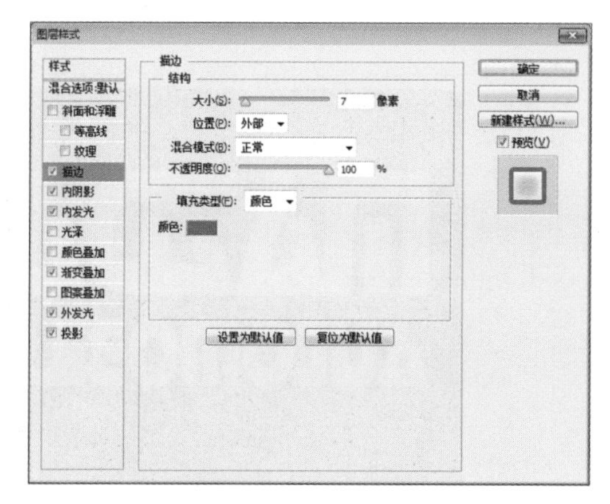

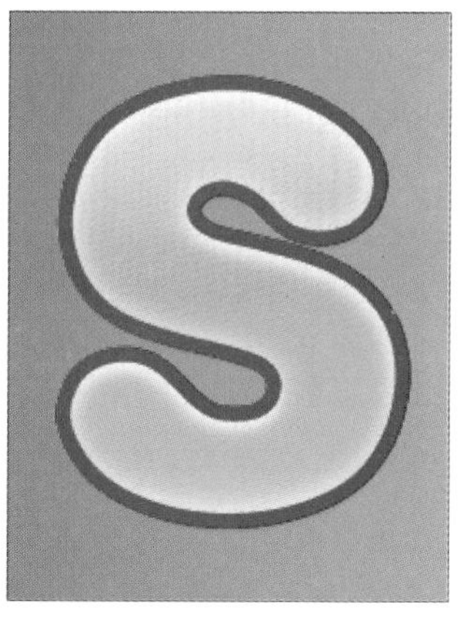

上机实训：灯箱字效设计

本案例要设计制作的是灯箱字效，即灯箱招牌的文字效果图。该字效的制作主要通过在通道中编辑文字外形，然后利用多次复制的操作，得到立体的文字，最后通过添加图层样式，实现灯箱的发光效果。

步骤 01 新建宽高分别为9厘米和7厘米、分辨率为200像素/英寸的新文档，使用偏黄的灰色填充背景，效果如下图所示。

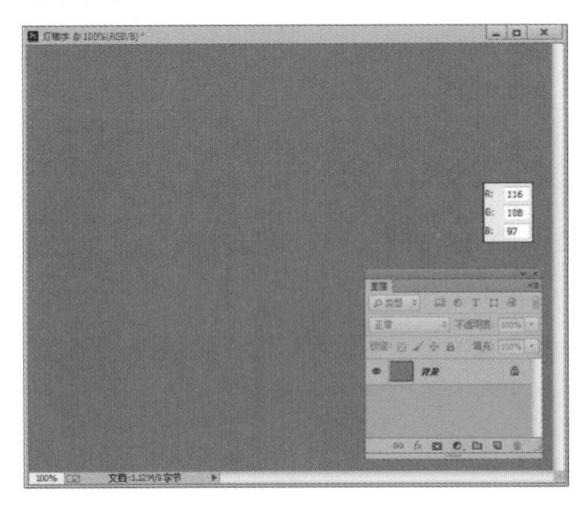

步骤 02 打开“灯箱字体图像.psd”文件，将文字图像拖入新建的文档中，如下图所示。

步骤 03 载入文本图层的选区，单击“通道”面板中的“将选区存储为通道”按钮，将文字选区存储在通道中。然后取消选区，如下图所示。

步骤 04 在“通道”面板中单击Alpha 1通道，执行“滤镜>模糊>高斯模糊”命令，为图像添加半径为3像素的模糊效果，如下图所示。

步骤 05 执行“图像>调整>色阶”命令，调整通道中的图像效果，如下图所示。

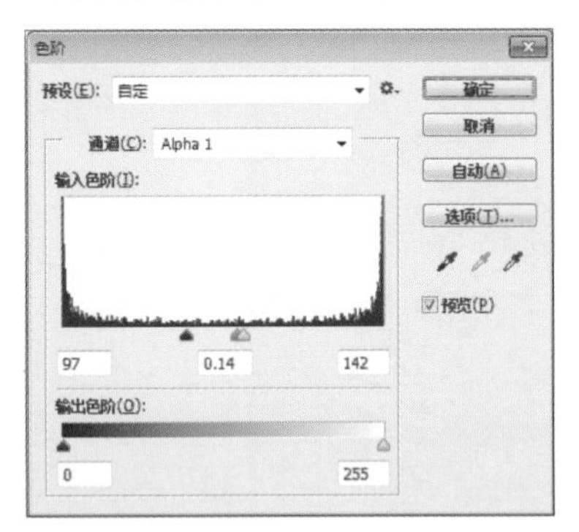

步骤 06 得到边角圆滑的文字效果，如下图所示。

步骤07 将Alpha 1通道的选区载入，回到“图层”面板，将文本图像所在图层删除，新建“图层1”，如下图所示。

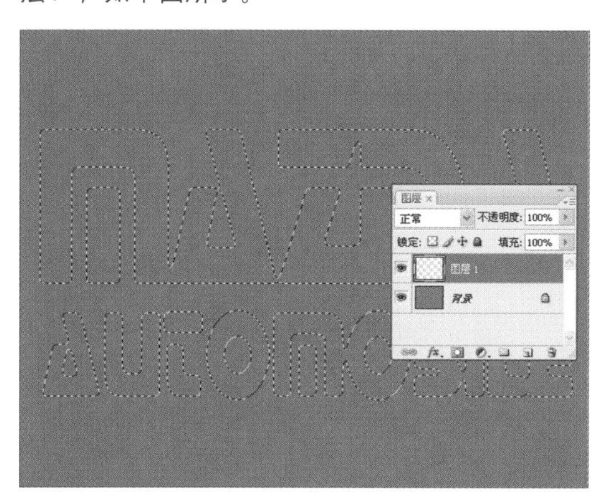

步骤08 在“图层”面板中新建图层，使用深蓝色（R:2、G:9、B:35）填充选区，然后取消选区，如下图所示。

步骤09 复制“图层1”，执行“编辑>自由变换”命令，将图像向上移动1像素，向左移动2像素，如下图所示。

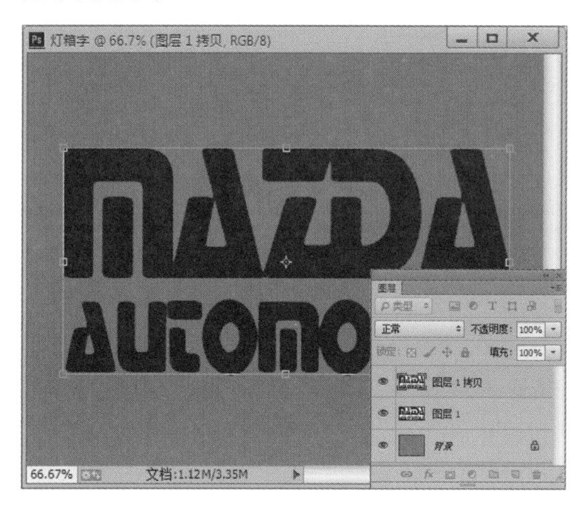

步骤10 按下Ctrl+Shift+Alt+T组合键多次，复制多个文本图层，得到如下图所示的图像效果。

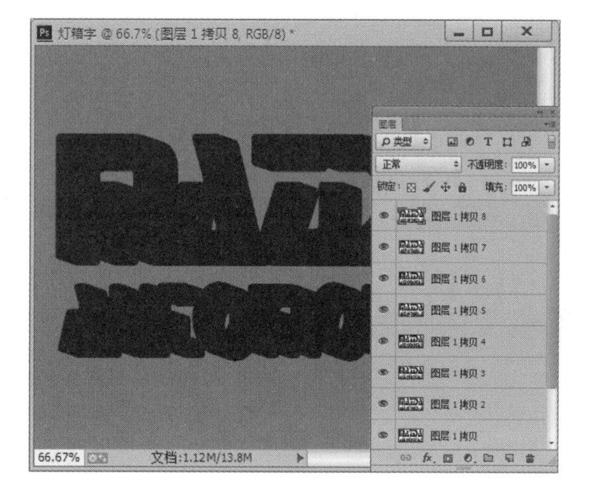

步骤11 保持最顶层的副本为选中状态，执行“图像>调整>色相/饱和度”命令，对图像添加颜色，如下图所示。

步骤12 在“图层”面板中，选中所有关于文本图像的图层，单击“链接图层”按钮，效果如下图所示。

步骤 13 执行“编辑>自由变换”命令，按住Ctrl键拖动变换柄，调整图像形状，如下图所示。

步骤 14 双击位于“图层”面板最顶层的图层，打开“图层样式”对话框，如下图所示。

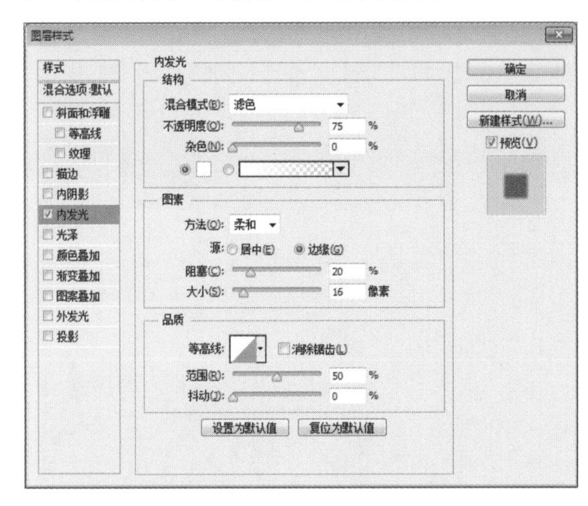

步骤 15 为图像添加内发光样式，如下图所示。

步骤 16 在“图层样式”对话框中，启用“外发光”样式，如下图所示。

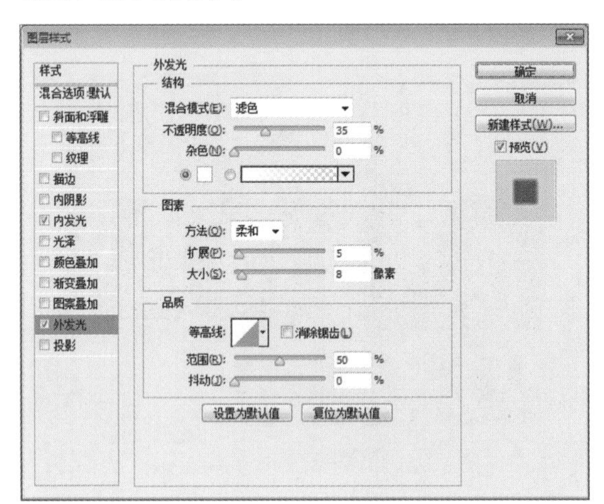

步骤 17 为图像添加外发光效果，效果如下图所示。

步骤 18 在“图层样式”对话框中再添加“渐变叠加”样式，如下图所示。

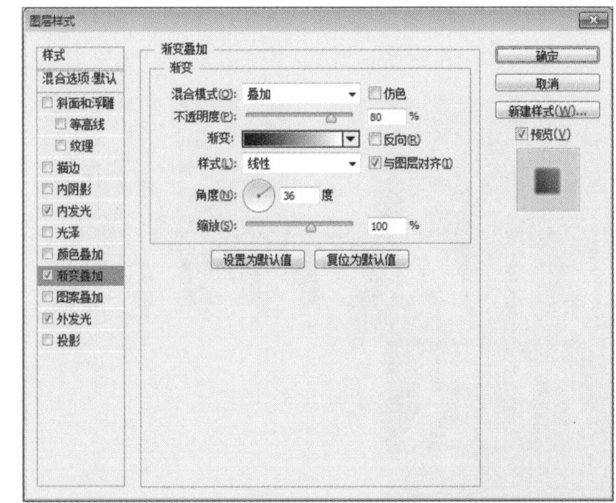

步骤19 设置渐变的混合模式为“叠加”，效果如下图所示。

步骤20 打开光盘中的素材图片“砖墙.jpg”，使用“移动工具” 将图像移动到灯箱字文档中，如下图所示。

步骤21 执行“编辑>自由变换”命令，按住Ctrl键的同时拖动控制柄，对图像进行变形操作，如下图所示。

步骤22 执行“图像>调整>反相”命令，将图像颜色反转，如下图所示。

步骤23 在“图层”面板中，将砖墙图像所在的“图层2”的不透明度设置为50%，如下图所示。

步骤24 双击“图层1”，打开“图层样式”对话框，为该图层添加“投影”样式，如下图所示。

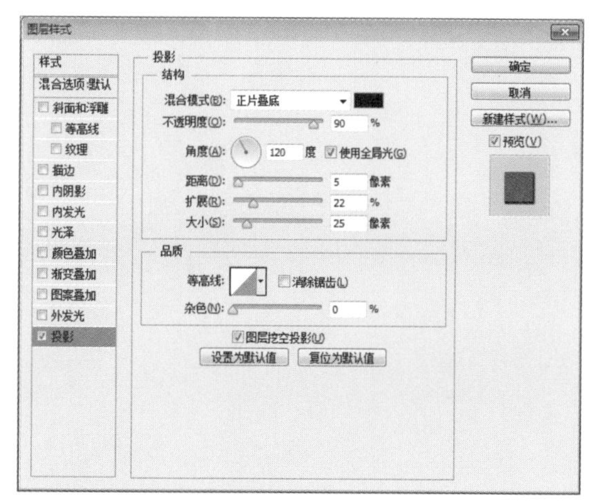

步骤 25 添加投影样式后的效果如下图所示。

步骤 26 在“图层”面板的顶层添加“曲线”调整图层，参数设置如下图所示。

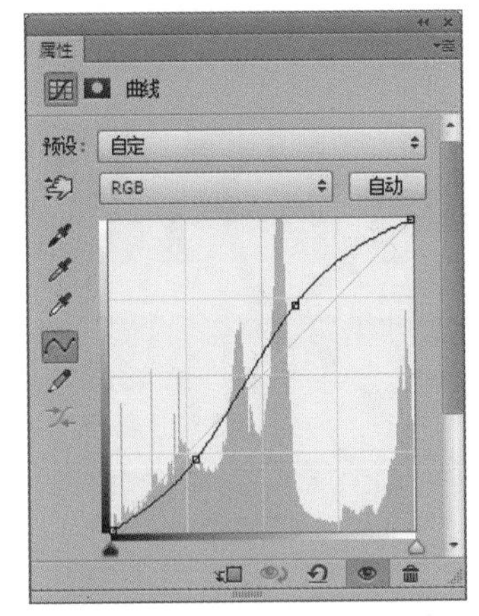

步骤 27 调整图像颜色，效果如下图所示。

步骤 28 再添加“色相/饱和度”调整图层，降低图像的饱和度，参数设置如下图所示。

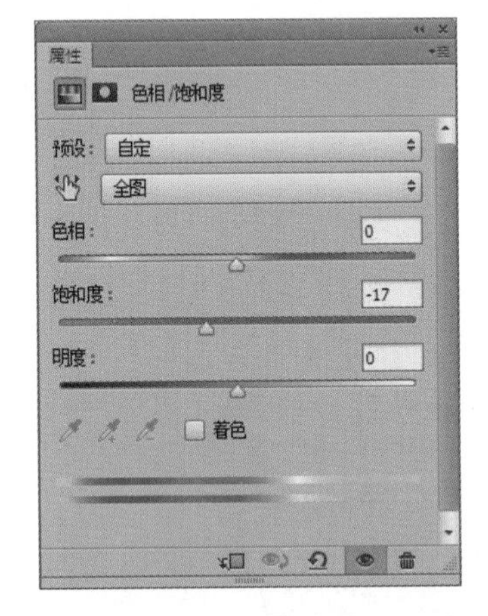

步骤 29 至此，得到最后的灯箱字图像效果，如右图所示。

Chapter 05 路径

本章概述

路径绘制是图案设计时必不可少的一种操作，比如绘制卡通图形、标志图形、VI系统、卡证图案、包装设计等，都可以通过绘制路径得到需要的图案效果。本章将讲述路径的使用方法和技巧。

知识要点

1. 路径的创建
2. 路径的调整
3. 路径的编辑
4. 路径与选区的转换
5. 应用路径

5.1 路径概述

路径是具有矢量特征的直线或曲线，是矢量对象的轮廓。Photoshop软件中提供了众多用于生成、编辑、设置路径的工具组，它们位于Photoshop软件的工具箱中，其中包括钢笔工具组、路径选择工具组、形状工具组。钢笔工具组中工具可以绘制、编辑路径，还可以创建出任意形状的路径。路径选择工具组中工具用来调整路径外观和移动路径的位置，可以对单个的锚点或是整个路径段进行位置上的编辑。形状工具组中工具主要用来绘制形状，也可以通过调整选项栏中的设置，绘制出路径。

5.2 路径的创建

Photoshop软件中，创建路径的主要方法还是依靠钢笔工具组，下面来看一下如何创建路径。

5.2.1 使用钢笔工具

“钢笔工具”是最基本的路径绘制工具，设计师可以使用它创建或编辑直线、曲线及自由的线条、形状。

当使用“钢笔工具”绘制路径时，在视图中每单击一次就创建了一个锚点，并且这个锚点与上一个锚点之间以直线连接。用“钢笔工具”绘制出的矢量图形称为路径，如下左图所示。如果使用“钢笔工具”在页面中单击，在另一位置继续单击并拖动鼠标，则会创建出曲线路径，如下右图所示。当起始点与终点的锚点重合时，鼠标指针会变成形状，此时单击鼠标，系统会将路径创建成封闭路径。

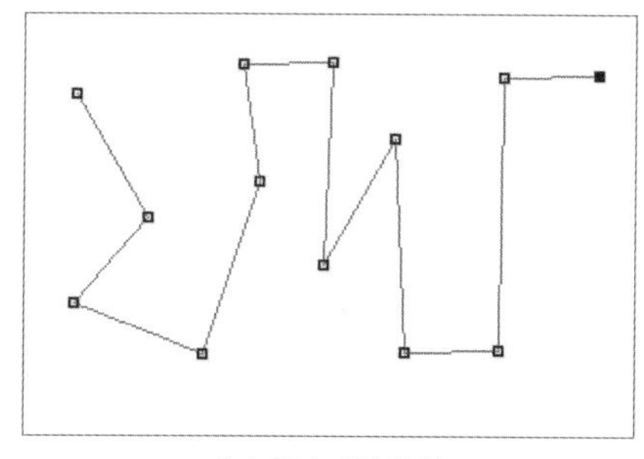

单击创建直线路径

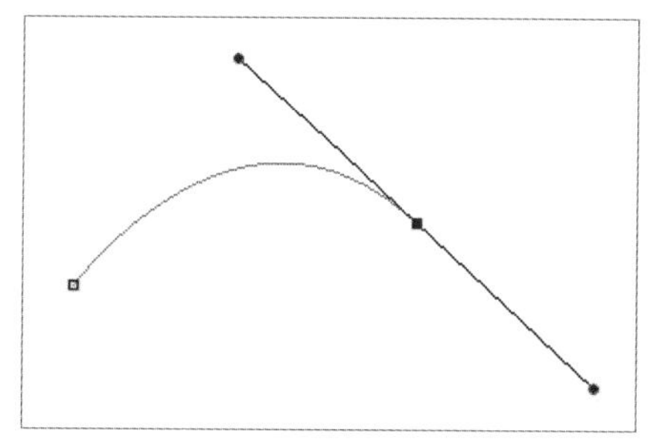

单击并拖动创建曲线路径

使用“钢笔工具”在画布上连续单击并拖动绘制出路径，通过单击工具箱中的“钢笔工具”可以结束该路径段的绘制，也可以按住Ctrl键在画布的任意位置单击来结束绘制，此时绘制的是未封闭的路径，如下左图所示。

如果要绘制封闭的路径，则将鼠标光标靠近路径起点，当光标旁边出现一个小圆圈时，单击鼠标就可以将路径闭合，如下右图所示。

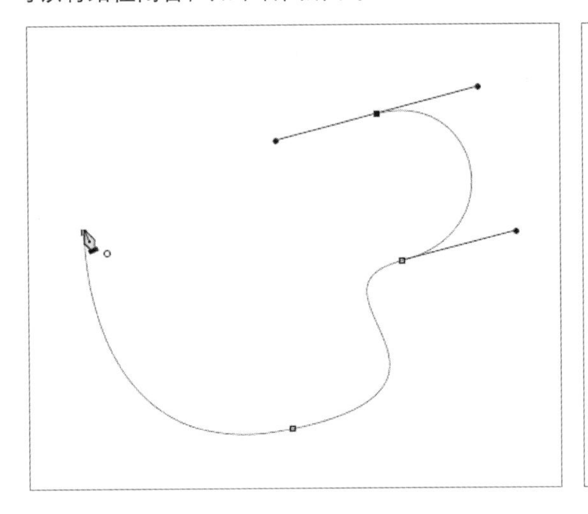
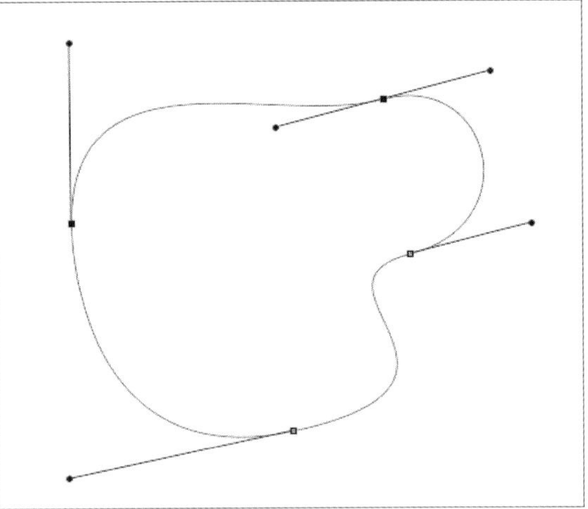

在创建锚点时，单击并拖曳会出现控制柄，通过单击并拖动控制柄一端的黑点，可以调节该锚点两侧或一侧的曲线弧度，如下图所示。需要注意的是，当需要调整控制柄时，应该选择“直接选择工具”来实现。

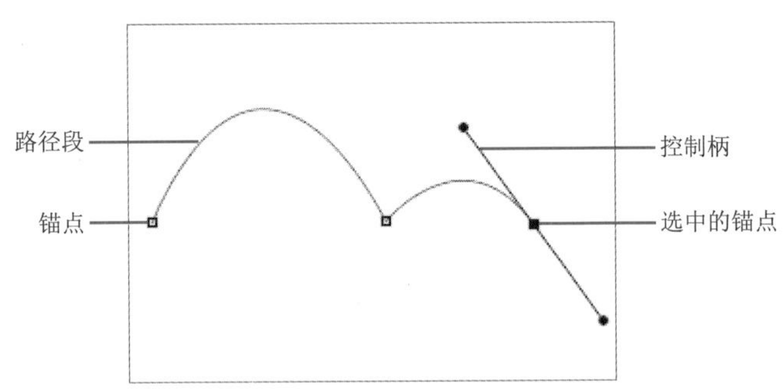

在使用“钢笔工具”绘制路径时，按住键盘上的Ctrl键可暂时切换到“直接选择工具”，此时可以调整选中锚点的位置及控制柄的位置，如下图所示。

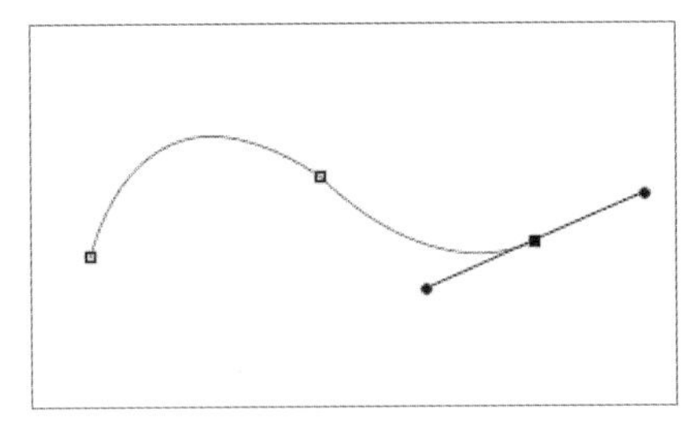
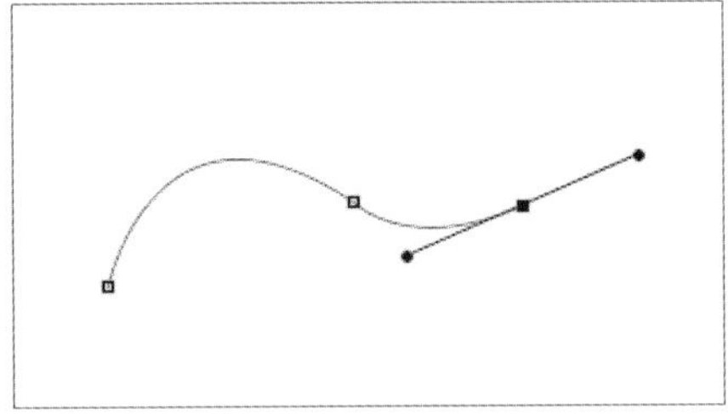

在使用“钢笔工具”绘制路径时，按住键盘上的Alt键可切换到“转换点工具”。

5.2.2 使用自由钢笔工具

使用“自由钢笔工具”可以像在画布上画图一样自由地绘制路径，只需按住鼠标左键拖动即可。在绘制路径的过程中，系统会自动根据曲线的走向添加适当的锚点。

选中工具箱中的“自由钢笔工具”，其选项栏如下图所示。

勾选“磁性的”复选框，“自由钢笔工具”就具有了和“磁性套索工具”相似的磁性功能，如下左图所示。在单击确定路径起始点后，沿着图像边缘移动光标，系统会自动根据颜色反差建立路径，效果如下右图所示。

5.2.3 使用路径面板

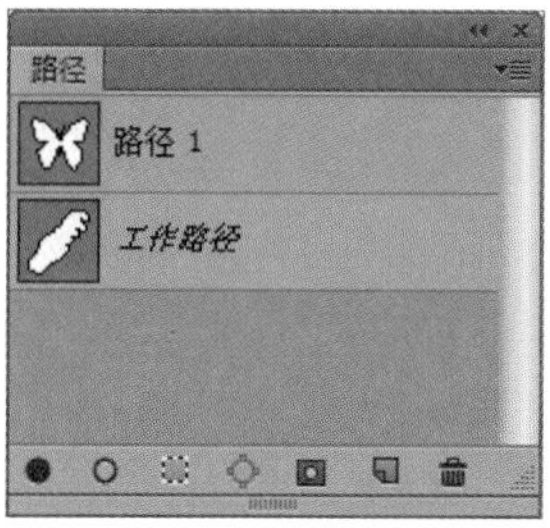

在Photoshop文档中，所有绘制的路径都被存储在“路径”面板中，这是专门用来管理路径的面板。执行“窗口>路径”命令，即可打开“路径”面板，如右图所示。通过面板底部的功能按钮，可实现针对路径进行颜色填充或是转换为选区的操作。

（1）用前景色填充路径

使用工具箱中的前景色对路径进行填充，在填充时可新建图层，这样当对图像不满意时可随时删除并重新填充。

（2）用画笔描边路径

默认使用“铅笔工具”及前景色对路径进行描边。选中路径后，使用任意路径工具在视图中右击，在弹出的菜单中选择“描边路径”或是“描边子路径”命令，打开“描边路径”对话框，如下左图所示。从中可选择要使用的描边工具，然后单击“确定”按钮即可实现描边效果。

（3）将路径作为选区载入

选中路径，然后单击该按钮，可将路径转换为选区，方便接下来进行拷贝、描边、填充颜色或添加渐变等操作。

（4）从选区生成工作路径

可将选区转换为路径。当视图中存在选区时，在“路径”面板中单击该按钮，可将选区转换为路径，如下右图所示。需要注意的是，转换为路径后，轮廓没有原选区规整。

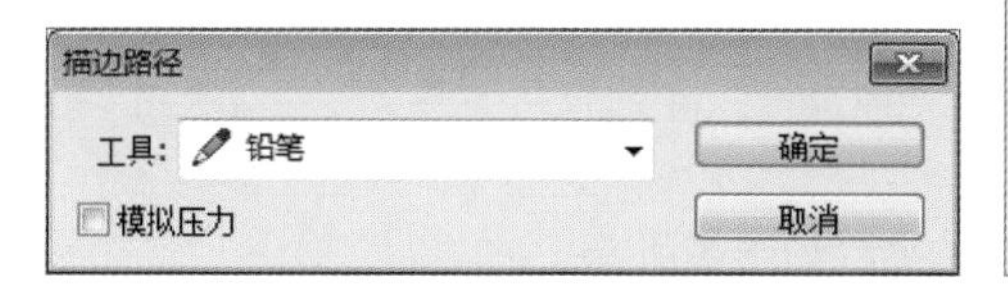

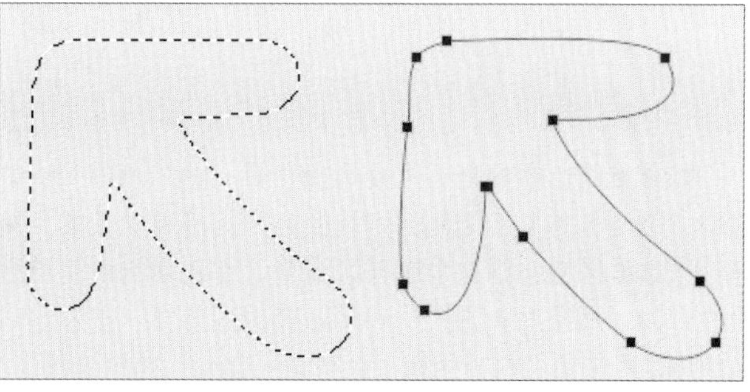

(5) 添加图层蒙版

可为当前所选图层添加图层蒙版。

(6) 创建新路径

可以在面板中创建新的空白路径层，新绘制的路径将被存储到其中，如下左图所示。

(7) 删除当前路径

可以删除当前选中的路径。在“路径”面板中选中要删除的路径，然后单击该按钮，弹出提示对话框，如下右图所示。单击“是”按钮，关闭对话框，删除选中的路径。也可以选中要删除的单个或多个路径，按下键盘上的Delete键删除路径。

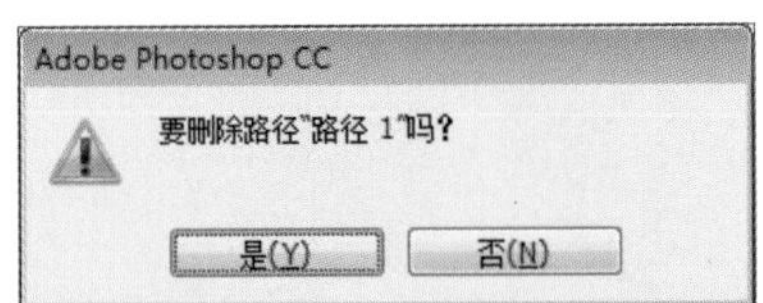

5.3 路径的调整和编辑

在对路径的编辑中，除了绘制创建新路径外，还有更多的编辑操作是涉及到选择路径、复制路径，以及调整路径等，下面一一予以介绍。

5.3.1 选择和移动路径

路径的选择是进行路径调整的第一步，只有正确地选择，才能够进行合适的编辑与调整操作。Photoshop提供了两个路径选择工具，分别为“路径选择工具”和“直接选择工具”。

单击工具箱中的“路径选择工具”，将鼠标光标移动到需要选择的路径上，单击即可选择路径。被选择路径上的锚点全部显示为黑色，如下左图所示。

如果想要选择路径中的锚点，可以使用“直接选择工具”，首先移动光标至该锚点所在路径上单击，以激活该路径，激活路径的所有锚点都会以空心方框显示，然后再移动光标至锚点上单击，即可选择该锚点，此时若拖动鼠标即可移动该锚点，如下右图所示。

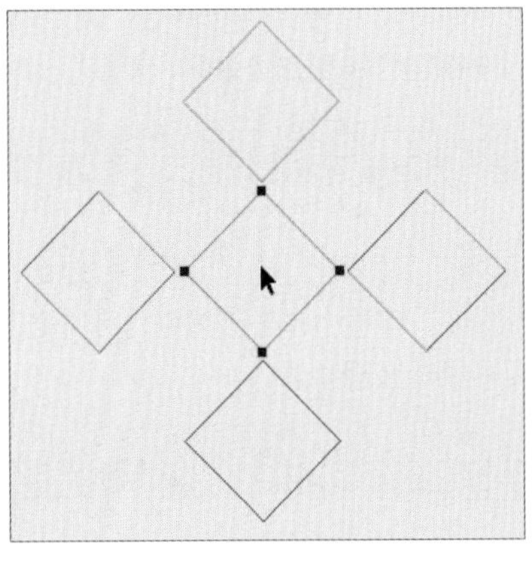

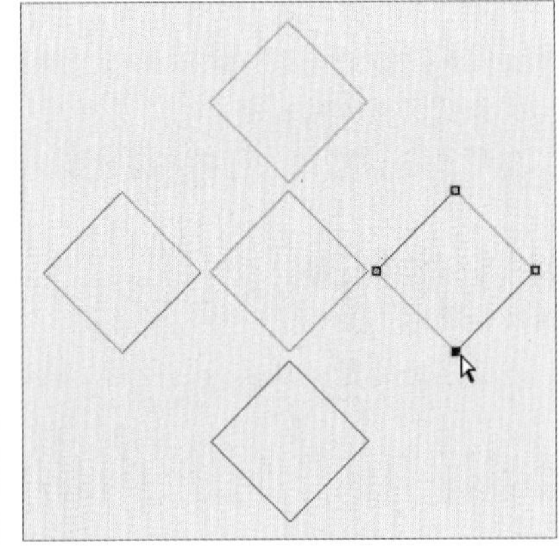

如果当前选择的是“直接选择工具”，按住Ctrl键可切换至“路径选择工具”；如果当前选择的是“路径选择工具”，则转换为“直接选择工具”。在使用“路径选择工具”时，拖动鼠标创建一个选框区域，则这个选框区域交叉和包含的所有路径都将被选择。在选择多条路径后，使用工具选项栏中的“路径对齐方式”和“路径排列方式”按钮可对路径进行对齐和排列操作。单击“路径操作”按钮则可按照各路径的相互关系进行组合。路径选择工具选项栏如下图所示。

填充： 描边： 3点 W: 341像 H: 282像 对齐边缘 约束路径拖动

使用“直接选择工具”时，如果要想同时选中多个锚点，可以在按住Shift键的同时逐个单击要选择的锚点，还可以拖动鼠标拉出一个选框区域，如下左图所示，选框区域内的所有锚点都将被选中。被选中的锚点显示为黑色方块，而没被选中的锚点显示为空心方块，如下右图所示。

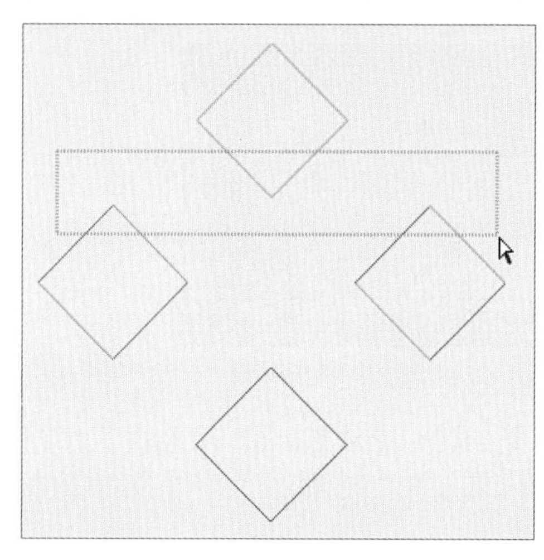

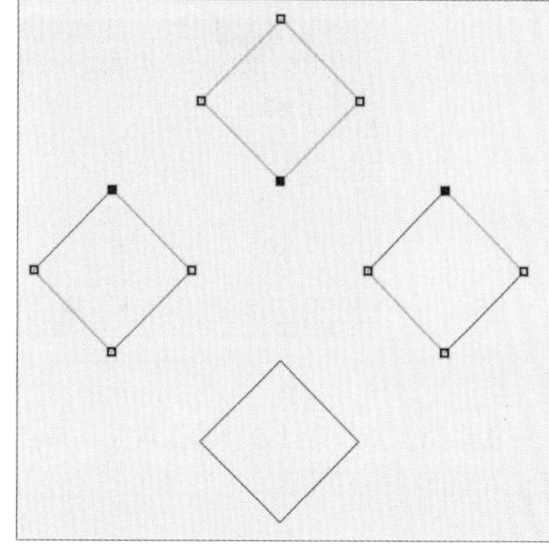

与移动锚点相同，选择“直接选择工具”后按住线段拖动，可移动路径中的线段，如下图所示。在曲线段上拖动可改变路径曲线的形状。按Delete键可删除选中的路径段。

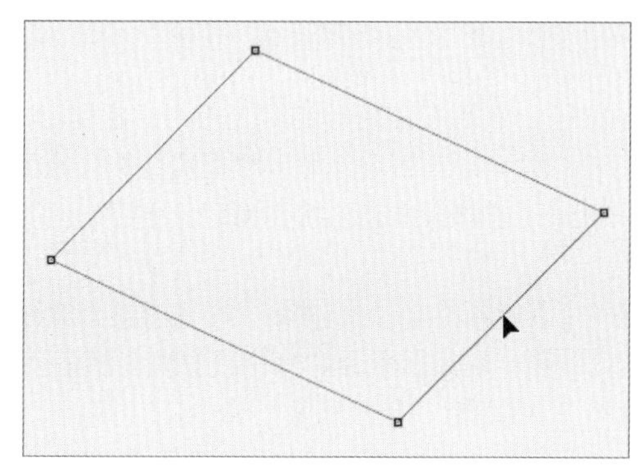

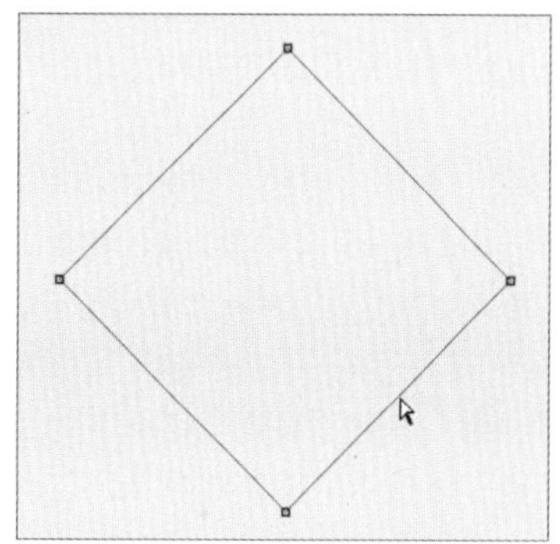

使用“直接选择工具”选中锚点之后，锚点及相邻锚点的控制柄就会显示在视图中，与移动锚点的方法类似，移动光标至控制柄上，然后按住鼠标拖动，改变控制柄的长度和角度，就可以改变路径的曲率，从而最终改变路径的形状，如下图所示。

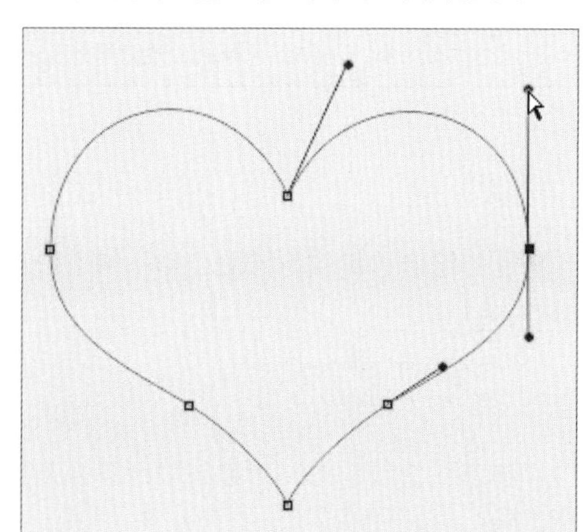

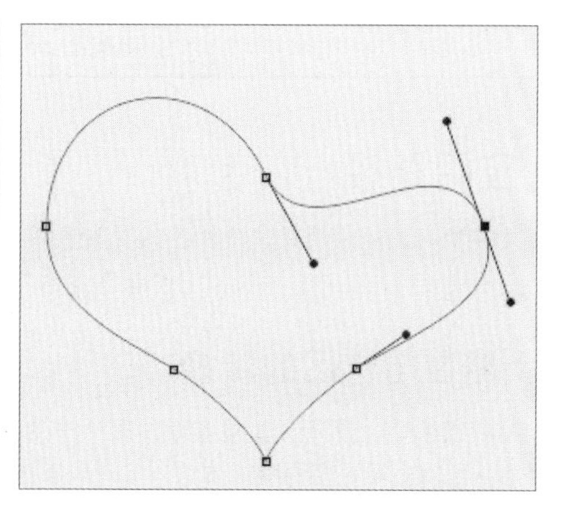

5.3.2 显示与隐藏路径

在使用路径工作的过程中，可以选择显示或隐藏路径，来配合设计工作。

当需要使用之前已经绘制好的路径时，只需在“路径”面板中单击该路径，就可以在视图中看到路径图形。如果想要将视图中的路径隐藏，只需在“路径”面板空白处单击，如下图所示，取消已选中的路径，视图中的路径轮廓将自动隐藏。

在空白处单击

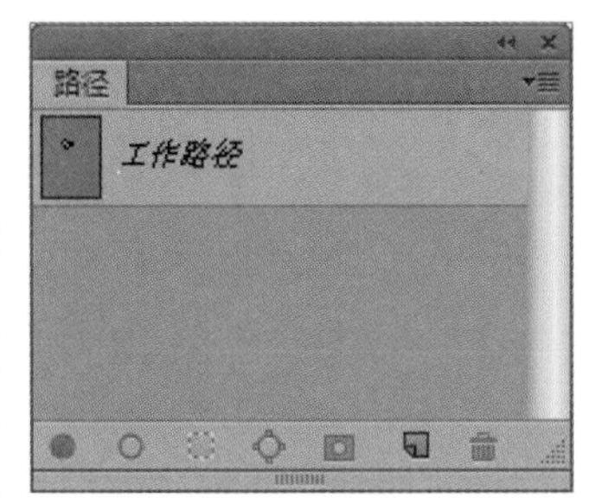

取消对路径的选择

在使用和路径相关工具（如钢笔工具组、路径选择工具组、形状工具组）的过程中，按下键盘上的Enter键后会在视图中隐藏路径。

5.3.3 复制路径

绘制路径后，使用工具箱中的“路径选择工具”选中路径，然后按住Alt键拖动选中的路径即可将其复制。

路径的复制还可以采用以下几种方法。

- 选择“路径”面板中的任意一条已保存的路径，然后在该路径名称上右击，在弹出的菜单中选择“复制路径”命令，弹出“复制路径”对话框，如下左图所示，可以根据需要修改路径名称。
- 在“路径”面板中，按住Alt键并将路径拖动到“创建新路径”按钮上，会弹出“复制路径”对话框，单击“确定”按钮即可将路径复制。
- 在“路径”面板中，拖动路径至面板底部的“创建新路径”按钮上，可直接创建路径的副本。
- 选中路径后，使用“编辑”菜单下的“拷贝”和“粘贴”命令，也可以实现复制路径的操作。

如果“路径”面板中的路径名称为“工作路径”，则此时“复制路径”命令不可用，也就是说“复制路径”命令不能应用于工作路径。通过双击“路径”面板中的“工作路径”，打开“存储路径”对话框，如下右图所示，将工作路径进行存储即可激活“复制路径”命令。

5.4 应用路径

很多人在学习路径时都有这样的困惑，就是掌握了路径的绘制和编辑方法后，却不知道路径应该何时、如何应用到设计作品中。下面从几个最常用的方面进行讲述。

5.4.1 路径与选区的转换

路径绘制出来后，是无法直接应用到设计作品中的，在前面曾经讲过，可以将路径转换为选区，然后填充颜色，以便应用更多的编辑方法，实现丰富的图像层次，如下图所示。

这是笔者之前画的一个人物，其中整个人物的每个细节都使用路径绘制出来。在原始文件中，整个路径是分为不同的层进行管理的，如下左图所示。因为中间涉及到的细节非常多，将路径分为不同的层分别存储，有利于管理和编辑，当需要哪个内容的路径时可快速地查找到。

路径绘制出来后，就需要将每个细节路径转换为选区，在新建的图层中分别填充颜色，保持每个细节的可持续编辑，如下右图所示。

在转换为选区时，可以使用前面讲过的“路径”面板中的“将路径作为选区载入”按钮，也可以选中路径段后，在视图中右击，在弹出的菜单中选择“建立选区”命令，打开“建立选区”对话框，如右图所示。

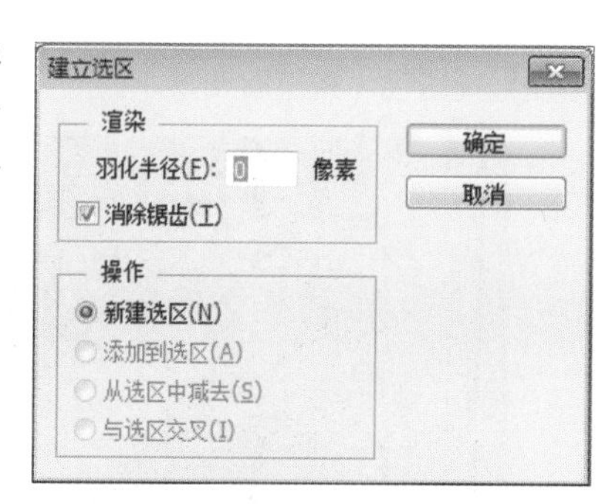

- **羽化半径**：设置转换为选区后的边缘羽化程度。
- **消除锯齿**：勾选该选项后，创建的选区边缘将更为平滑。
- **新建选区**：创建全新的选区，如果之前视图中有选区的话，将被取消。
- **添加到选区**：新创建的选区将添加到视图中已有的选区范围。
- **从选区中减去**：新创建的选区将从视图中已有选区范围内减去。
- **与选区交叉**：只保留新创建选区与已有选区相交的部分。

5.4.2 制作图案

制作图案也是路径可以实现的最直接的应用。这是设计制作的一个标志，首先使用路径勾勒出整个标志图形的外观，然后转换为选区并填充颜色，成为一个完整的标志，如下图所示。

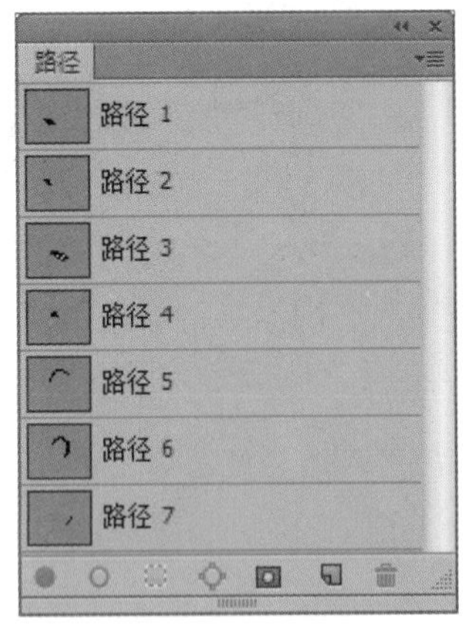

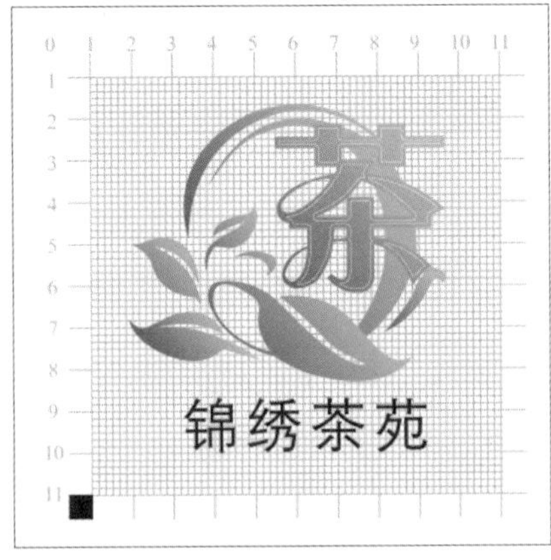

下图设计的是一个美女图案，其中椭圆背景和主体女孩图案，全部使用路径绘制并填充颜色得到。

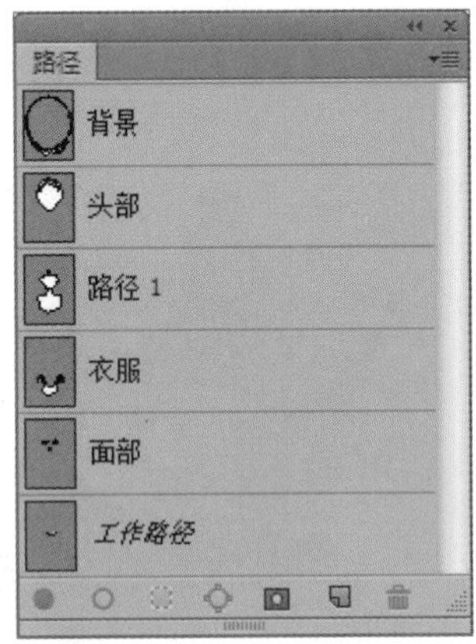

5.4.3 抠取图像

路径还可以用来抠取图像，将所需的图像从背景中剥离出来。下左图所示的是一张皮鞋的图片，如果要将皮鞋从背景中抠取出来，常规的魔棒工具、快速选取工具、磁性套索工具等都不太合适，因为皮鞋有些边缘和背景颜色过于接近。这时就必须使用路径功能来辅助实现。

步骤 01 选择工具箱中的“钢笔工具”并设置选项栏中的选项。接着使用“钢笔工具”沿皮鞋边缘绘制封闭路径，如下右图所示。

步骤 02 绘制完成后，保持“钢笔工具”为当前所选工具，按下键盘上的Ctrl+Enter组合键，将路径直接转换为选区，如下左图所示。

步骤 03 再执行“拷贝”和“粘贴”命令，将皮鞋图像从背景中抠取出来并放置到新背景中，再添加相关文字信息，如下右图所示。

上机实训：产品包装设计

本案例要设计制作的是包装设计。这是为一款小食品设计制作的包装设计，采用盒式包装，是为了方便运输和保存。在包装盒画面的安排上，包装盒的正面采用一张食品的图片作为背景，在图像的上面放置了食品的名称，文字采用绿色调，与背景相呼应，并且与添加的红色图像形成对比，强调了商品名称。整个包装采用绿色为主色调，一是干净，二是给人安全、平稳的视觉效果，使人们在看到该包装的第一眼时，可以产生好感，继而产生购买的欲望，达到产品销售的目的。

步骤 01 新建宽高为27厘米和29厘米、分辨率为200像素/英寸的新文档，使用淡绿色填充图像，随后打开标尺，拉出参考线，如下图所示。

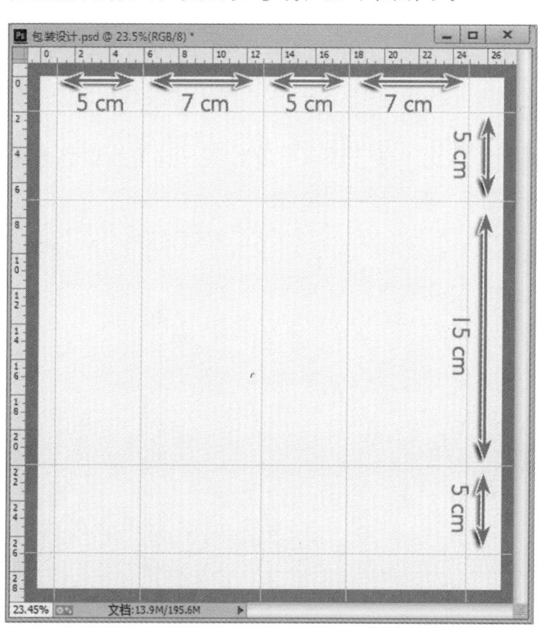

步骤 02 在“图层”面板中单击“创建新组”按钮，新建图层组，并命名为“包装结构”，如下图所示。

步骤 03 选择工具箱中的“矩形工具”，在选项栏中设置工作模式为“形状”，根据参考线在视图中拖动鼠标绘制多个矩形，如下图所示。

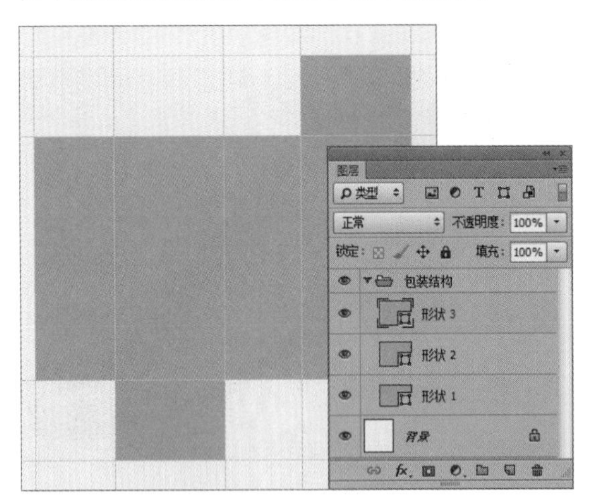

步骤 04 选择工具箱中的“钢笔工具”，在视图中绘制不规则图形，作为包装的盒盖、防尘盖和粘合处，如下图所示。

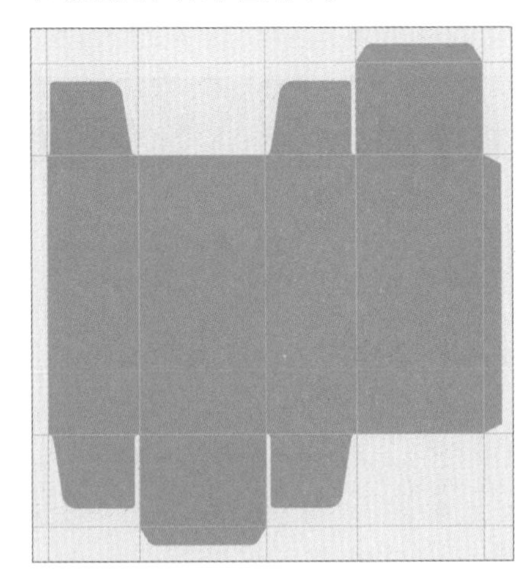

步骤 05 在“图层”面板中将绘制的所有形状图层合并，并更名为“模切板”，如下图所示。

步骤 06 保持当前工具为“钢笔工具”，在选项栏中设置“填充”选项为无颜色，如下图所示。

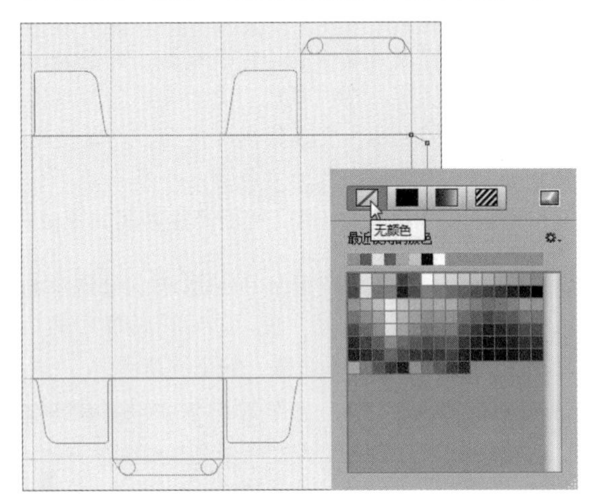

步骤 07 继续在选项栏中设置“描边”为黑色，如下图所示。

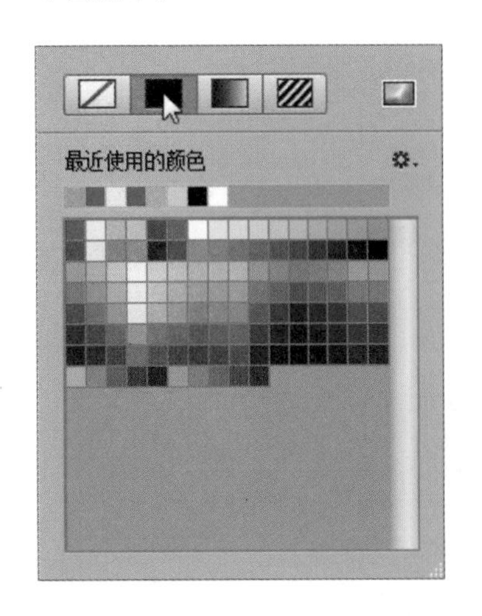

步骤 08 为了便于读者观察效果，这里暂时将参考线隐藏，如下图所示。

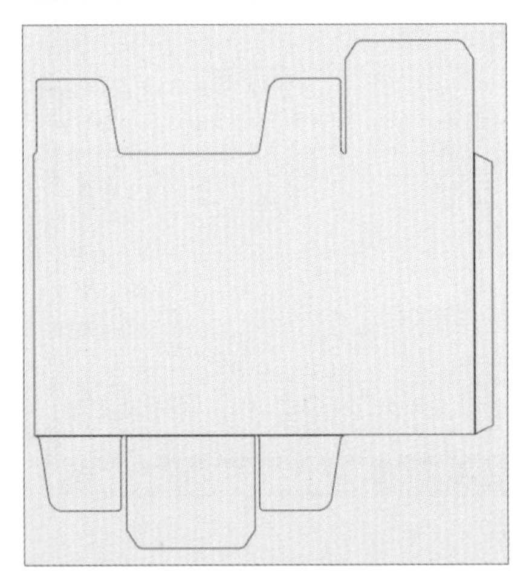

步骤 09 此时整个包装四周被黑线遮盖，包装内部有些形状没有重叠的地方也出现描边，如下图所示。

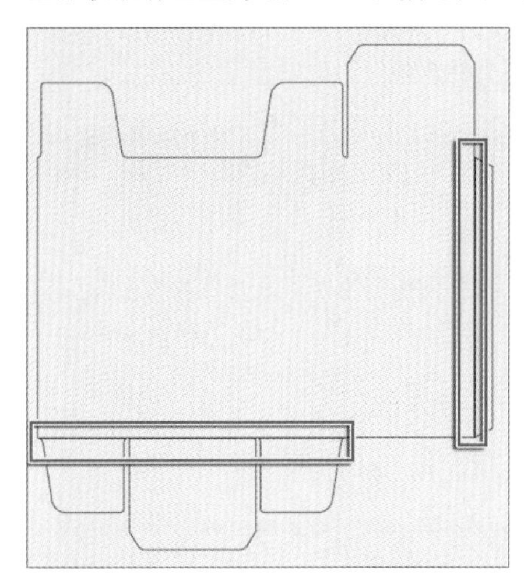

步骤 10 选中其中一个有问题的形状，使用“钢笔工具”单击添加锚点，然后移动位置，如下图所示。

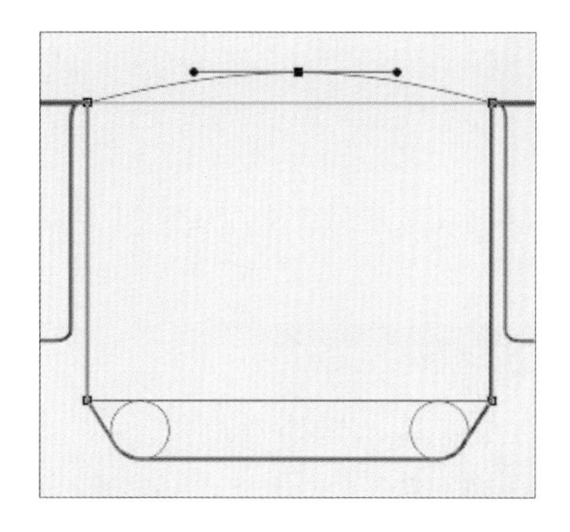

步骤 11 使用相同的方法移动其他有问题的地方，调整好整个轮廓，如下图所示。

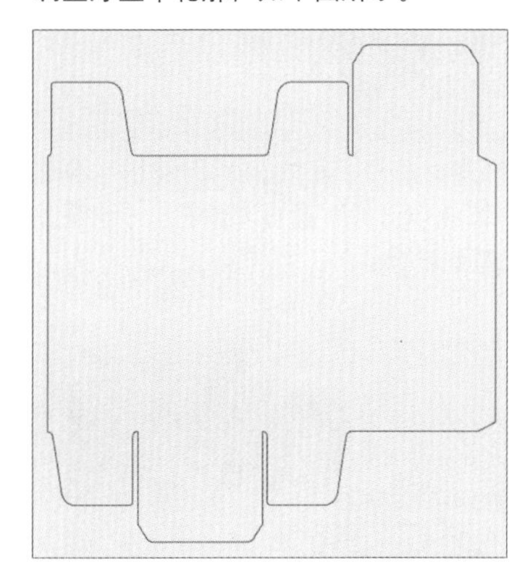

步骤 12 使用“钢笔工具”绘制直线路径，如下图所示。

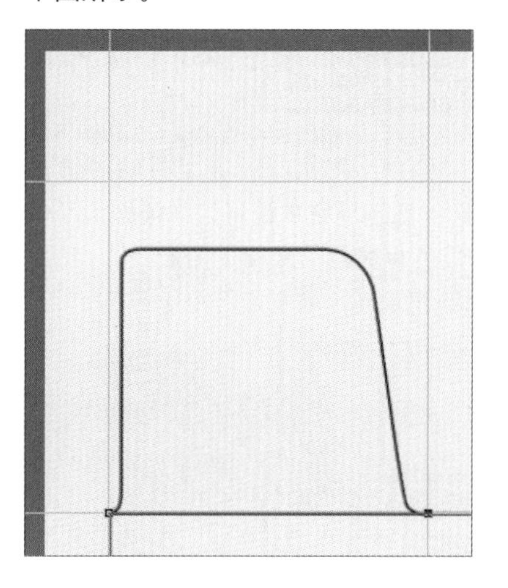

步骤 13 在选项栏中，设置描边线型为虚线，效果如下图所示。

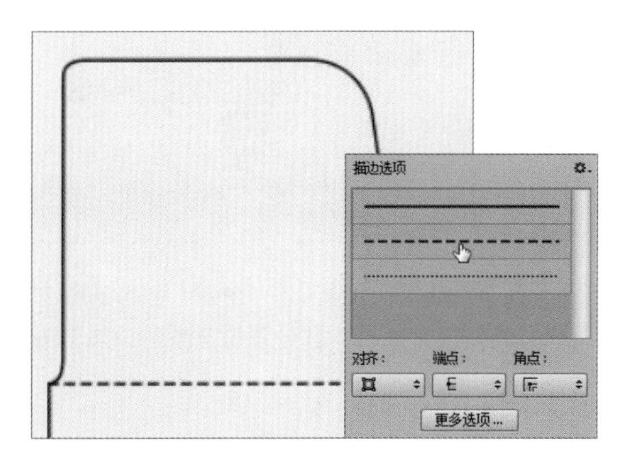

步骤 14 继续绘制虚线，将其作为包装的压痕线，即所有需要折合的位置，如下图所示。

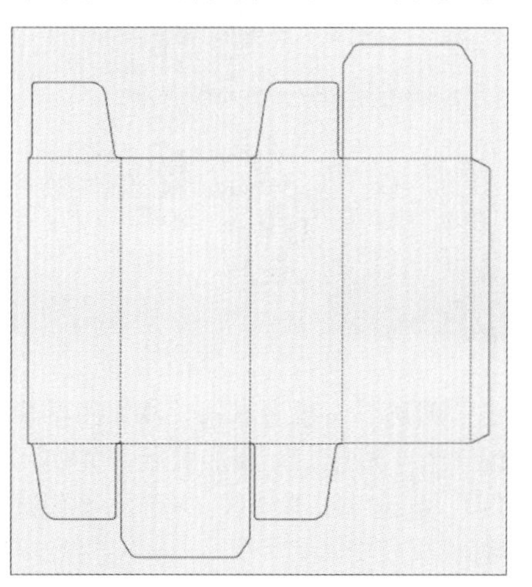

步骤15 在“图层”面板中单击“背景”图层，然后新建图层组，如下图所示。

步骤16 使用“矩形工具”绘制形状，如下图所示，绘制的矩形要始终包含并超出整个包装边缘0.3厘米以上，这超出的部分将作为出血线。其中右侧部分为粘合处，没必要预留出血线。

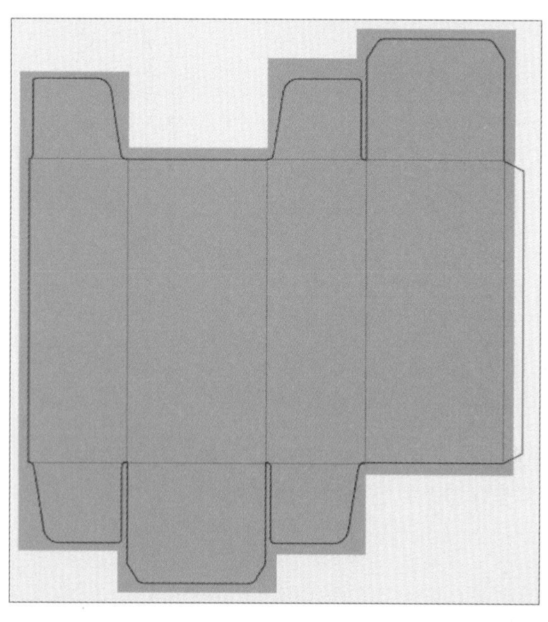

步骤17 新建“组 1”图层组，在工具箱中选择“直线工具”，在选项栏中设置工作模式为“像素”。设置前景色为褐色，新建“图层 1”，然后在视图中绘制四根直线，效果如下图所示。

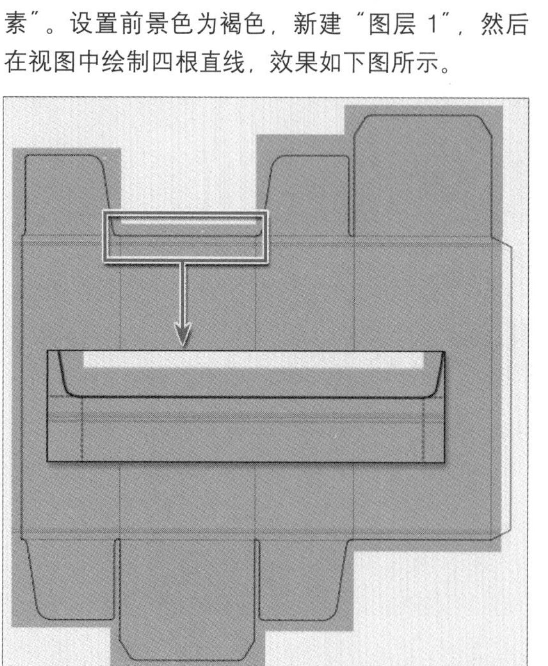

步骤18 打开素材图片“底纹.jpg”，使用“移动工具”将图像拖入到新建的文档中，并调整图像的位置，如下图所示。

步骤19 单击“图层”面板底部的“添加图层蒙版”按钮，为“图层 2”添加蒙版，并使用“矩形选框工具”绘制矩形选区，将部分图像遮盖住，如下图所示。

步骤20 接着新建“图层 3”，使用“矩形选框工具”绘制矩形选区，并分别填充颜色，如下图所示。

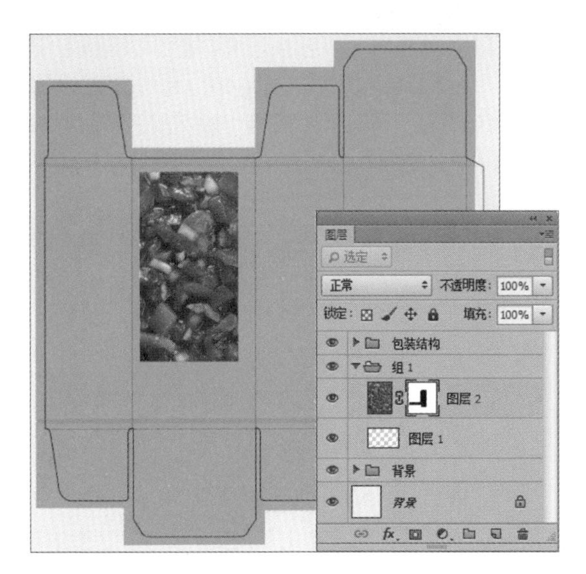

步骤 21 选择工具箱中的“钢笔工具”，在视图中绘制不规则的图形，作为包装名称的衬底，外缘路径填充为深绿色，小一些的不规则路径填充为白色，如下图所示。

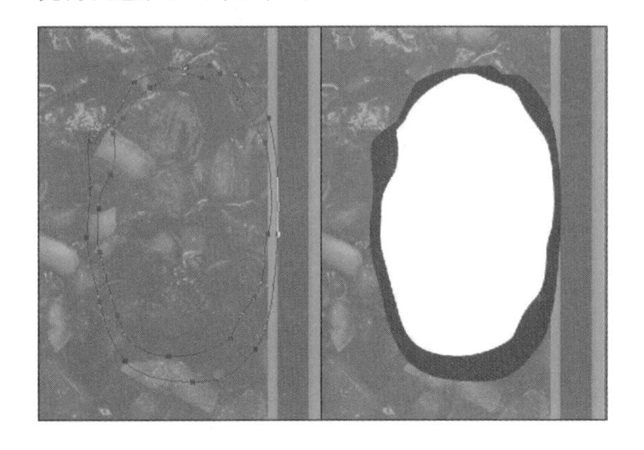

步骤 23 双击“图层 5”，打开“图层样式”对话框，为图像添加“投影”、“渐变叠加”和“描边”样式，如下图所示。

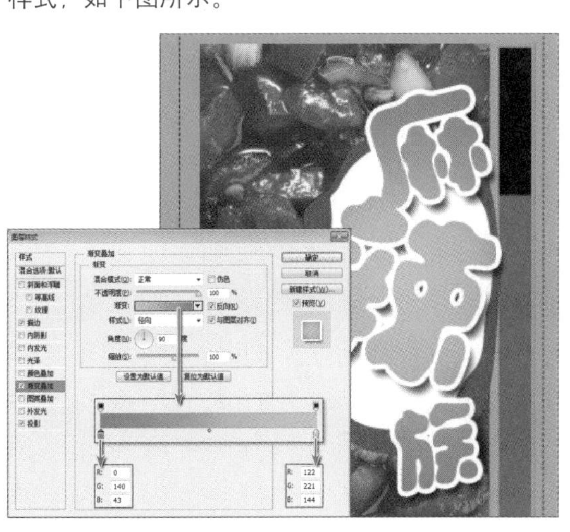

步骤 22 使用“钢笔工具”在视图中绘制文字形状的路径，新建“图层 5”，将路径填充为绿色，如下图所示。

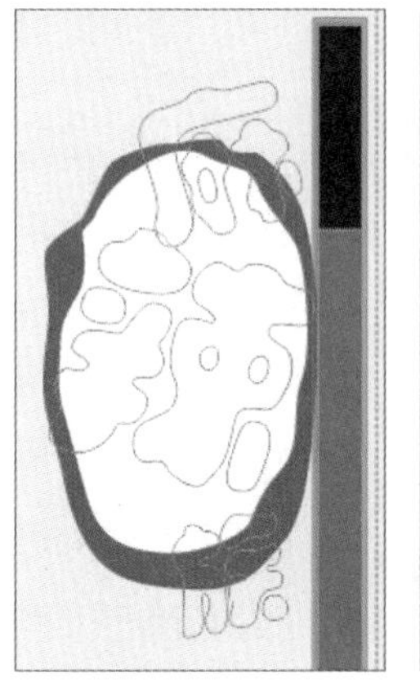

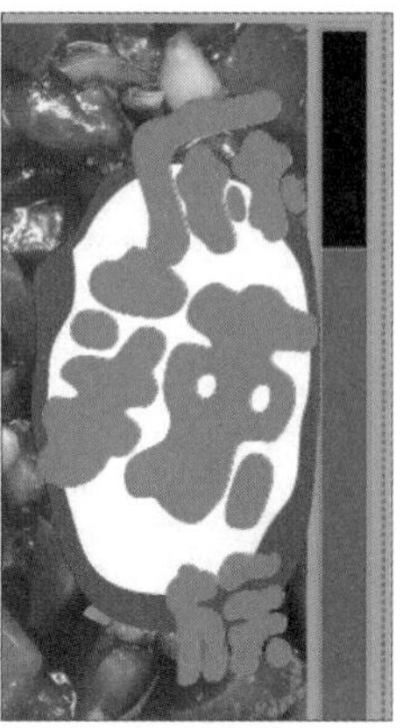

步骤 24 接下来在包装盒的正面添加其他文本信息，效果如下图所示。

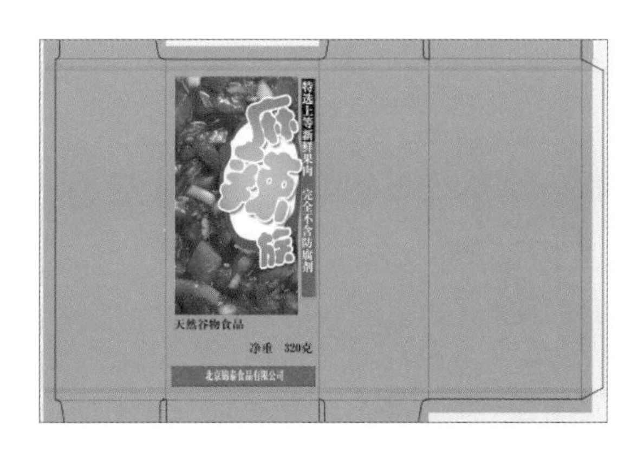

步骤 25 打开“标签.psd”文件，将图像移动到包装设计文档中，为包装添加标签图像，如下图所示。

步骤 26 在“图层”面板中，将“组1”图层组拖动到“创建新图层”按钮处，将该图层组复制，得到“组1 拷贝”图层组，如下图所示。

步骤 27 将图层组对应的图像向右移动，放在包装盒背面上，再将“组1 拷贝”图层组中的“图层1”隐藏，效果如下图所示。

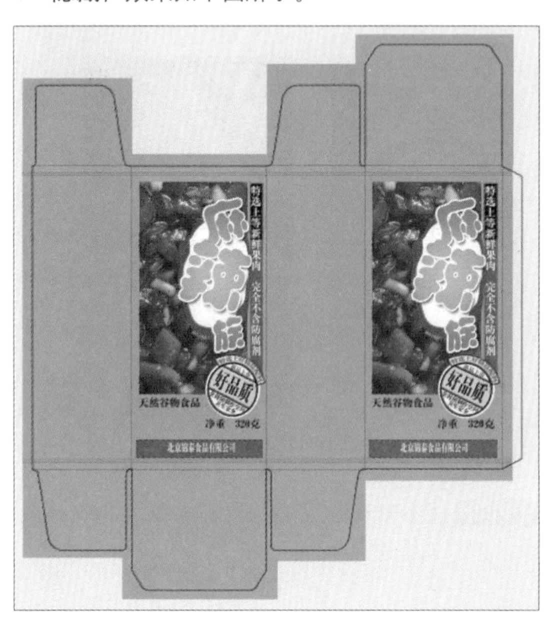

步骤 28 在包装盒其他位置添加更多的商品信息，以完成该包装设计的制作，最终效果如下图所示。

Chapter 06 通道与蒙版

本章概述

Photoshop中的通道与蒙版是两个高级编辑功能，要想完全掌握该软件，必须熟悉通道与蒙版功能。通道是存储不同类型信息的灰度图像，对编辑的每一幅图像都有着巨大的影响，是Photoshop必不可少的一种工具。蒙版的作用是保护被遮蔽的区域，是一种无损的编辑方法。

知识要点

❶“通道”面板
❷通道的复制与删除
❸快速蒙版
❹剪贴蒙版
❺图层蒙版
❻制作唯美雪景

6.1 通道概述

通道对设计师来说，是个非常好用的辅助作图的功能，它可以帮助设计师实现更为复杂的图像编辑。

6.1.1 通道面板

“通道”面板用于创建和管理通道。执行“窗口>通道”命令，即可打开如下图所示的面板，单击右上角按钮，会弹出面板扩展菜单，有关通道的操作均可以在该面板中完成。

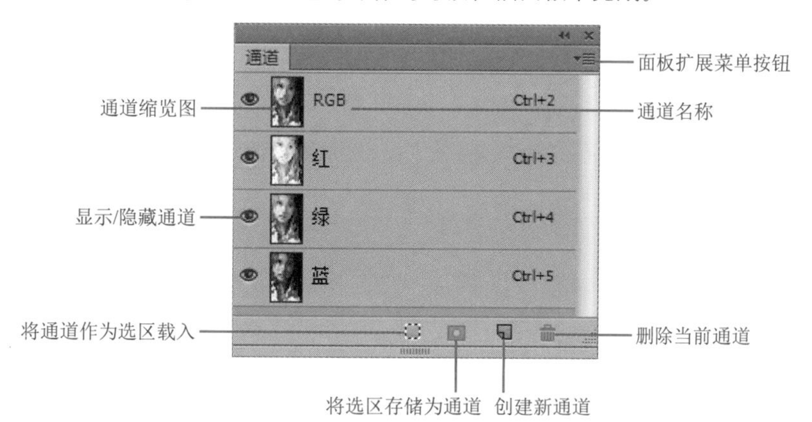

“通道”面板中的各选项功能介绍如下。

- **通道缩览图**：通道缩览图用于显示通道中的内容，可以通过缩览图迅速辨别每个通道。
- **通道名称**：每个通道都有一个名称紧跟在缩览图之后，在创建新通道的时候可以双击通道名称进行重命名，但是对于图像的主要通道和原色通道是不能改变名称的。
- **显示/隐藏通道**：单击小眼睛标识就可以显示或隐藏通道。
- **将通道作为选区载入**：单击此按钮可将当前通道的内容转换为选择区域。转换过程通常是白色部分表示选区之内，黑色部分在选区之外，灰色部分则是半透明效果。
- **将选区存储为通道**：创建选区后，单击该按钮可以将选区保存到“通道”面板中，方便以后的调用。如果要保存选区，还可以执行“选择>存储选区”命令，此时会弹出“存储选区”对话框，如下图所示，单击“确定”按钮即可保存选区为通道。
- **创建新通道**：单击此按钮可以迅速创建一个空白Alpha通道，通道显示为全黑色。
- **删除当前通道**：选中通道后，单击此按钮可以删除当前通道。也可以在通道上右击，在弹出的菜单中选择“删除通道”命令进行删除。

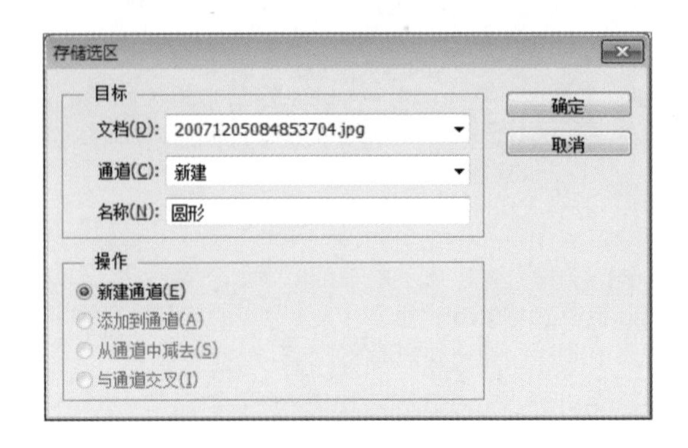

不同的颜色模式表示用不同的方法描述颜色。如果图像的颜色模式是RGB模式，那么图像就是由3个通道组成，分别是红、绿、蓝；如果图像是CMYK颜色模式，那么它的默认通道就有洋红、青色、黄色、黑色4个，如下图所示。

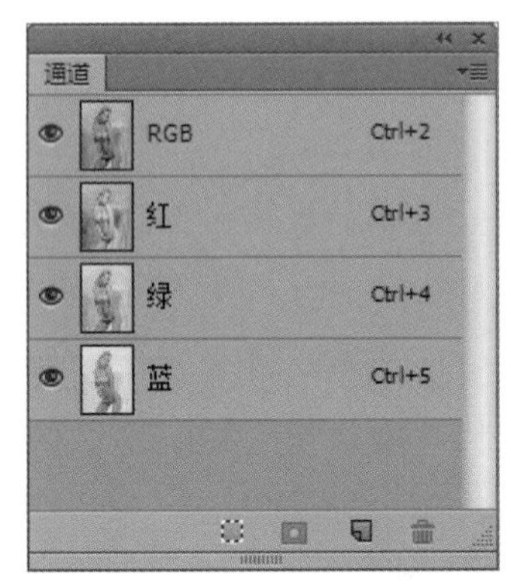

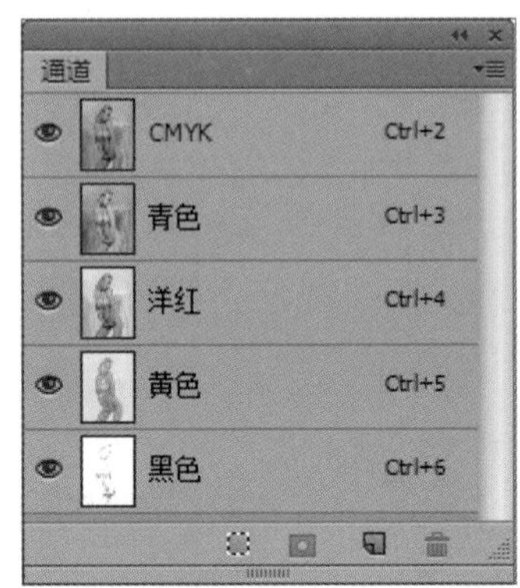

两种不同颜色模式的“通道”面板

知识点拨

通道应用技巧

如果想在一幅图像中单独调整该图像的某一色调，可以在通道中使用颜色调整命令来实现，从而达到整体改变色调的目的。

在Photoshop中，图像默认是由颜色信息通道组成的。但是图像中除了颜色信息通道外，还可以为图像添加Alpha通道与专色通道。

（1）Alpha通道

该类通道主要用来保存选区，这样就可以在Alpha通道中变换选区或者编辑选区，得到具有特殊效果的选区。

（2）专色通道

这是一种特殊的通道，用来存储专色。专色是特殊的预混油墨，用来替代或者补充印刷色油墨，以便更好地体现图像效果。在印刷时每种专色都要求专用的印版，所以要印刷带有专色的图像，就需要创建存储这些颜色的专色通道。

6.1.2 创建Alpha通道

和颜色通道不同，Alpha通道不是用来保存颜色，而是用来保存和编辑选择范围，即将选区以8位灰度图像的形式存储起来，相当于蒙版的功能，可以使用画笔或其他工具来编辑，也可以使用通道的计算功能来形成新的图像。Alpha通道可以看做是保存和编辑选区的一个环境，将选区转换为Alpha通道后，就可以将选区保存到文档中，方便以后加载和编辑该通道，如下左图所示。

单击“通道”面板底部的“创建新通道”按钮，可以创建一个空白的Alpha 1通道，如下右图所示，此时面板中的主通道与颜色信息通道自动隐藏，但图像的颜色信息没有任何更改。

当图像中存在选区时，执行"选择>存储选区"命令，就会将已有的选区保存为Alpha通道。单击"通道"面板中的"创建新通道"按钮，可创建Alpha通道。也可以直接通过单击"将选区存储为通道"按钮，将选区存储在通道中。

在Alpha通道中只能表现出黑、白、灰的层次变化，黑色表示未选中的区域，白色表示选中的区域，灰色则表示具有一定透明度的区域。将选区存储后，就可以在保存过的通道中进行任意的编辑，比如使用色彩调整命令更改色调，或是添加滤镜效果，然后再把选区载入到图像中继续使用。

6.1.3 创建专色通道

专色通道的创建分为两种情况：一种是局部创建专色通道；一种是整幅图像创建专色通道。后者在创建专色通道之前，必须将图像转换为双色调图像。

局部创建专色通道时，首先选择"通道"面板扩展菜单中的"新建专色通道"命令，打开如右图所示的对话框。然后在其中设置专色通道名称、油墨颜色与密度等选项，或者直接单击"确定"按钮使用其默认值。这时不管工具箱中的前景色是什么颜色，绘制的图形均为专色油墨颜色。

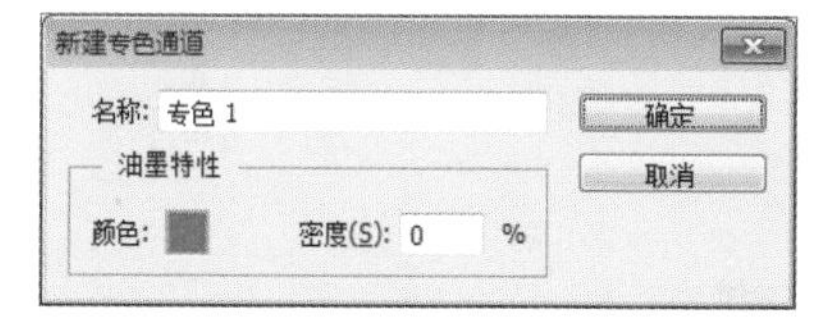

6.1.4 通道的分离与合并

执行"分离通道"命令，可以将图像中的各个通道分离出来，分离成各个独立的灰度图，如下图所示。在编辑完毕后，可以执行"合并通道"命令，将分离的通道重新合并成一个图像。需要注意的是，分离后的图像尺寸、分辨率不能更改，否则无法重新合并到一起。分离出来的灰度图可以分别进行存储，也可以单独修改每个灰度图。

原图

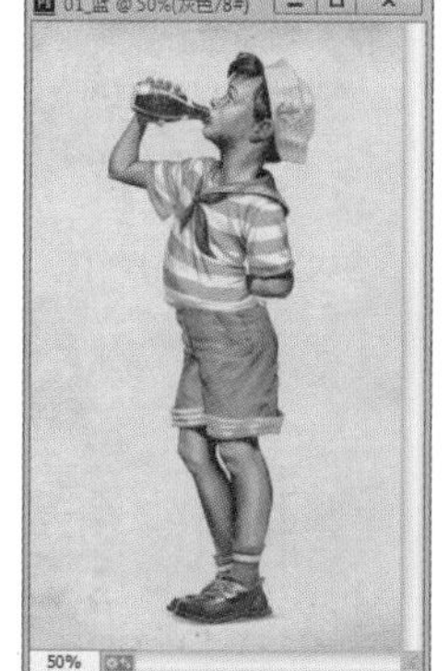

分离后的三个灰度图像

6.1.5 通道的复制与删除

除了针对偏色等单色通道的编辑，一般不建议将改动直接添加到原通道中，这时就需要将通道复制一份再编辑。复制通道的方法有两种，一种是直接选中并拖动要复制的通道至“创建新通道”按钮上，得到其通道副本，如下图所示。

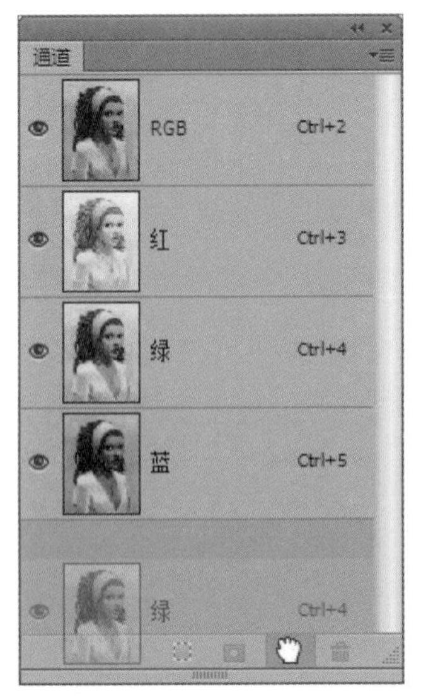

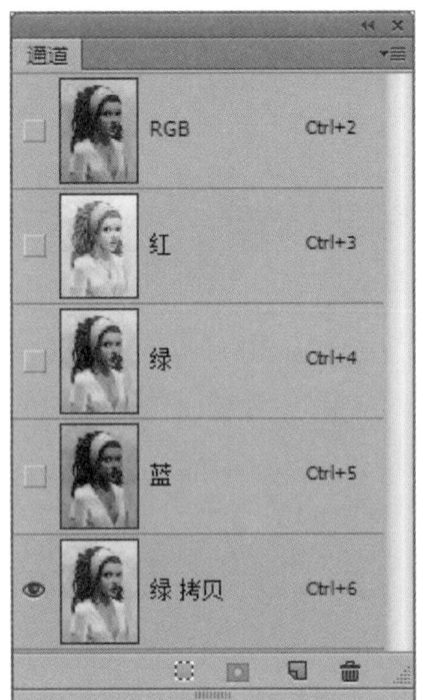

还有一种方法是选中要复制的通道后，选择面板扩展菜单中的“复制通道”命令，打开如下左图所示的对话框，直接单击“确定”按钮得到与第一种方法完全相同的副本通道；如果勾选对话框中的“反相”复选框，那么会得到与原通道明暗关系相反的副本通道，如下右图所示。

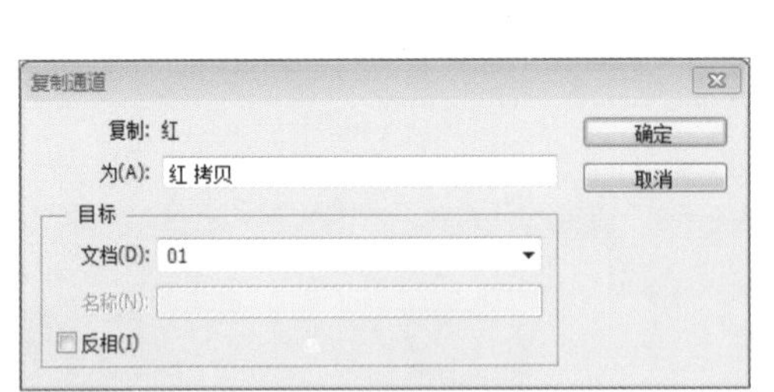

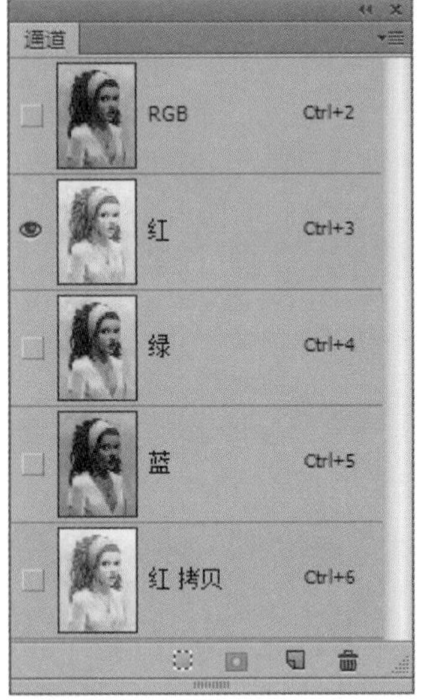

对于完成的设计作品，可将除原色通道以外的通道全部删除。方法是将要删除的通道拖至“删除当前通道”按钮上，或者选择面板扩展菜单中的“删除通道”命令。

6.2 蒙版的操作

在Photoshop中，蒙版用来控制图像显示与隐藏的区域，是进行图像合成的重要途径。接下来介绍关于蒙版的知识。

6.2.1 快速蒙版

快速蒙版用来创建、编辑和修改选区。使用方法是单击工具箱中的“以快速蒙版模式编辑”按钮，进入快速蒙版编辑模式，然后使用“画笔工具”在视图中绘制。

在此将通过抠取人物头像的实例来介绍快速蒙版的操作方法。

步骤 01 打开如下左图所示的“美女.jpg”文件，接下来要做的就是将人物从背景中抠取出来，人物头发有部分虚化，这种情况非常适合使用快速蒙版来编辑。

步骤 02 单击工具箱中的“以快速蒙版模式编辑”按钮，进入快速蒙版编辑模式，然后使用“画笔工具”在视图中绘制，将背景铺满，如下右图所示。

知识点拨

其中红色就是绘制的部分，这将是选区以外的区域。在绘制的时候，要根据人物边缘虚化程度来不断调整画笔柔化程度，边缘虚化范围大，则画笔柔化程度大。

步骤 03 绘制完毕后单击工具箱中的“以标准模式编辑”按钮，退出快速蒙版编辑模式，将绘制的内容转换为选区，效果如下左图所示。

步骤 04 执行“拷贝”和“粘贴”命令，将人物拷贝并粘贴到新建图像中，为背景填充颜色，完成抠取人物的操作，如下右图所示。

6.2.2 剪贴蒙版

剪贴蒙版可以实现使用下方图层中图像的形状，来控制其上方图层图像显示区域的作用。当“图层”面板中存在两个或者两个以上图层时，就可以创建剪贴蒙版。方法是选择“图层”面板中的一个图层后，执行“图层>创建剪贴蒙版”命令，该图层会与其下方图层创建剪贴蒙版。按住Alt键不放，在选中图层与其下方图层之间单击，也可以创建剪贴蒙版。

步骤 01 新建一个文件，为背景填充黄色，如下左图所示。

步骤 02 打开“墨滴.jpg”文件，如下右图所示。

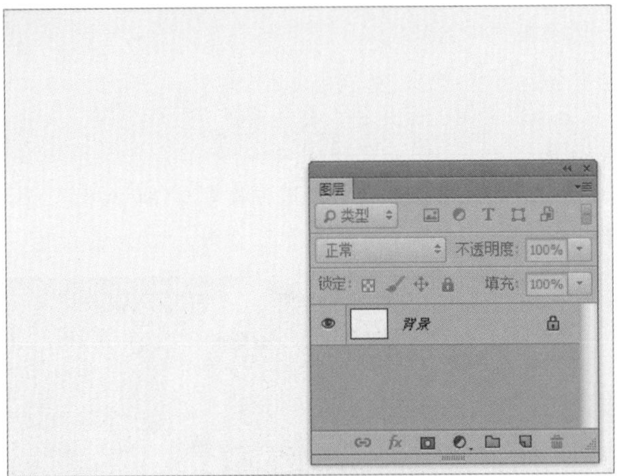

步骤 03 执行“选择>色彩范围”命令，打开“色彩范围”对话框，设置“颜色容差”为100，移动鼠标光标到视图中单击选择白色的背景区域，然后关闭对话框，如下左图所示。

步骤 04 执行“选择>反向”命令，选中黑色的图像部分，然后使用“移动工具”将图像拖动到新建的文档中，如下右图所示。

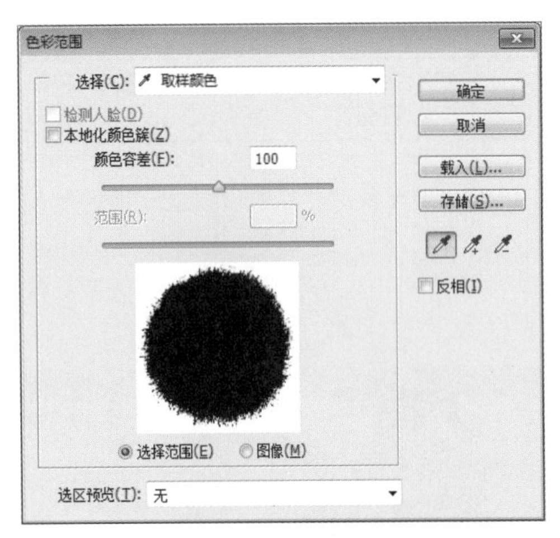

步骤 05 打开“纹理.jpg”文件，将其拖入新建的文档中，得到“图层2”，如下图所示。

步骤06 在“图层”面板中，按住Alt键，移动鼠标光标到“图层 1”和“图层 2”的中间位置单击，创建剪贴蒙版，如下图所示。

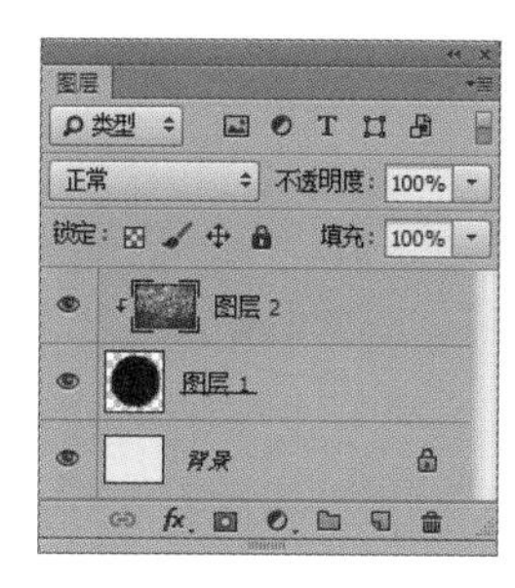

步骤07 创建剪贴蒙版后，发现蒙版中的下方图层名称带有下划线，上方图层的缩览图是缩进的，并且显示一个剪贴蒙版图标。此时，不论是“图层 1”还是“图层 2”，都可以自由地移动，以调整图像效果，如下图所示。

剪贴蒙版的优势就是形状图层可以应用于多个图层，只要将其他图层拖至蒙版中即可。要想释放某一个图像图层，只要将其拖至普通图层之上即可；如果要释放剪贴蒙版，选中带有剪贴蒙版图标的图层，执行“图层>释放剪贴蒙版”命令即可。在Photoshop中，文字图层、填充图层等均可以创建为剪贴蒙版。

6.2.3 图层蒙版

图层蒙版是一种无损的图像编辑模式，它用来显示或者隐藏图层的部分内容。

图层蒙版是一张256级色阶的灰度图像，蒙版中的纯黑色区域可以遮挡当前图层中的图像，从而显示出下方图层中的内容，因此黑色区域将被隐藏；蒙版中的白色区域可以显示当前图层中的图像，因此白色区域可见；而蒙版中的灰色区域会根据其灰度值呈现出不同层次的半透明效果，如下图所示。

原图

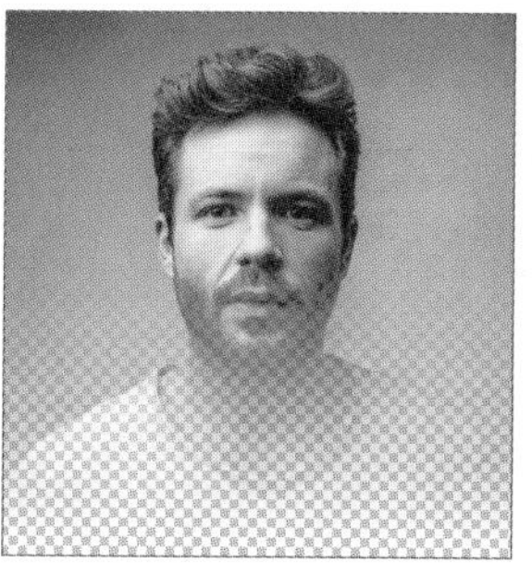
添加图层蒙版效果

“图层”面板

从“图层”面板内“图层 1”的缩览图可以看出，“图层 1”中的图像并没有被删除掉，而只是被遮盖住一部分，变为渐隐的图像效果。

1. 创建图层蒙版

单击“图层”面板底部的“添加图层蒙版”按钮，可以创建一个空白的图层蒙版，即不遮盖任何图像，相当于执行“图层>图层蒙版>显示全部”命令，如下左图所示；结合Alt键单击该按钮可以创建一个黑色的图层蒙版，即遮盖住当前图层中所有的图像，相当于执行“图层>图层蒙版>隐藏全部”命令，如下右图所示。

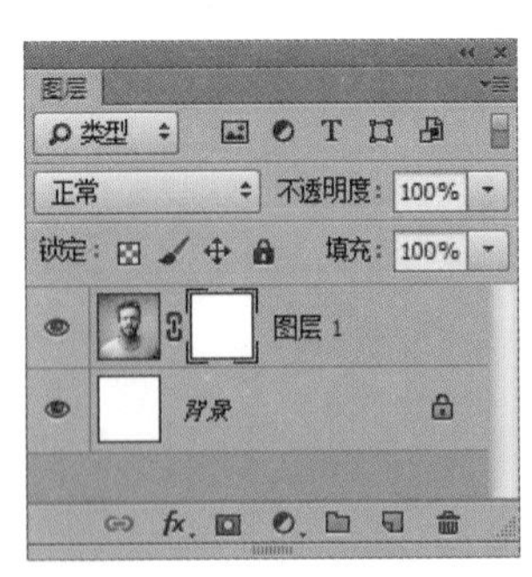

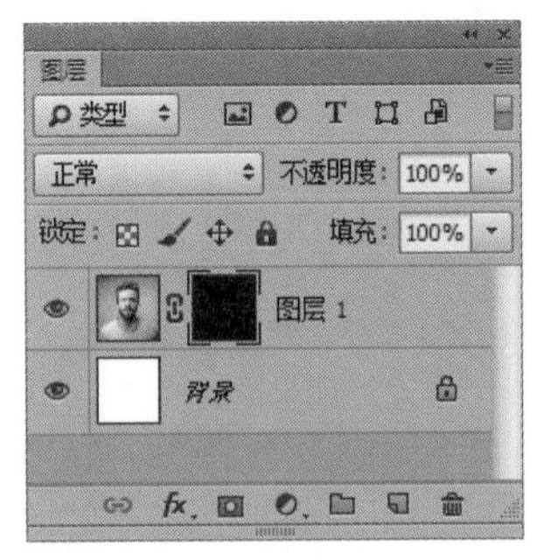

当画布中存在选区时，单击“图层”面板底部的“添加图层蒙版”按钮，会直接在当前图层中添加蒙版，将选区外的图像隐藏。

2. 编辑图层蒙版

创建图层蒙版后，可以继续针对图像进行各种编辑，前提是需要单击选中图层缩览图，如下左图所示。如果想要编辑蒙版，需要单击蒙版缩览图，如下右图所示。所有的绘制和编辑工作都是在图像视图中完成，在“图层”面板中只是指定将绘制和编辑应用到图像中还是蒙版中。

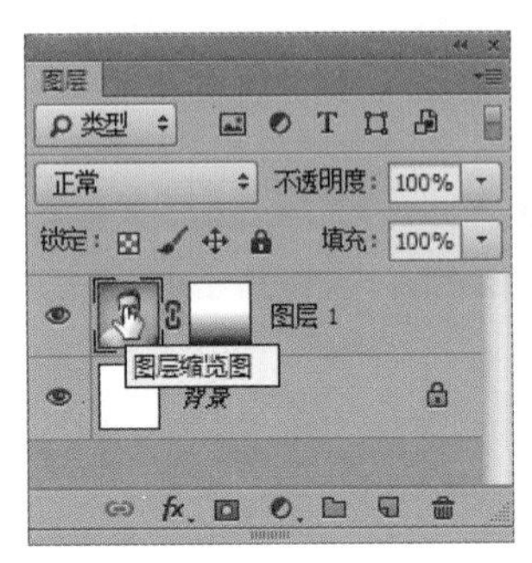

在蒙版中操作时，可以使用画笔工具、渐变工具、橡皮擦工具、加深工具、减淡工具等在其中编辑，也可以绘制一个选区，为其填充黑色、灰色或是白色。

以刚创建的空白蒙版为例，使用“画笔工具”在画布中绘制黑色后，绘制的区域将图像隐藏，如下图所示。

如果将前景色设置为灰色，然后使用“画笔工具”在蒙版中绘制，将创建出半透明的图像效果，如下图所示。

将“画笔工具”的笔刷设置得大一些，再将“硬度”参数设置为0%，就可以创建出渐隐的效果，如下图所示。

要想将某一图层的蒙版复制到其他图层时，可以结合Alt键拖动蒙版缩览图至想要复制到的图层，释放鼠标即可。直接单击并拖动图层蒙版缩览图，可以将该蒙版转移到其他图层；如果结合Shift键拖动蒙版缩览图，除了可将该蒙版转移到其他图层外，还会将转移后的蒙版反相处理。

创建图层蒙版后，还可以在画布中显示蒙版内容，方法是结合Alt键单击蒙版缩览图，效果如下图所示。对于一些细节的操作，可以通过这种方法进入蒙版显示状态，查看细节编辑得是否到位。在“图层”面板中任意位置单击，即可退出蒙版显示状态。

在蒙版缩览图上右击，在弹出的菜单中选择“停用图层蒙版”命令，可将蒙版停用，显示出原始的图像效果，如下左图所示，此时蒙版缩览图上显示红叉符号，如下右图所示。按住键盘上的Shift键单击蒙版缩览图，可以快速停用蒙版，再次单击则重新启用。

当不再需要使用图层蒙版时，可以将其删除。在蒙版缩览图上右击，选择“删除图层蒙版”命令，可将蒙版删除，图像随即恢复原始状态。选择“应用图层蒙版”命令，可在删除图层蒙版的同时，永久删除图层的隐藏部分，如下图所示。

上机实训：唯美雪景

接下来要制作的是一幅唯美的雪山景象，将会为其四周添加圆形的边框效果，制作时使用到了本章重点讲解的通道和蒙版的知识，还用到了下一章中将要讲解的一些滤镜。

步骤 01 打开“雪山.jpg”素材文件，如下图所示。

步骤 02 单击“通道”面板底部的“创建新通道”按钮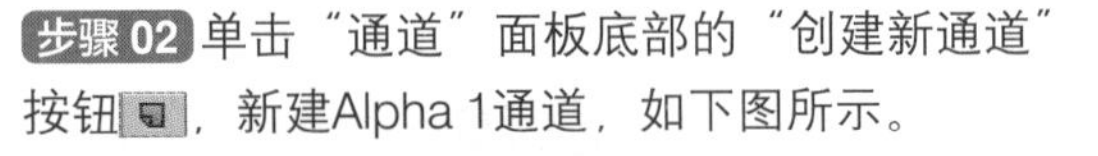，新建Alpha 1通道，如下图所示。

步骤03 使用“矩形选框工具”依照视图绘制选区，如下图所示。

步骤04 设置前景色为白色，然后选择“编辑>描边”命令，设置描边参数，如下图所示。添加描边后按快捷键Ctrl+D取消选区。

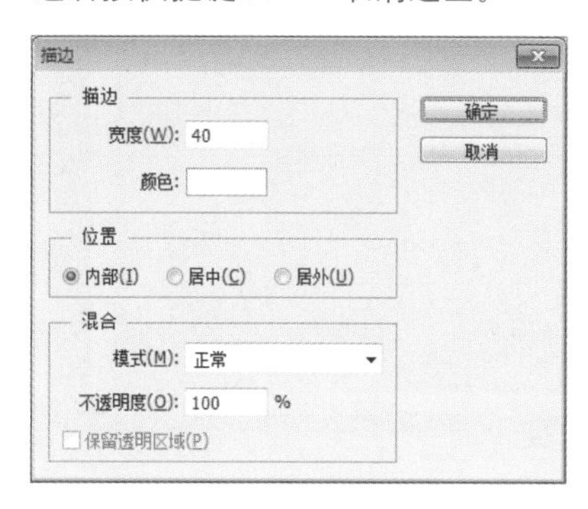

步骤05 选择“滤镜>模糊>高斯模糊”命令，打开如下图所示的对话框，从中设置“半径”参数为30像素，单击“确定”按钮完成设置。

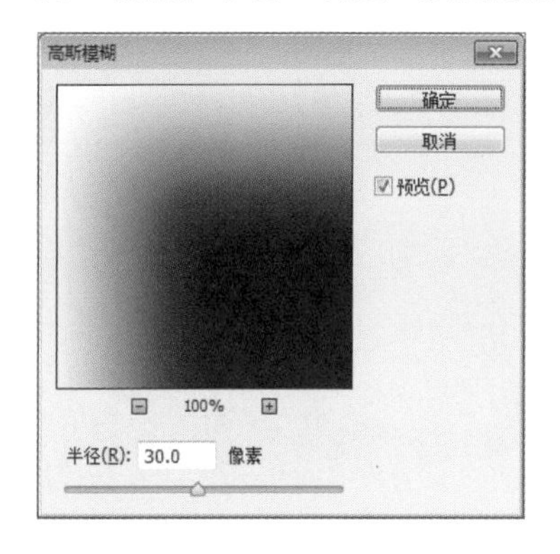

步骤06 为图像添加高斯模糊的效果如下图所示。

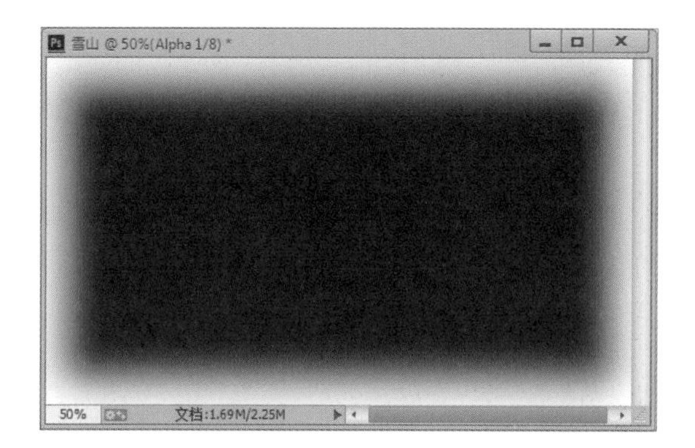

步骤07 选择“滤镜>像素化>彩色半调”命令，打开如下图所示的对话框，从中设置相关参数。

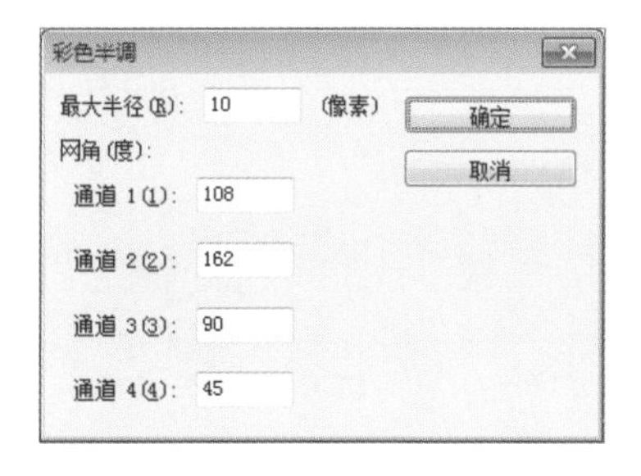

步骤08 设置完毕后单击“确定”按钮，添加的滤镜效果如下图所示。

步骤09 在“图层”面板中拖动“背景”图层到“创建新图层”按钮上，释放鼠标后，复制得到“背景 拷贝”图层，如右图所示。

步骤 10 使用“裁剪工具”扩大画布，如下图所示。

步骤 11 在“图层”面板中，选中“背景”图层，为该图层填充白色，如下图所示。

步骤 12 选中Alpha 1通道，单击“将通道作为选区载入”按钮，将通道载入选区，如下图所示。

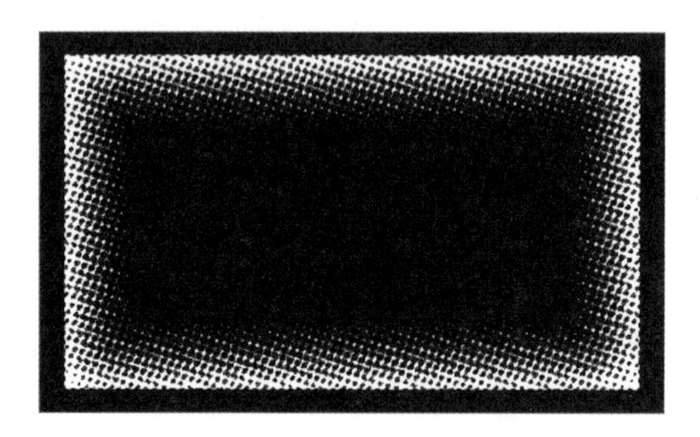

步骤 13 按快捷键Ctrl+Shift+I，反转选区。随后在“图层”面板中选择“背景 拷贝”图层，单击“添加图层蒙版”按钮，为该图层添加图层蒙版，得到如下图所示效果。

步骤 14 执行“图像>调整>曲线”命令，如下图所示调整图像颜色。

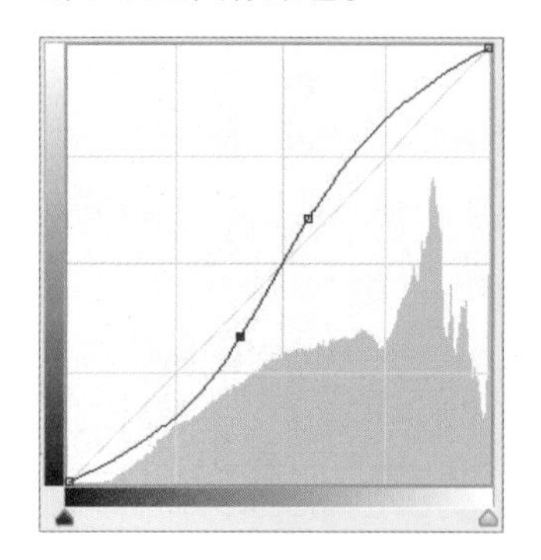

步骤 15 至此，完成该实例的制作，最终效果如下图所示。

Chapter 07 滤镜

本章概述

滤镜不仅可以修饰图像的效果并掩盖其缺陷，还可以在原有图像的基础上产生许多特殊的效果。本章将介绍有关Photoshop滤镜的使用方法，并通过实例来介绍使用滤镜的技巧，希望读者通过本章的学习可以对滤镜的应用有一个充分的了解，并在之后的设计创作中得以有效的应用。

知识要点

❶ 认识滤镜
❷ 液化
❸ 模糊滤镜组
❹ 艺术滤镜组
❺ 像素化滤镜组
❻ 扭曲滤镜组

7.1 认识滤镜

滤镜的使用会使图像产生各种特殊的纹理，比如说浮雕效果、球面化效果、光照效果、模糊效果和风吹效果等，可以为创作的设计作品增加更多丰富的视觉效果。Photoshop软件中有一个专门的菜单项就是“滤镜”。执行“滤镜”菜单中的某一项滤镜命令，可以打开相应的对话框，从中根据需要进行设置，当达到理想的效果后关闭对话框，即可应用滤镜效果。

在执行滤镜命令时要确定当前图层或者通道是否被选中。如果在图像中存在选区，那么执行的滤镜效果只会对选区内的图像有效，没有选区就是对整个图像的处理。滤镜的处理效果是以像素为单位，因此，滤镜的处理效果与图像的分辨率有关，相同参数处理的图像如果分辨率不同，那么也会产生不同的图像效果，如下图所示。

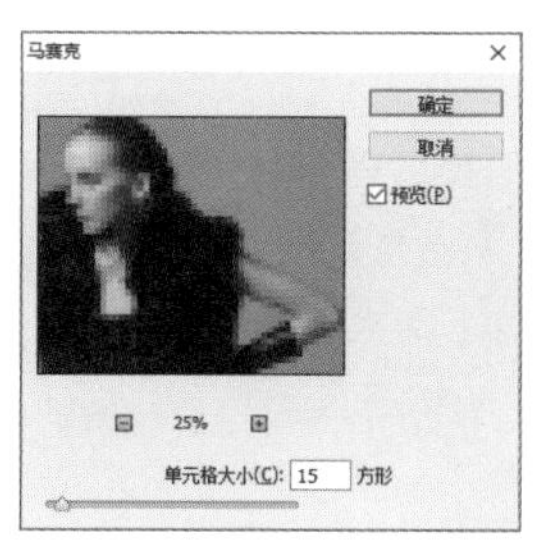

不同分辨率设置相同参数的对比图

滤镜库集成了多个滤镜效果，可实现同时预览多个滤镜效果、更改滤镜应用顺序等操作。执行“滤镜>滤镜库”命令，即可打开滤镜库，如下图所示。单击滤镜类别中的滤镜缩览图，可在预览区域查看到添加滤镜后的图像效果，在参数设置区域可以根据提供的所选滤镜参数，改变滤镜效果。

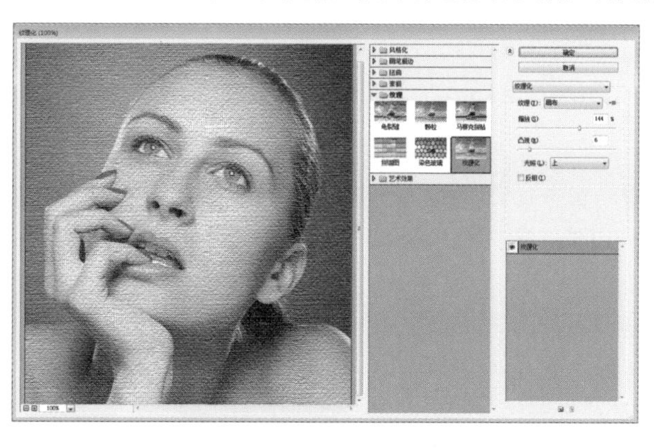

单击预览区域左下角的-和+按钮，可缩小或放大视图；使用键盘上的Ctrl++或是Ctrl+-组合键，也可放大或缩小预览区域。

单击对话框右下角的“新建效果图层”按钮，可以新建一个效果图层，如下图所示，可叠加滤镜效果，即实现添加并预览多个滤镜效果的目的。

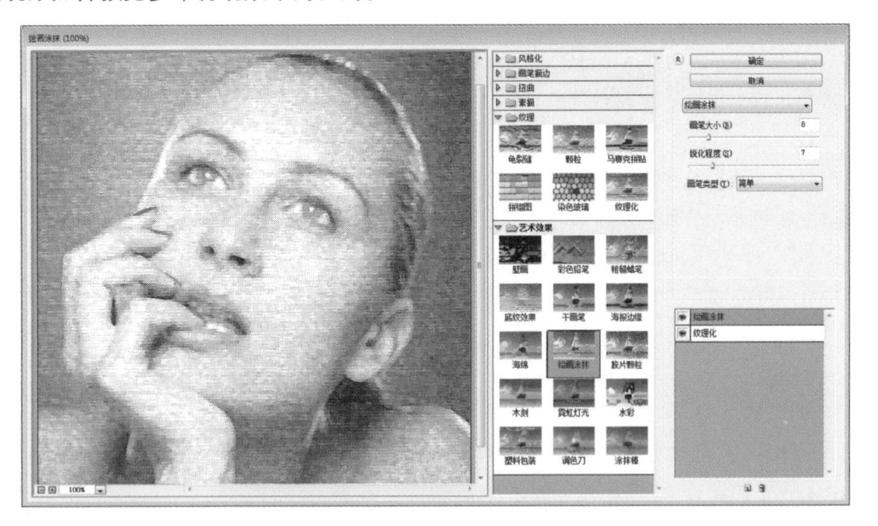

7.2 液化

“液化”滤镜可以实现对图像进行变形的操作，比如对图像进行收缩、推拉、扭曲等变形效果。执行“滤镜>液化”命令，打开“液化”对话框。从中勾选“高级模式”复选框，以显示更多参数设置，如下图所示。其中包括更多关于笔刷的设置，以及设置保护蒙版的选项。

在该对话框的工具箱中，包含了11种工具，下面对这些工具加以介绍。

- **“向前变形工具”**：该工具可以移动图像中的像素，得到变形的效果。
- **“重建工具”**：使用该工具在变形的区域单击鼠标或拖动鼠标进行涂抹，可以使变形区域的图像恢复到原始状态。
- **“平滑工具”**：可以通过不断的绘制，将添加的变形效果逐步恢复。
- **“顺时针旋转扭曲工具”**：使用该工具在图像中单击鼠标或移动鼠标时，图像会被顺时针旋转扭曲；当按住Alt键单击鼠标时，图像则会被逆时针旋转扭曲。

- **“褶皱工具”**：使用该工具在图像中单击鼠标或移动鼠标时，可以使像素向画笔中间区域的中心移动，使图像产生收缩的效果。
- **“膨胀工具”**：使用该工具在图像中单击鼠标或移动鼠标时，可以使像素向画笔中心区域以外的方向移动，使图像产生膨胀的效果。
- **“左推工具”**：该工具的使用可以使图像产生挤压变形的效果。使用该工具垂直向上拖动鼠标时，像素向左移动；向下拖动鼠标时，像素向右移动。
- **“冻结蒙版工具”**：使用该工具可以在预览窗口绘制出冻结区域，在调整时，冻结区域内的图像不会受到变形工具的影响，添加了蒙版后，使用“褶皱工具”将人物面部缩小，被蒙版保护的区域不受影响。
- **“解冻蒙版工具”**：使用该工具涂抹冻结区域能够解除该区域的冻结。
- **“抓手工具”**：放大图像的显示比例后，可使用该工具移动图像，以观察图像的不同区域。
- **“缩放工具”**：使用该工具在预览区域中单击，可放大图像的显示比例；按住Alt键在预览区域中单击，则会缩小图像的显示比例。

7.3 模糊滤镜组

在Photoshop软件中，执行模糊滤镜组中的模糊命令，可以使图像中过于清晰或对比度太强烈的区域产生不同的模糊效果。它通过平衡图像中已定义的线条和遮蔽区域的清晰边缘旁边的像素，使变化显得柔和。在打开“滤镜>模糊”子菜单时，显示出14种模糊滤镜，如下图所示。各种模糊滤镜会产生各自不同的图像效果，接下来介绍常用的一些模糊滤镜的应用方法。

1. 表面模糊

在保留边缘的同时模糊图像，该滤镜用于创建特殊效果并消除杂色或粒度，如下图所示。

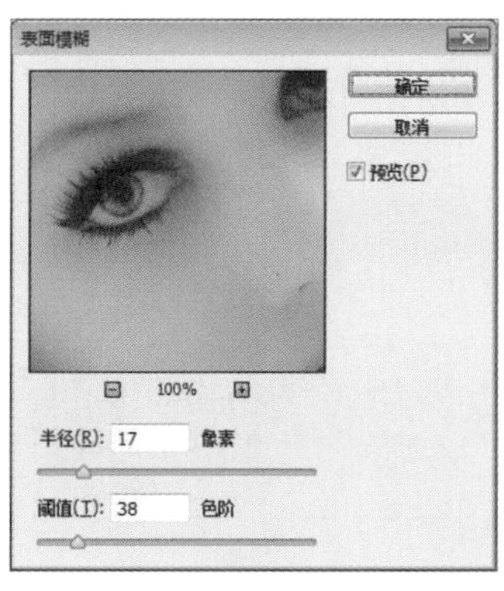

"半径"选项用于指定模糊取样区域的大小。"阈值"选项用于控制相邻像素色调值与中心像素值相差多大时才能成为模糊的一部分。

2. 动感模糊

动感模糊滤镜可以产生动态模糊的效果，此滤镜的效果类似于以固定的曝光时间给一个移动的对象拍照，其参数设置对话框如下左图所示，其中"角度"参数用于调整模糊方向。"动感模糊"滤镜可产生加速的动感效果，类似速度镜或追随拍摄，如下右图所示。实际运用中往往不需要全画面模糊，可用套索工具等将需要模糊的范围选择好，然后执行"动感模糊"命令。

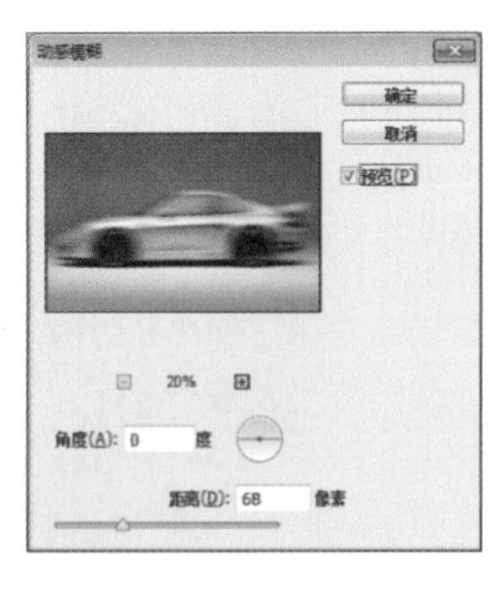

3. 进一步模糊

该滤镜可以将图像中有显著颜色变化的地方消除杂色，它通过平衡已定义的线条和遮蔽区域的清晰边缘旁边的像素，使变化显得柔和。

4. 高斯模糊

利用高斯曲线的分布模式，快速模糊选区，其中"半径"选项用于设置模糊度，范围为0.1~1000像素，值越大越模糊，如下图所示。

该滤镜可模拟出前后移动相机或者旋转相机拍摄物体产生的效果，得到旋转的模糊或放射状的模糊效果。选中"旋转"单选按钮，沿同心圆环线模糊；选中"缩放"单选按钮，沿径向线模糊；在"数量"文本框中可指定1~100之间的模糊值。参数设置及效果对比如下图所示。

原图

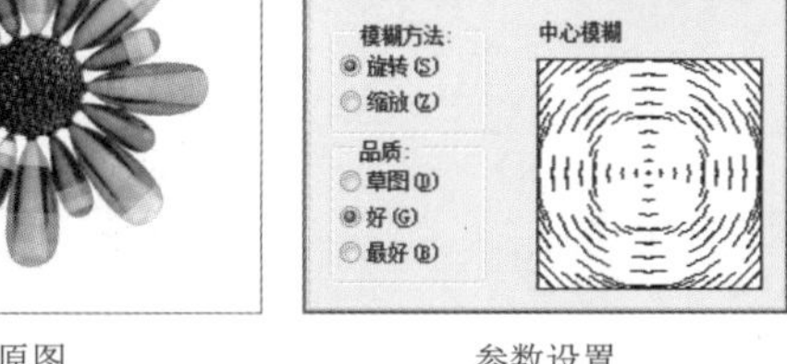

参数设置

旋转模糊效果

模糊的品质范围包括“草图”、“好”和“最好”。“草图”产生最快但粒状效果明显，“好”和“最好”可产生比较平滑的结果，除非在大选区上，否则看不出这两种品质的区别。通过拖动“中心模糊”框中的图案，还可以自定义模糊的原点。

5. 特殊模糊

该命令用于精确地模糊图像，可指定半径、阈值和模糊品质，如下左图所示。在“特殊模糊”对话框中，半径决定了内核的大小，内核越大，模糊的效果越好，如下右图所示。

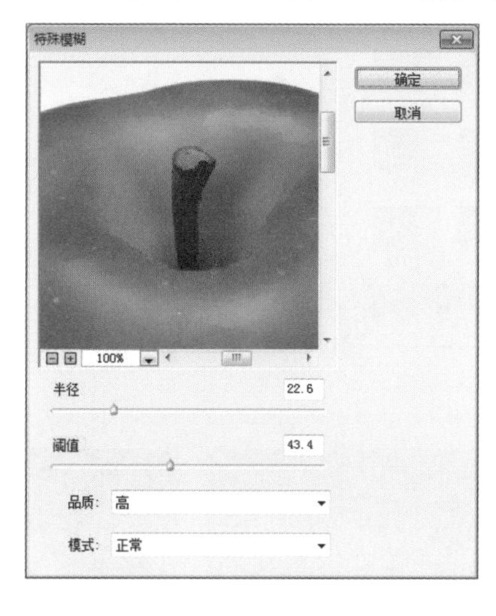

6.“场景模糊”和“光圈模糊”命令

使用“场景模糊”和“光圈模糊”命令可以模糊图像，并创建出类似景深的效果。使用该滤镜的前后对比效果如下图所示。

7.4 艺术效果滤镜组

使用艺术效果滤镜组中的滤镜可以得到制图、绘画及摄影领域用传统方式所能实现的各种艺术效果，模仿自然或传统介质效果，它可以为美术或商业项目制作绘画效果或艺术效果提供帮助。该组提供了15种滤镜，全部存储在“滤镜库”对话框中，如下图所示。

下图所示是使用部分艺术效果滤镜后的对比效果。

7.5 像素化滤镜组

像素化滤镜组中的滤镜可以将图像分成一定区域，并将这些区域转变为相应的色块，再由色块构成图像，以达到对图像变形的目的，如下图所示。比如“彩色半调”滤镜，它是模拟在图像每个通道上使用半调网屏效果，将一个通道分解为若干个矩形，然后用圆形替换掉矩形，圆形的大小与矩形的亮度成对比，创建印刷网点的特殊效果。

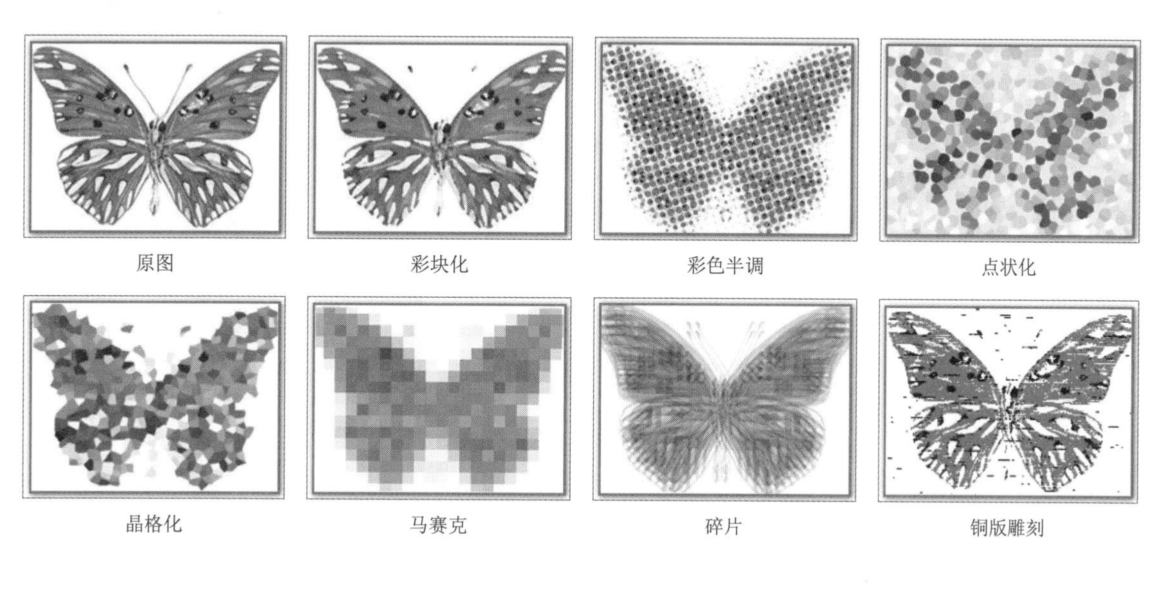

原图　彩块化　彩色半调　点状化

晶格化　马赛克　碎片　铜版雕刻

7.6 扭曲滤镜组

扭曲滤镜组中包含着9种扭曲滤镜，这些滤镜主要是将当前图层或者选区内的图像进行各种各样的扭曲变形，从而使图像产生不同的艺术效果。下图所示为常用扭曲滤镜的图像效果展示。

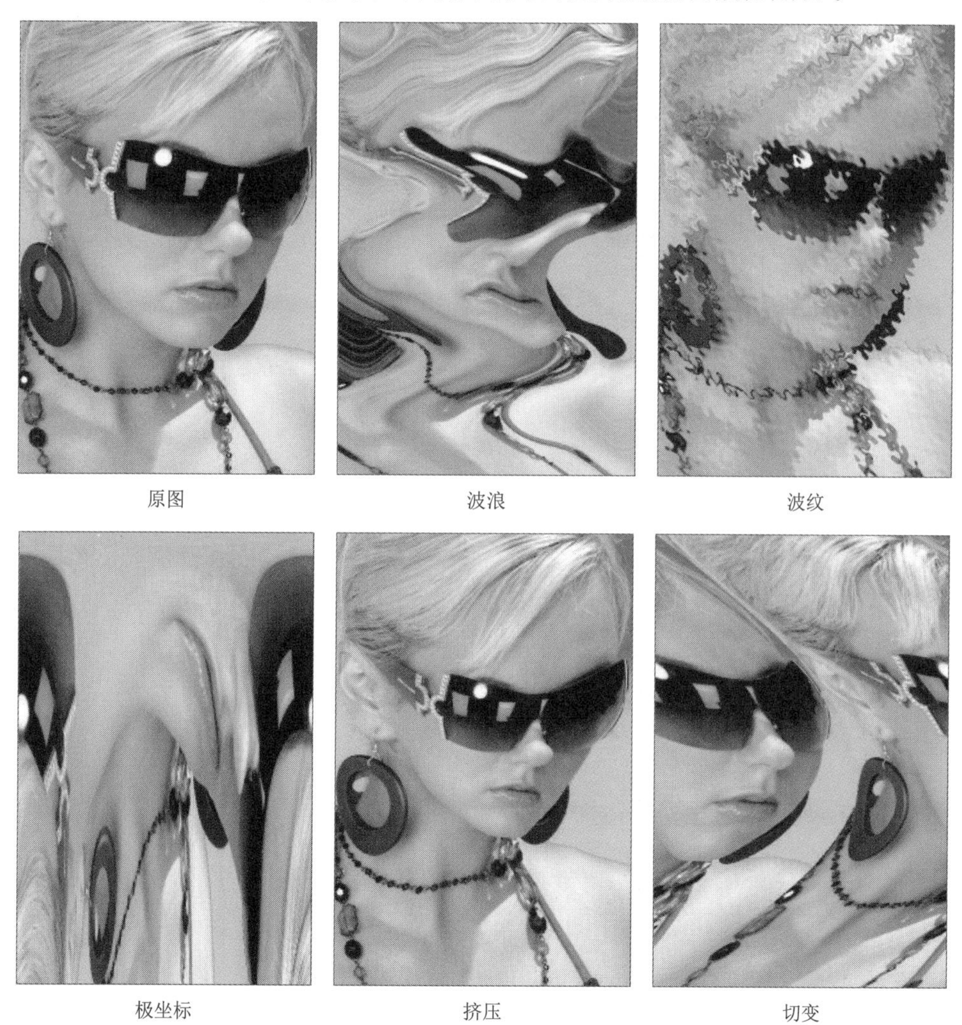

原图　波浪　波纹

极坐标　挤压　切变

球面化

水波

旋转扭曲

上机实训：插画设计

下面将制作一个插画设计，其中将主要应用彩色半调滤镜来创建特殊效果。彩色半调滤镜会使图像看上去好像是由大量半色调点构成的，其工作原理是Photoshop将图像划分为矩形栅格，然后将像素填入每个矩形栅格中模仿半色调点。

步骤 01 打开“人物.jpg”文件，然后复制“背景”图层，如下图所示。

步骤 02 按快捷键Ctrl+Alt+C，打开“画布大小”对话框，如下图所示设置参数。

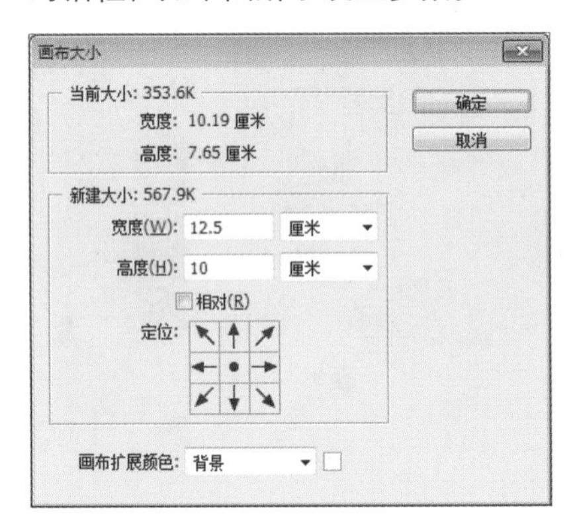

步骤 03 调整画布大小，并为背景填充绿色（R:0、G:127、B:113），效果如下图所示。

步骤 04 选择“背景 拷贝”图层，执行“图像>调整>阴影/高光”命令，打开“阴影/高光”对话框，如下图所示设置参数，调整图像亮度。

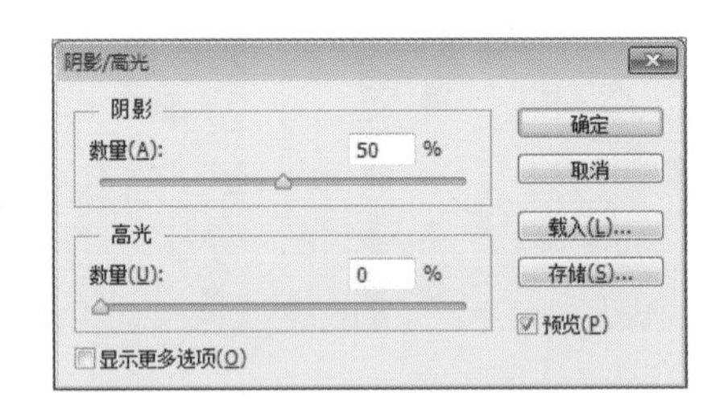

步骤05 在“路径”面板中新建“路径 1”，使用“圆角矩形工具” 在视图中绘制路径，并执行“编辑>自由变换路径”命令调整路径旋转角度，如下图所示。

步骤06 按快捷键Ctrl+Enter，将路径转换为选区，如下图所示。

步骤07 选择“背景 拷贝”图层，单击“添加图层蒙版”按钮，为该图层添加图层蒙版，如下图所示。

步骤08 单击“图层”面板底部的“添加图层样式”按钮，在弹出的菜单中选择“外发光”命令，打开“图层样式”对话框，如下图所示设置对话框参数。

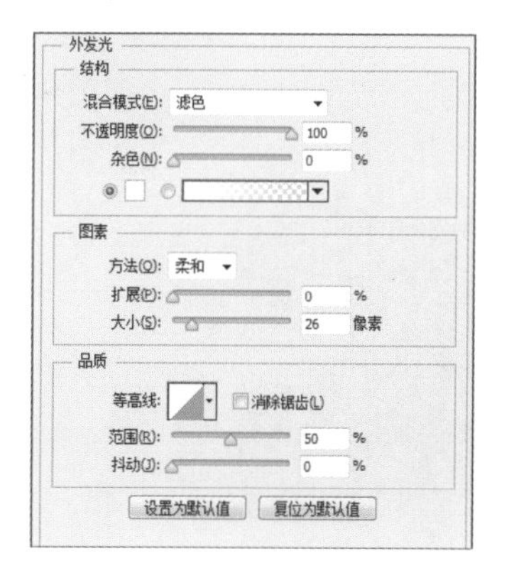

步骤09 为图像添加的外发光效果如下图所示。

步骤10 按住键盘上的Ctrl键单击“背景 拷贝”图层蒙版缩览图，将其载入选区。单击“调整”面板中的“创建新的曲线调整图层”按钮，切换到“属性”面板，如下图所示设置曲线。

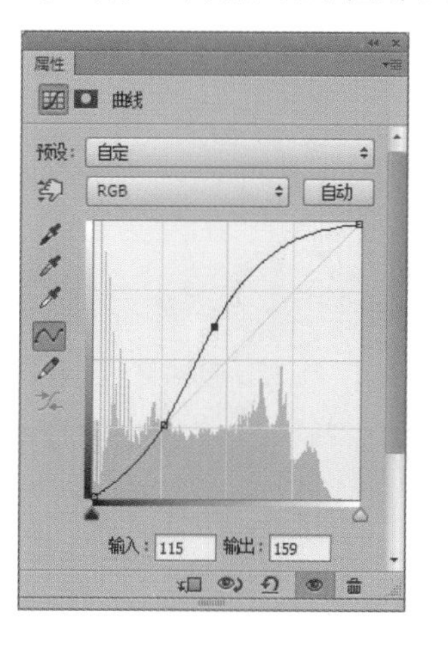

步骤 11 调整图像亮度的效果如下图所示。

步骤 12 单击“图层”面板底部的“创建新的填充或调整图层”按钮，在弹出的菜单中选择“渐变”命令，打开“渐变填充”对话框，如下图所示设置参数。

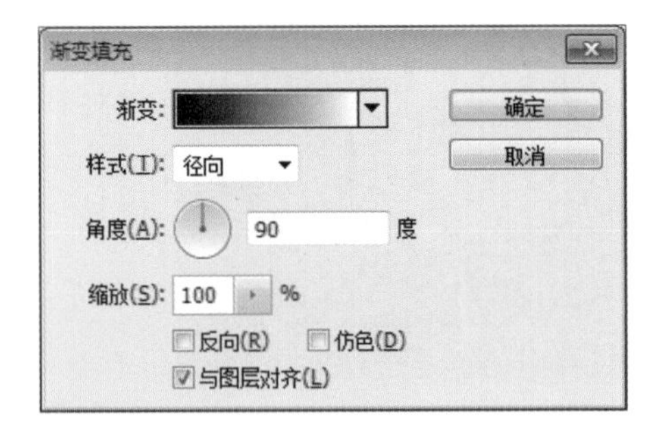

步骤 13 单击“确定”按钮，关闭对话框，为图像添加的渐变填充效果如下图所示。

步骤 14 右击“渐变填充 1”图层右侧空白处，在弹出的快捷菜单中选择“栅格化图层”命令，将调整图层转换为普通图层，并将该图层的图层蒙版删除，如下图所示。

步骤 15 如下图所示，使用“画笔工具”在视图中绘制细节图像。

步骤 16 选择“滤镜>像素化>彩色半调”命令，打开“彩色半调”对话框，如下图所示设置参数。

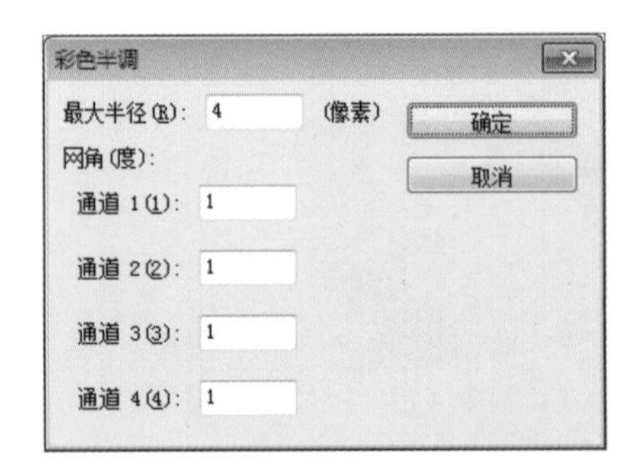

步骤 17 单击“确定”按钮完成设置，为图像应用的滤镜效果如下图所示。

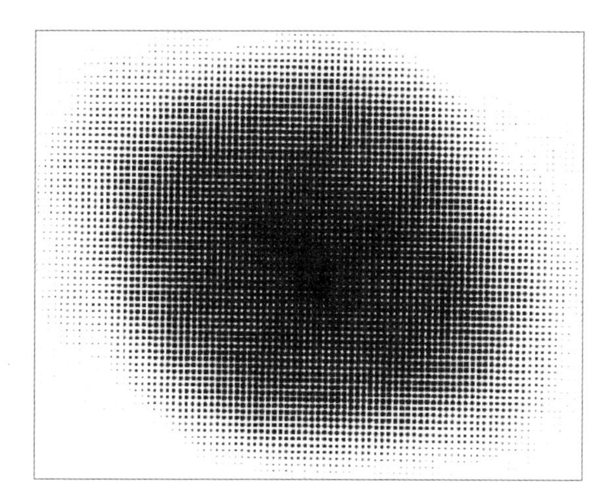

步骤 18 执行“选择>色彩范围”命令，打开“色彩范围”对话框，如下图所示，设置“颜色容差”参数为200。

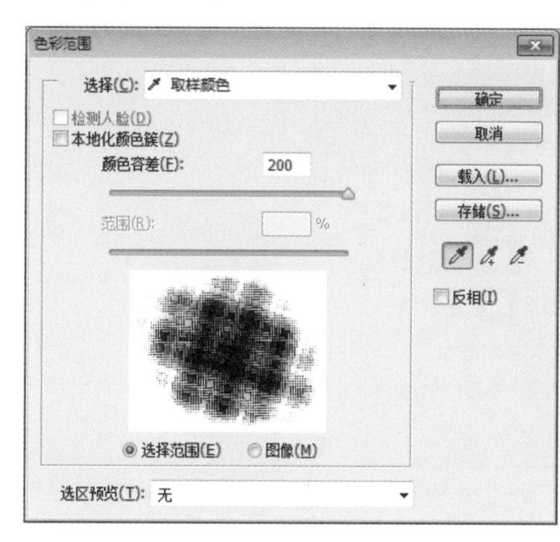

步骤 19 使用鼠标单击视图中的白色区域，然后单击“确定”按钮完成设置，如下图所示。

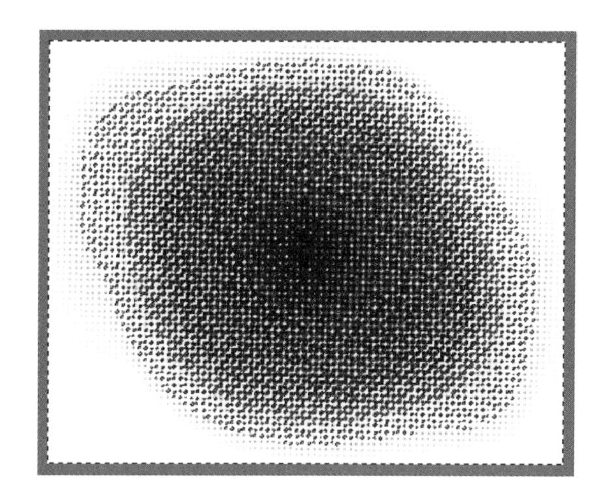

步骤 20 按快捷键Ctrl+Shift+I，反转选区，然后按快捷键Ctrl+J，将选区内的图像拷贝并粘贴到文档中，删除“渐变填充 1”图层，如下图所示。

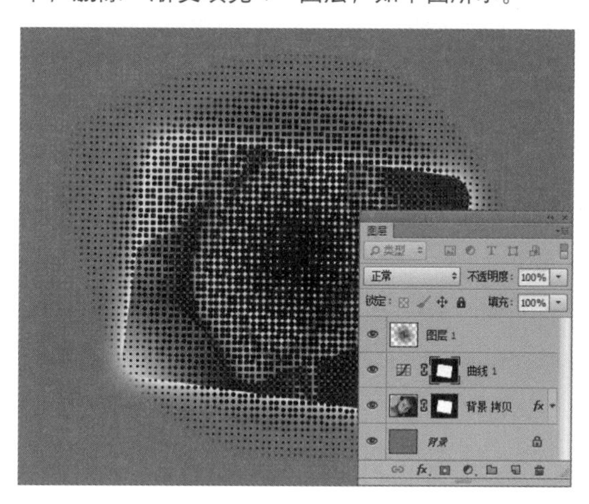

步骤 21 选择“图像>调整>色相/饱和度”命令，打开“色相/饱和度”对话框，如下图所示，设置对话框参数，调整图像颜色。

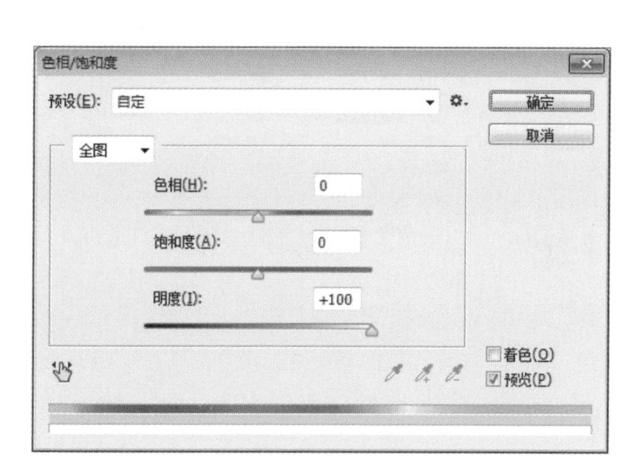

步骤 22 按下快捷键Ctrl+T，使用“自由变换”命令适当调整图像大小，如下图所示。

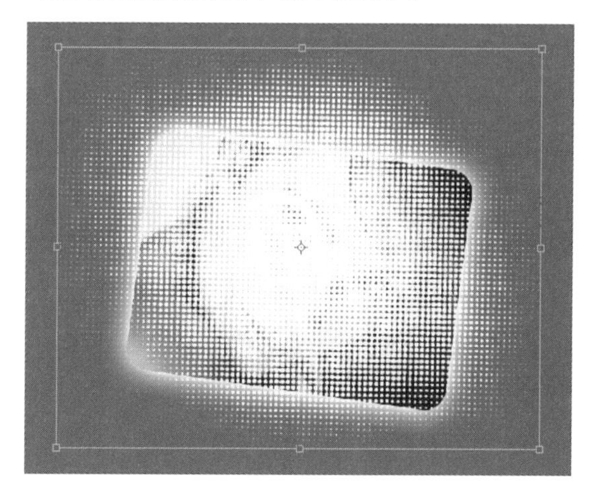

步骤 23 按住键盘上的Ctrl键单击“曲线 1”图层蒙版缩览图，将其载入选区，如下图所示。

步骤 24 反转选区，单击“添加图层蒙版”按钮，为“图层 1”添加图层蒙版，如下图所示。

步骤 25 按住键盘上的Ctrl键，再次载入“曲线 1”图层的蒙版缩览图选区，执行“选择>变换选区”命令，调整选区大小，如下图所示，变换完毕后确认变换操作。

步骤 26 按住键盘上的Ctrl+Shift键单击“图层 1”图层蒙版缩览图，并按快捷键Ctrl+Shift+I，反转选区，效果如下图所示。

步骤 27 在“图层”面板中单击“图层 1”的缩览图，然后按快捷键Ctrl+J，将选区内的图像复制并粘贴到视图中，如下图所示。

步骤 28 单击“添加图层样式”按钮，在弹出的菜单中选择“渐变叠加”命令，打开“图层样式”对话框，如下图所示设置参数。

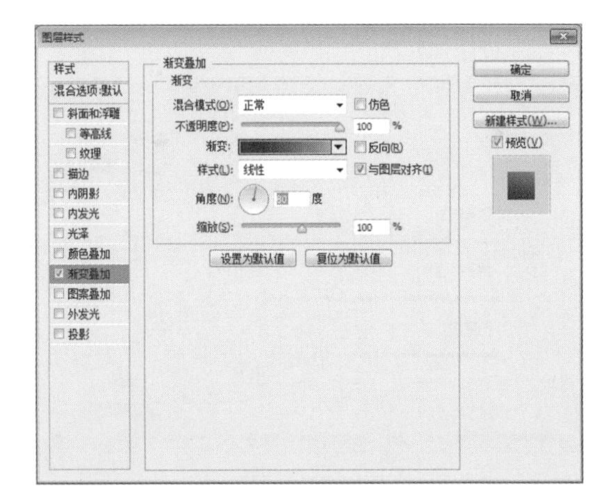

步骤29 单击“确定”按钮完成设置，为图像添加的渐变叠加效果如下图所示。

步骤30 使用“橡皮擦工具”擦除嘴角区域的部分图像，如下图所示。

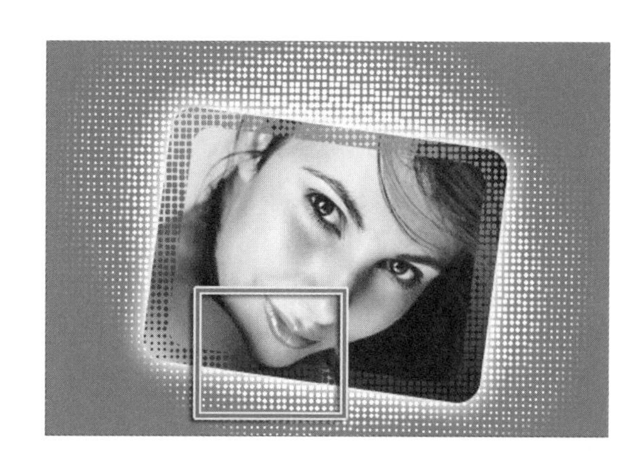

步骤31 打开“纹理.jpg”文件，然后使用“色彩范围”命令选取黑色区域，拖动选区内的图像到正在编辑的文档中，如下图所示。

步骤32 利用快捷键Ctrl+T，调整拖入图像的大小与位置，如下图所示。

步骤33 选择“图像>调整>色相/饱和度”命令，打开“色相/饱和度”对话框，如下图所示，设置对话框参数，调整图像颜色。

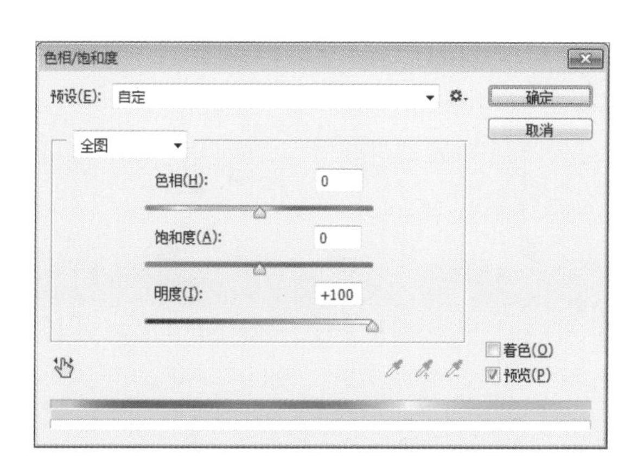

步骤34 单击“确定”按钮返回，并将“图层 3”放在“背景 拷贝”图层的下方，图片效果如下图所示。

步骤35 打开“背景纹理.jpg”文件，如下图所示。然后拖动素材图像到正在编辑的文档中。

步骤36 调整拖入图像的大小与位置，制作背景效果，如下图所示。

步骤37 选中“图层 4”以上的所有图层，将这些图层对应的图像整体向上移动，如下图所示。

步骤38 载入“背景 拷贝”图层的蒙版缩览图，添加曲线调整图层，调整图像亮度，完成该实例的制作，如下图所示。

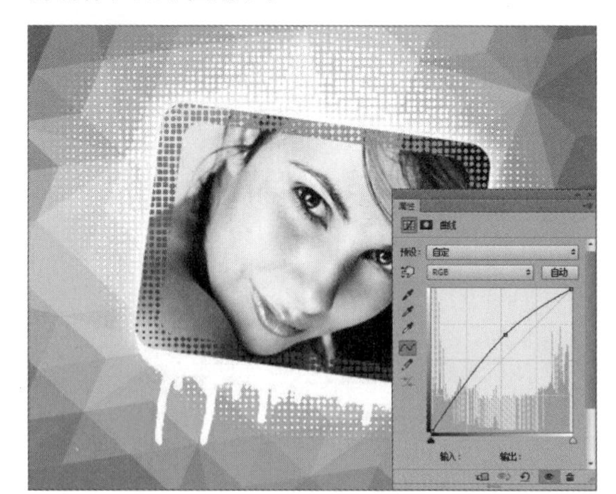

PART 02 综合案例篇

综合案例篇共包含4章内容，对Photoshop CC的应用热点逐一进行理论分析和案例精讲，在巩固前面所学基础知识的同时，使读者将所学知识应用到日常的工作学习中，真正做到学以致用。

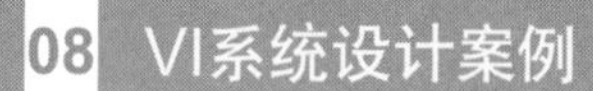

Chapter 08 VI系统设计案例

本章概述

标志设计是现代科技的产物，它将事物本身具体或抽象的各个元素通过特殊的图形固定下来，使人们在看到标志时，会产生联想，从而对所代表的企业或其他载体产生认同。本章将向读者讲述标志设计的一些基本常识，并通过对一个标志的具体设计过程的学习，使读者掌握标志设计的方法和技巧。

知识要点

❶ VI系统的设计流程
❷ VI系统的设计原则
❸ 如何进行VI设计

8.1 行业知识向导

标志设计不仅是实用物的表现载体，也是一种图形艺术的设计，如下图所示。它与其他图形艺术表现手法是共通的，但又具有自己独特的艺术规律。在标志的设计中，需要遵从一些必要的原则，才可以在设计的过程中得心应手。

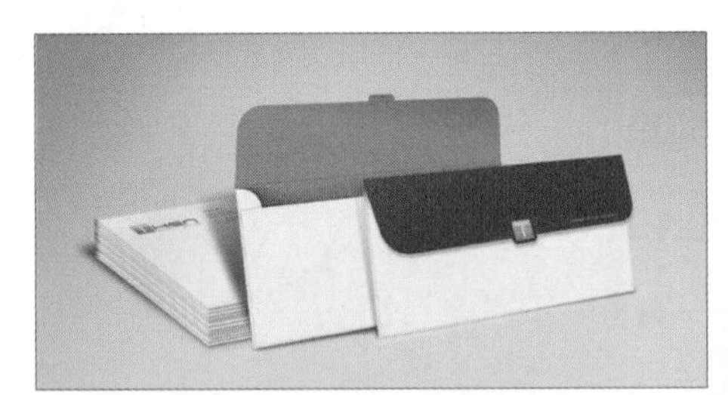
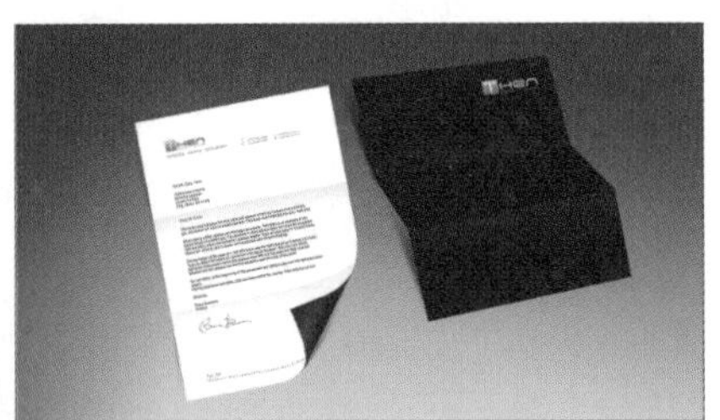

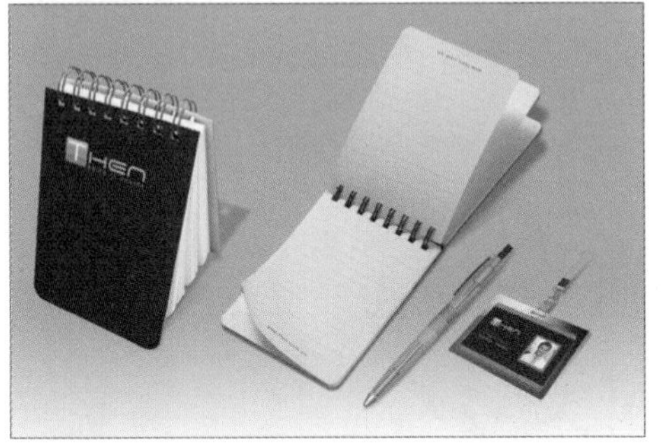

8.1.1 VI系统的设计流程

为了使更多的从业者了解VI设计，下面将对VI设计流程进行介绍。

（1）签订合约

由甲乙双方就当前VI项目签订合作协议，一般预付30%的定金后，设计公司开始执行该项目相关工作。

（2）成立项目组

由设计总监成立客户专项服务小组，专门负责该客户的VI设计项目，可根据相关设计师的擅长技能进行任务的调配。小组人员主要由设计总监、设计师、市场调研员、后期制作及施工人员组成。

（3）市场调研与分析

VI设计不仅仅是一个图形或文字的组合，它是依据企业的构成结构、行业类别、经营理念，并充分考虑企业接触的对象和应用环境，为企业制定的标准视觉符号。在设计之前，首先要对企业做全面深入的了解，包括经营战略、市场分析，以及企业最高领导人员的基本意愿等，这些都是VI设计开发的重要依据。

（4）客户问卷

通过问卷调查，可以进一步了解客户的基本情况和需求，比如应用系统的后期制作方面，同行业的竞争对手等。

（5）设计执行与开发

有了对企业的全面了解和对设计要素的充分掌握，可以从不同的角度和方向进行设计开发工作。通过设计师对标志的理解，充分发挥想象，用不同的表现方式，将设计要素融入设计中，标志必须达到含义深刻、特征明显、造型大气、结构稳重，色彩搭配能适合企业，避免流于俗套或大众化。不同的标志所反映的侧重或表象会有区别，经过讨论分析修改，找出适合企业的标志。

（6）设计细节修正

经过客户对提案的意见反馈，进行二次修正，客户满意后，再进一步对标志的标准制图、大小、黑白应用、线条应用等不同表现形式进行修正，使标志使用更加规范，使标志结构在不同环境下使用时，能够达到统一、有序、规范的传播目的。

（7）继续完善

标志定型后，继续完善基本要素系统和应用系统的设计方案。

（8）制作VI手册

基本要素系统和应用系统设计完毕后，由客户签字确认，设计公司将最终的设计成果编制成VI手册。

8.1.2 VI系统的设计原则

企业的视觉识别（VI）是企业信息传达的符号，它有具体而直接的传播力和感染力，能将企业识别（CI）的基本精神和物质充分地表达出来，使公众直观地接受所传达的信息，以便达成识别与认同的目的。

原则一：有效传达企业理念

MI，即Mind Identity，是理念识别的意思，它属于思想、意识的范畴。在发达国家中，现在越来越多的企业日益重视企业的理念，并把它放在与技术革新同样重要的地位上，通过企业理念引发、调动全体员工的责任心，并以此来约束规范全体员工的行为。从CIS战略来理解识别，它包含两层含义，一是统一性，二是独立性。

原则二：强化视觉冲击力

视觉冲击力，即通过视觉语言来吸引你的用户，给作品创造视觉冲击力，使它在众多作品中脱颖而出，也可以使你的作品在同一界面内得到更多的关注。视觉冲击力是一种创造反差与夸张的艺术，目的是吸引眼球，通过强烈的冲突，将观览者的情绪带到一定的高度或引起悬念、好奇，或产生知识缺口，终极目的只有一个，那就是将用户带到你的世界中来。

原则三：强调人性化

VI设计应重视与消费者之间的沟通与互动，以及尊重受众的自身价值与情感需求，这也正是人性化设计的体现。在商品同质化的今天，消费者希望缩短与该品牌的距离，快速了解认知该品牌，希望通过VI及标志的视觉印象体会到一种轻松愉快的感觉，所以注重人性化的设计，不仅在与消费者建立深层交流关系的同时，加强了品牌的认知度，而且给消费者留下了很好的印象，增强了品牌的可发展性。

原则四：简洁明快

在信息爆炸的年代，人们在接受各种信息的过程中，思维已经麻木，毫无新意、啰嗦复杂的标志丝毫不能激发人们的任何审美情趣。现代标志与VI设计的形式也趋于丰富和个性，并形成“符号化”的表现特质，因此VI设计所要传达信息的单纯性与设计形式的简洁性就成为设计的两个重要任务。现代标志作为视觉语言，最大的特点就是用图形说话，以图形来传情达意，它必须简练、准确、易懂，具有代表性，只有这样才能提高VI传达信息的速度与质量。

原则五：增强民族个性

VI设计作为一种具有象征性的大众传播符号，而且在一定条件下甚至超过语言文字，因此它被广泛应用于社会的各个方面，在现代文化趋同的全球化背景下，对于VI的设计我们应该既要跨越民族、超越国界，又要具有民族个性，以鲜明的文化特色参与国际文化交流和文化竞争。

原则六：遵守法律法规

VI设计不是单纯的工艺美术问题，它不仅要追求图形的美观与实用，还要严格地考虑设计的合法性，使其在投入使用后不会造成法律纠纷或对企业的形象和声誉产生负面影响。因此，作为一名合格的设计师，在进入具体的设计之前，了解和掌握相关的法律知识是十分有必要的。

8.2　世纪星VI设计

VI视觉识别的传播与感染力是最具体、最直观、最强烈的。通过视觉识别形象设计，能够充分表现世纪星的聚合力，使社会公众一目了然地了解世纪星的业务和精神，进而实现世纪星的宣传和推广。借助多种媒体应用进行传播，如名片、信封、广告牌、服装、车辆等（效果如下图所示），通过这些媒介，可以全方位地展示世纪星形象、世纪星文化、世纪星精神，与公众进行沟通；又以统一化应用，反复加深印象，达到记忆和认知的目的。

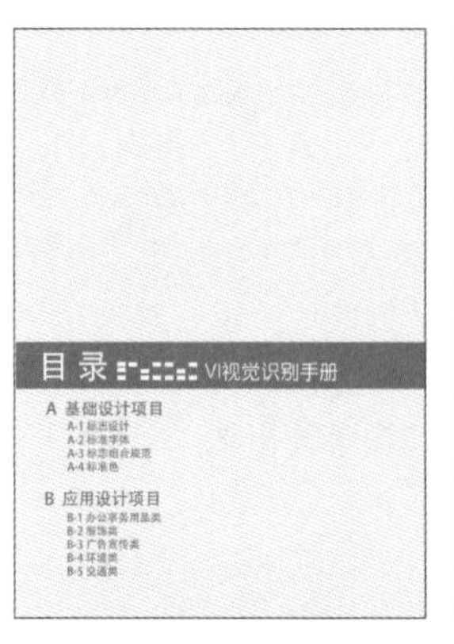

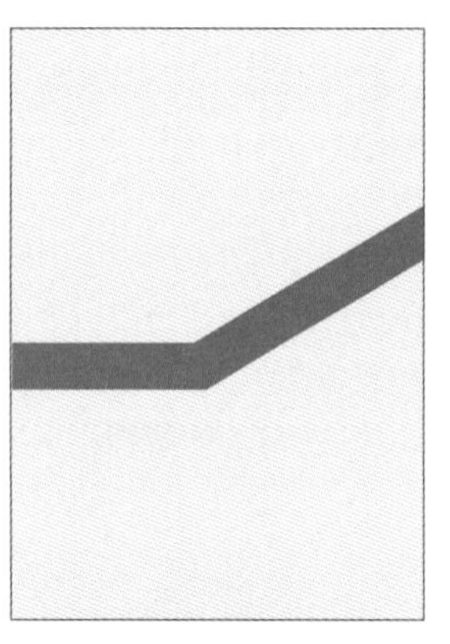

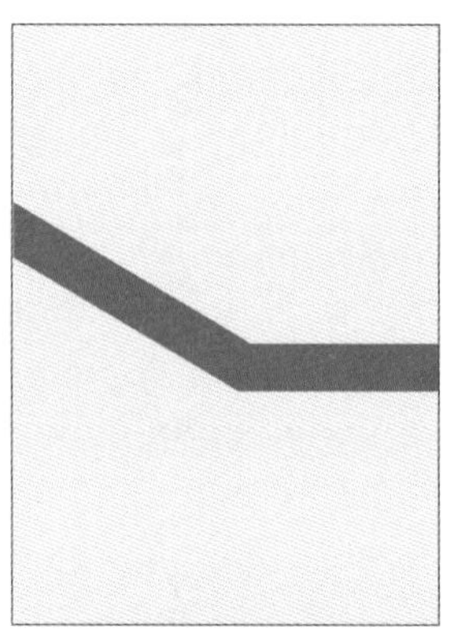

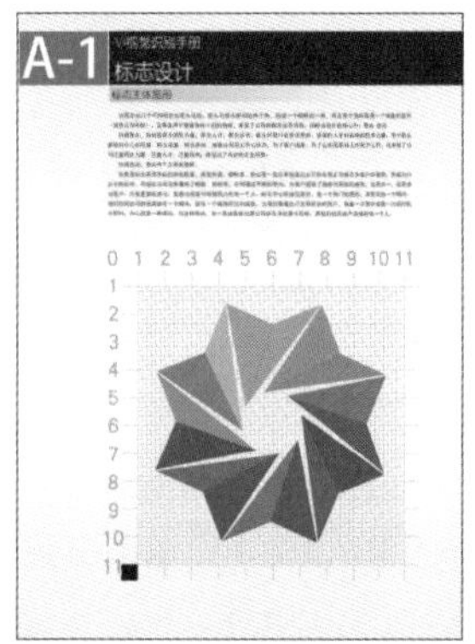

A-2 标准字体

世纪星
CENTURY STAR

0 1 2 3 4 5 6 7 8 9 10 11 12

世纪星
CENTURY STAR

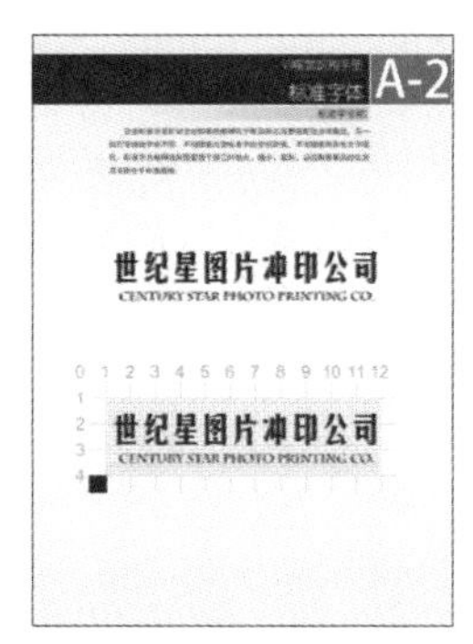

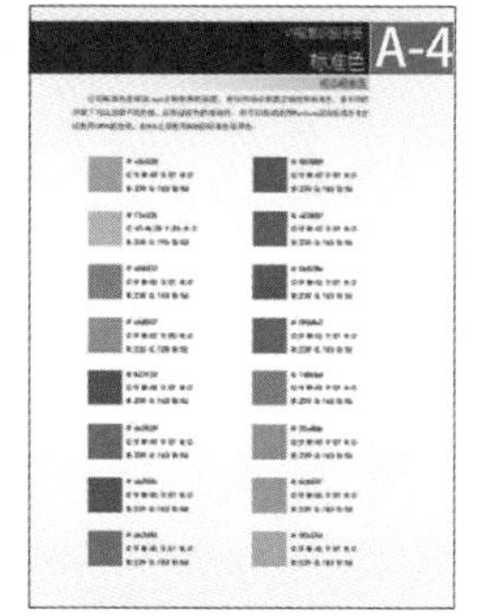

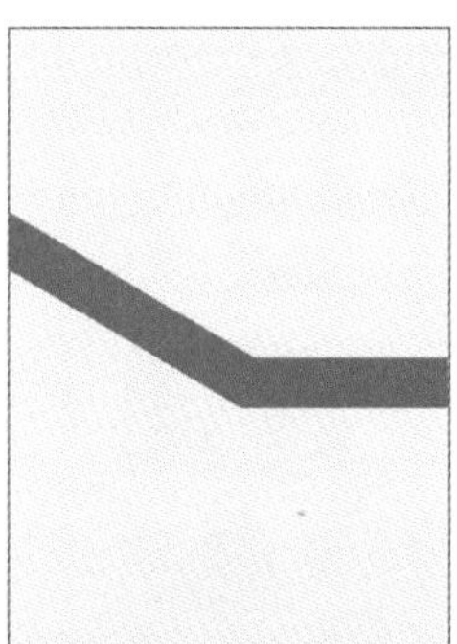

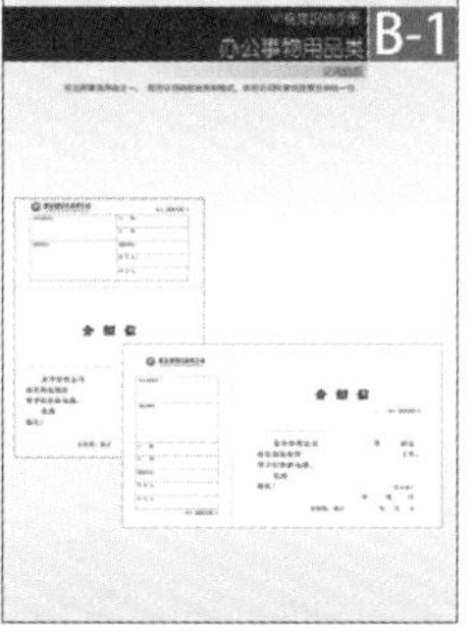

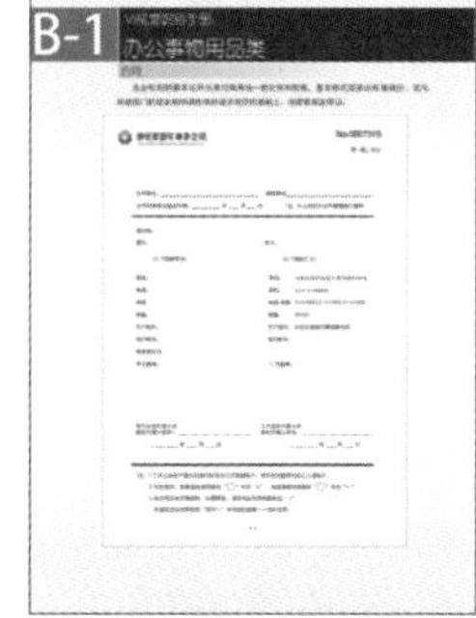

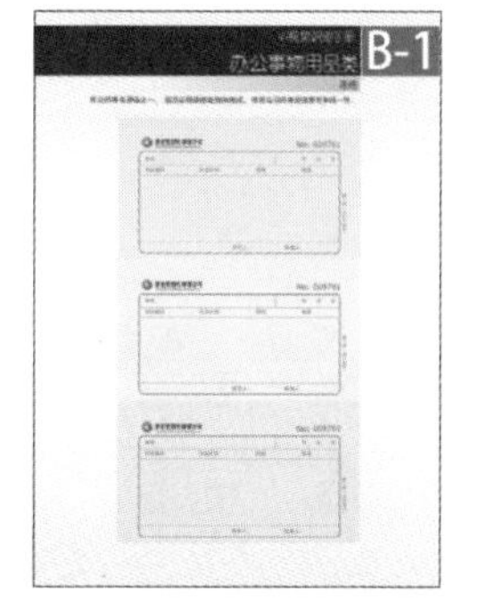

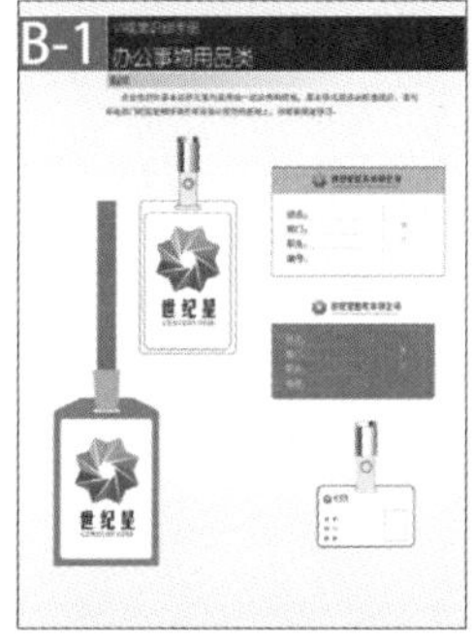

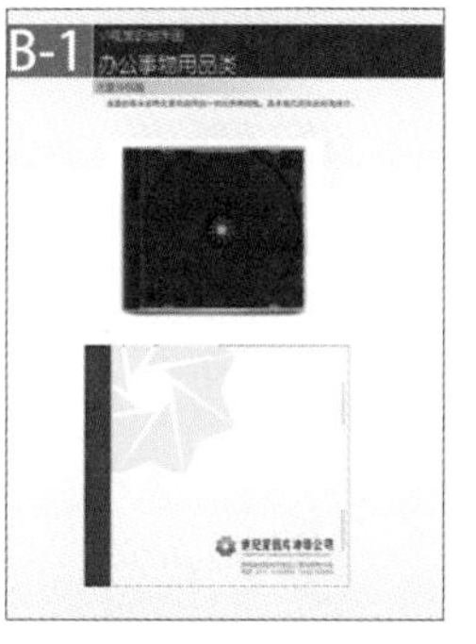

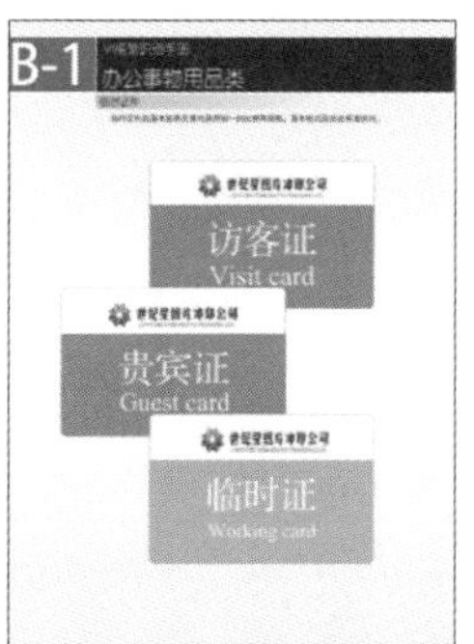

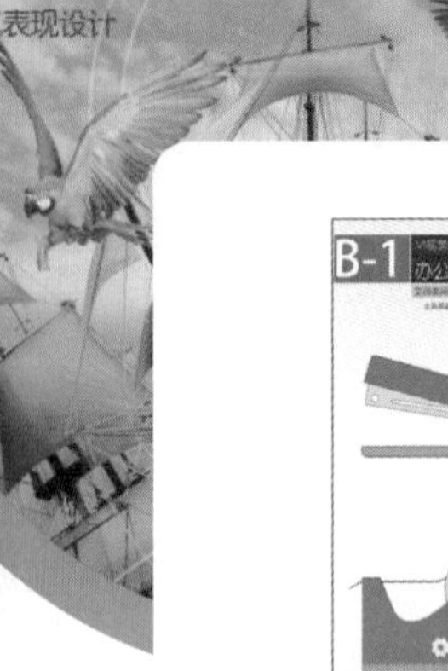

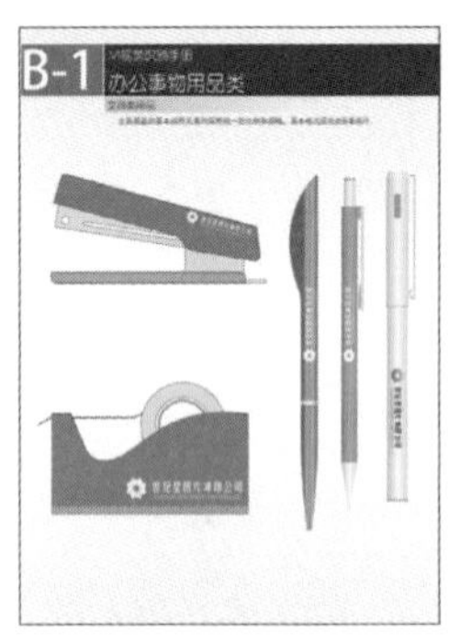
B-1
办公事物用品类

B-1
办公事物用品类
世纪星

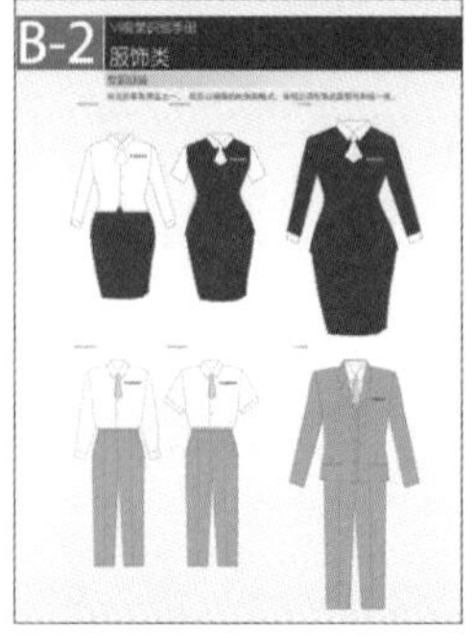
B-2
服饰类

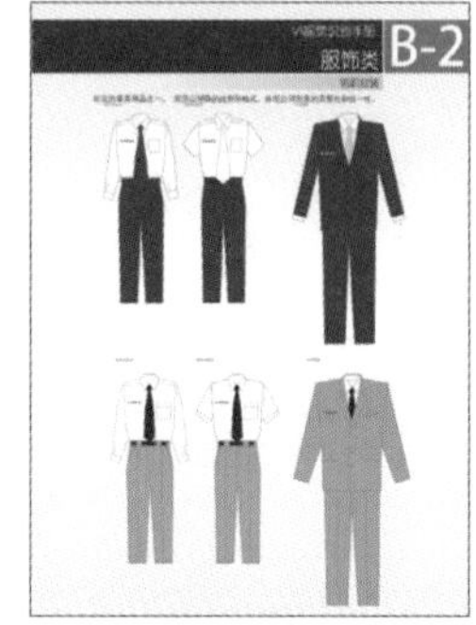
B-2
服饰类

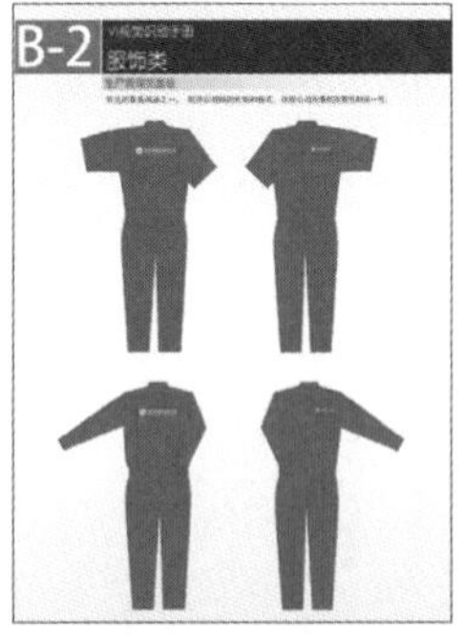
B-2
服饰类

B-2
服饰类

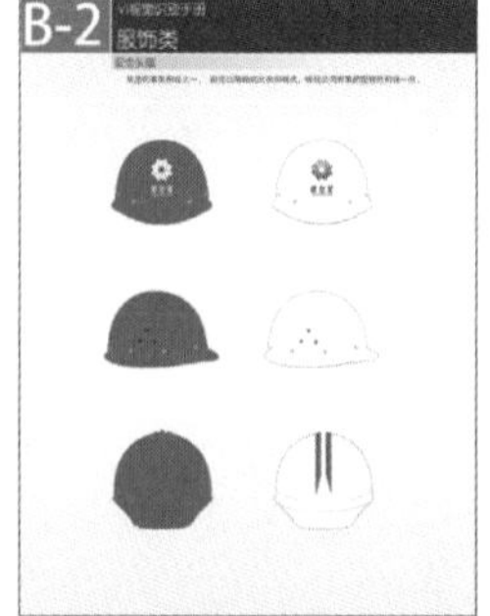
B-2
服饰类

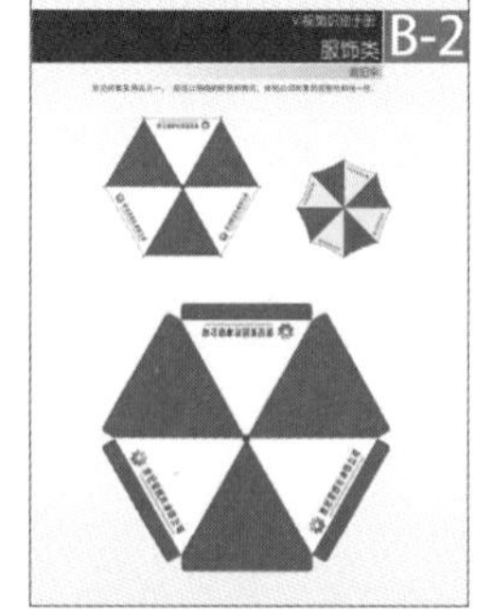
B-2
服饰类

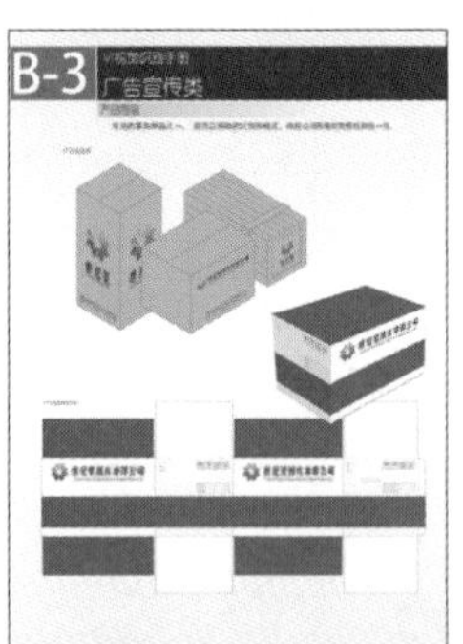
B-3
广告宣传类

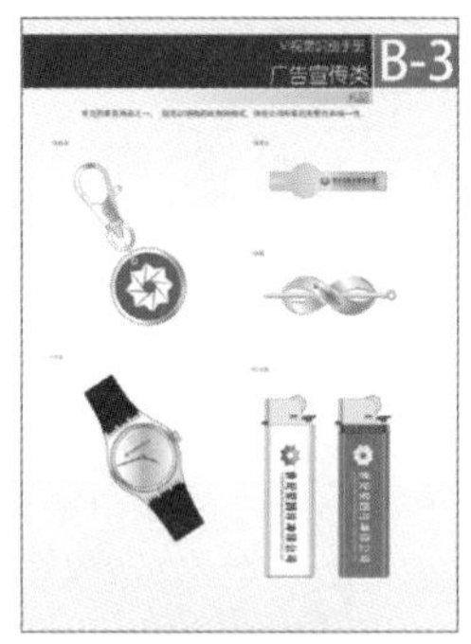
B-3
广告宣传类

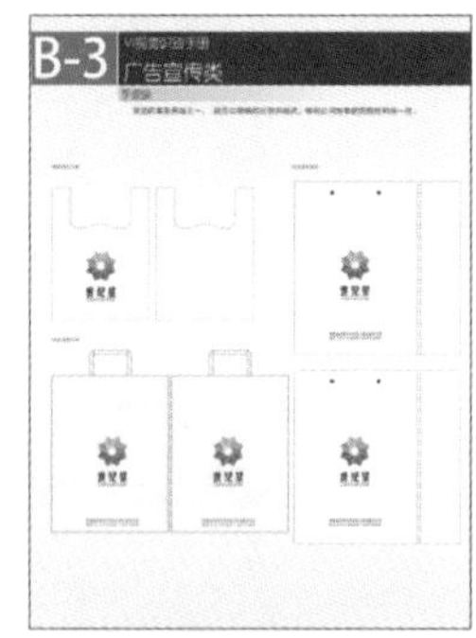
B-3
广告宣传类

B-3
广告宣传类
世纪星
世纪星

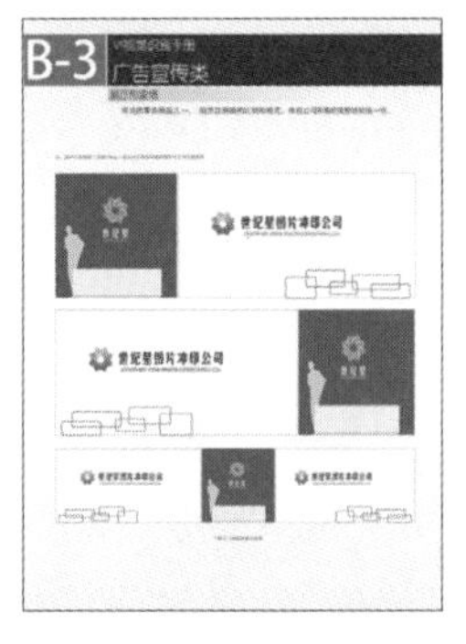
B-3
广告宣传类

B-3
广告宣传类
INVITATION
请柬

B-4
环境类

B-4
环境类
世纪星
世纪星
世纪星

B-4
环境类
世纪星
世纪星

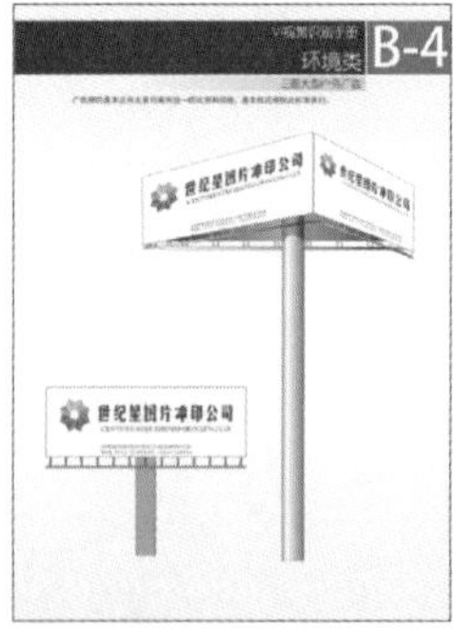
B-4
环境类
世纪星图片冲印公司
世纪星图片冲印公司

B-4
环境类
STOP
Not In Service
请止步
Attention

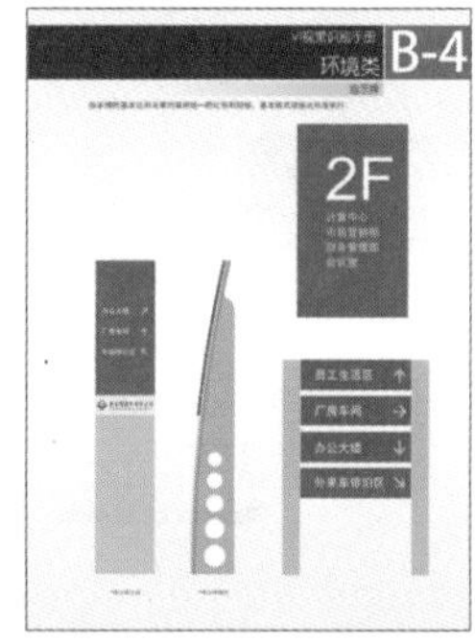
B-4
环境类
2F

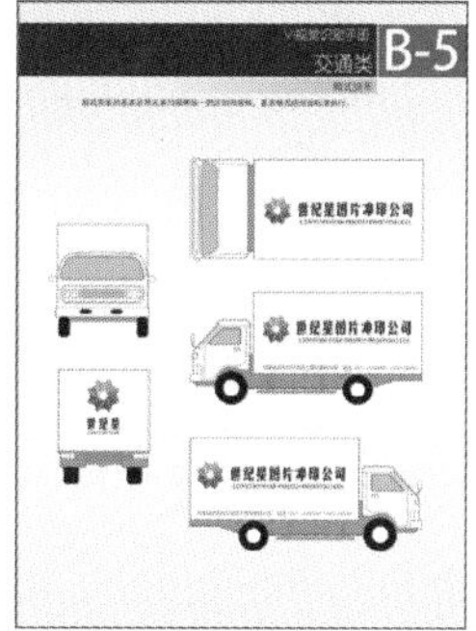

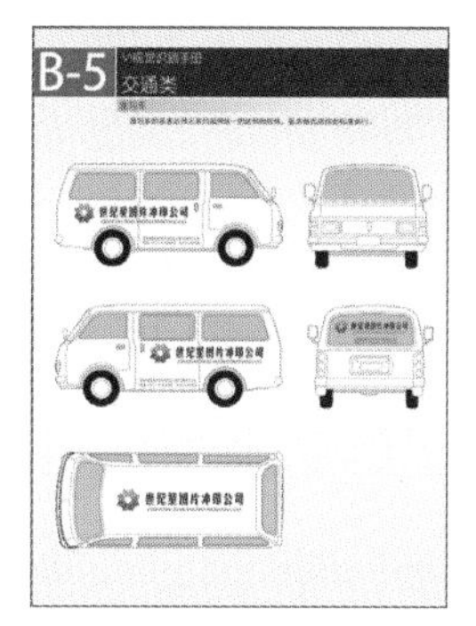

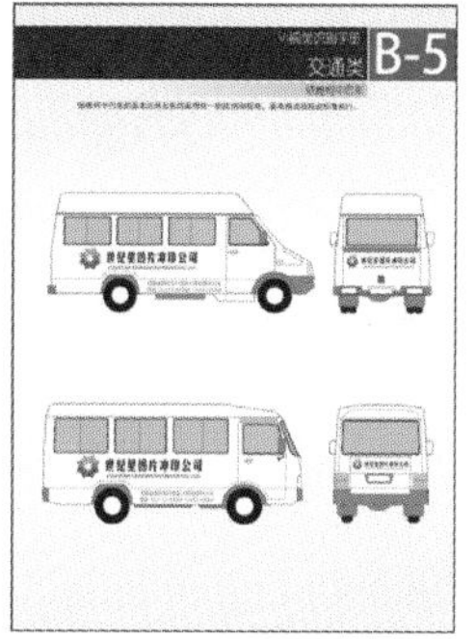

8.2.1　设计思路

本章要制作的是关于“世纪星图片冲印公司”的标志设计，标志设计的显著特点就是具有强烈的代表性与识别性，本例正是突出了这一特点。本例的整个设计过程包括标志设计、基础系统与应用系统。在标志设计中，采用了图形与文字相结合的设计方法，但在图形部分显现出了拟人的效果。标志制作完毕后，又接着制作了基础系统与应用系统，在应用系统中将标志添加到了证件、宣传品、休闲品、交通工具等多个方面。

8.2.2　设计过程

首先起草方案，开始制作形象推广的核心部分——标志，标志是VI手册中最具亮点的地方。搜集不同影像后期制作公司的标志作为参考，多方面阅读资料，让世纪星标志富有内涵与创意，并能够体现公司的业务类型和企业精神。最终在原图形的基础上，对内部进行了一些变形处理，更贴近相机快门的形状，也使整个图形活泼起来，使标志图形与公司相关业务的联系更为紧密。设计出主体标志图形后，接下来就是完整的基础系统，包括标准图形、标准色、标志不同的组合效果等。最后是应用系统，这部分内容就是公司的标志图形在实际工作中方方面面的使用方法和效果，包括名片、文具、广告牌以及车辆等。

1. 制作标志

下面将介绍使用形状工具制作标志的详细过程。

步骤 01 启动Photoshop CC，执行“文件>新建”命令，在弹出的“新建”对话框中进行设置，然后单击“确定”按钮，如下左图所示，创建一个新文件。

步骤 02 执行“视图>新建参考线”命令，在弹出的“新建参考线”对话框中设置参考线位置，然后单击“确定”按钮创建参考线，如下右图所示。

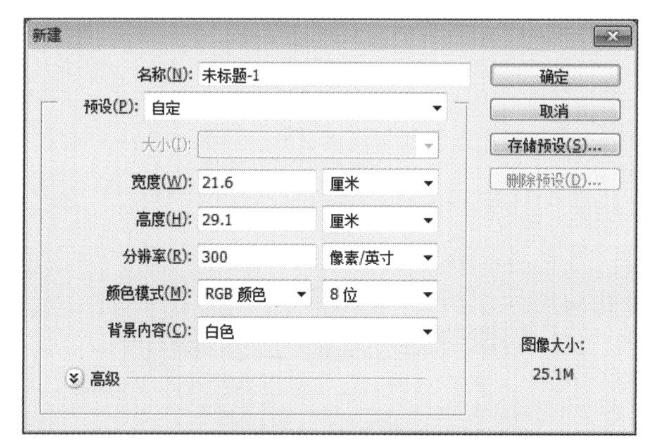

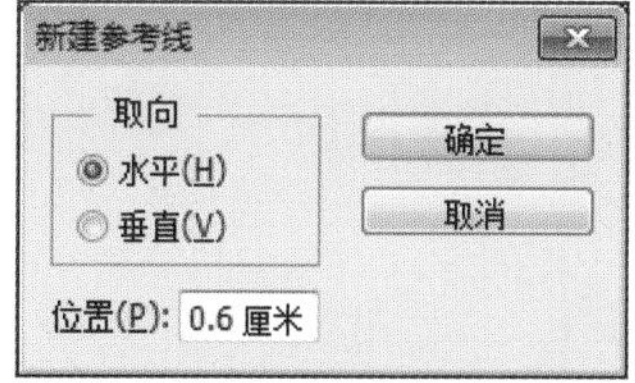

步骤 03 用同样的方法，继续在视图中添加参考线，如下图所示。

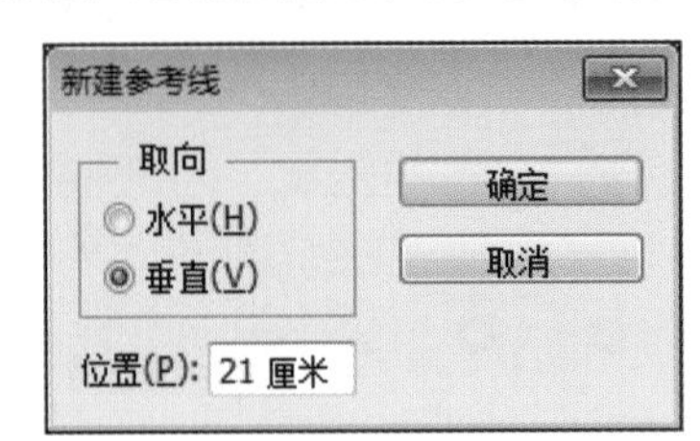

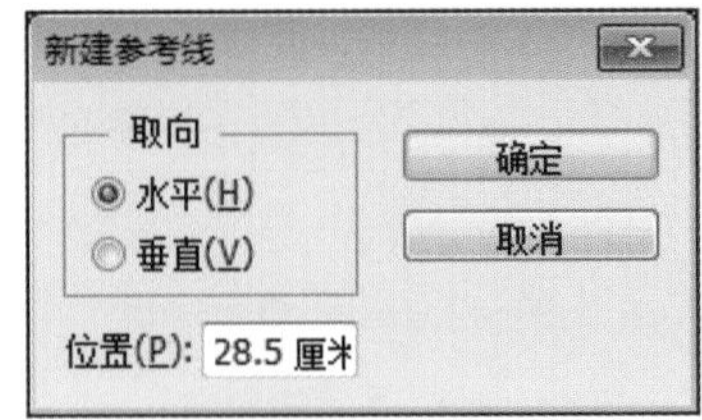

步骤 04 选择“多边形工具”并在选项栏中设置边数，如下左图所示，在视图中绘制象征着摄像机对焦的多边形。执行“编辑>自由变换”命令，在选项栏中设置参数旋转图形，如下右图所示。

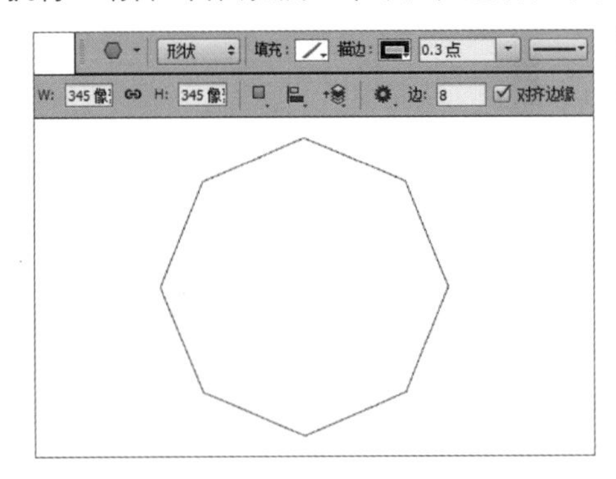

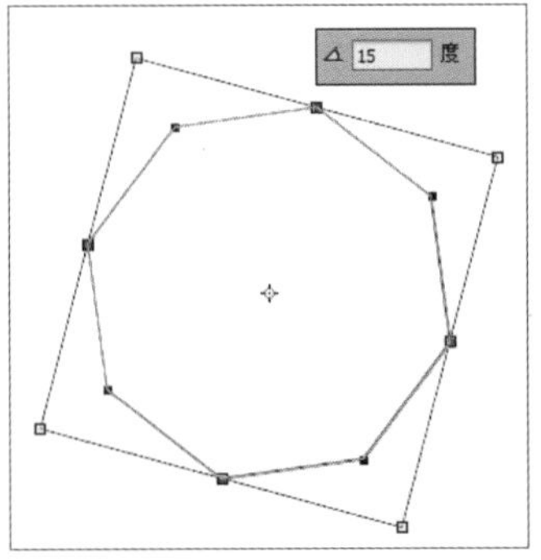

步骤 05 选择“矩形工具”，在选项栏中设置描边大小并取消填充色，然后配合键盘上的Shift键绘制象征着照片和相框的矩形，如下左图所示，正方形代表了企业严谨的态度。通过“图层”面板，同时选中多边形和矩形，分别单击选项栏中的“垂直居中对齐”按钮和“水平居中对齐”按钮，对齐图形，如下右图所示。

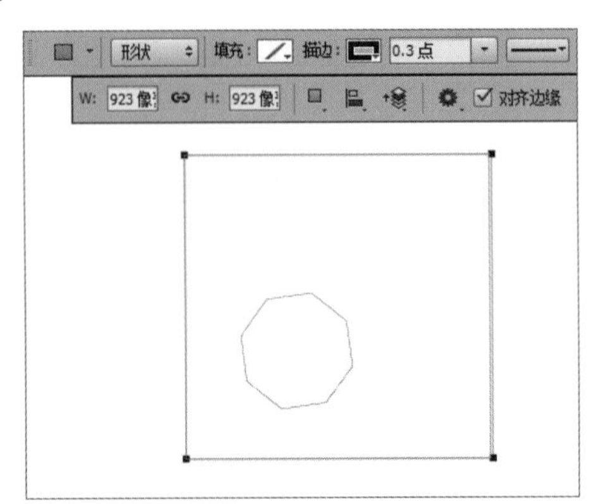

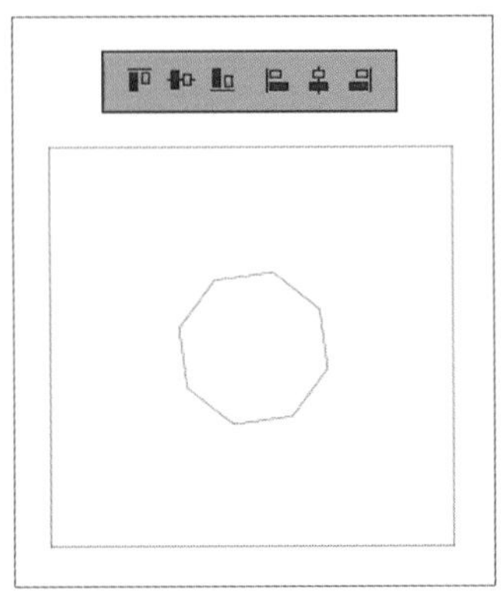

步骤 06 使用“路径选择工具”选中矩形路径，如下左图所示。执行“编辑>拷贝”命令，然后执行“编辑>粘贴”命令，复制路径，如下右图所示。

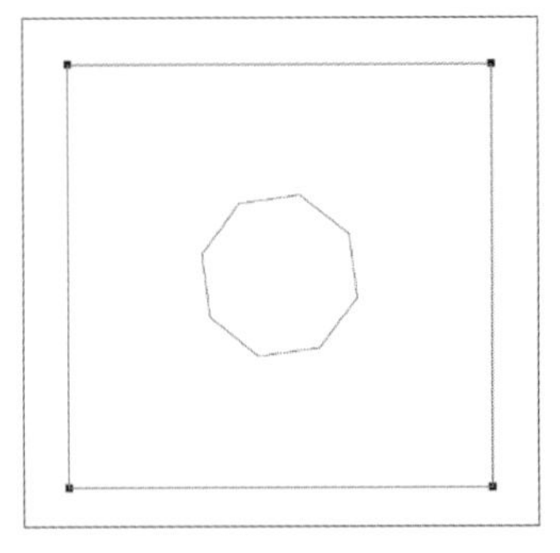

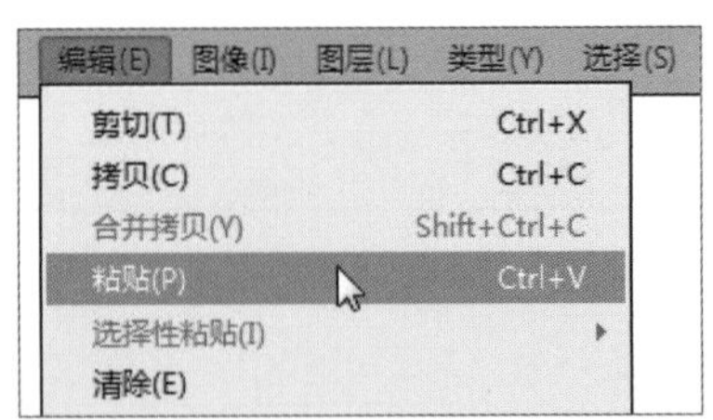

步骤 07 执行“编辑>自由变换”命令，配合键盘上的Shift键旋转路径，如下图所示。

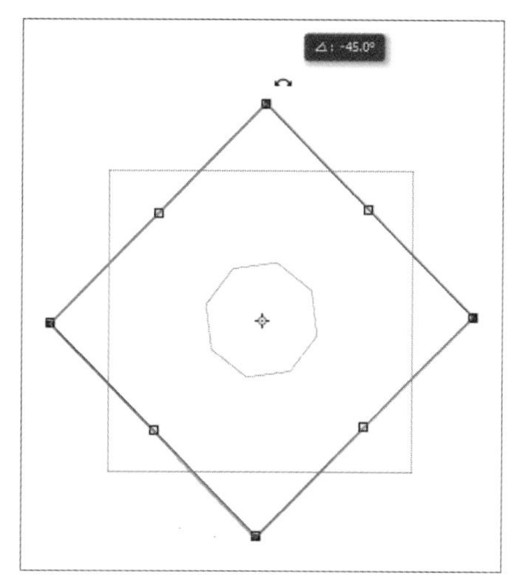

步骤 08 配合键盘上的Shift键选中两个矩形路径，如下左图所示。随后执行“编辑>自由变换路径”命令，旋转路径，如下图所示。

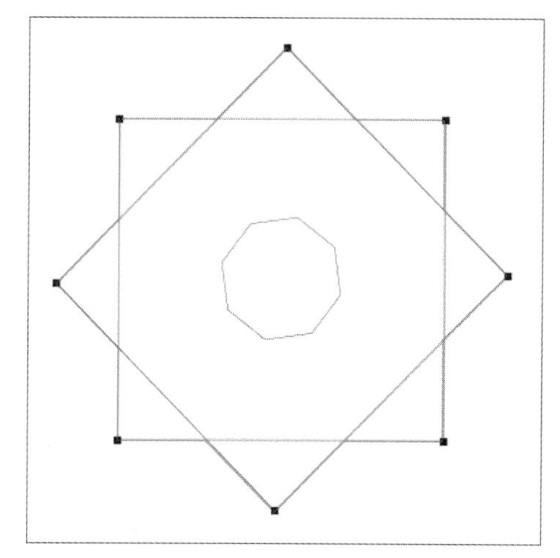

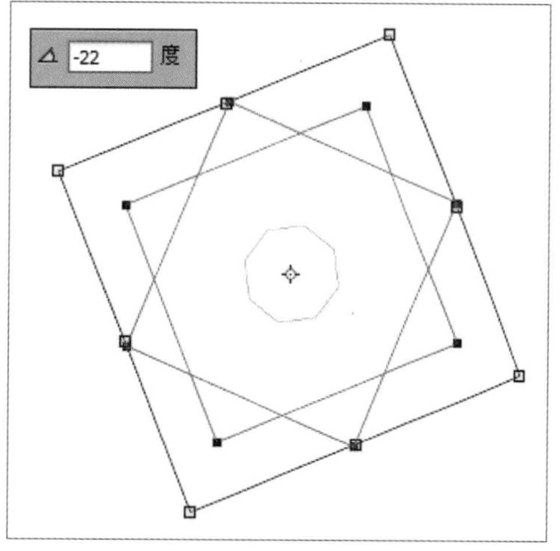

步骤 09 使用“多边形工具”在视图中单击，在弹出的“创建多边形”对话框中勾选“星形”复选框（如下左图所示），然后单击“确定”按钮，创建星形图形，如下右图所示。

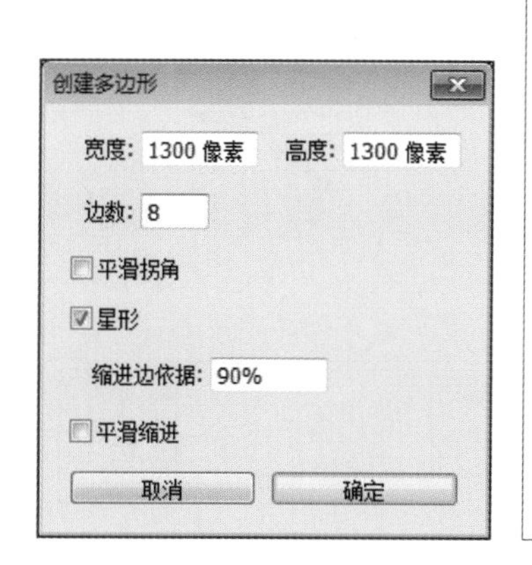

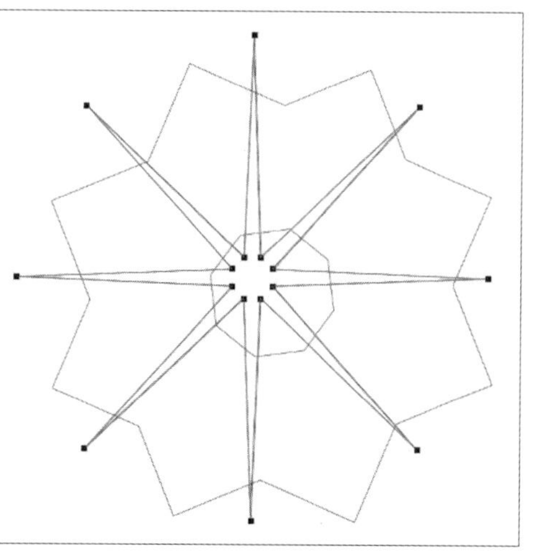

步骤10 选中除“背景”外的所有图层，如下左图所示，分别单击选项栏中的“垂直居中对齐”按钮和“水平居中对齐”按钮，对齐图形，如下右图所示。

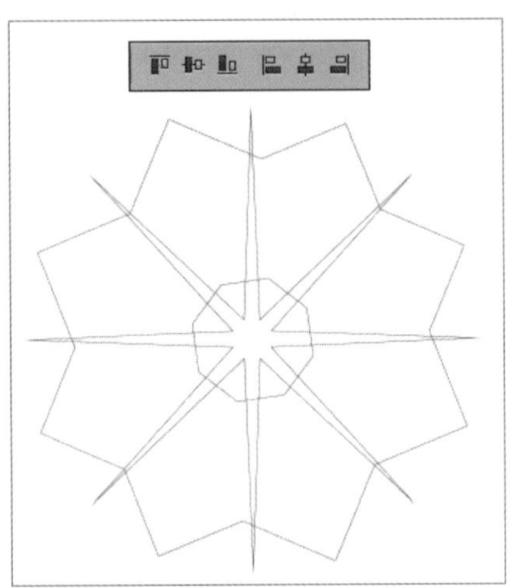

步骤11 使用“直接选择工具”调整锚点的位置，如下左图所示。

步骤12 继续使用“直接选择工具”调整锚点的位置，如下右图所示。

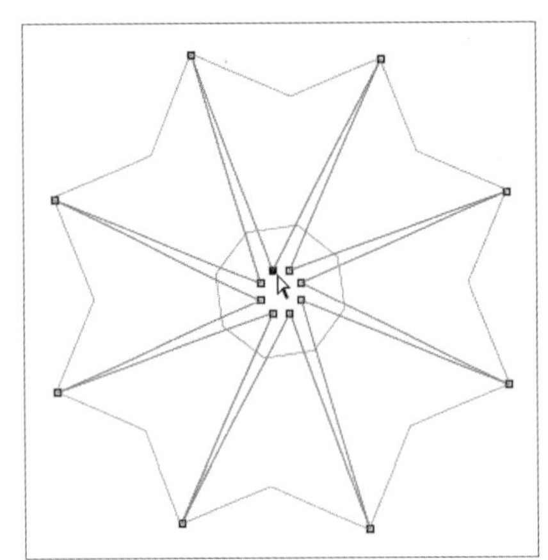

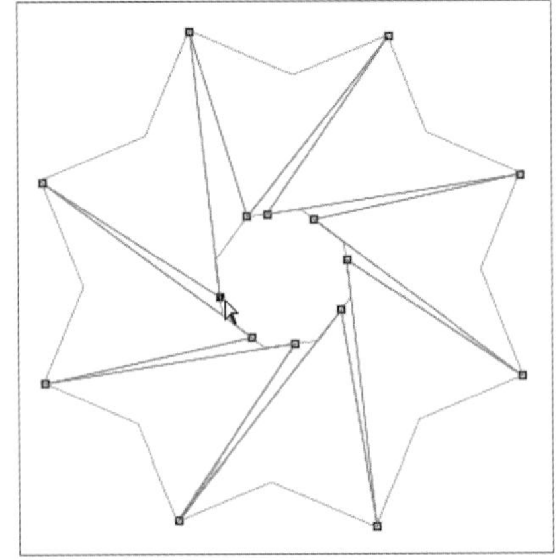

步骤13 使用“钢笔工具”在路径上添加锚点，并配合键盘上的Alt键单击转换锚点，然后移动锚点的位置，绘制出类似照相机镜头的图形，如下左图所示。

步骤14 此时已设计出了标志的大致形态，接下来为标志上色。使用“钢笔工具”绘制图形，如下右图所示。

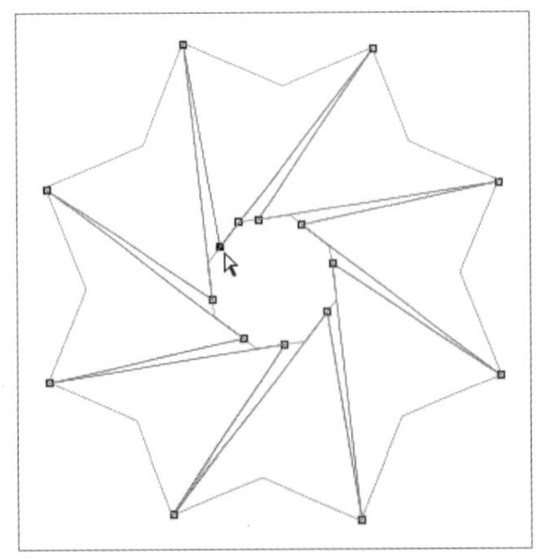

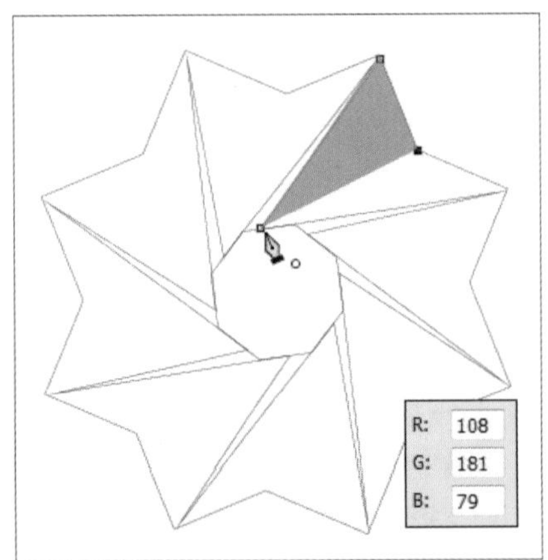

步骤 15 继续绘制图形，然后执行“视图>标尺”命令打开标尺，分别从标尺中拖出横向和纵向的参考线，相交于图形的中心点，如下左图所示。

步骤 16 同时选中“形状 1”和“形状 2”图层，如下中图所示。将选中的图层拖至“图层”面板底部的“创建新图层”按钮上，复制图层，如下右图所示。

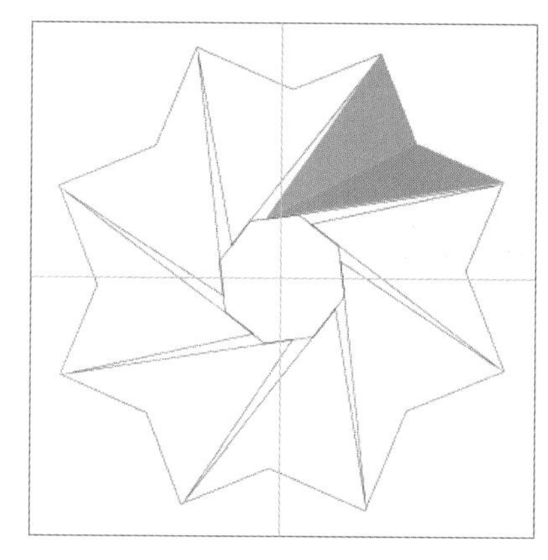

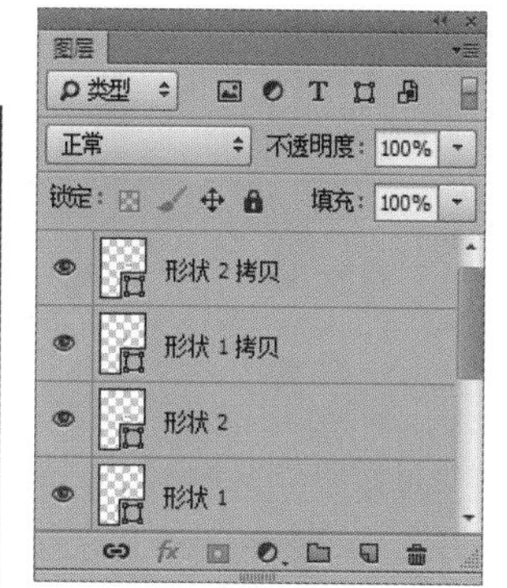

步骤 17 执行“编辑>自由变换”命令，调出自由变换控制框，移动变换中心点的位置至参考线相交的位置，然后配合键盘上的Shift键旋转图形，如下左图所示。

步骤 18 继续复制图形，并执行“编辑>变换>再次”命令，变换图像，如下中图所示。然后使用“直接选择工具”移动锚点的位置，如下右图所示。

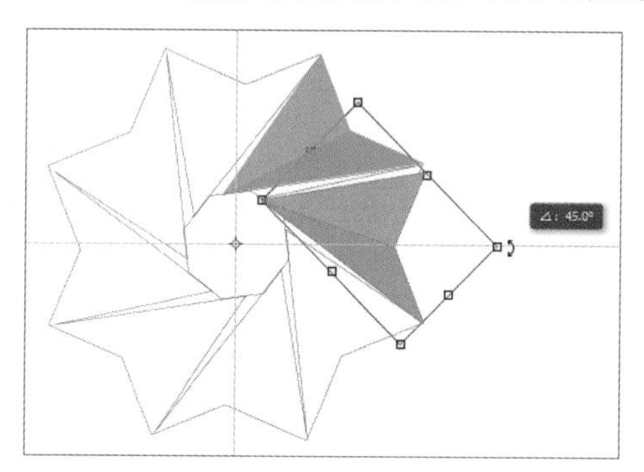

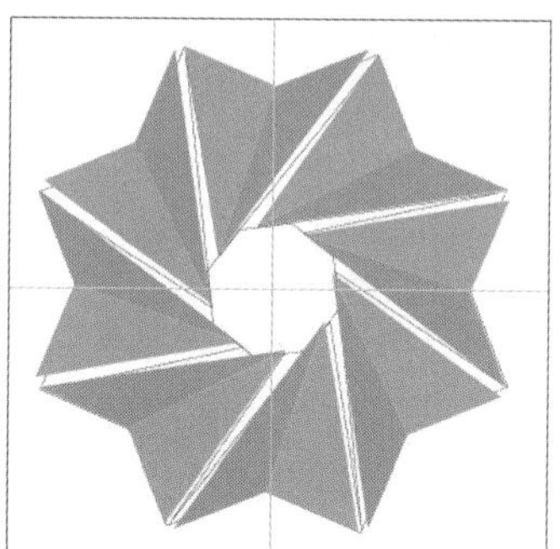

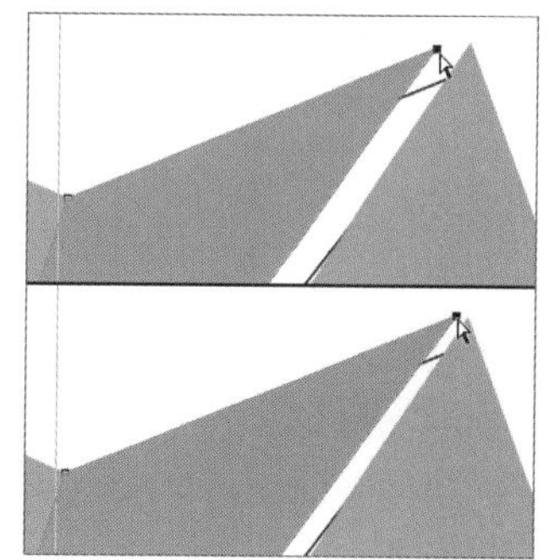

步骤 19 删除没有调整过锚点的图形，如下左图所示。然后选中图形并复制图形所在图层，执行“编辑>自由变换”命令，移动变换中心点的位置并旋转图形，如下中图所示。

步骤 20 使用前面介绍的方法，继续复制并再次旋转图形。最后隐藏黑色描边图形，并删除相交的参考线，如下右图所示。

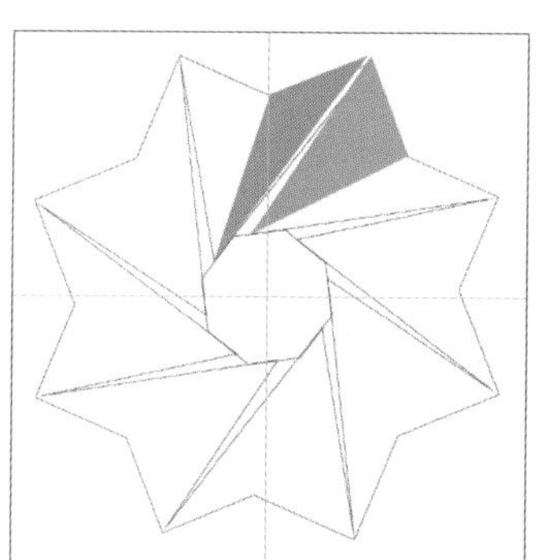

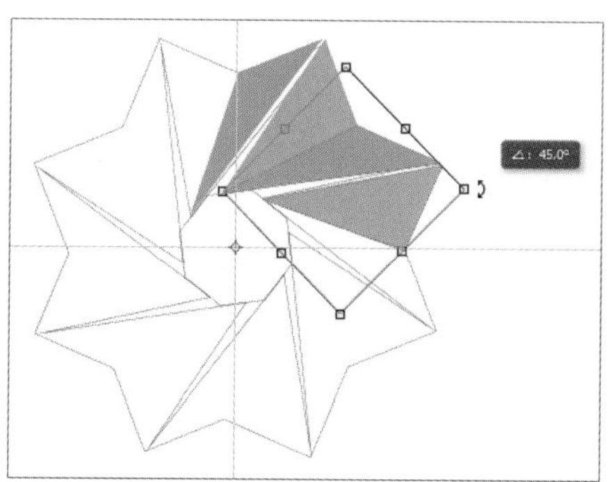

步骤 21 使用“移动工具”选中图形并双击图层缩览图，在弹出的“拾色器（纯色）”对话框中设置颜色，如下图所示。

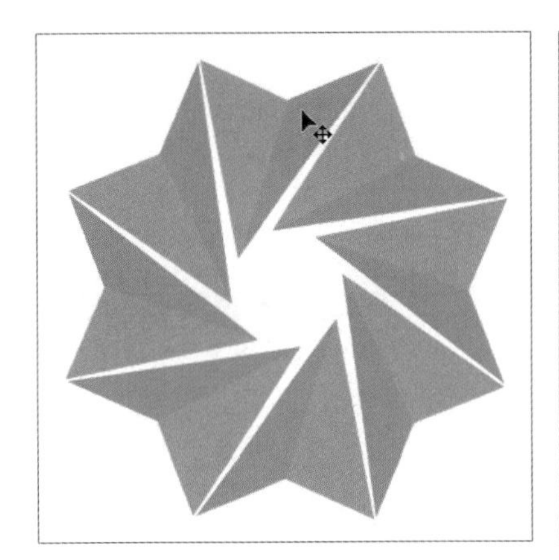

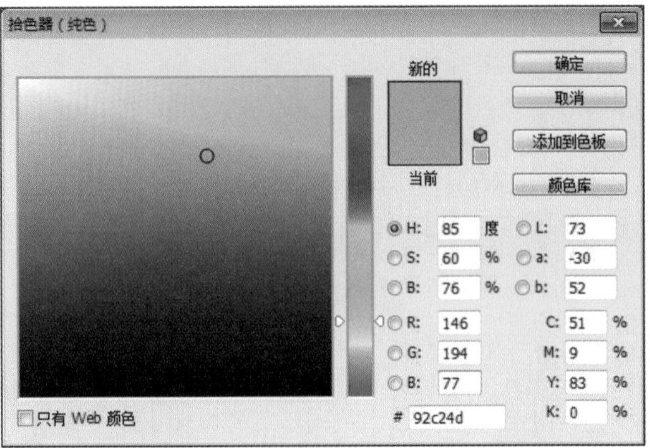

步骤 22 继续设置其他图形的颜色，如下左图所示。选中除“背景”外的所有图层，然后将其拖至“图层”面板底部的“创建新组”按钮上，将其编组，并命名为“标志”，如下右图所示。

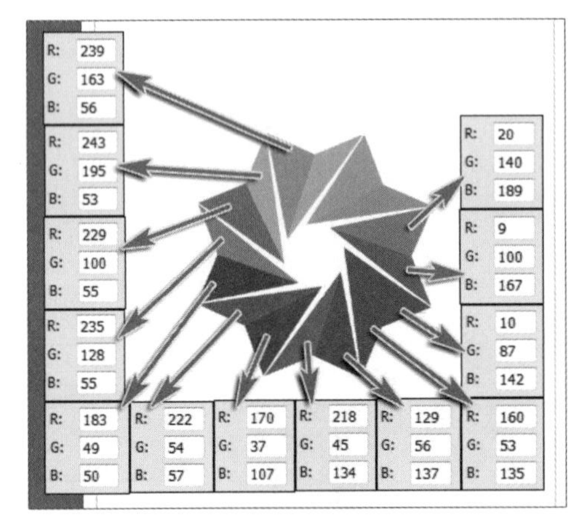

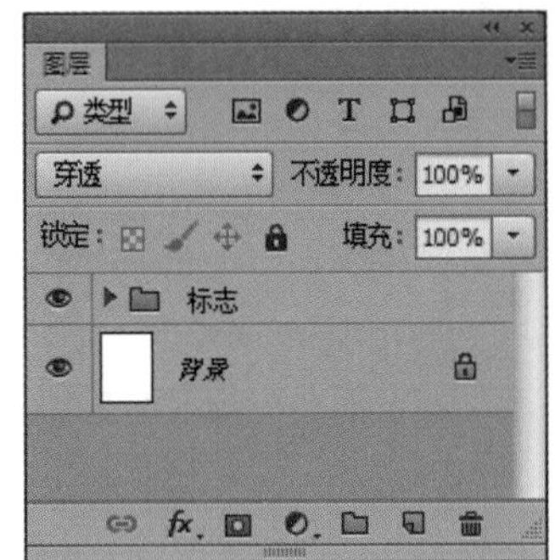

2. 基础系统

下面将介绍如何在Photoshop CC软件中排版与设计基础系统部分。

步骤 01 执行“图像>复制”命令，在弹出的“复制图像”对话框中设置名称，如下左图所示。然后单击“确定”按钮复制文档，最后删除除“背景”外的所有图层，如下右图所示。

步骤02 使用“矩形工具”绘制矩形，如下左图所示，使用“路径选择工具”选中矩形路径，然后使用快捷键Ctrl+C复制路径，然后使用快捷键Ctrl+V粘贴路径，执行“编辑>自由变换路径”命令，调出变换控制框并垂直向下移动路径，如下右图所示。

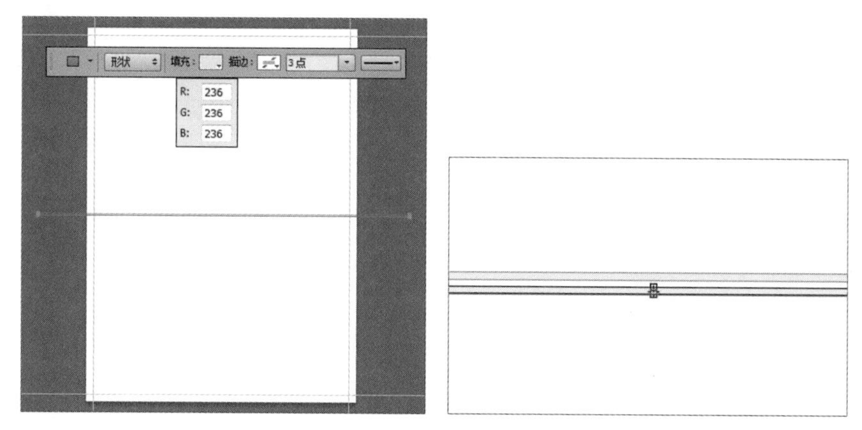

步骤03 使用快捷键Ctrl+Shift+Alt+T继续复制并移动路径，并选中全部路径，如下图所示。

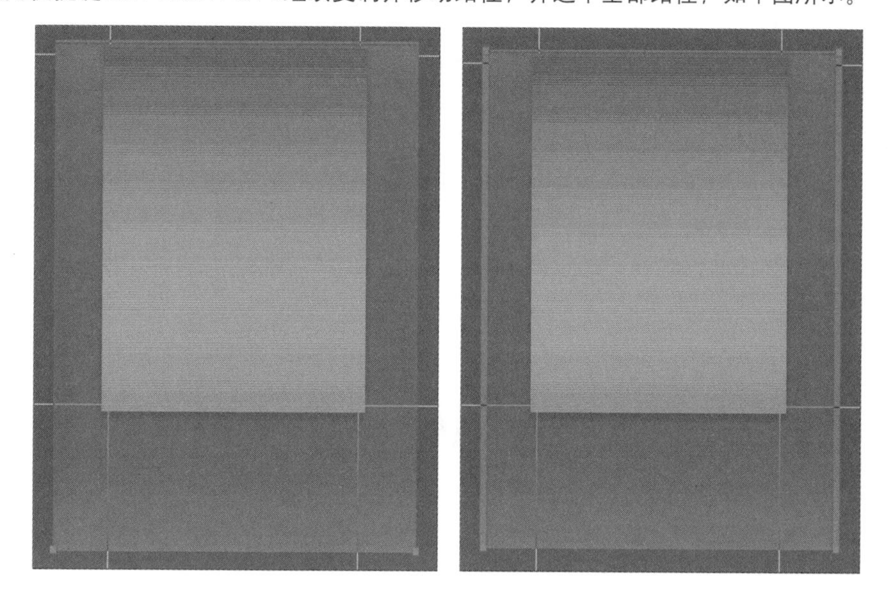

步骤04 执行“编辑>自由变换路径”命令，如下左图所示旋转路径。使用“矩形工具”绘制矩形，如下右图所示。

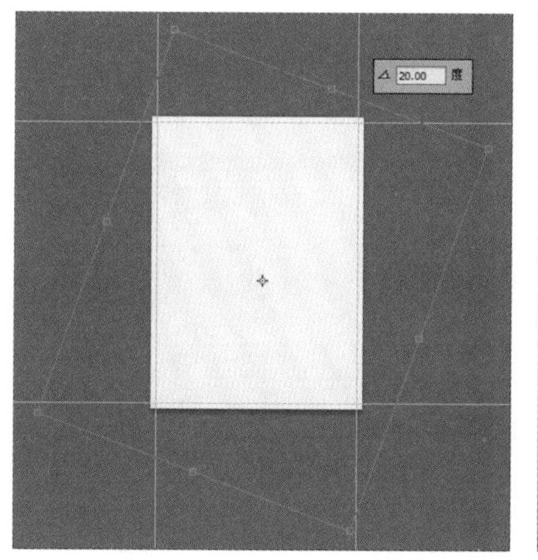

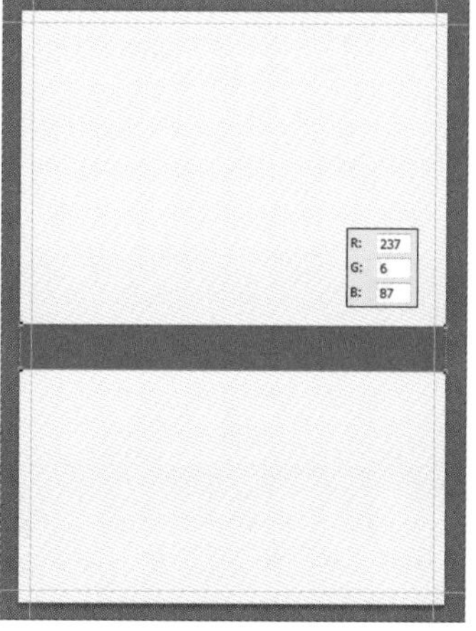

步骤 05 在选项栏中进行设置，然后继续绘制矩形，如下图所示。

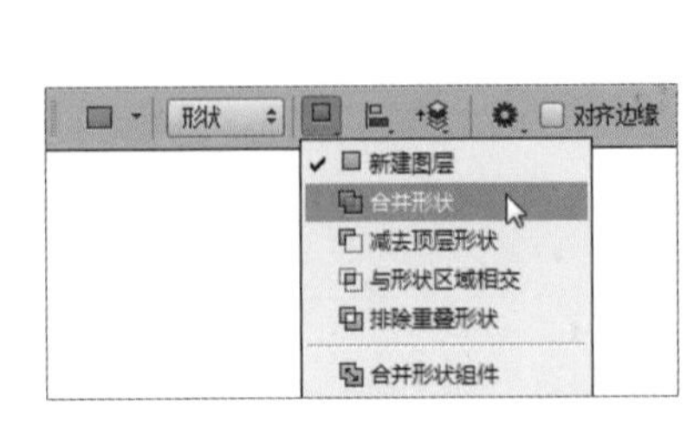

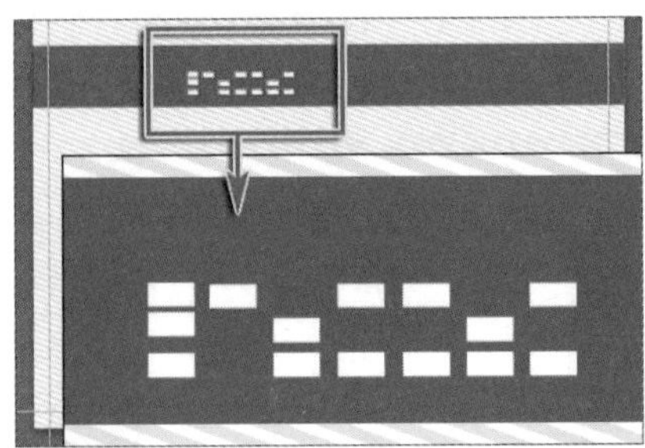

步骤 06 使用“横排文字工具”T添加文字信息，如下图所示。

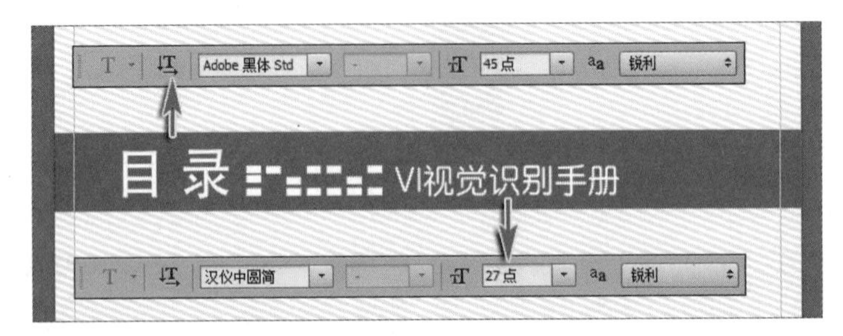

步骤 07 继续添加文字信息，完成“VI-01.psd”的制作，如下图所示。

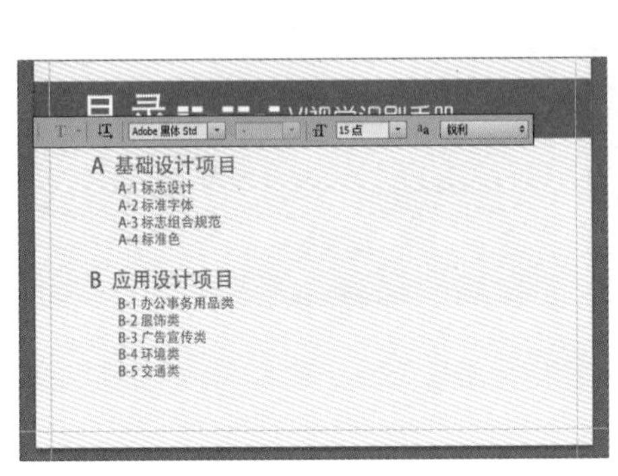

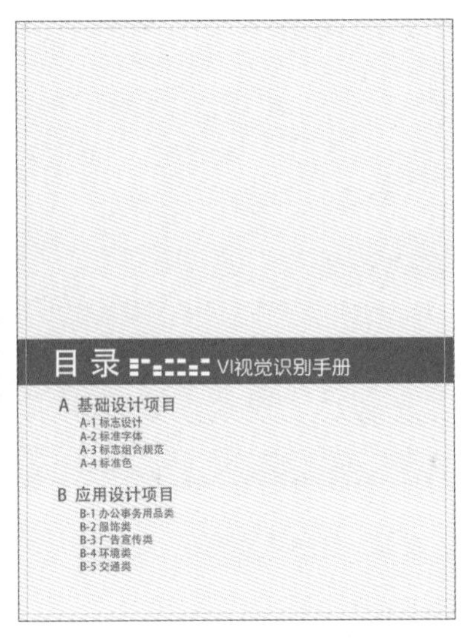

步骤 08 执行“图像>复制”命令，创建“VI-02.psd”文档，如下左图所示。在“VI-02.psd”文档中删除除“背景”、“矩形 1”和“矩形 2”以外的图层，如下右图所示。

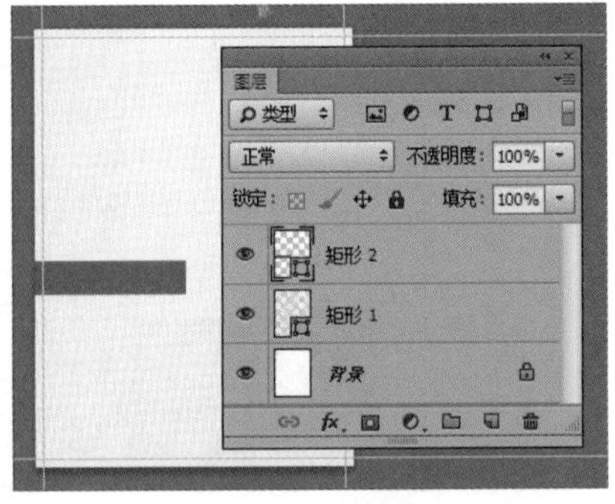

步骤 09 按快捷键Ctrl+T调出变换控制框，如下左图所示。缩小“矩形 2”图形的宽度，复制图形所在图层，继续调出变换控制框并配合键盘上的Ctrl键倾斜图像。完成“VI-02.psd”的制作，如下右图所示。

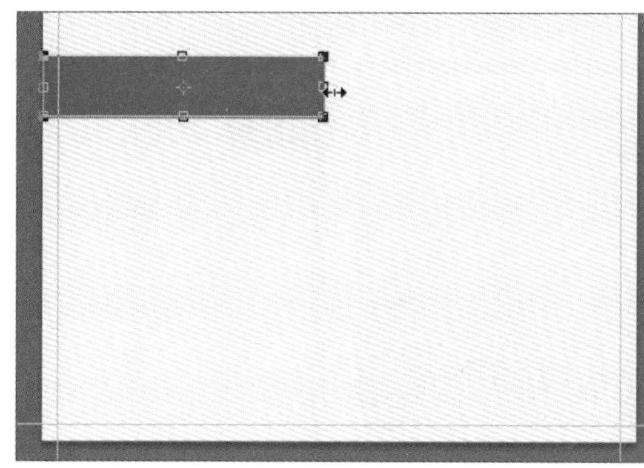

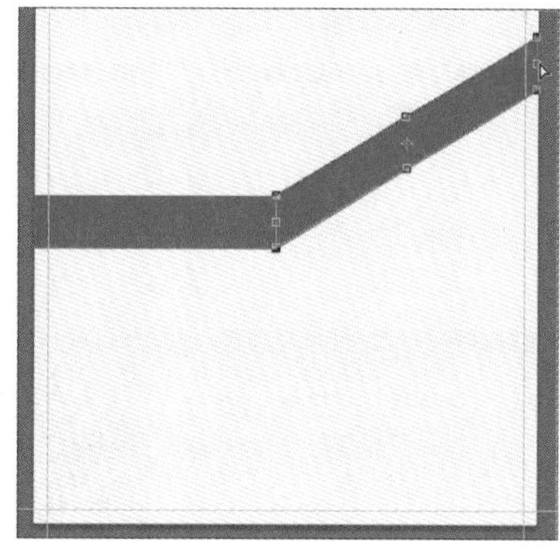

步骤 10 用同样的方法创建“VI-03.psd”文档。选中“矩形 2”和“矩形 2 拷贝”图层，调出变换控制框并单击鼠标右键，在弹出的菜单中选择“水平翻转”命令，翻转图像，完成“VI-03.psd”的制作，如下图所示。

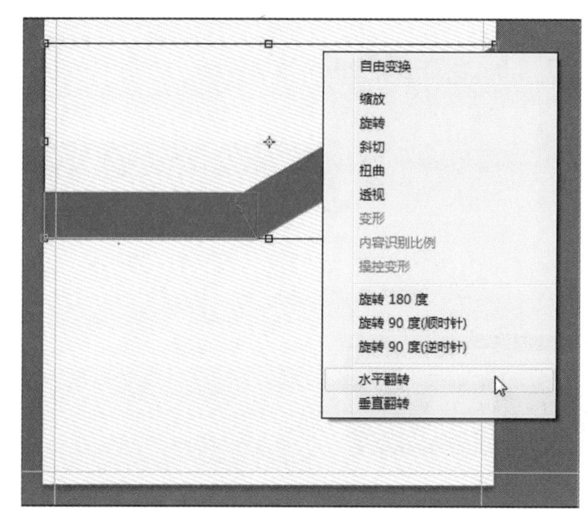

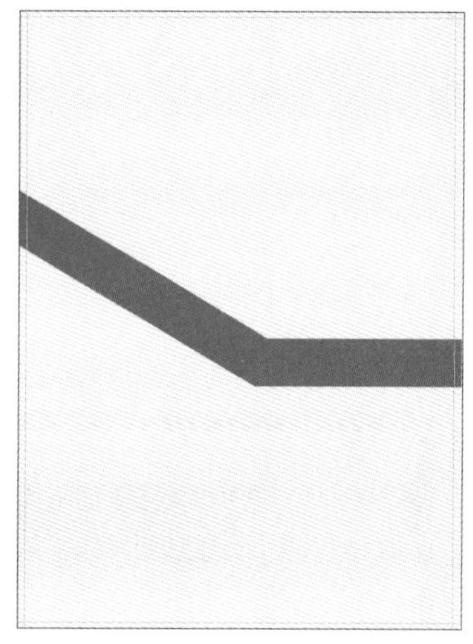

步骤 11 创建“VI-04.psd”文档，删除不必要的图层，如下左图所示。使用“横排文字工具”T添加文字信息，完成“VI-04.psd”的制作，如下右图所示。

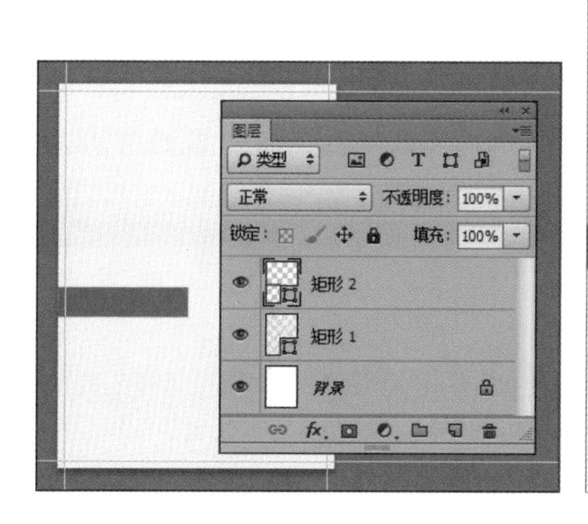

步骤 12 创建“VI-05.psd”文档，如下左图所示。选中“矩形 1”并单击“图层”面板底部的“添加图层蒙版”按钮，为“矩形 1”添加图层蒙版，配合键盘上的Alt键单击蒙版缩览图，进入蒙版编辑区，使用“渐变工具”在蒙版中进行绘制，如下中图所示。创建的图形渐隐效果如下右图所示。

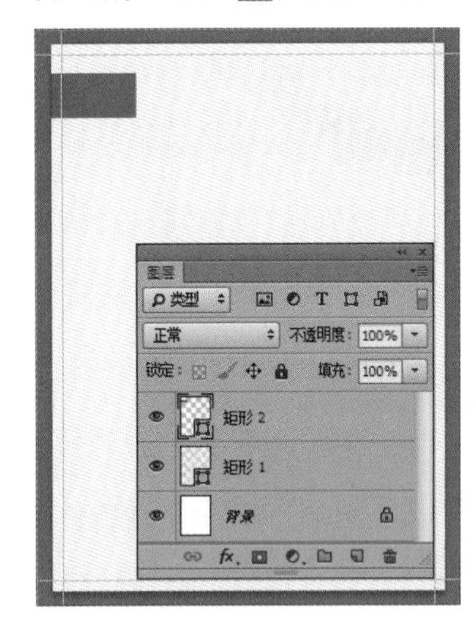

步骤 13 复制并调整矩形的颜色，如下左图所示。为灰色矩形所在图层添加蒙版，并使用“渐变工具”在蒙版中绘制渐变，如下右图所示。

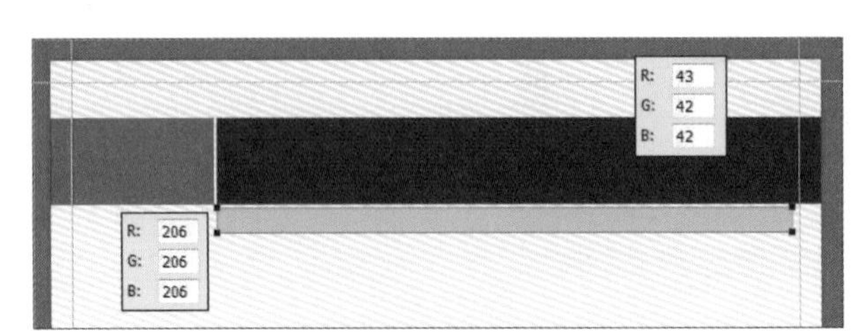

步骤 14 使用“横排文字工具”创建文字信息，如下图所示。

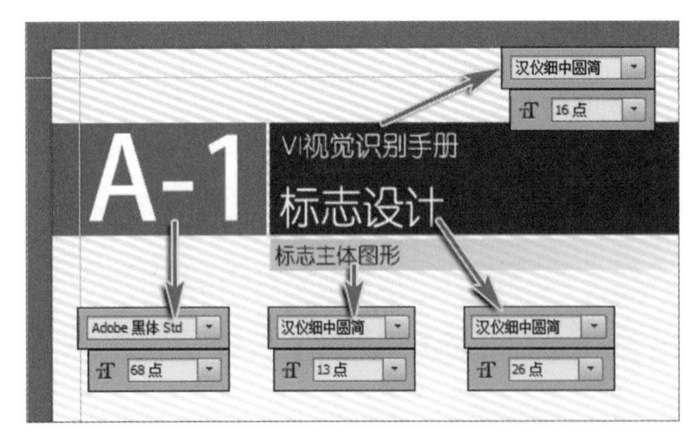

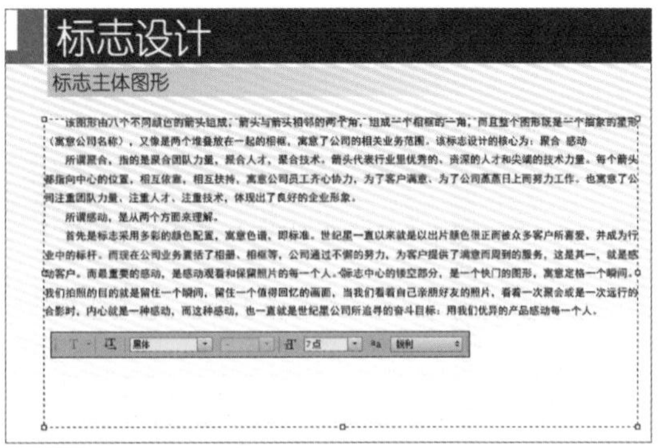

步骤 15 使用“直线工具”配合键盘上的Shift键绘制直线，然后使用“路径选择工具”选中直线路径，使用快捷键Ctrl+C复制路径，按快捷键Ctrl+V粘贴路径，然后调出路径变换控制框，垂直向下移动路径。最后使用快捷键Ctrl+ Shift+Alt+T快速复制并移动路径，如下左图所示。

步骤16 选中第一条路径，并每隔5条路径选中路径，然后调出路径变换控制框，配合键盘上的Shift+Alt键拉长路径的宽度，如下右图所示。

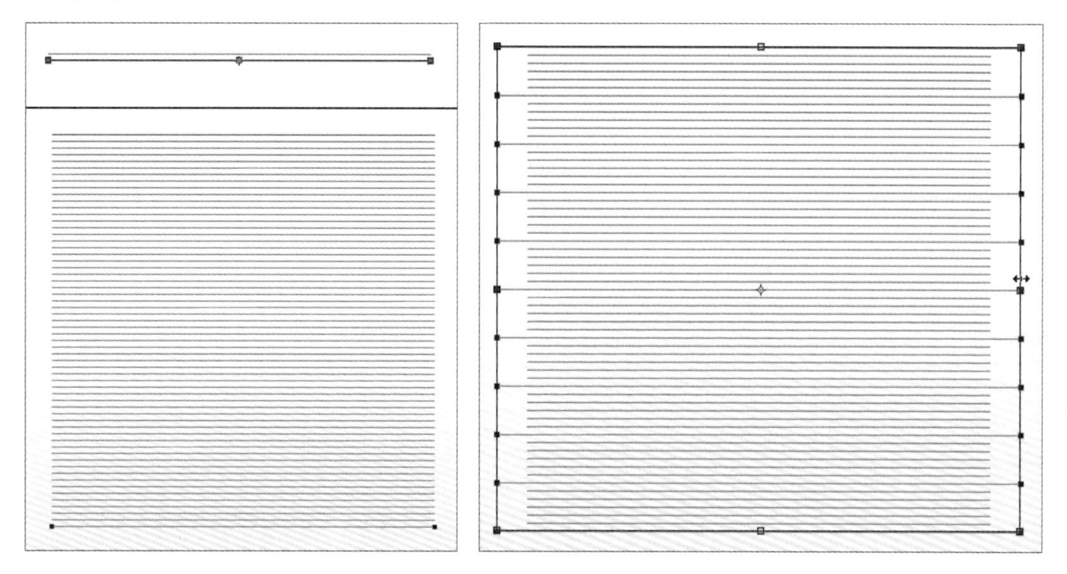

步骤17 选中全部路径，使用快捷键Ctrl+C和Ctrl+V复制、粘贴路径，如下左图所示。调出路径变换控制框，配合Shift键旋转路径，如下中图所示。使用“矩形工具”在左下角绘制矩形，如下右图所示。

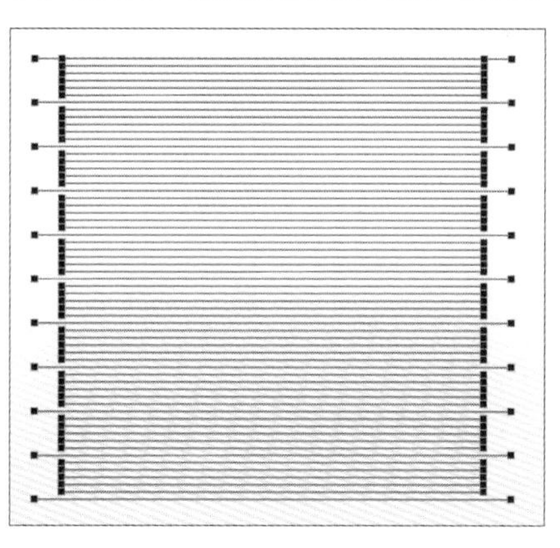

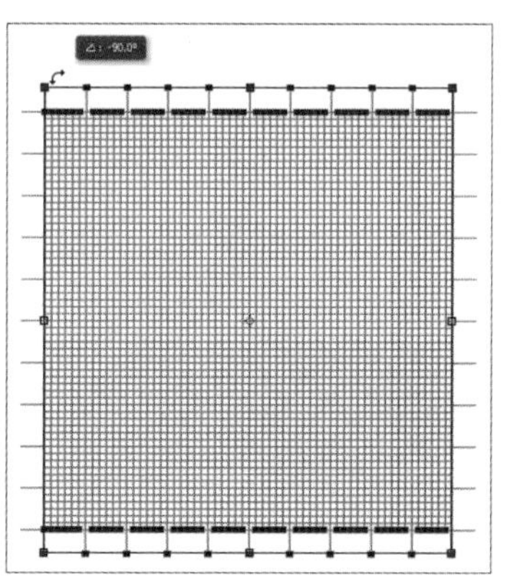

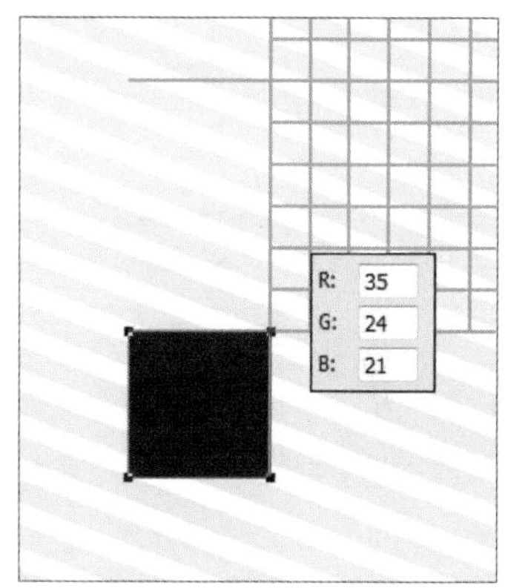

步骤18 使用“横排文字工具”添加数字，在“字符”面板中调整文字，如下图所示。

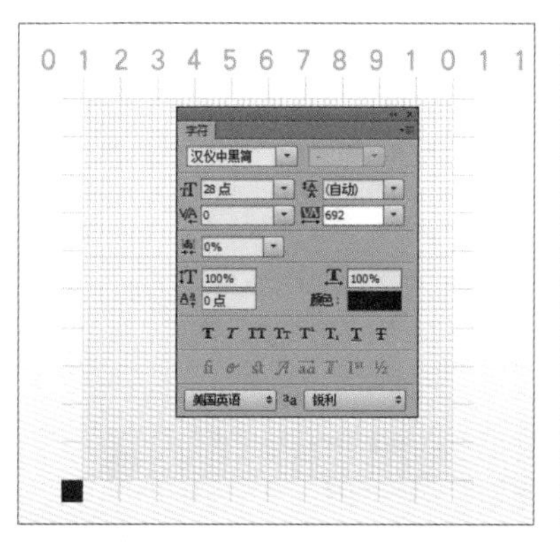

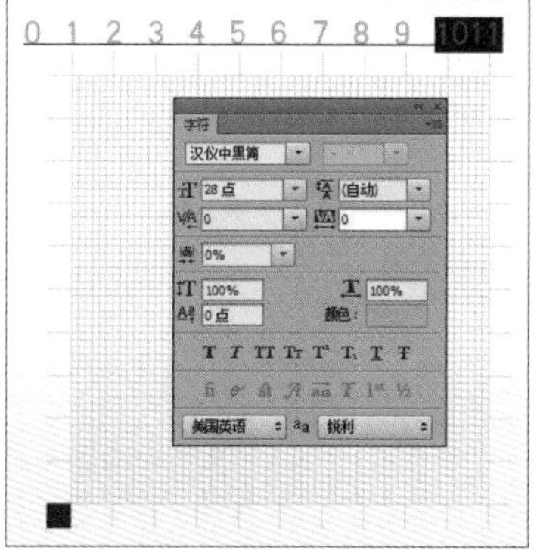

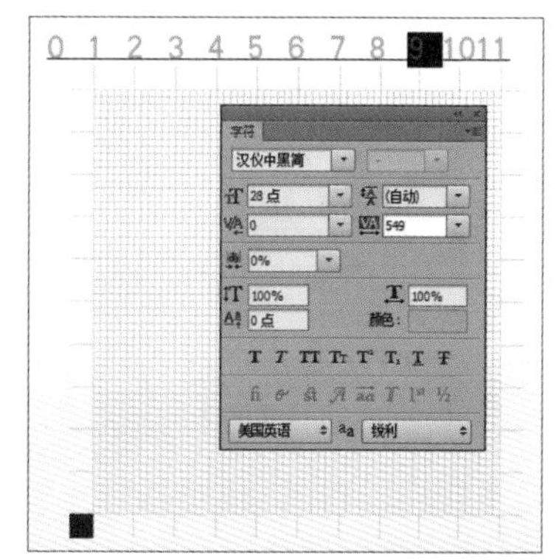

步骤19 在数字“10”和“11”之间添加空格，选中空格并在“字符”面板中调整字间距，如下左图所示。继续使用“横排文字工具”添加数字，通过换行创建出竖排的文字，如下中图所示，并在选项栏中设置居中对齐方式，如下右图所示。

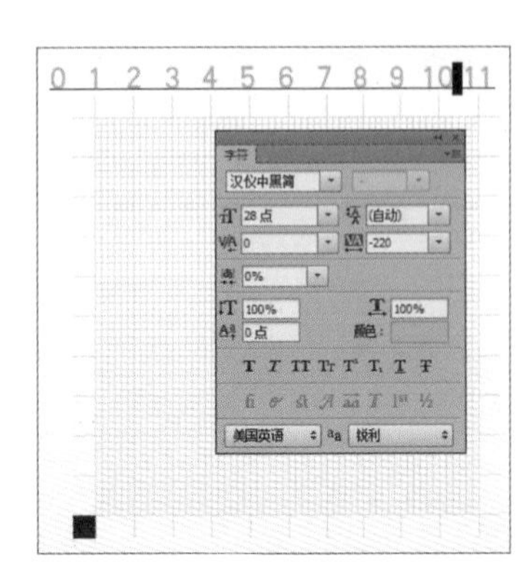
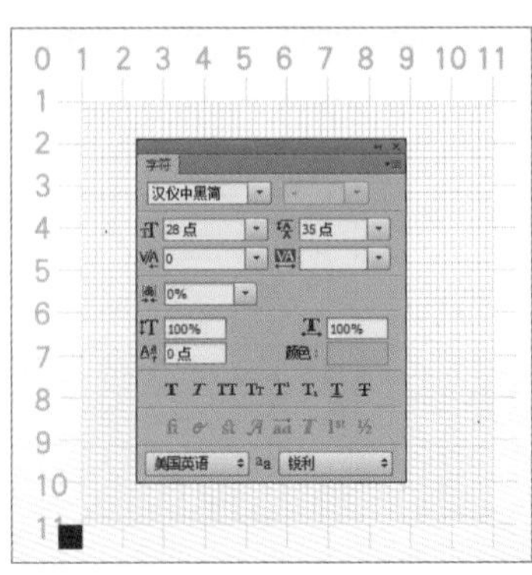
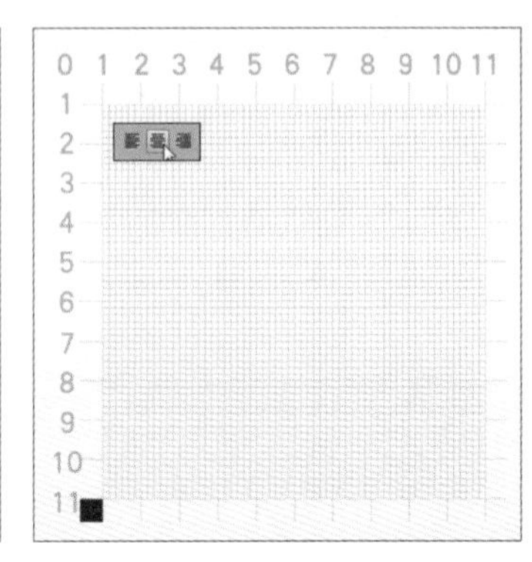

步骤20 在“未标题-1.psd”文档中选中“标志”图层组并单击鼠标右键，在弹出的菜单中选择“复制组”命令，如下左图所示。再在弹出的“复制组”对话框中进行设置。然后在“VI-05.psd”文档中调整标志的位置，如下中图所示。

步骤21 创建“VI-06.psd”文件，并对文件中的图像进行调整，如下右图所示。

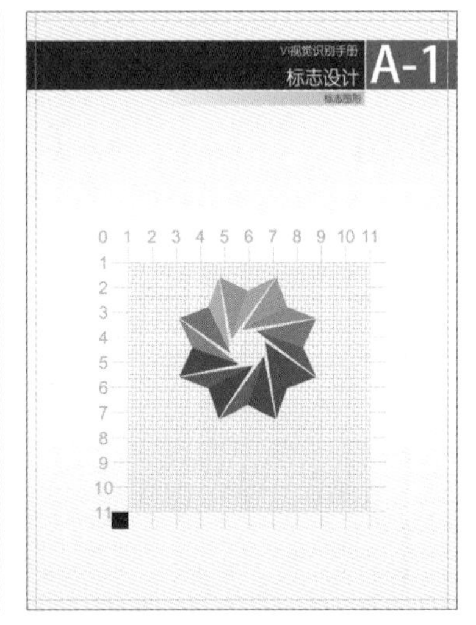

步骤22 利用文字工具添加文字信息，如下图所示。

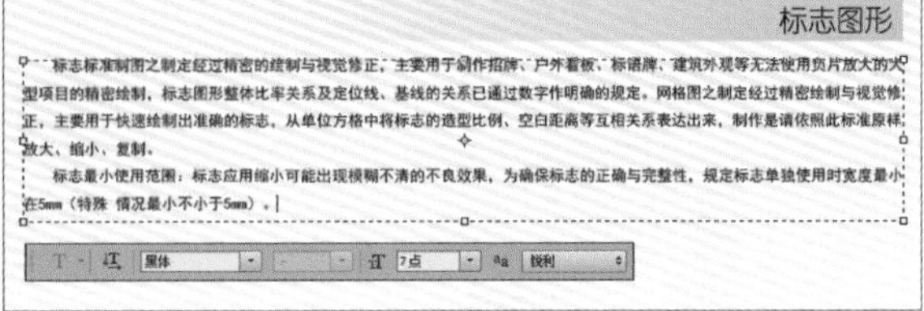

步骤23 从“VI-05.psd”中创建“VI-07.psd”文件，随后添加文字信息，如下图所示。

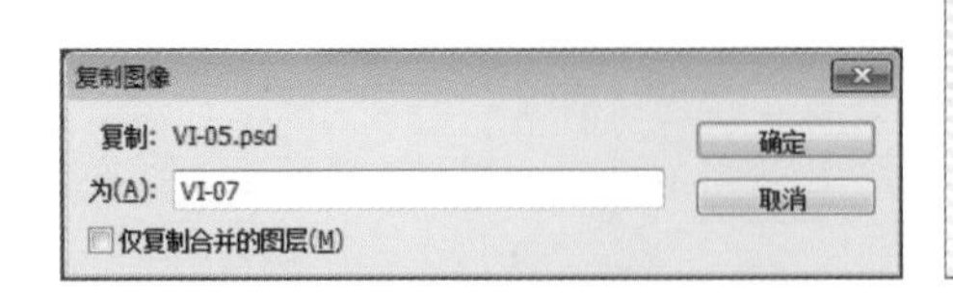

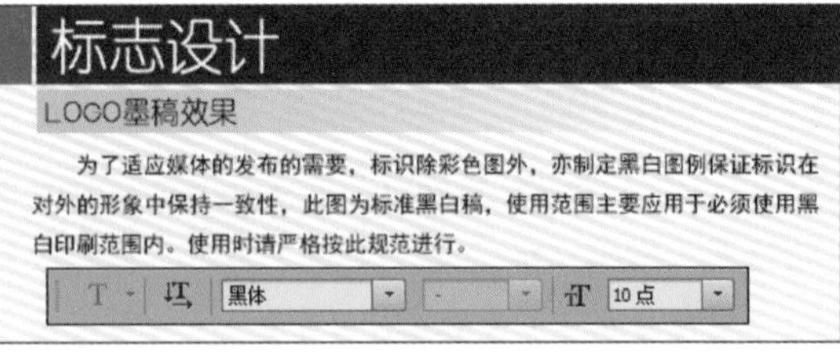

步骤 24 将"VI-06.psd"中的图像拖至当前文档，如下左图所示。使用"路径选择工具"配合Shift键选中标志路径，如下中图所示。然后在选项栏中设置填充色为黑色，如下右图所示。

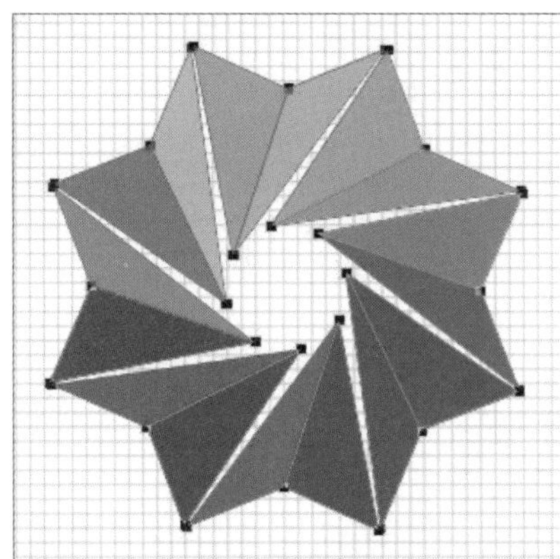

步骤 25 复制"VI-06.psd"创建"VI-08.psd"文件，如下左图所示，添加文字信息，如下右图所示。

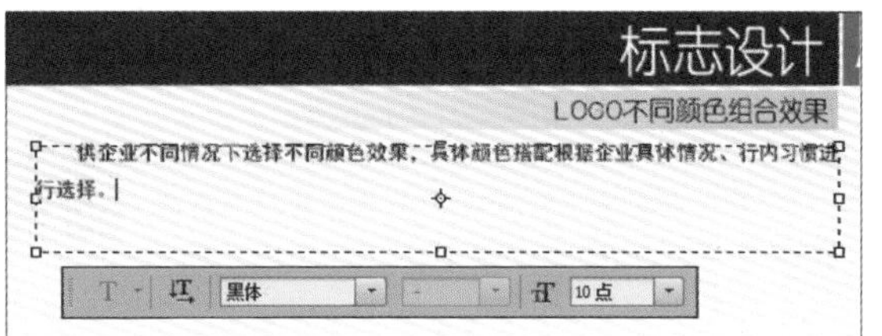

步骤 26 调整字体大小和标志的颜色，以展示不同的效果，如下图所示。

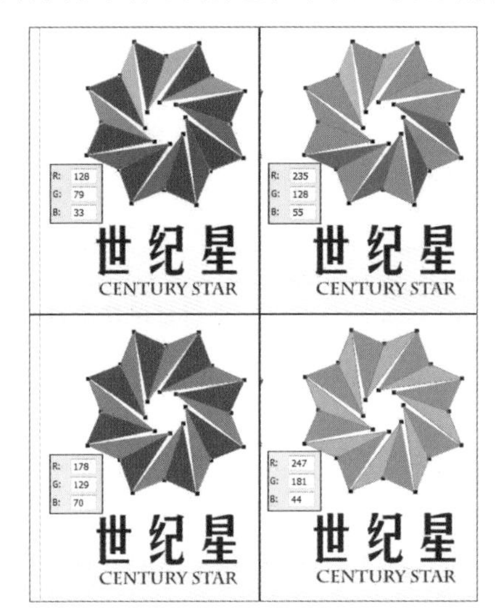

步骤 27 复制"VI-07.psd"创建"VI-09.psd"文件，如下左图所示，添加文字信息，如下右图所示。

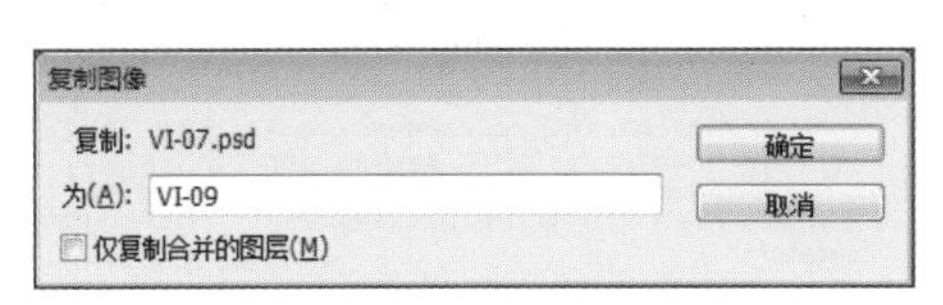

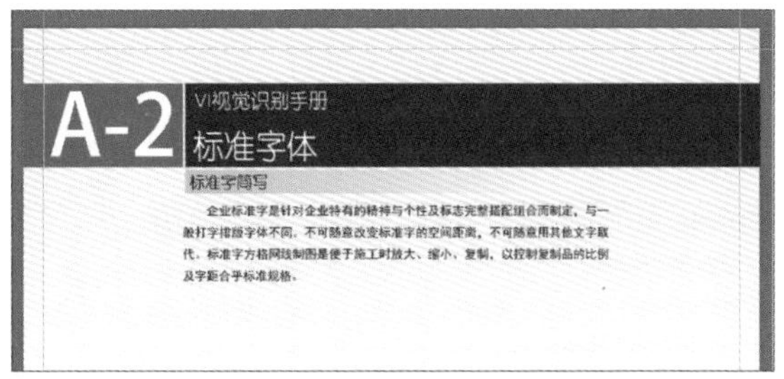

步骤 28 调整字体大小，如下图所示。

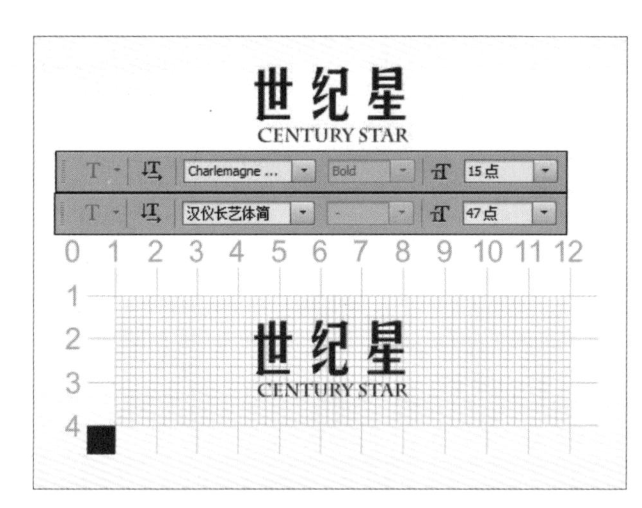

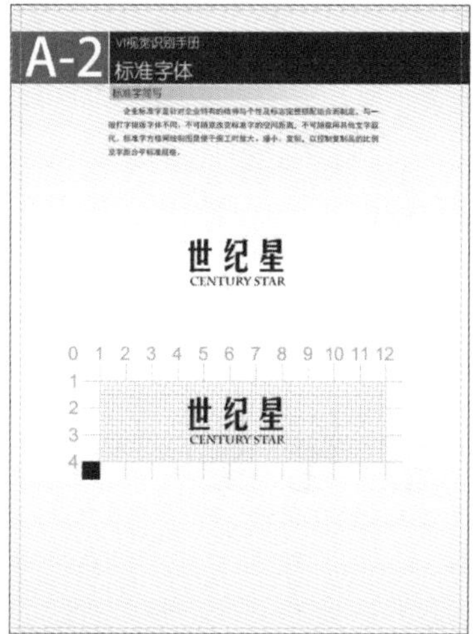

步骤 29 复制“VI-06.psd”创建“VI-10.psd”文件，如下左图所示。调整文字内容，如下右图所示。

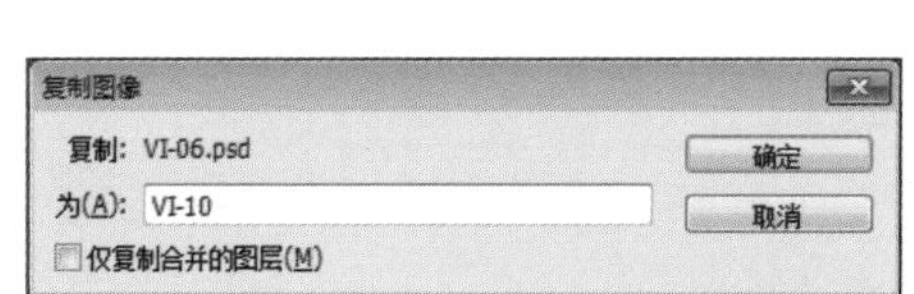

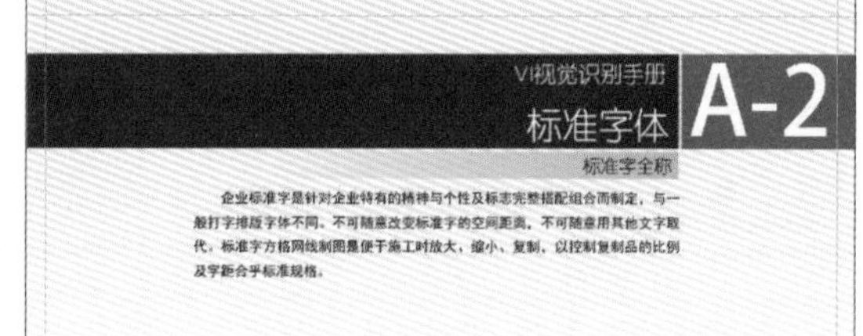

步骤 30 如下左图所示，调整文字内容并添加文字，完成“VI-10.psd”的制作，如下右图所示。

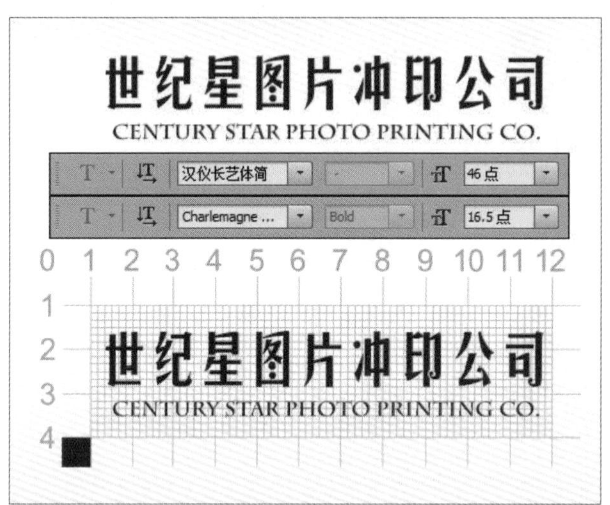

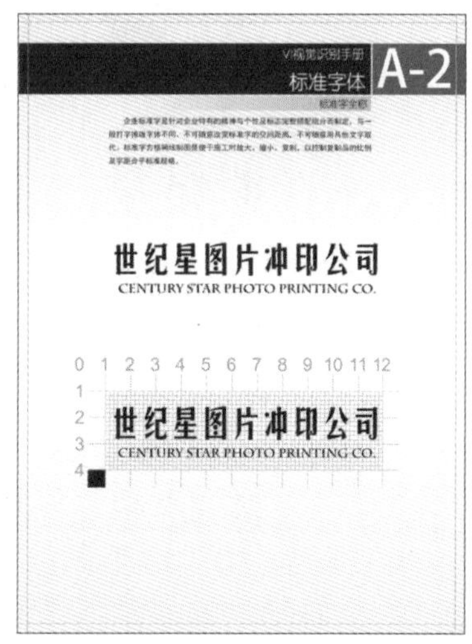

步骤 31 复制“VI-05.psd”创建“VI-11.psd”文件，如下左图所示，调整文字内容及大小，如下右图所示。

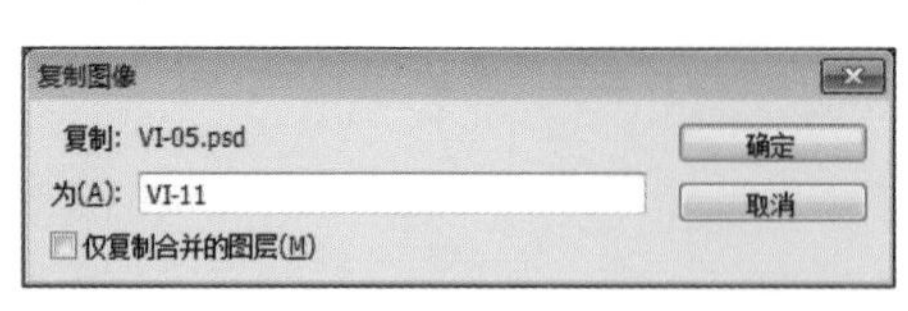

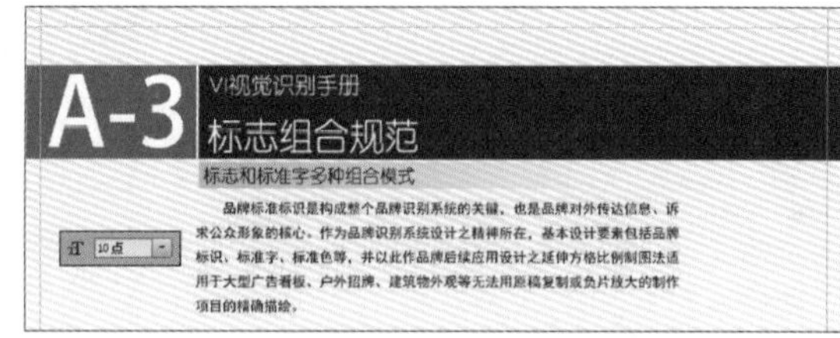

步骤 32 复制之前创建的标准字，如下左图所示，创建其与标志的组合，如下右图所示。

步骤 33 复制“VI-10.psd”创建“VI-12.psd”文件，如下左图所示。使用“矩形工具”配合键盘上的Shift键绘制正方形，然后使用“横排文字工具”添加色彩参数信息，如下右图所示。

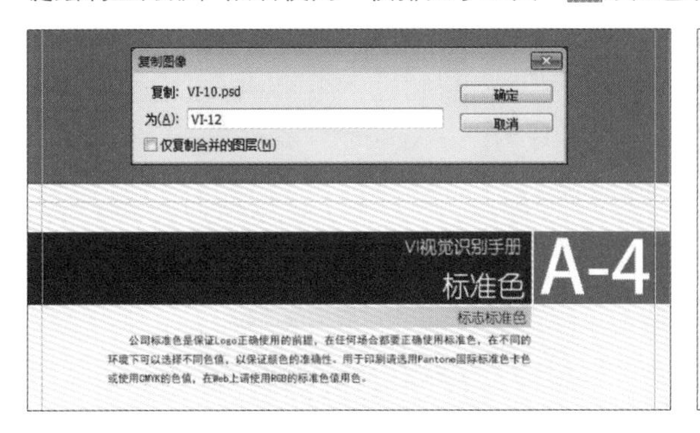

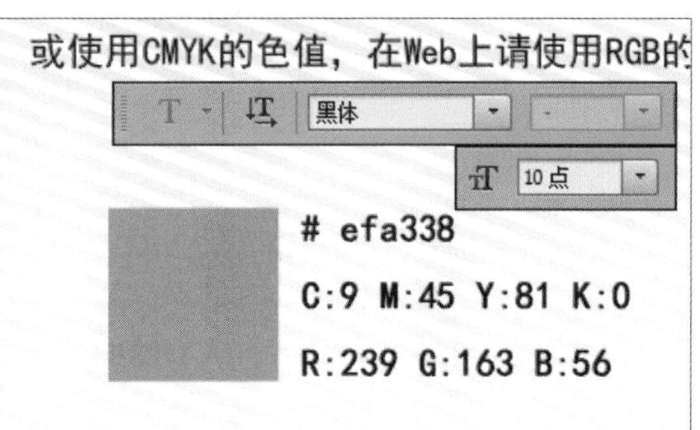

步骤 34 选中图形和文字，使用快捷键Ctrl+J复制图层，然后调出变换控制框，水平向下移动图像，如下左图所示。然后继续复制并移动图像，调整矩形的颜色和参数信息，如下右图所示。

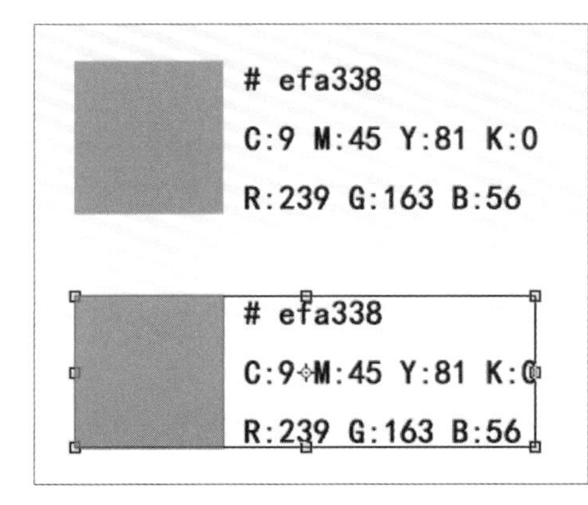

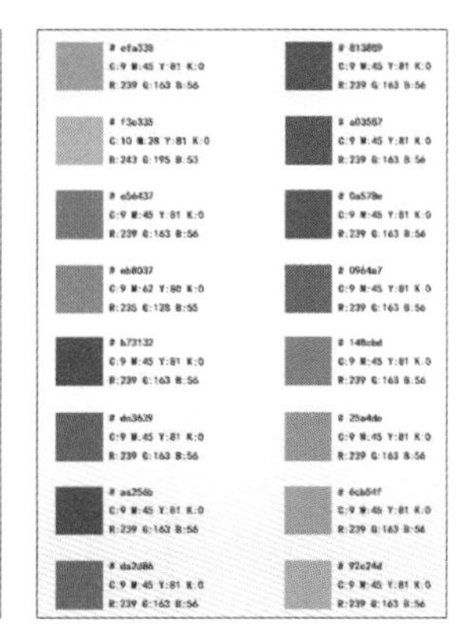

3. 应用系统

下面将介绍如何在Photoshop CC软件中排版与设计应用系统部分。

步骤 01 复制“VI-03.psd”创建“VI-13.psd”文件，如下左图所示。复制“VI-04.psd”创建“VI-14.psd”文件，并调整文字内容，如下右图所示。

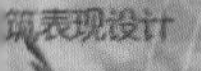

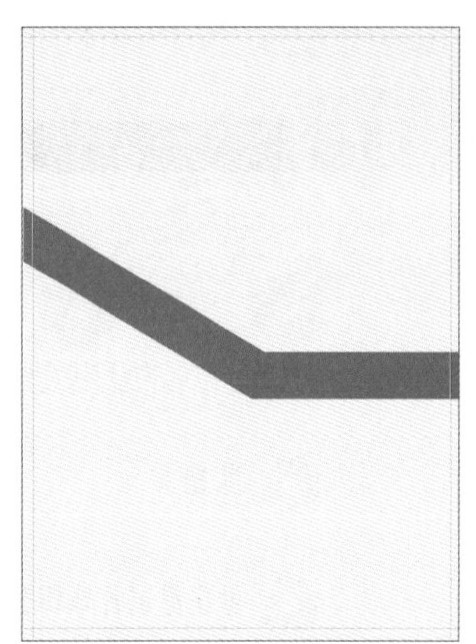

步骤 02 复制“VI-11.psd”创建“VI-15.psd”文件。使用“圆角矩形工具”绘制蓝色圆角矩形，如下左图所示。然后使用“矩形工具”绘制白色矩形，如下中图所示。调整组合标志的位置，并调整文字和标志为白色，如下右图所示。

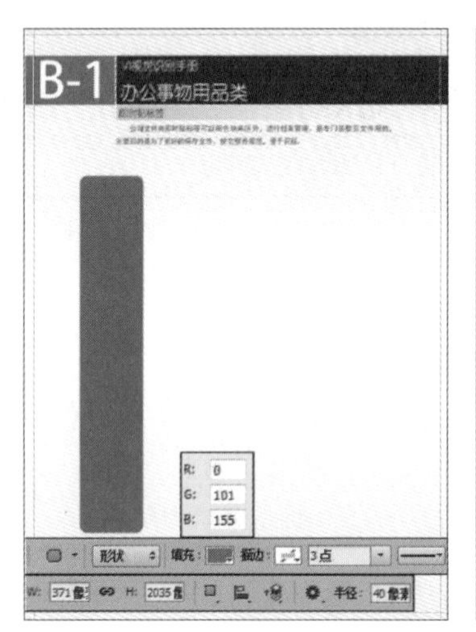

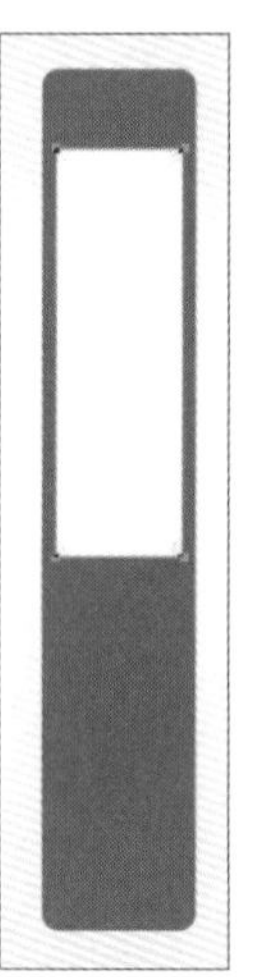

步骤 03 将蓝色圆角矩形、白色矩形和组合标志进行编组，如下左图所示。复制“组 1”图层组，移动并调整图像的颜色，如下右图所示。

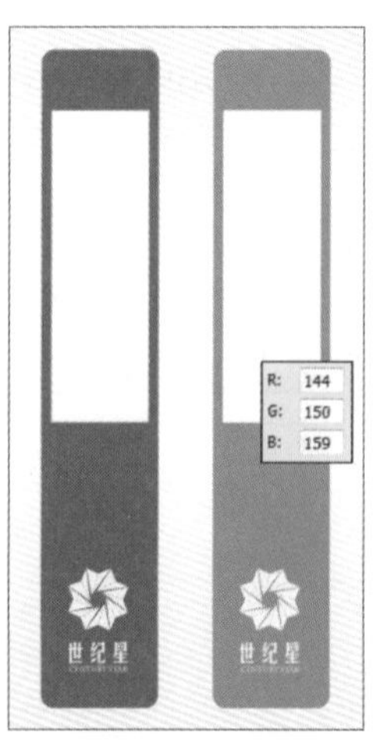

步骤 04 继续创建圆角矩形和矩形，如下左图所示。调整组合标志的颜色并将其进行编组，复制刚刚创建的图像并调整图形的颜色，如下右图所示。

步骤 05 绘制圆角矩形并使用矩形进行修剪，如下图所示。

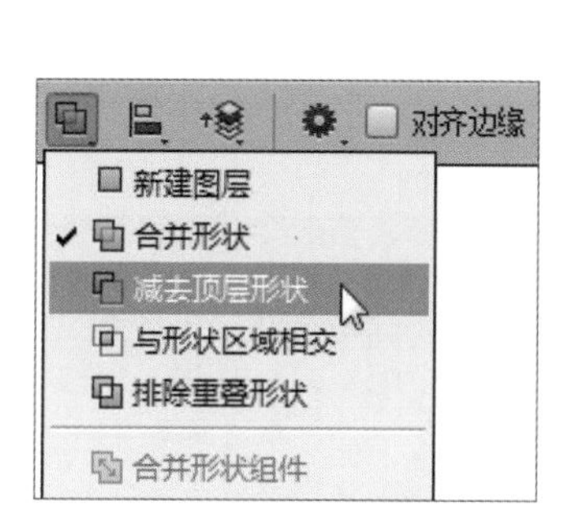

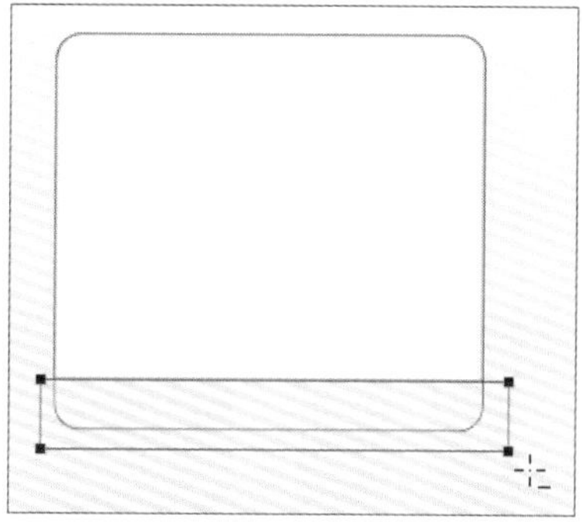

步骤 06 选中圆角矩形路径，配合键盘上的Ctrl键单击该路径所在图层的图层缩览图，将路径载入选区，使用“矩形选框工具”绘制矩形选区来修剪选区，如下图所示。

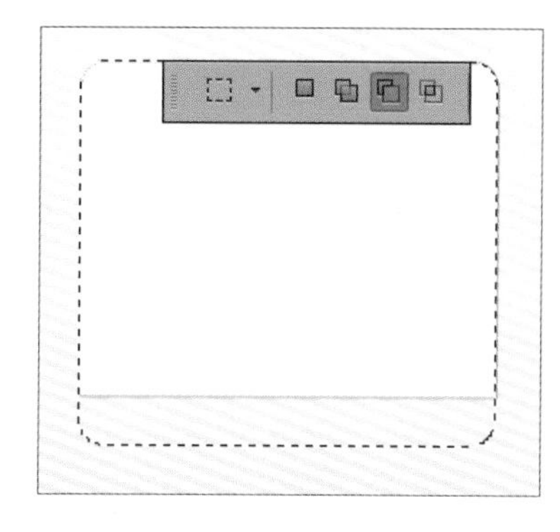

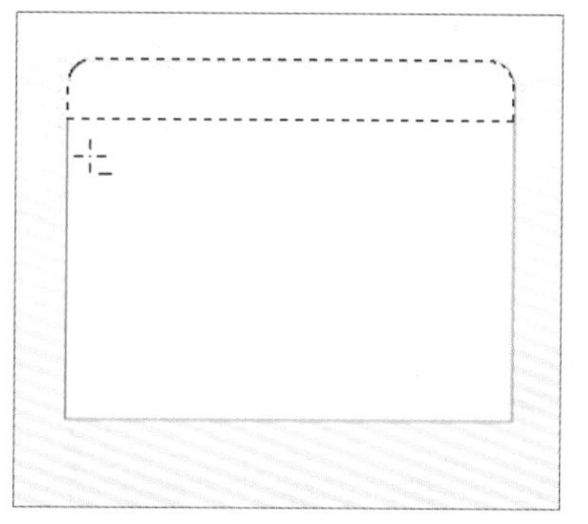

步骤 07 新建图层并填充选区为蓝色，如下左图所示。复制并缩小组合标志，如下右图所示。

步骤 08 添加文字信息，并使用“直线工具”绘制下划线，如下图所示。

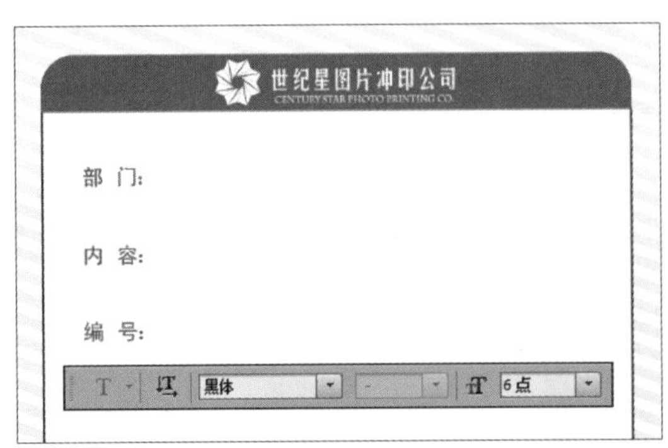

步骤 09 将上一步创建的图形进行编组，如下图所示。

步骤 10 复制“VI-10.psd”创建“VI-16.psd”文件，并调整文字内容。使用“矩形工具”绘制矩形，如下左图所示。在“矩形4”图层上单击鼠标右键，在弹出的菜单中选择“转换为智能对象”命令，将图层转换为智能图层，如下右图所示。

步骤 11 双击“矩形 4”图层缩览图，进入“矩形 4.psb”文档中，如下左图所示。执行“图像>画布大小”命令，在弹出的“画布大小”对话框中进行设置，然后单击“确定”按钮，调整画布大小，如下右图所示。

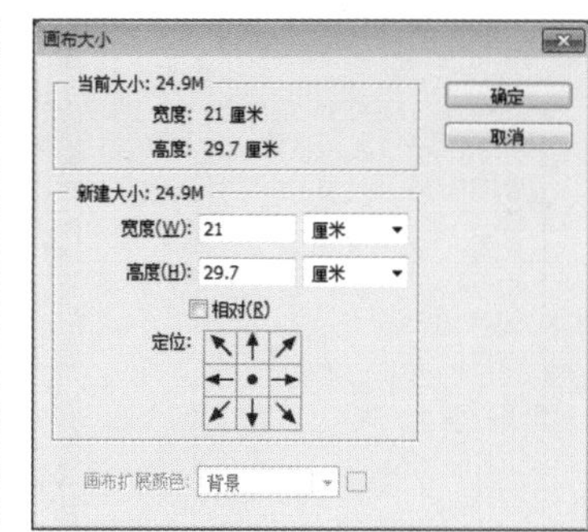

步骤 12 使用快捷键Ctrl+T调出变换控制框，将矩形放大至铺满画布，如下左图所示。然后使用“矩形工具”绘制灰色矩形，如下右图所示。

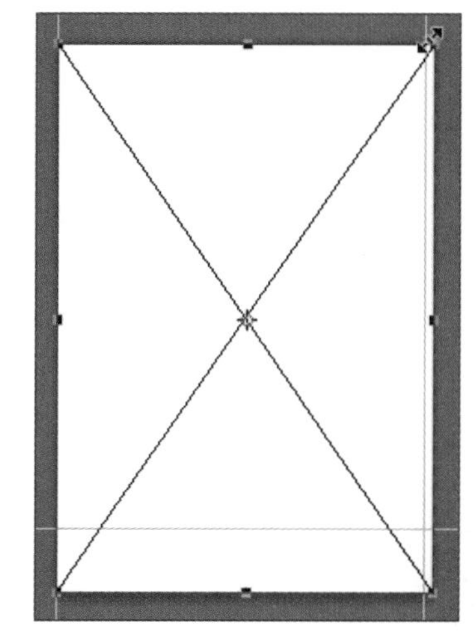

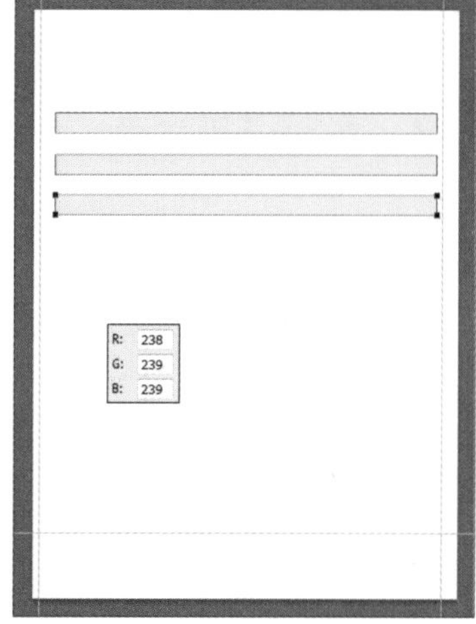

步骤 13 使用“横排文字工具”添加文字，如下左图所示。

步骤 14 复制“VI-11.psd”文件中的组合标志至当前正在编辑的文档中，如下右图所示，缩小并调整图像的位置。关闭并保存“矩形 4.psb”文档。

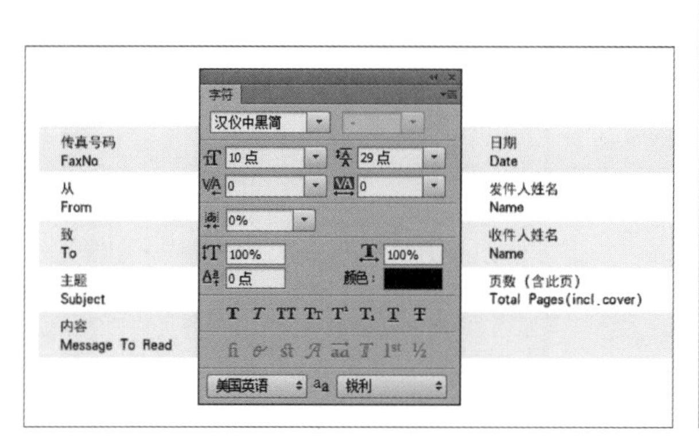

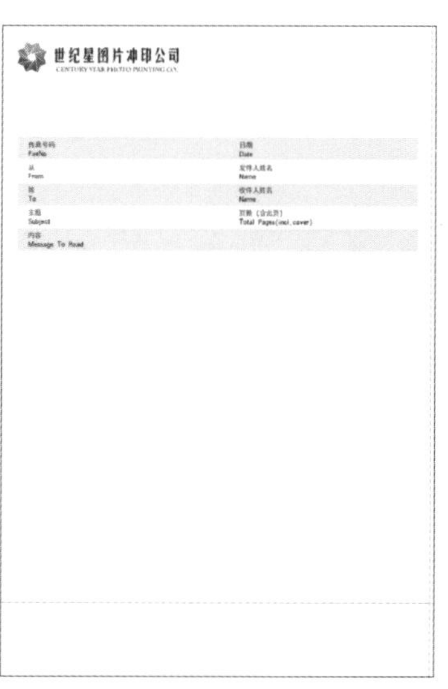

步骤 15 配合Shift键等比例缩小矩形智能图像，如下图所示。

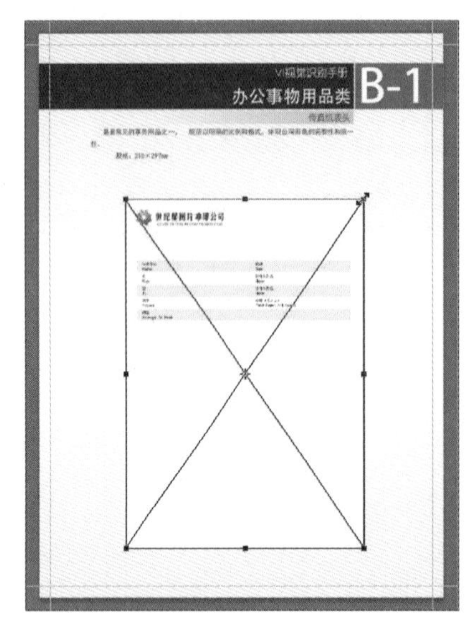

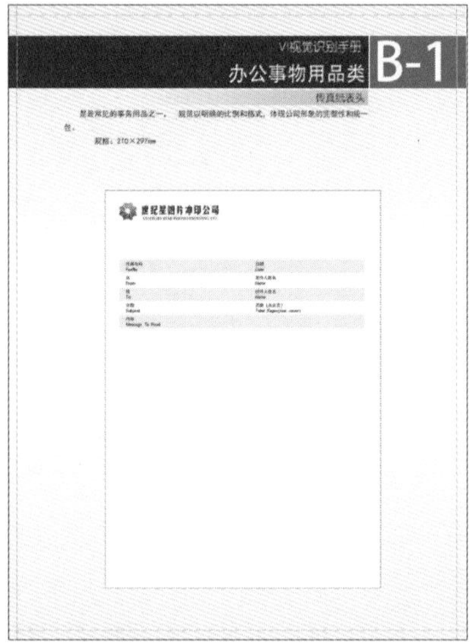

步骤 16 复制“VI-15.psd”创建“VI-17.psd”文件，如下左图所示。随后新建文件，并使用“矩形工具”创建与画布等大的矩形，如下右图所示。

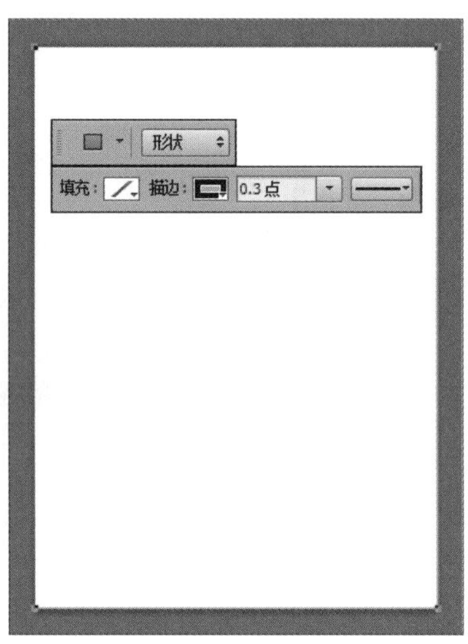

步骤 17 用同样的方法，再依次新建两个文件，并使用“矩形工具”创建与画布等大的矩形，如下图所示。

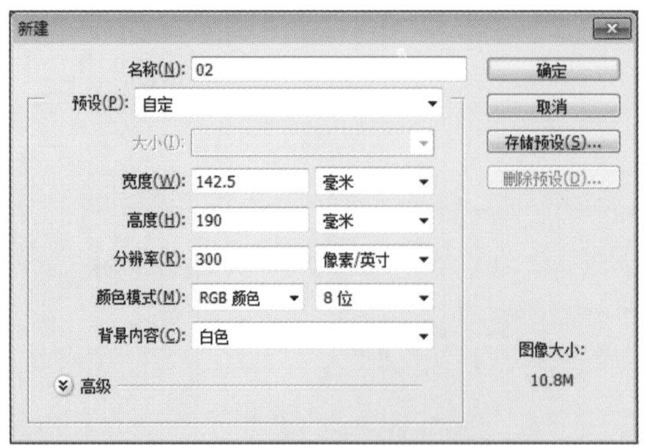

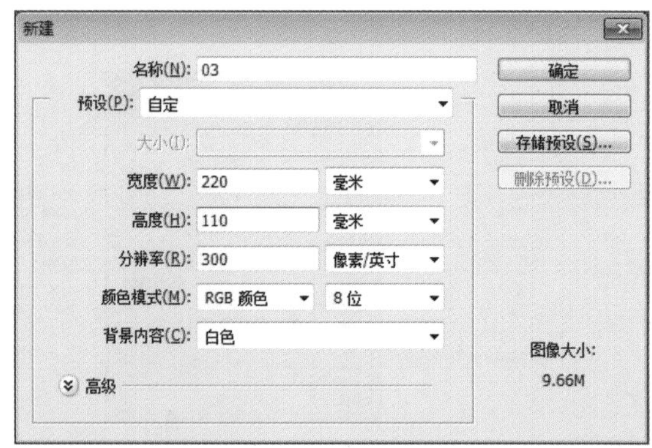

步骤18 分别将“01.psd”、“02.psd”和“03.psd”文件中的矩形拖至当前正在编辑的文档中，如下左图所示。选中所有矩形，调出变换控制框，配合键盘上的Shift键等比例缩小图形，然后使用“矩形工具”绘制矩形，如下右图所示。

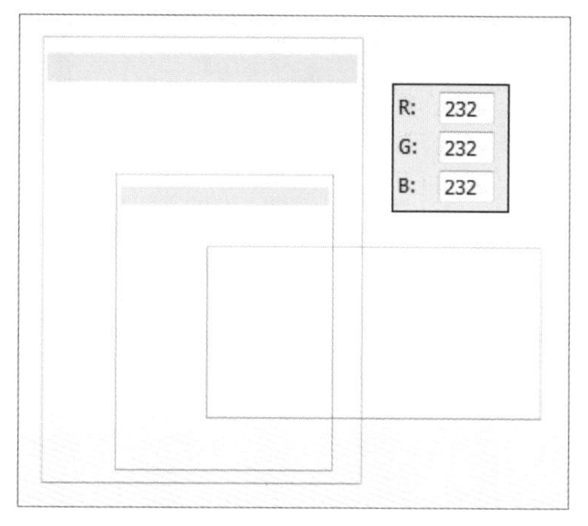

步骤19 复制“VI-11.psd”中的组合标志并将其放置在当前文档中，如下左图所示。然后复制“220mm×110mm”矩形，设置填充色为白色，如下右图所示。

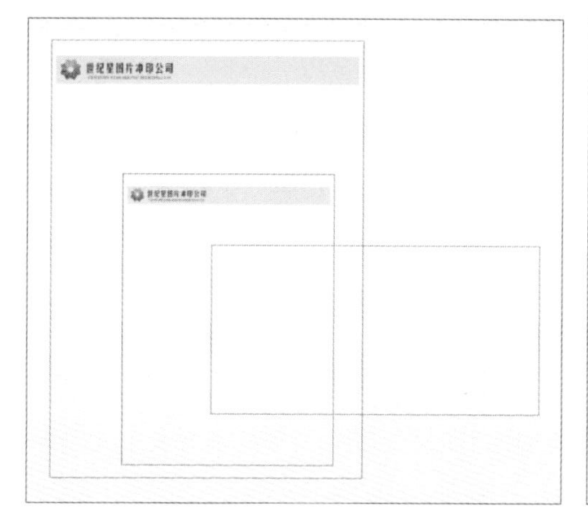

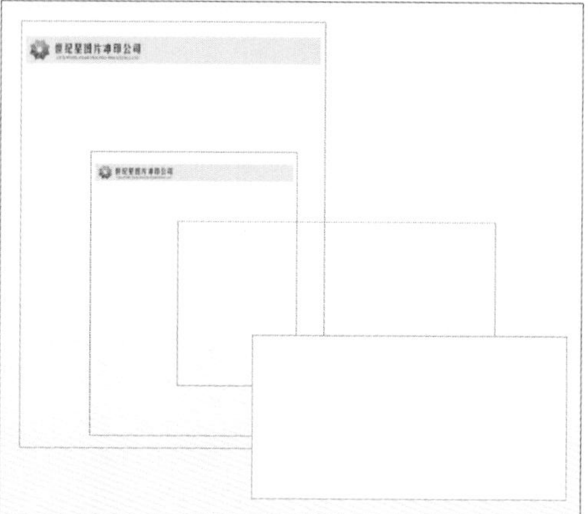

步骤20 将矩形载入选区，如下左图所示。执行“选择>反向”命令，反转选区，然后为最大矩形所在图层添加蒙版，如下右图所示。

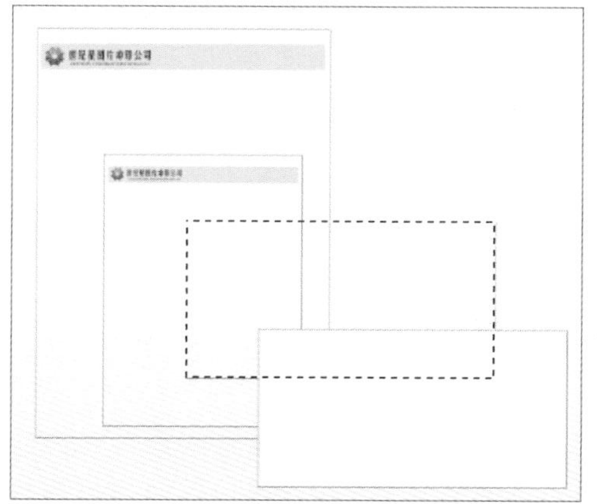

步骤 21 复制上一步创建的蒙版至第二大矩形图形所在图层上，如下图所示。

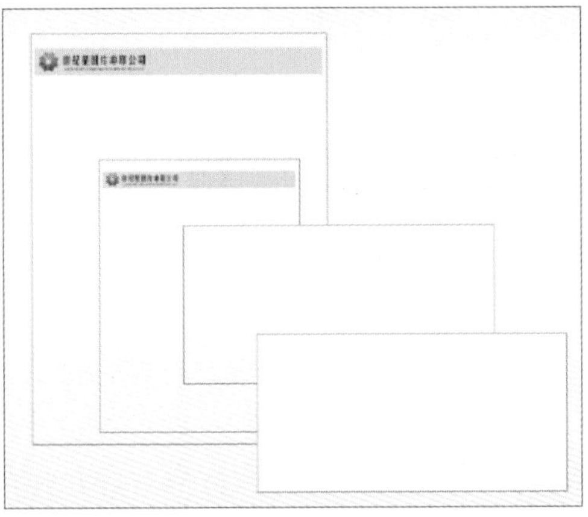

步骤 22 使用“钢笔工具”绘制图形，设置描边为0.3点，取消描边填充色，继续绘制填充色为白色的图形，如下图所示。

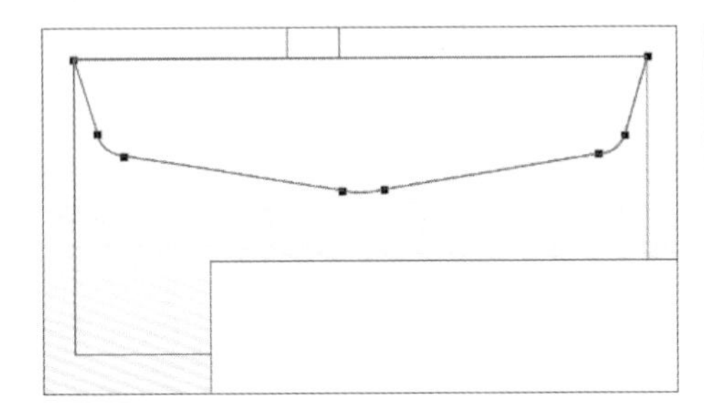

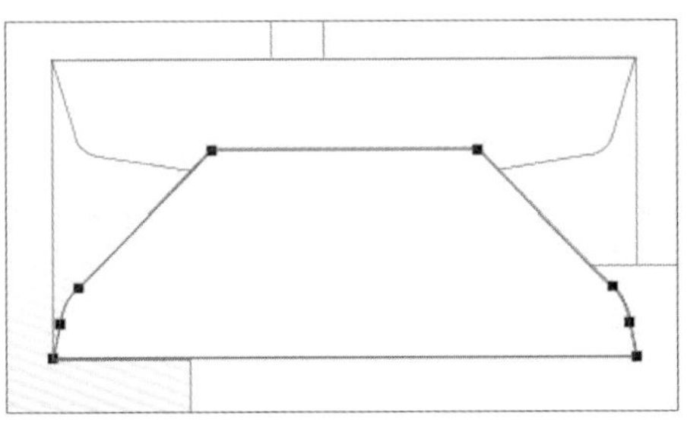

步骤 23 将上一步中第一个绘制的图形载入选区，如下左图所示。执行“选择>反向”命令，反转选区，为上一步第二个绘制的图形所在图层添加图层蒙版，隐藏选区以外的图像，如下右图所示。

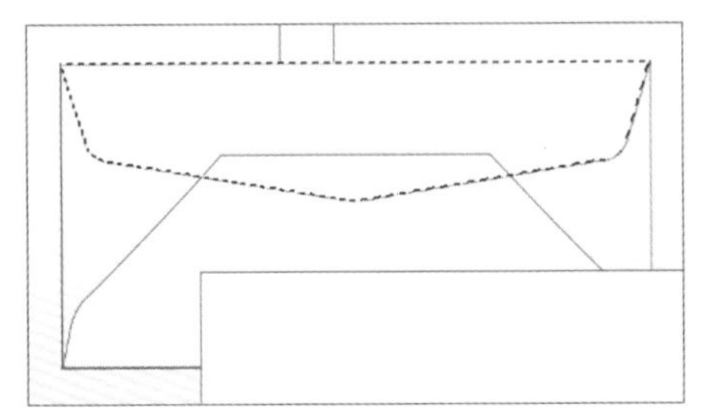

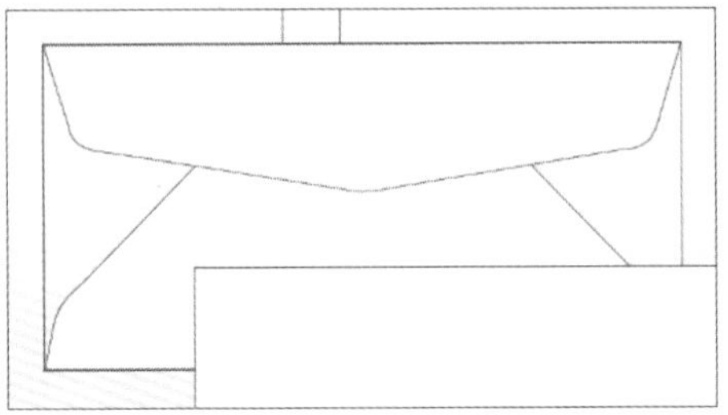

步骤 24 添加组合标志并创建文字信息，如下图所示。

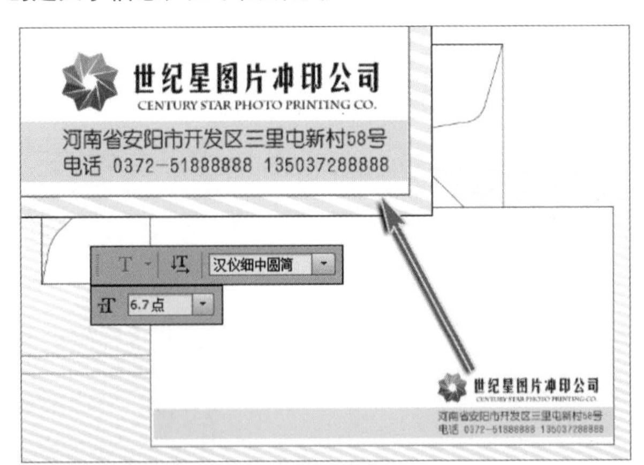

步骤25 使用“矩形工具”绘制矩形，使用“路径选择工具”选中矩形路径，如下左图所示。使用快捷键Ctrl+C和Ctrl+V复制、粘贴路径，然后调出路径变换控制框，水平向右移动路径，最后使用快捷键Ctrl+Shift+Alt+T快速复制并移动路径，如下右图所示。

步骤26 继续绘制矩形，设置描边为黑色，复制矩形所在图层并移动矩形的位置，在选项栏中设置描边为虚线，如下图所示。

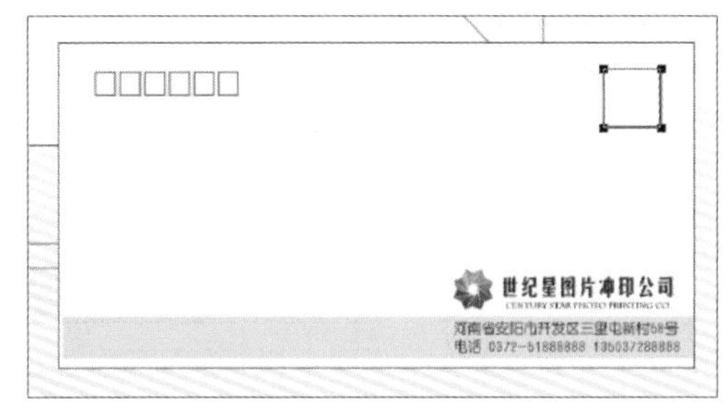

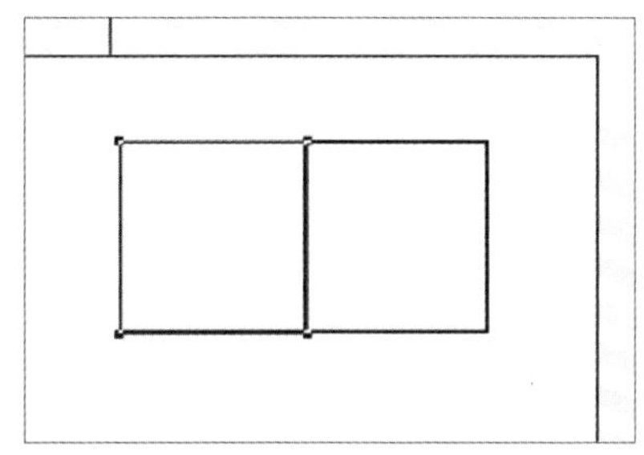

步骤27 使用“矩形选框工具”绘制选区，如下左图所示。反转选区并为实色描边矩形所在图层添加蒙版，效果如下右图所示。

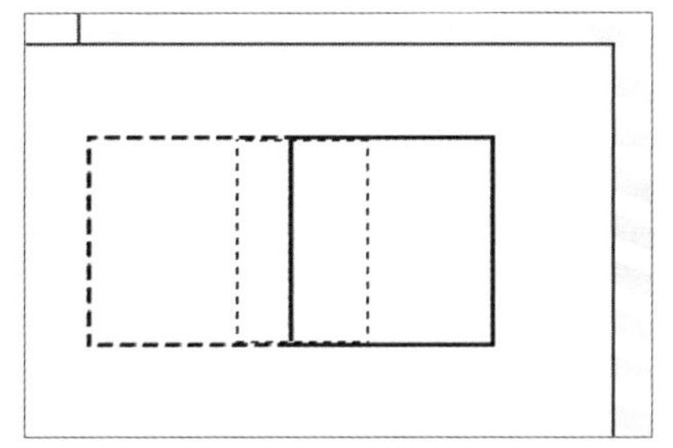

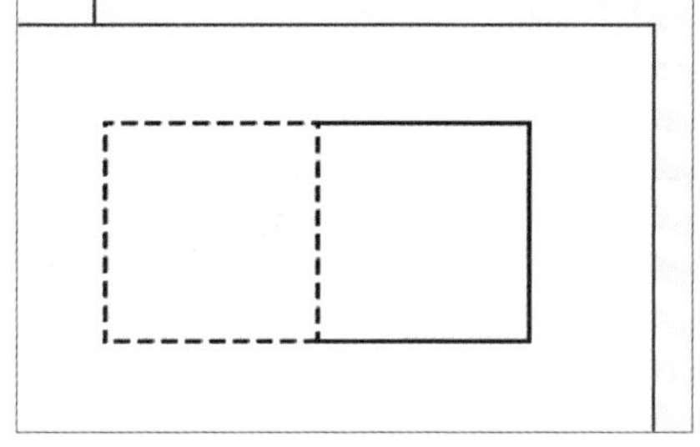

步骤28 添加文字和标注，如下图所示。

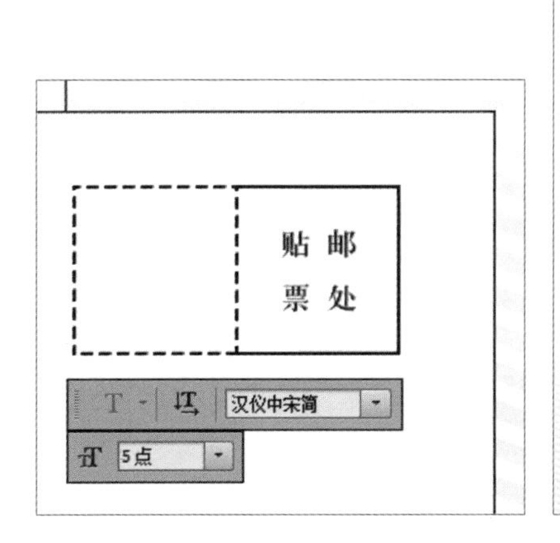

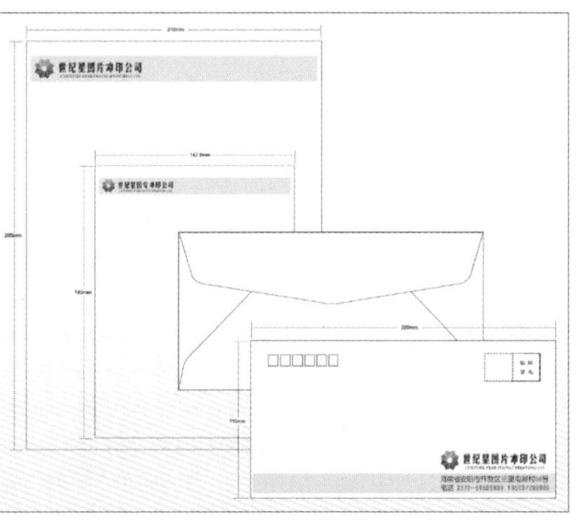

步骤 29 复制“VI-16.psd”文件创建“VI-18.psd”文件，如下左图所示。随后调整文字内容，并使用前面介绍的方法，制作介绍信，如下右图所示。

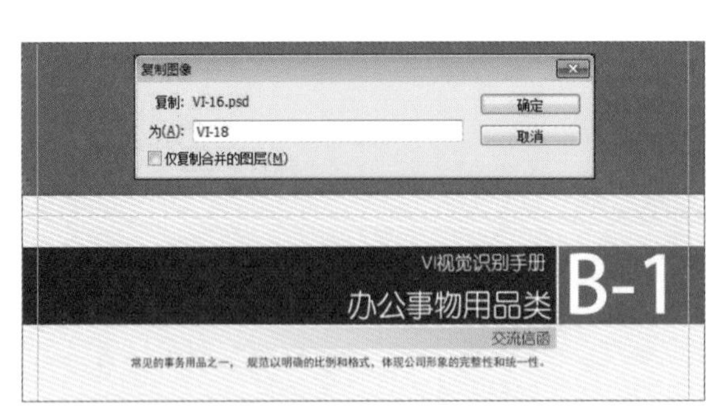

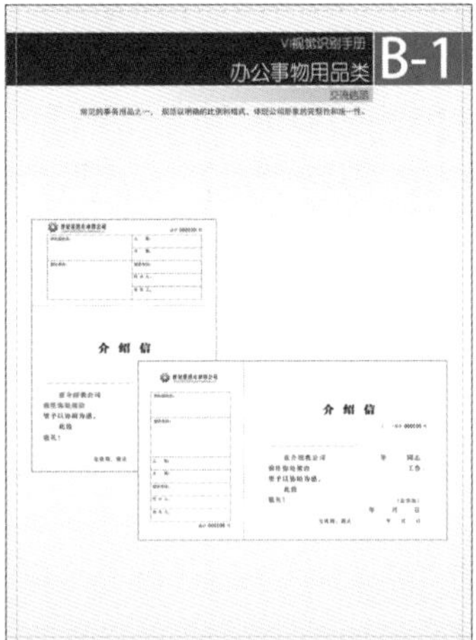

步骤 30 复制“VI-17.psd”文件创建“VI-19.psd”文件，如下左图所示。随后调整文字内容，使用前面介绍的方法，制作合同样本，如下右图所示。

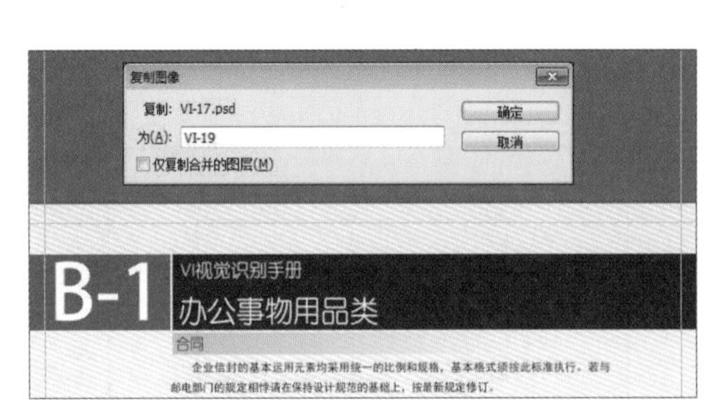

步骤 31 复制“VI-18.psd”创建“VI-20.psd”文档，如下左图所示。随后调整文字内容，使用前面介绍的方法，制作表格，如下右图所示。

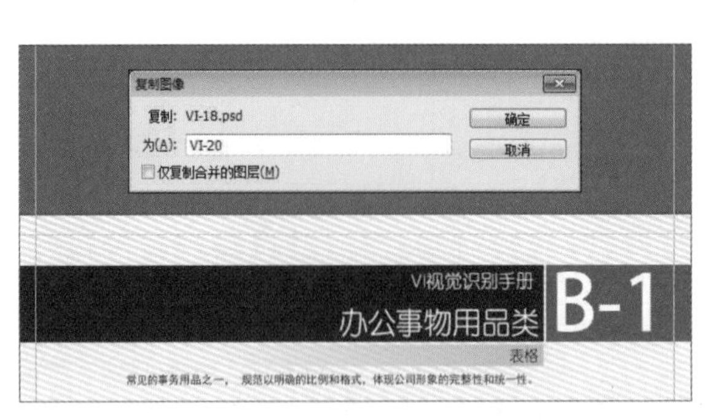

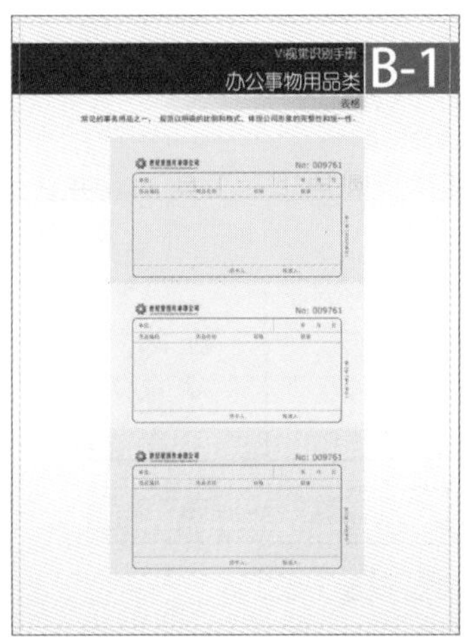

步骤 32 复制"VI-19.psd"创建"VI-21.psd"文档，如下左图所示。随后调整文字内容，使用"圆角矩形工具"绘制圆角矩形，如下右图所示。

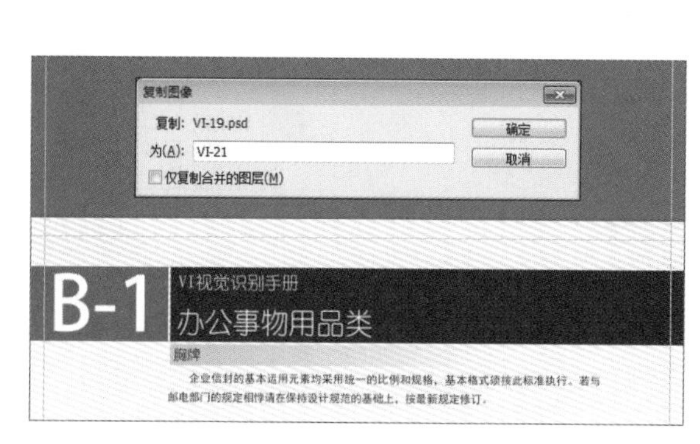

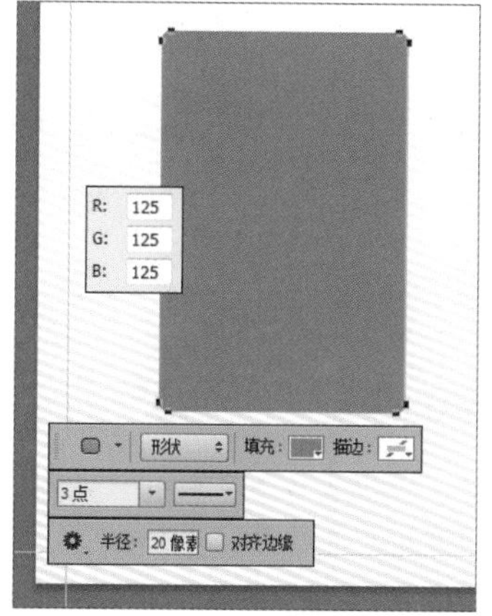

步骤 33 使用"矩形工具"绘制矩形来修剪圆角矩形，然后继续使用"圆角矩形工具"绘制圆角矩形，调出路径变换控制框，配合键盘上的Ctrl+Shift+Alt键调整圆角矩形的形状，如下图所示。

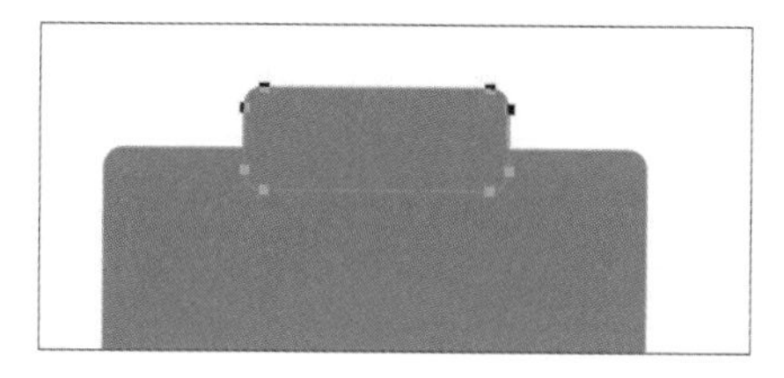

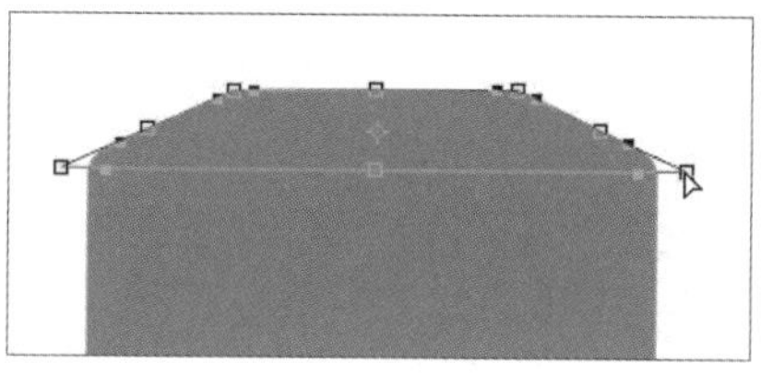

步骤 34 设置前景色为白色，继续使用"圆角矩形工具"绘制圆角矩形，如下左图所示。然后使用"矩形工具"绘制灰色矩形，调出路径变换控制框，配合键盘上的Ctrl+Shift+Alt键调整矩形的形状，如下右图所示。

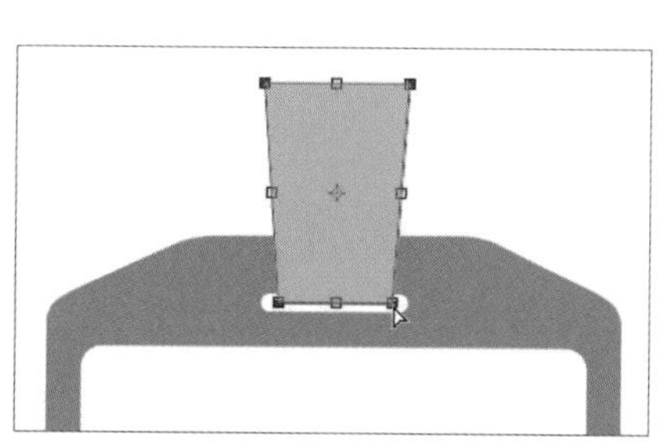

步骤 35 选择"圆角矩形工具"并在选项栏中进行设置，然后绘制图形对矩形进行修剪，使用"路径选择工具"选中圆角矩形路径，并配合Alt键向左移动并复制路径，如下图所示。

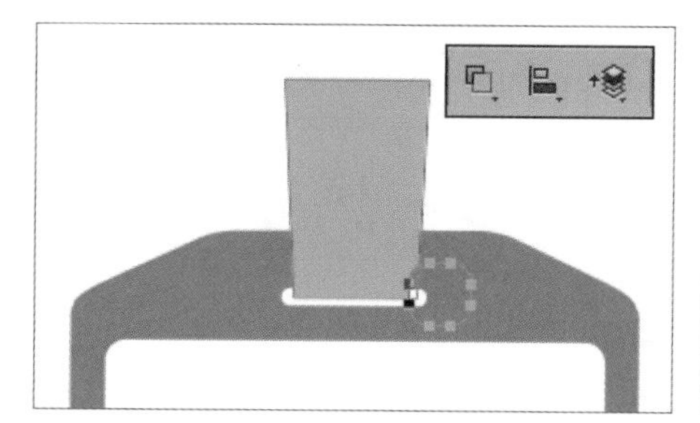

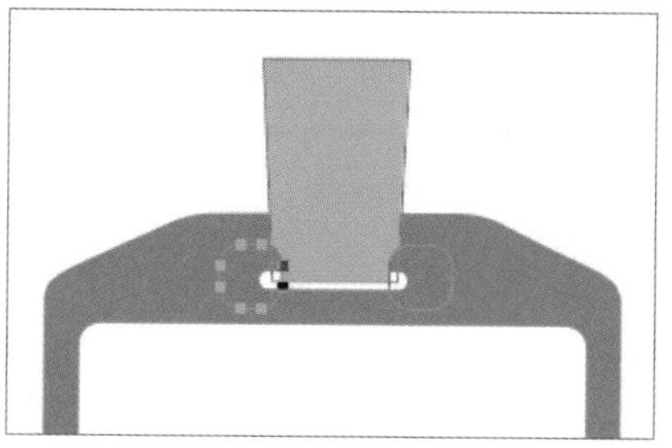

步骤 36 使用“矩形工具”绘制矩形，如下左图所示。双击图层名称空白处，在弹出的“图层样式”对话框中为其添加“渐变叠加”图层样式，如下右图所示，添加的样式效果如下右图所示。

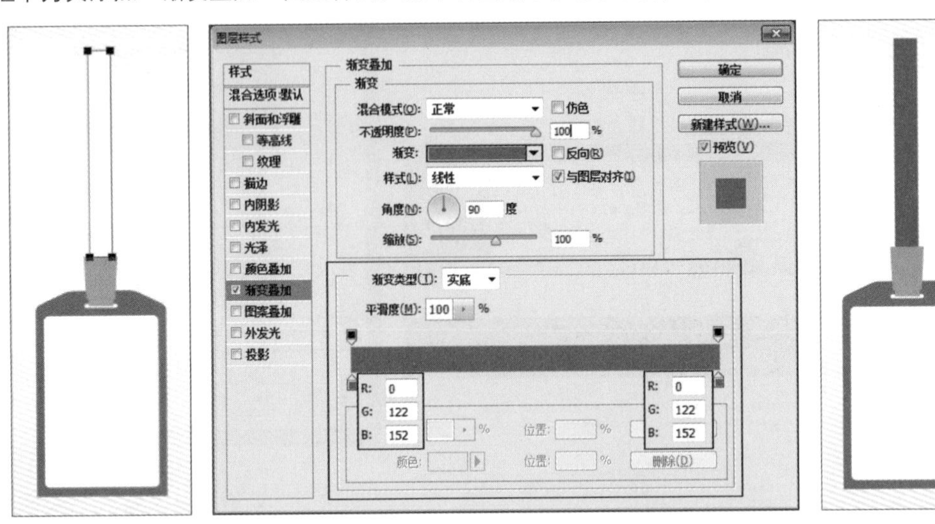

步骤 37 使用前面介绍的方法，继续使用“圆角矩形工具”绘制图形，然后使用“矩形工具”绘制矩形，如下图所示。

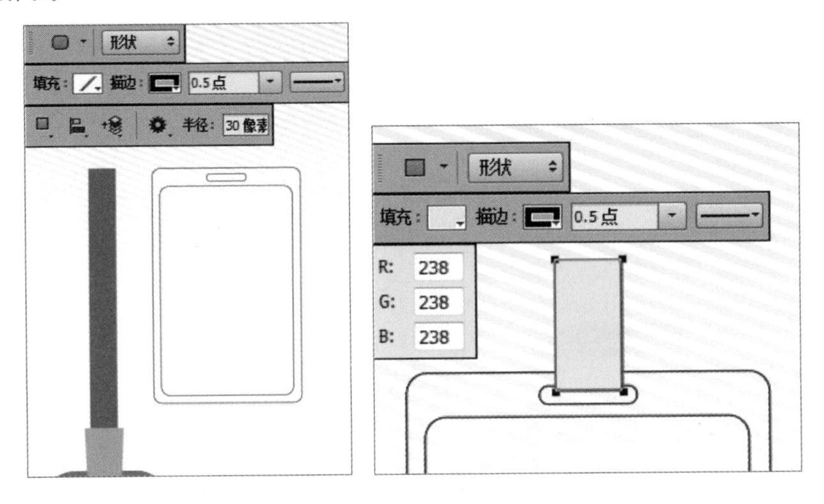

步骤 38 使用“椭圆工具”配合键盘上的Shift键绘制正圆图形，并在“图层”面板中调整图层的填充透明度，如下图所示。

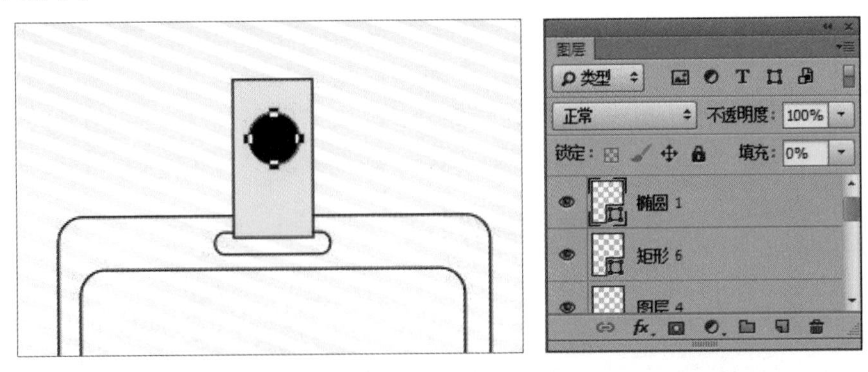

步骤 39 双击正圆所在图层的图层名称空白处，在弹出的“图层样式”对话框中进行设置，为图形添加“内发光”图层样式，如下左图所示。然后复制并缩小正圆图形，如下右图所示。

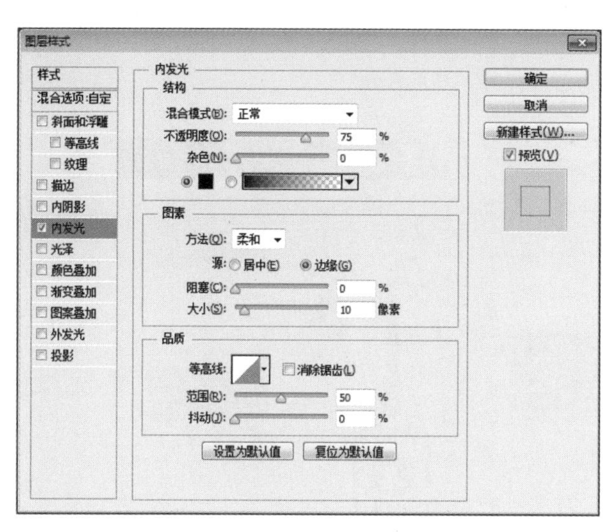

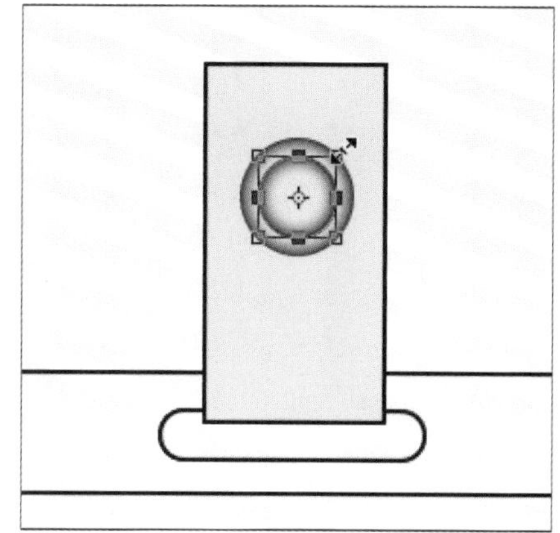

步骤 40 使用“钢笔工具”绘制如下左图所示的黑色图形，为该图形所在图层添加“渐变叠加”图层样式，如下右图所示。

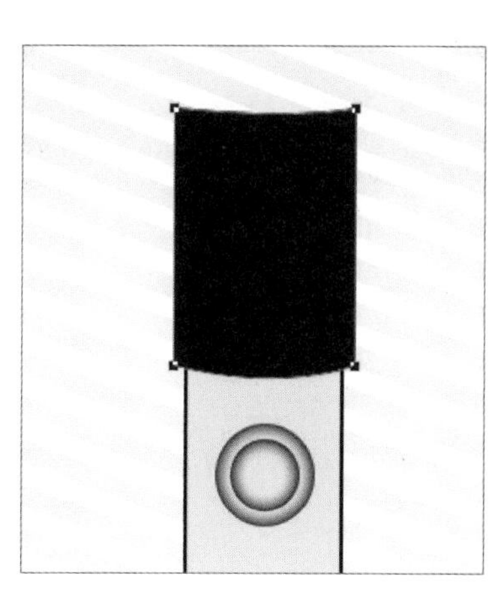

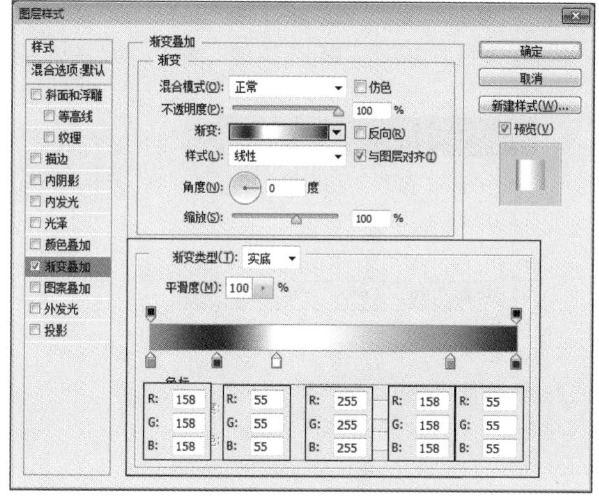

步骤 41 复制图形，使用快捷键Ctrl+T调出变换控制框，在变换控制框中单击鼠标右键，在弹出的菜单中选择“垂直翻转”命令翻转图像。打开“图层样式”对话框并调整渐变填充为反向填充，如下图所示。

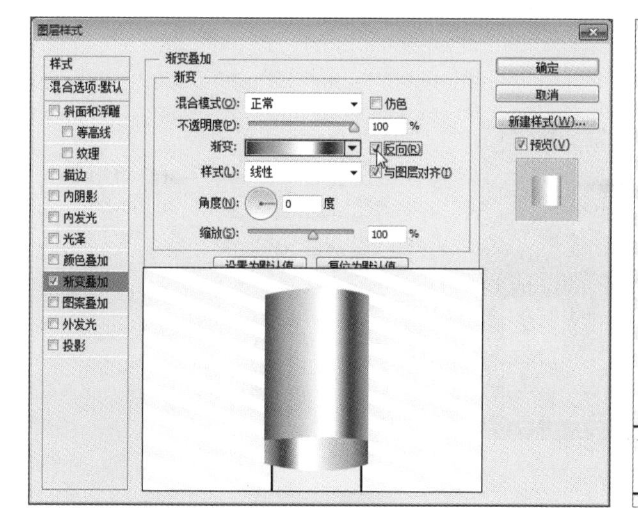

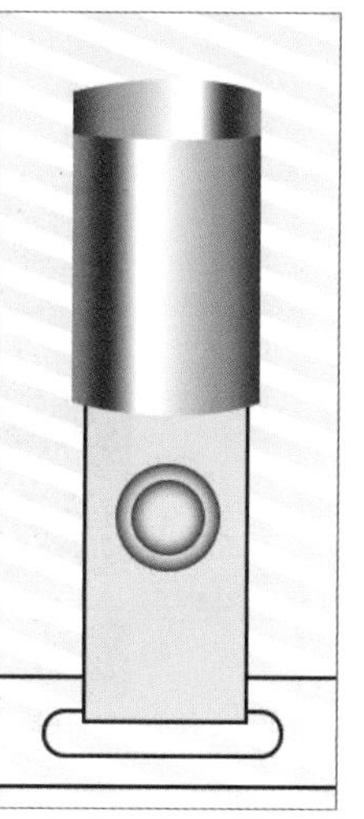

步骤 42 使用前面介绍的方法，继续绘制出如下左图所示的图形，打开“VI-11.psd”文档，将组合标志拖至当前正在编辑的文档中，并调整图像的大小及位置，如下右图所示。

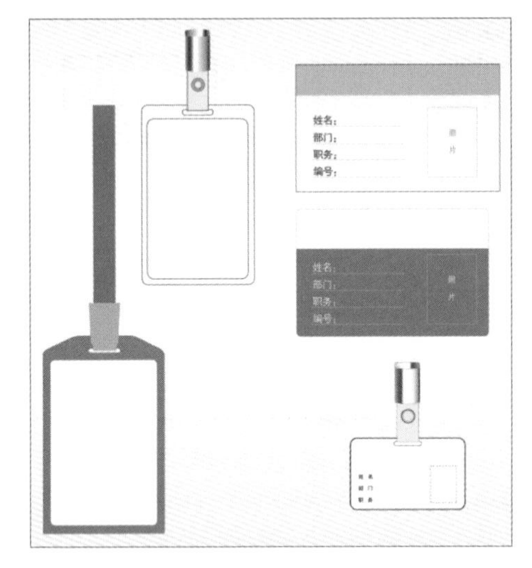

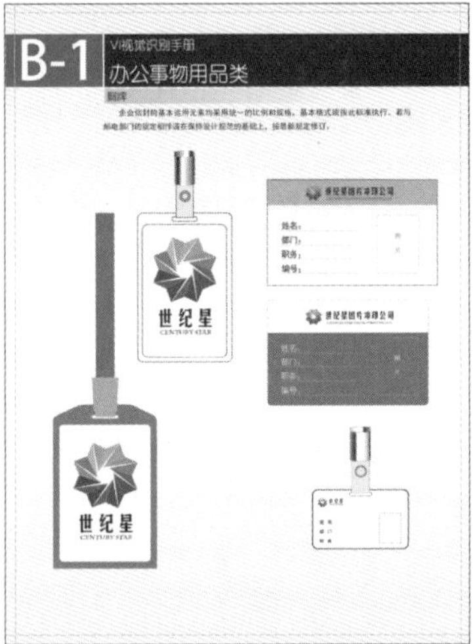

步骤 43 复制“VI-20.psd”文件创建“VI-22.psd”文件，随后调整文字内容，并使用“矩形工具”绘制矩形，选择“直线工具”并配合键盘上的Shift键绘制直线，如下图所示。

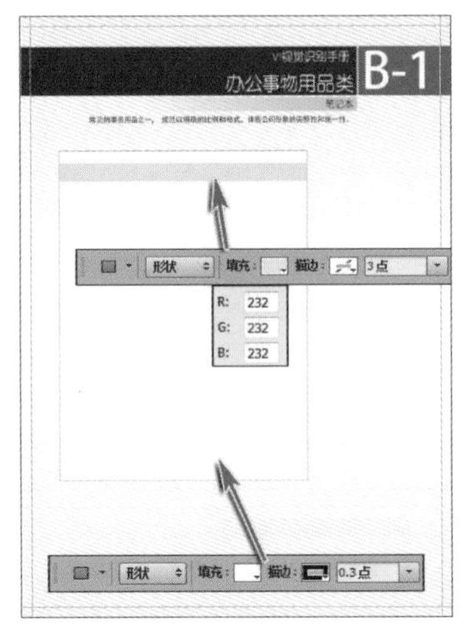

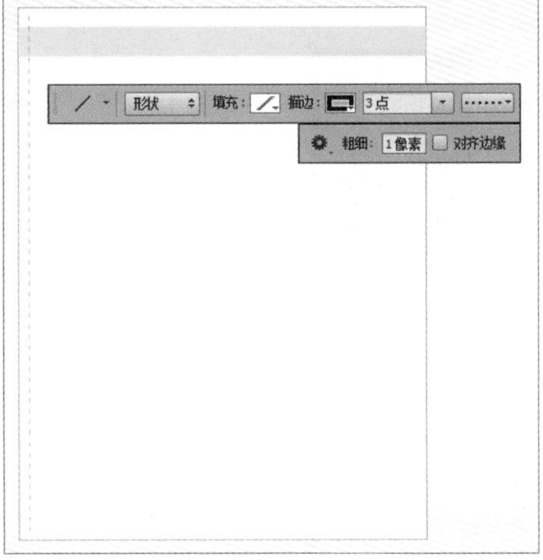

步骤 44 新建图层，如下左图所示，使用“圆角矩形工具”绘制一个圆角矩形，并为其添加“内发光”图层样式，如下右图所示。

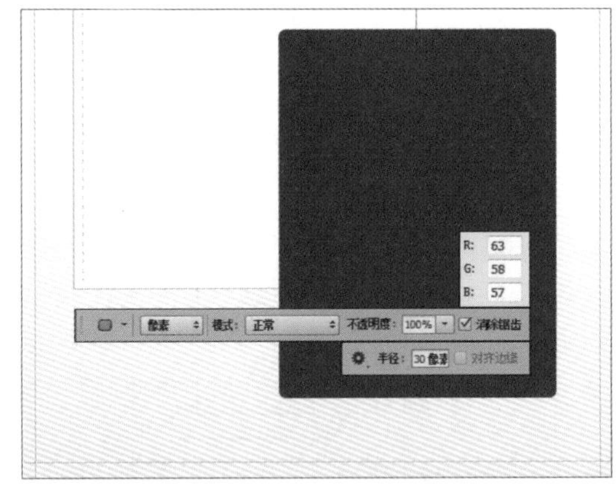

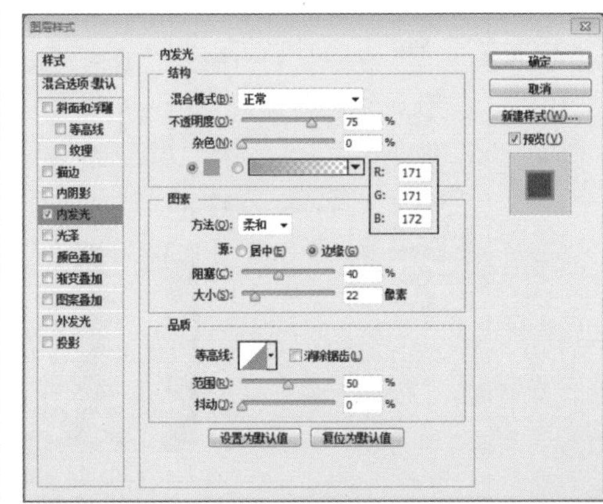

步骤 45 执行“图层>栅格化>图层样式”命令，然后使用“矩形选框工具”绘制选区并删除选区中的图像，最后取消选区，如下左图所示。接着为图像添加描边效果，如下右图所示。

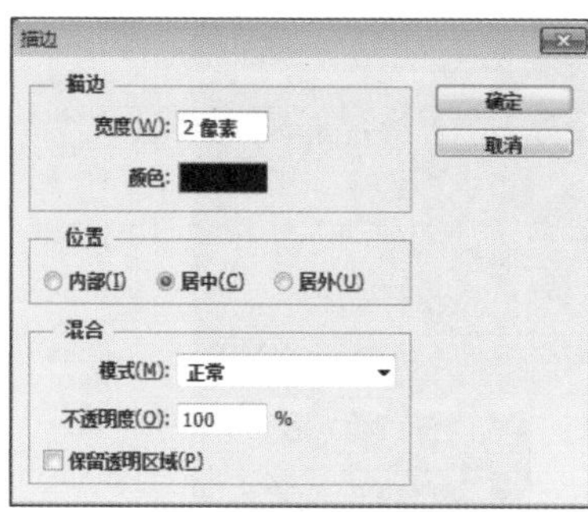

步骤 46 使用“圆角矩形工具”绘制圆角矩形图形，如下左图所示。随后执行“图层>栅格化>形状”命令栅格化形状，使用“矩形选框工具”绘制选区并删除选区中的图像，如下右图所示。

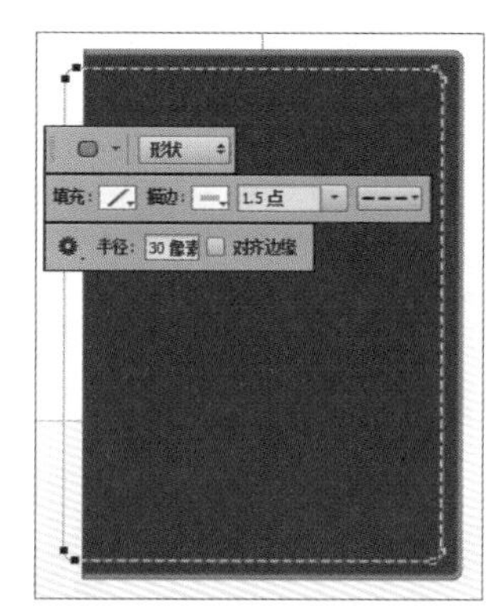

步骤 47 使用前面介绍的方法，创建出如下左图所示的图像，并为其添加“投影”效果，如下右图所示。

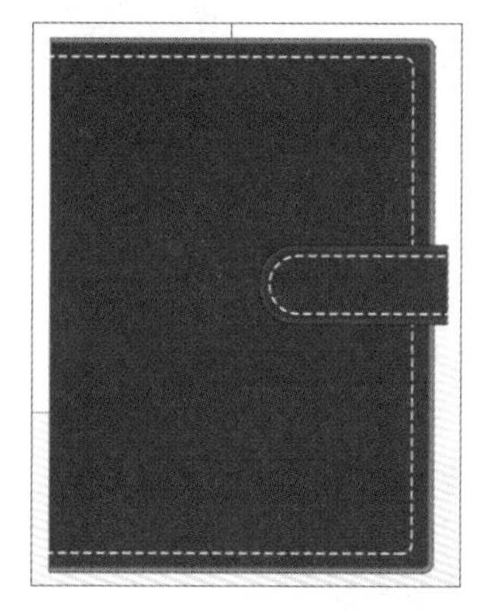

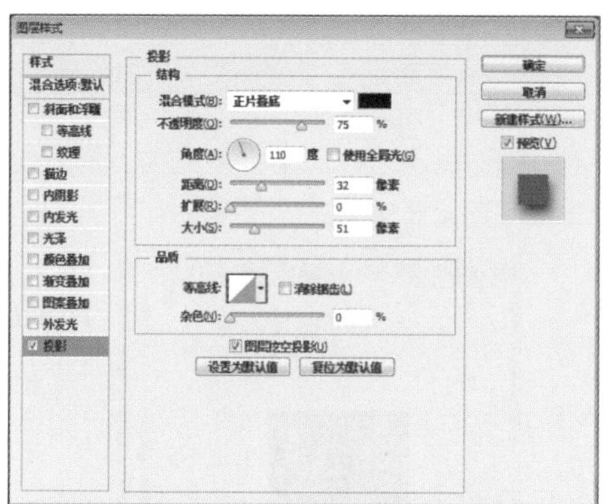

步骤 48 在图层的图标上单击鼠标右键，如下左图所示，在弹出的菜单中选择“创建图层”命令，将图层样式与图层分离，然后使用“矩形选框工具”绘制选区并删除选区中的投影图像，如下右图所示。

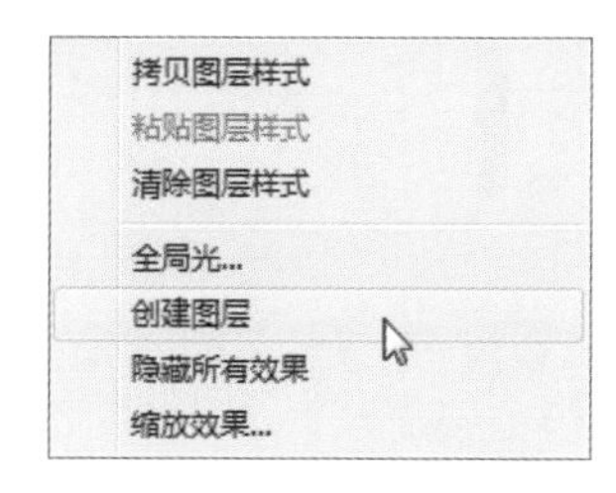

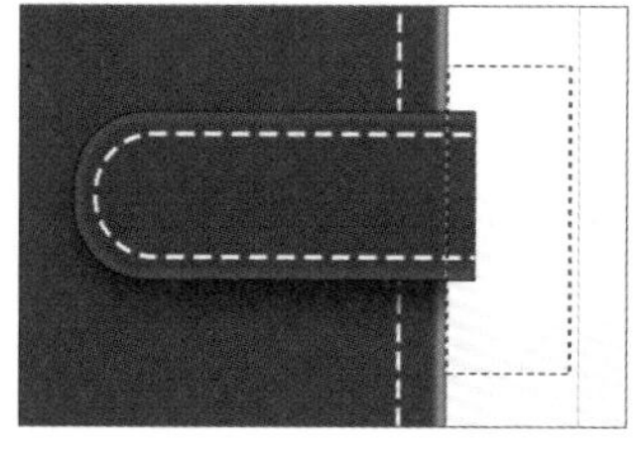

步骤49 使用“椭圆工具”配合键盘上的Shift键绘制正圆图形，并为其添加“内发光”图层样式，如下图所示。

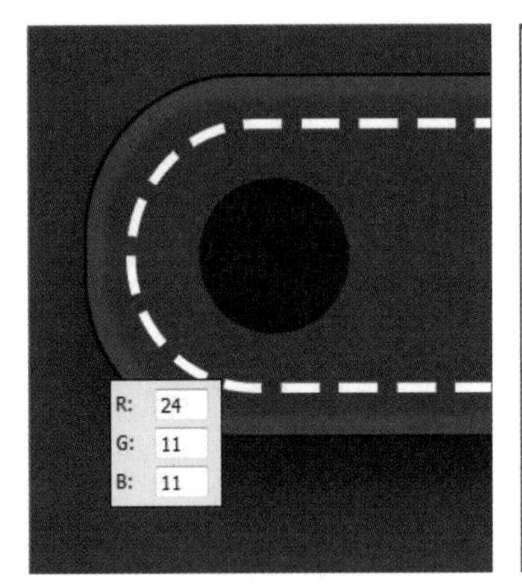

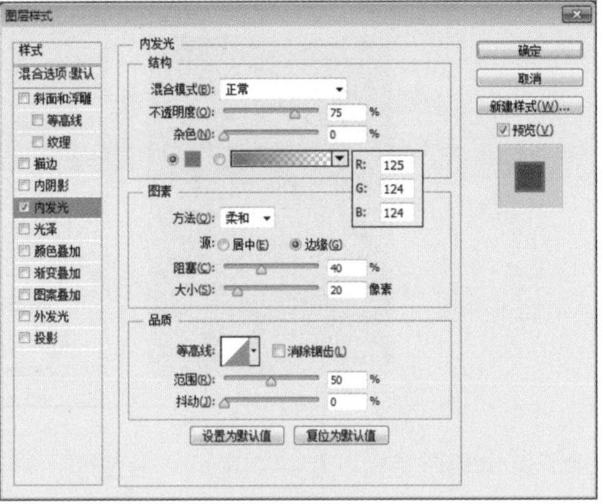

步骤50 继续为正圆图形添加“投影”效果，如下左图所示。然后将“VI-11.psd”中的组合标志拖至当前正在编辑的文档中，缩小并调整组合标志的位置，完成“VI-22.psd”的制作，如下右图所示。

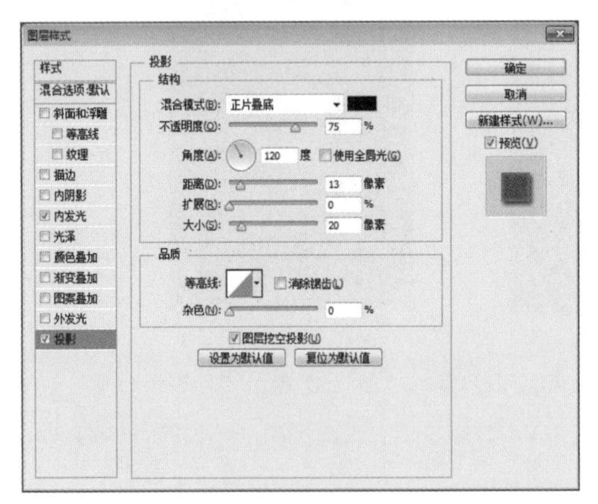

步骤51 复制“VI-21.psd”创建“VI-23.psd”文档。打开如下左图所示的“光盘.tif”素材文件，配合键盘上的Shift键将图像拖至当前正在编辑的文档中，如下右图所示。

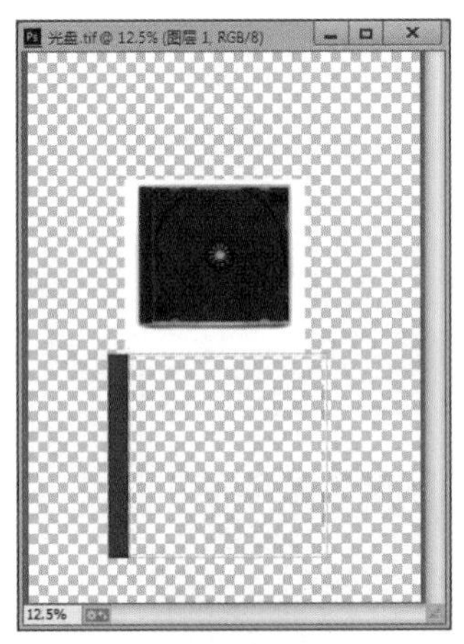

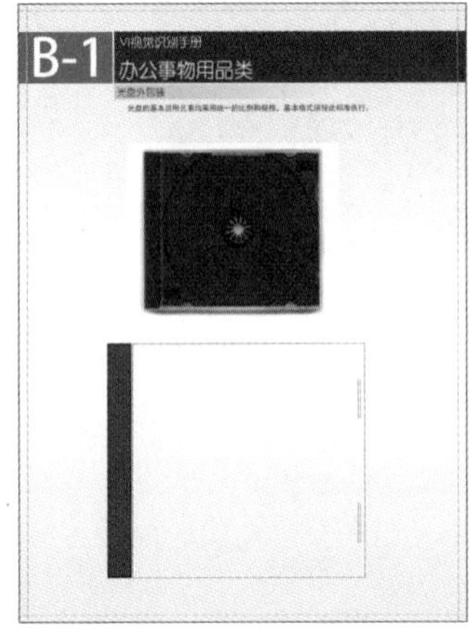

步骤52 从“VI-11.psd”文档中将组合标志拖至当前正在编辑的文档，如下左图所示。缩小并调整标志的位置，然后使用“横排文字工具”添加文字信息，如下右图所示。

步骤 53 复制上一步创建的标志并放大标志图形，调整标志图形的颜色，如下图所示。

步骤 54 使用“矩形选框工具”绘制选区，如下左图所示。然后为标志图形所在图层添加图层蒙版，如下中图所示。隐藏选区以外图像的效果如下右图所示。

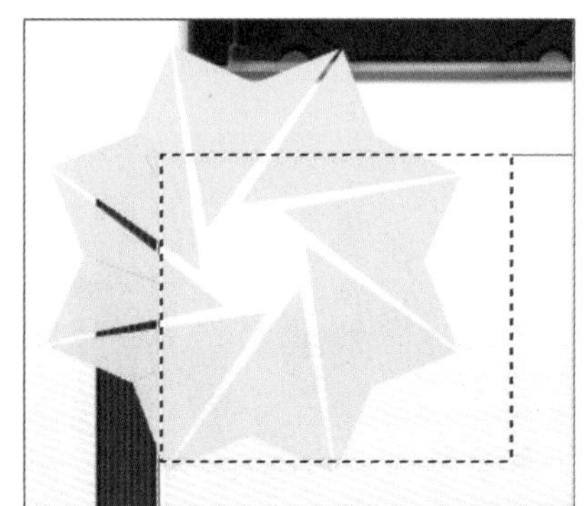

步骤 55 打开“贴图.tif”素材文件，使用前面介绍的方法分别创建文件，然后分别将贴图素材拖至文档，并添加组合标志图形，设计出VI中未完成的基础办公系统和应用系统。最后制作VI手册的封面和封底，如下图所示，至此完成该实例的制作。

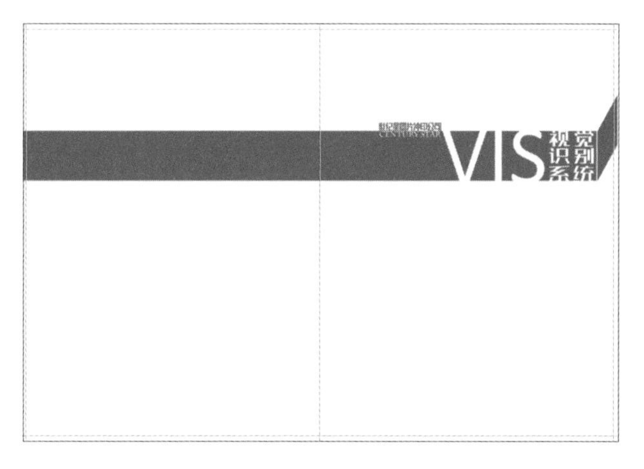

Chapter 09 户外广告设计案例

本章概述

户外广告设计是一名平面设计师接触最多的一项设计内容，因此熟悉户外广告的设计原则、设计思路是至关重要的。本章将带领读者一起设计制作一则房地产户外广告。通过对本章内容的学习，读者可以熟悉广告设计的要求，掌握广告设计的方法与表现技巧。

知识要点

1. 户外广告的特征
2. 户外广告媒介类型
3. 如何制作房地产广告

9.1 行业知识向导

顾名思义，户外广告即指那些能在露天或公共场合通过广告表现形式，同时向许多消费者进行诉求，且能达到推销商品目的的媒体。

9.1.1 户外广告的特征

户外广告大致可分为平面和立体两大类，其中平面广告包括路牌广告、招贴广告、壁墙广告、海报、条幅等。立体广告包括霓虹灯、广告柱以及广告塔灯箱广告等。在户外广告中，路牌、招贴是最为重要的两种形式，如下图所示。

户外广告一方面可以根据地区的特点选择广告形式，如在商业街、广场、公园、交通工具上选择不同的广告表现形式，且户外广告也可以根据某地区消费者的共同心理特点、风俗习惯来设置。另一方面，户外广告可为经常在此区城内活动的固定消费者提供反复的宣传，使其印象强烈。

总的来说，户外广告具有如下几个方面的特点。

（1）传播到达率高

通过策略性的媒介安排和分布，户外广告能创造出理想的到达率。据实力传播的调查显示，户外媒体的到达率目前仅次于电视媒体，位居第二。

（2）视觉冲击力强

在公共场所树立巨型广告牌这一古老方式历经千年的实践，表明其在传递信息、扩大影响方面的有效性。很多知名的户外广告牌，或许因为它的持久和突出，已成为这个地区远近闻名的标志，人们或许对街道楼宇都视而不见，而唯独这些林立的巨型广告牌却令人久久难以忘怀。

（3）发布时间段长

许多户外媒体是持久地、全天候发布的。它每周7天、每天24小时一成不变地矗立在那里，这一特点令其更容易被受众见到，因此，它随客户的需求而天长地久。

（4）城市覆盖率高

在某个城市结合目标人群，正确地选择发布地点以及使用正确的户外媒体，可以在理想的范围内接触到多个层面的人群，这样广告就可以和受众的生活节奏配合得非常好。

9.1.2 户外广告媒介类型

户外广告的媒介类型大致包含如下两种。

（1）自设性户外广告

所谓自设性户外广告是指以标牌、灯箱、霓虹灯单体字等为媒体形式，在本单位登记注册地址，利用自有或租赁的建筑物、构筑物等阵地，设置的企事业单位、个体工商户或其他社会团体的名称。

（2）经营性户外广告

所谓经营性户外广告是指在城市道路、公路、铁路两侧，城市轨道交通线路的地面部分、建筑物上，以灯箱、霓虹灯、电子显示装置、展示牌等为载体形式和在交通工具上设置的商业广告。

9.2 房地产广告设计

醒目而富有力量的大标题，简洁而务实的文案，具备识别性和连贯性的色彩运用是房地产广告的必要因素。同时，房地产广告还应该注重跳跃性，也就是说，如果你的表现方式已经被效仿，那么应该及时地改变表现形式，迅速出新，力争时刻走在上游，如下图所示。

9.2.1 设计思路

由皇家两个字想到了代表身份地位的骏马，项目位于城市中心，想到了通过城市来衬托项目的壮观，因为画面要体现绚丽的金属质感，增强高大上的氛围，所以整个基调以深色调为主，这样才能衬托光照效果。

9.2.2 设计过程

首先制作背景，然后添加城市素材，通过调整图层的混合模式使画面恰当地融合在一起。然后添加云彩图像，在云彩与地面相接的地方，新建图层并使用画笔绘制黄色笔触，通过调整图层混合模式，使黄色笔触融于画面，增强画面的色彩和亮度。添加大厦图像并调整图像的色调，使其跟画面的色调相匹配，使用创建剪贴蒙版的手法调整大厦的亮度。接下来添加骏马雕塑，使用图层剪贴蒙版，为图像添加渐变色，通过调整图层混合模式使颜色融于雕塑，达到为其上色的目的，通过剪贴蒙版的运用，分别调整雕塑的色调和亮度。最后通过图层样式和图层混合模式的运用，添加光照效果和文字信息，完成制作。

1. 制作背景

下面将介绍在Photoshop CC软件中如何利用渐变工具和图层蒙版制作背景。

步骤 01 启动Photoshop CC，执行“文件>新建”命令，在弹出的“新建”对话框中进行设置，如下左图所示。然后单击“确定”按钮，创建一个新文件，如下右图所示。

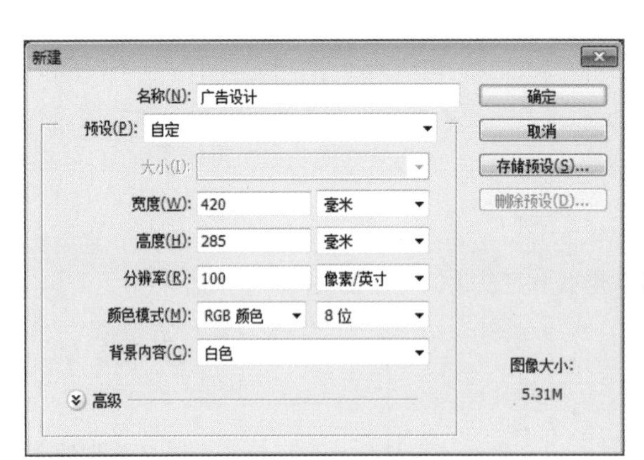

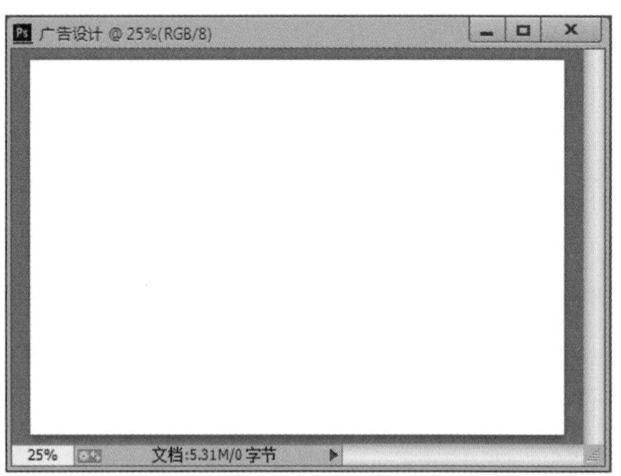

步骤 02 执行“视图>标尺”命令显示标尺，从标尺中拖出参考线贴于画布四周，如下左图所示。执行“图像>画布大小”命令，为每边添加3毫米的出血位置，如下右图所示。

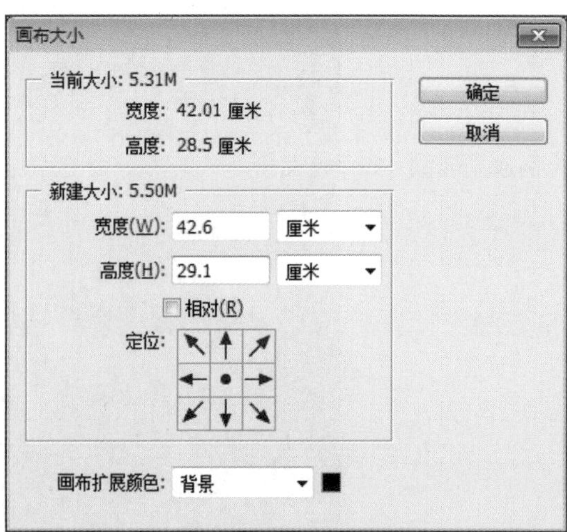

步骤 03 单击“图层”面板底部的“创建新的填充或调整图层”按钮，并选择“渐变”选项，在弹出的“渐变填充”对话框中单击渐变条，然后在弹出的“渐变编辑器”对话框中设置渐变颜色，设置完毕后单击“确定”按钮，关闭对话框，如下图所示。

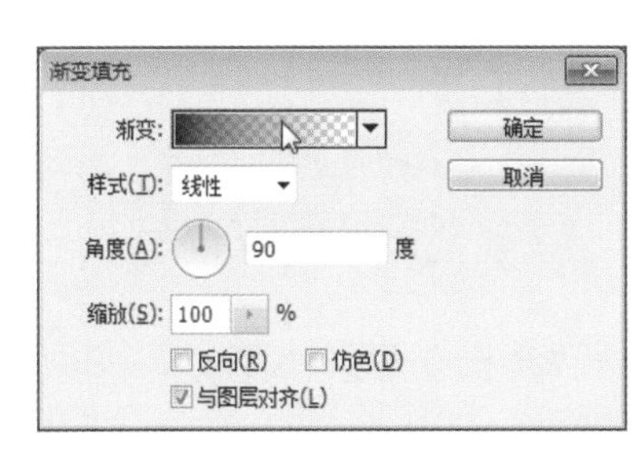

步骤 04 在视图中上下调整渐变至合适的位置，然后继续单击“渐变填充”对话框中的“确定”按钮，关闭对话框，应用渐变填充效果，如下图所示。执行“视图>标尺”命令，关闭标尺。

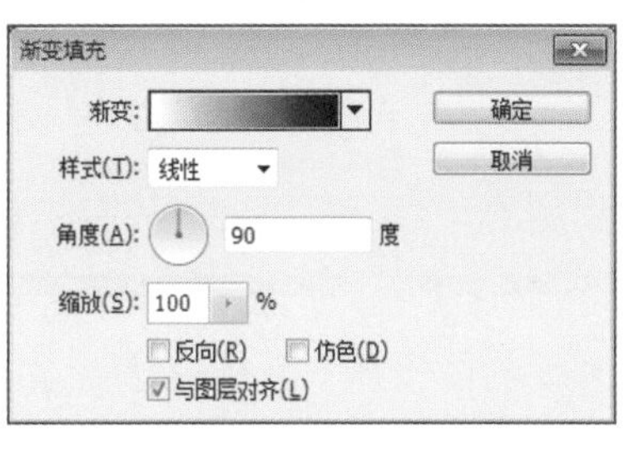

步骤 05 打开如下左图所示的“城市.jpg”文件，如下左图所示。选择工具箱中的“移动工具”，在选项栏中进行设置，然后将图像拖至当前正在编辑的文档中，如下右图所示。

步骤 06 执行“编辑>自由变换”命令，将光标移至变换框的右上角，配合键盘上的Shift+Alt键，由中心等比例放大图像，如下左图所示。按下Enter键应用变换效果。然后调整图层的混合模式，如下右图所示。

步骤 07 单击“图层”面板底部的“添加图层蒙版”按钮，添加图层蒙版，如下左图所示。配合键盘上的Alt键单击图层蒙版缩览图，如下右图所示，进入蒙版编辑区。

步骤 08 使用“渐变工具”配合键盘上的Shift键从下至上拖动鼠标，绘制如下左图所示的渐变效果，然后单击图层缩览图退出蒙版编辑区，效果如下右图所示。

步骤 09 打开“暮色.jpg”文件，使用“移动工具”将其拖至当前正在编辑的文档中，如下左图所示。

步骤 10 执行“编辑>自由变换”命令，将光标移至变换框的右上角，配合键盘上的Shift+Alt键，由中心等比例放大图像，按下Enter键应用变换效果。然后调整图层的混合模式，如下右图所示。

步骤 11 调整图层顺序，并为该图层添加图层蒙版，如下左图所示。选择“画笔工具”并在选项栏中调整画笔大小，如下右图所示，然后配合键盘上的Alt键单击图层蒙版缩览图，进入蒙版编辑区。

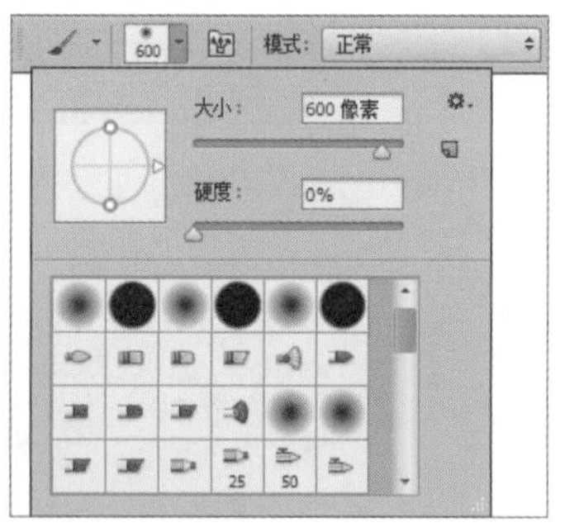

步骤12 使用“画笔工具” 在蒙版中绘制，如下左图所示，然后单击图层缩览图退出蒙版编辑区，效果如下右图所示。

步骤13 在“图层 2”的上面创建渐变填充图层，参数设置及效果如下图所示。

步骤14 打开“项目.jpg”文件，使用“多边形套索工具” 沿大厦轮廓进行绘制，闭合选区得到下左图所示的效果。

步骤15 使用“移动工具” 将选区中的大厦图像拖至当前正在编辑的文档中，执行“编辑>自由变换”命令，配合键盘上的Shift+Alt键由中心等比例放大图像，并移动图像的位置，如下右图所示。

步骤 16 为大厦图像所在图层添加图层蒙版，如下左图所示。使用“画笔工具”在大厦图像底部进行绘制，隐藏部分图像，如下右图所示。

步骤 17 单击“图层”面板底部的“创建新的填充或调整图层”按钮，在弹出的菜单中选择“色彩平衡”命令，创建新的图层。单击面板右上方的按钮，在弹出的菜单中选择“创建剪贴蒙版”命令，如下左图所示。在下右图所示的“属性”面板中设置参数，调整大厦的颜色。

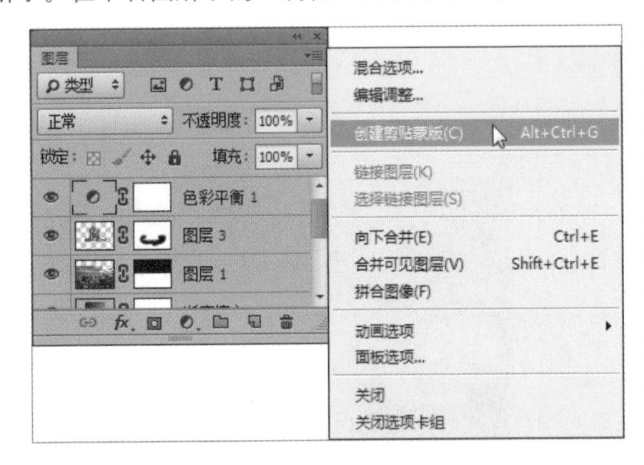

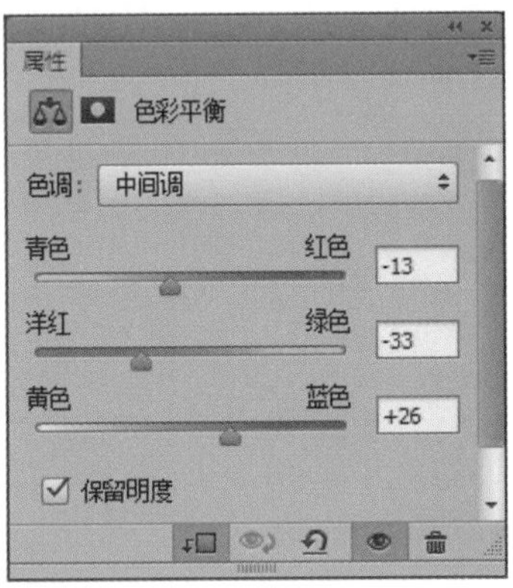

步骤 18 继续单击面板底部的“创建新的填充或调整图层”按钮，选择“亮度/对比度”命令，创建新的图层。配合键盘上的Alt键在“亮度/对比度 1”和“色彩平衡 1”图层的中间位置单击鼠标，创建剪贴蒙版。在下左图所示的“属性”面板中调整图像的亮度和对比度。最终效果如下右图所示。

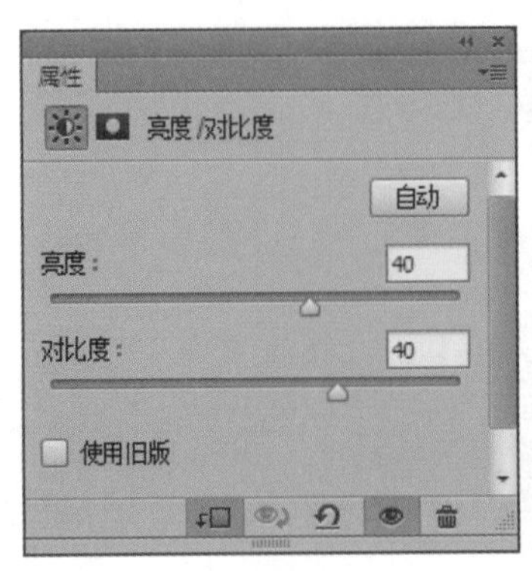

步骤19 配合键盘上的Alt键单击图层蒙版缩览图进入蒙版编辑区，如下左图所示，使用“渐变工具”在蒙版中绘制渐变，如下右图所示，然后单击图层缩览图退出蒙版编辑区。

步骤20 选中“图层 1”，单击“图层”面板底部的“创建新图层”按钮，新建“图层 4”，调整图层顺序。设置前景色为土黄色，如下左图所示。使用“画笔工具”在视图中绘制，如下右图所示。

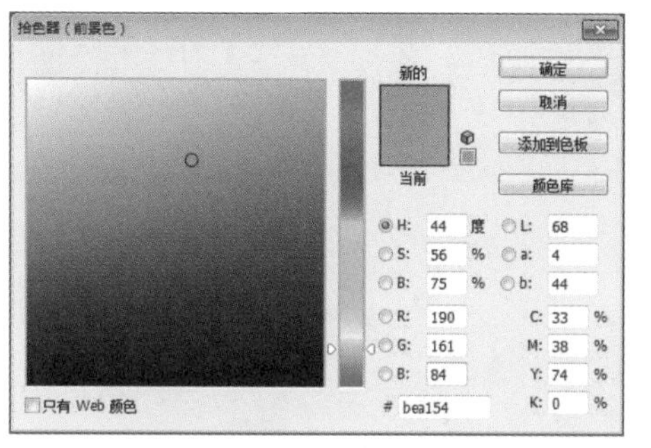

步骤21 调整上一步创建图层的混合模式为“叠加”，如下图所示。

步骤22 新建“图层 5”，如下左图所示。使用“矩形选框工具”绘制选区，如下中图所示。设置前景色为黑色，选择“渐变工具”并单击选项栏中的渐变条，在弹出的“渐变编辑器”对话框中选择“前景色到透明渐变”选项，如下右图所示，然后在选区中绘制渐变。调整“图层 5”的混合模式为“叠加”。

2. 为雕塑上色

下面将介绍如何在Photoshop CC软件中为雕塑上色。

步骤01 打开“骏马.jpg”文件，使用“移动工具”将其拖至当前正在编辑的文档中，如下左图所示。使用“钢笔工具”沿骏马周围绘制路径，如下右图所示。

步骤02 单击“路径”面板底部的“将路径作为选区载入”按钮，将路径载入选区，如下图所示。

步骤03 使用快捷键Ctrl+J复制选区中的图像并创建新的图层“图层 7”，然后单击“图层 6”前面的图标隐藏图层，如下左图所示。此时的图像效果如下右图所示。

步骤 04 执行“图像>调整>色彩平衡”命令，在弹出的“色彩平衡”对话框中设置相关参数，如下左图所示，然后单击“确定”按钮，完成骏马颜色的调整，如下右图所示。

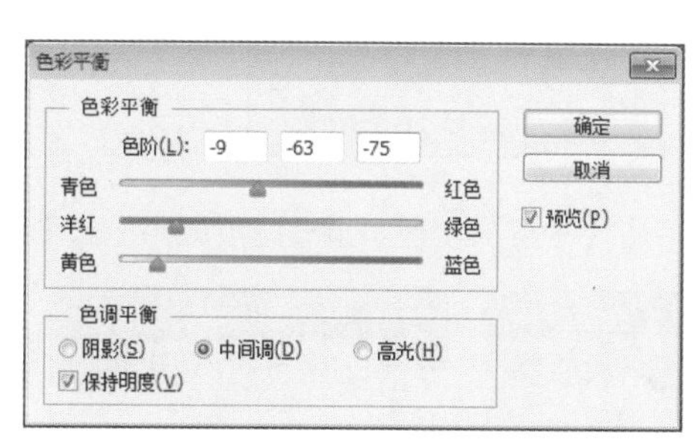

步骤 05 单击“图层”面板底部的“创建新的填充或调整图层”按钮，在弹出的菜单中选择“渐变”命令，单击“渐变填充”对话框中的渐变条，如下左图所示。在弹出的“渐变编辑器”对话框中设置渐变颜色，如下右图所示，依次单击两个对话框中的“确定”按钮，应用渐变填充效果。

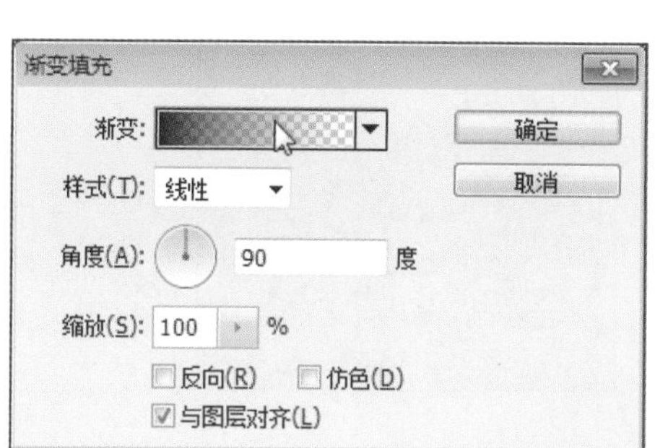

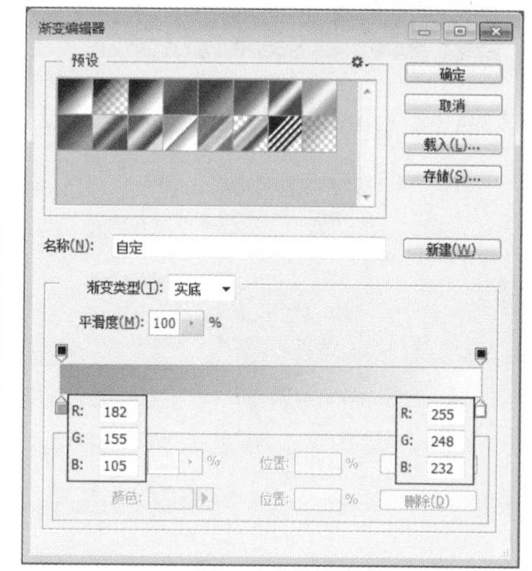

步骤 06 将“渐变填充 3”创建为“图层 7”的剪贴蒙版，如下图所示。

步骤 07 执行“亮度/对比度”命令，创建“亮度/对比度 2”调整图层，并将其转换为剪贴蒙版，如下左图所示。在“属性”面板中设置参数，如下右图所示。

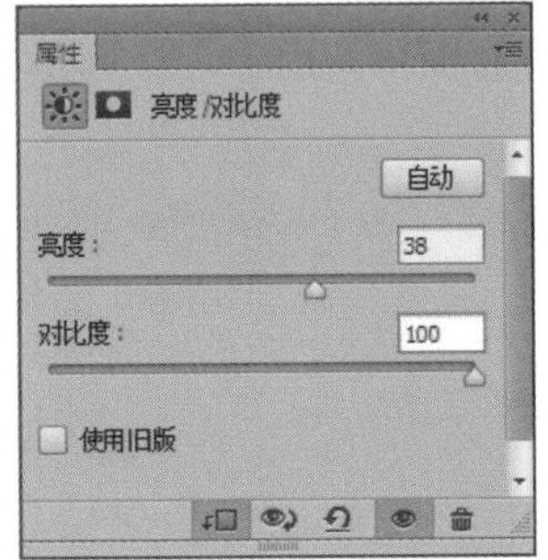

步骤 08 调整亮度/对比度后的效果如下左图所示，然后在“图层”面板中调整图层顺序，如下右图所示。

步骤 09 继续添加渐变填充图层，并创建剪贴蒙版，如下图所示。

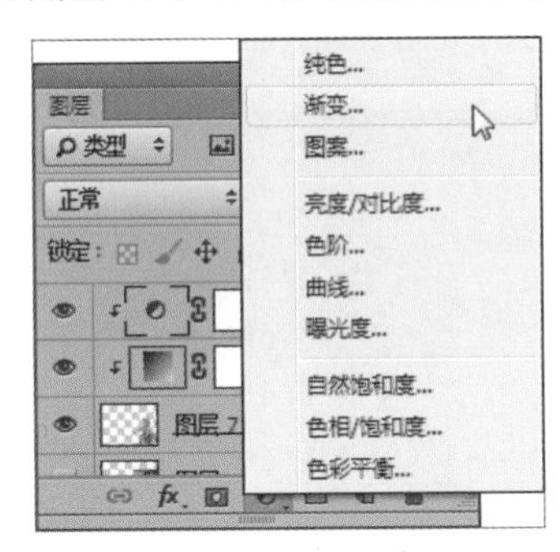

步骤 10 调整上一步创建的渐变填充图层的渐变颜色，如下图所示。

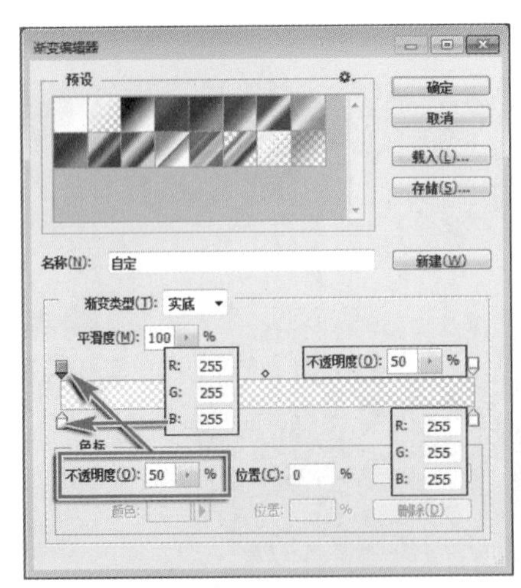

步骤 11 调整渐变填充图层的混合模式，如下图所示。

步骤 12 新建“图层 8”并调整图层顺序，如下左图所示。使用“多边形套索工具”绘制选区，并填充选区为白色，如下右图所示。

步骤 13 单击“图层”面板底部的“添加图层样式”按钮，在弹出的菜单中选择“内发光”命令。设置内发光效果，单击“确定”按钮应用设置，如下左图所示。然后调整图层的填充透明度，如下右图所示。

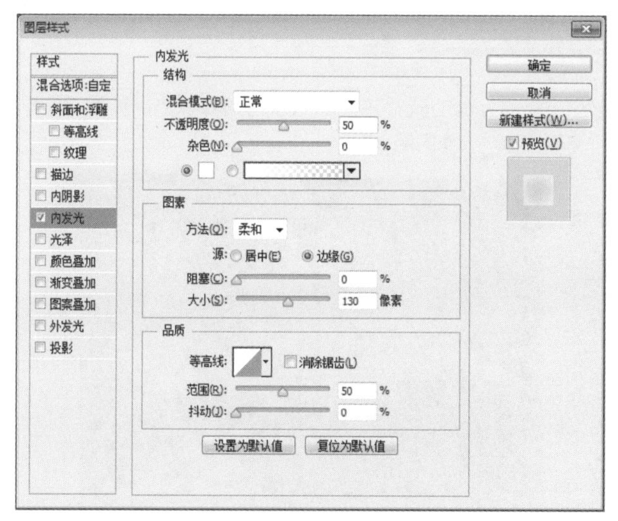

步骤14 在“图层 8”上右击，在弹出的菜单中选择“转换为智能对象”命令，将图像转换为智能图像，然后调整图层的混合模式，如下图所示。

步骤15 新建“图层 9”，绘制白色图像，如下图所示。

步骤16 双击“图层 8”缩览图，进入智能图层中的图像文件，在图层名称上右击，在弹出的菜单中选择“拷贝图层样式”命令，复制图层样式，如下图所示。

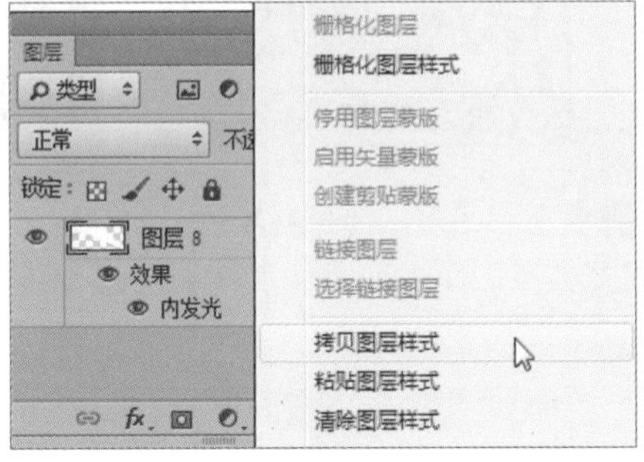

步骤17 回到当前正在编辑的文档，在“图层 9”上单击鼠标右键，在弹出的菜单中选择“粘贴图层样式”命令，粘贴图层样式，然后调整图层的填充透明度，如下图所示。

步骤18 将“图层 9”转换为智能图层，并调整图层混合模式，如下图所示。

3. 制作夜空繁星

下面将介绍如何利用滤镜制作夜空繁星的效果。

步骤01 新建“图层 10”并填充黑色，然后将其转换为智能图层，如下图所示。

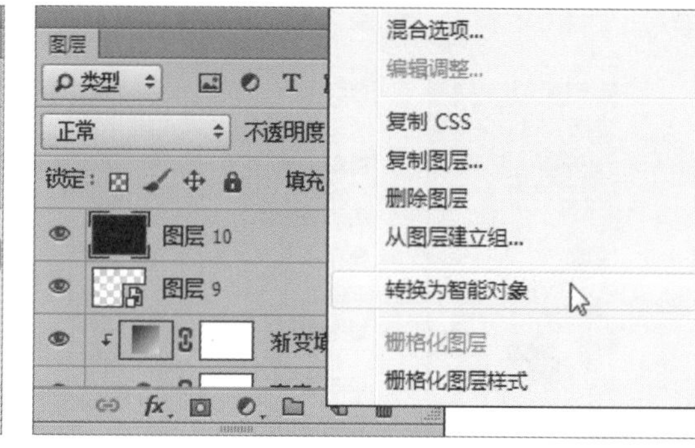

步骤02 执行“滤镜>杂色>添加杂色”命令，在弹出的“添加杂色”对话框中进行设置，然后单击“确定”按钮，应用杂色效果，如下左图所示。

步骤03 执行“滤镜>模糊>高斯模糊”命令，在弹出的“高斯模糊”对话框中进行设置，然后单击“确定”按钮，应用模糊效果，如下右图所示。

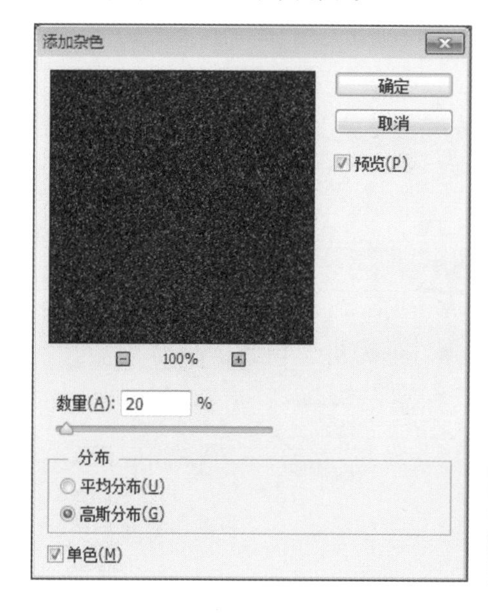

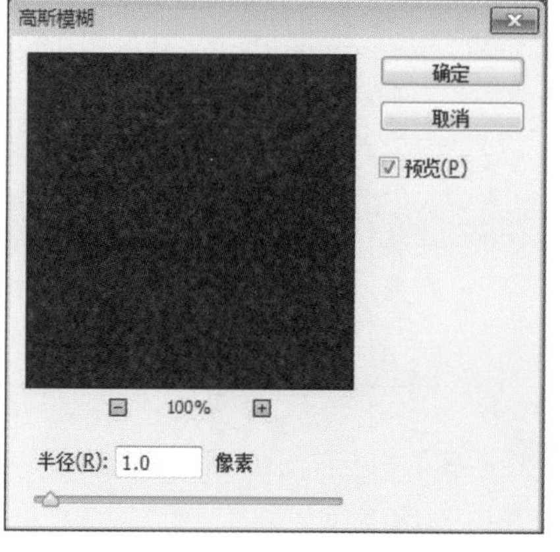

步骤 04 单击“图层”面板底部的“创建新的填充或调整图层”按钮，在弹出的菜单中选择“色阶”命令，创建“色阶 1”调整图层，再创建出剪贴蒙版，如下左图所示。在下右图所示的“属性”面板中设置相关参数。

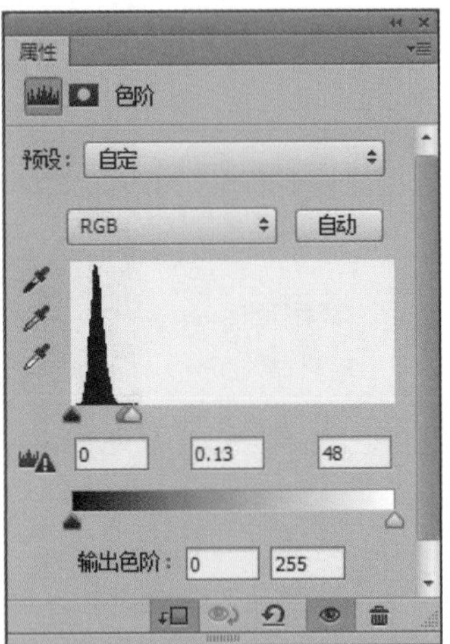

步骤 05 继续添加“色相/饱和度”调整图层，并创建剪贴蒙版，如下图所示。

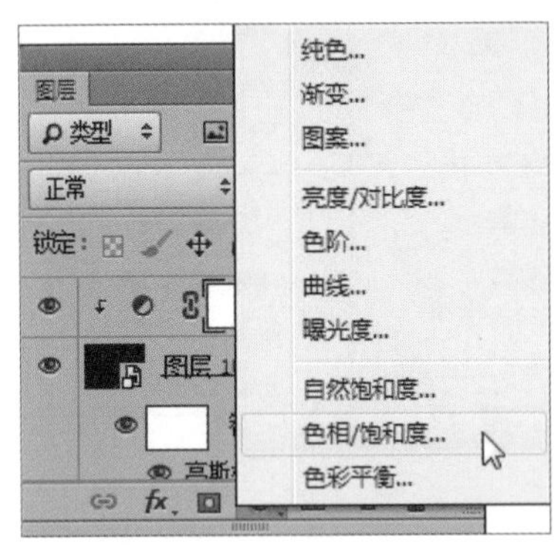

步骤 06 在下左图所示的“属性”面板中调整色相/饱和度参数。同时选中位于最上方的三个图层，如下右图所示。

步骤 07 将选中的图层拖至“图层”面板底部的“创建新组”按钮上，将图层编组，调整“组 1”的图层混合模式，如下图所示。

步骤 08 单击“图层”面板底部的“添加图层蒙版”按钮，为“组 1”图层组添加图层蒙版，设置前景色为黑色，使用“画笔工具”在蒙版中绘制渐变，隐藏部分图像，如下图所示。

步骤 09 新建“图层 11”并使用“矩形选框工具”绘制矩形选区，填充选区为黑色，如下图所示。

步骤 10 使用“横排文字工具”添加区号信息，如下图所示。

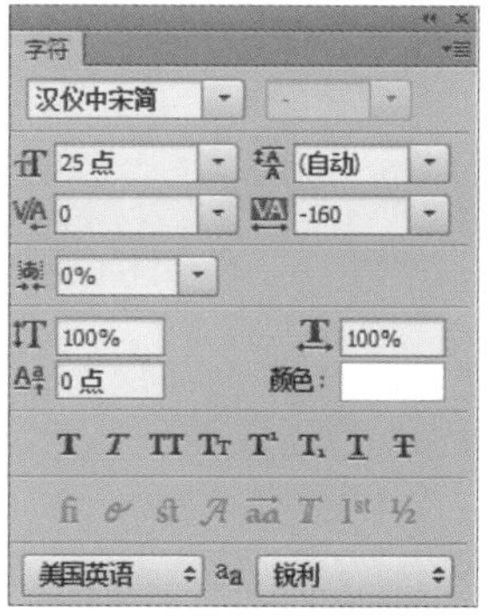

步骤 11 继续使用"横排文字工具"T添加电话号码信息，如下图所示。

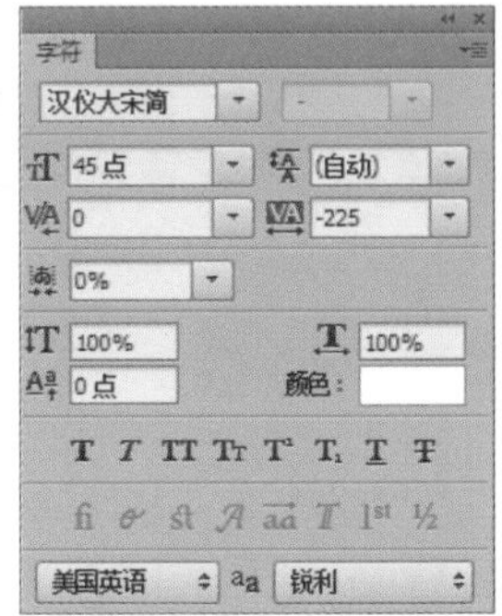

步骤 12 使用"横排文字工具"T添加文字信息，如下图所示。

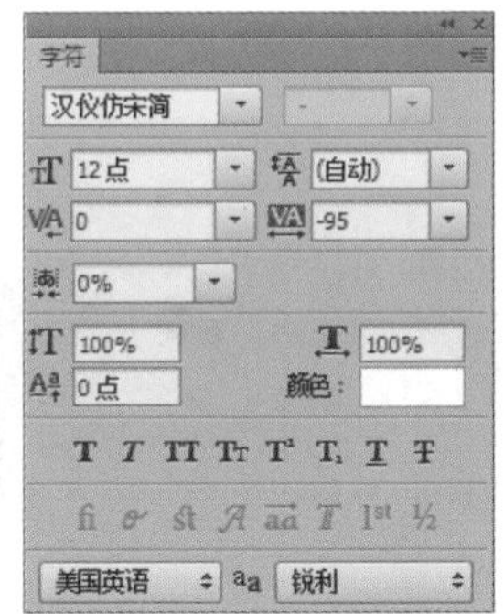

步骤 13 继续使用"横排文字工具"T添加文字信息，如下左图所示。随后执行"编辑>自由变换"命令，倾斜图像，如下右图所示。

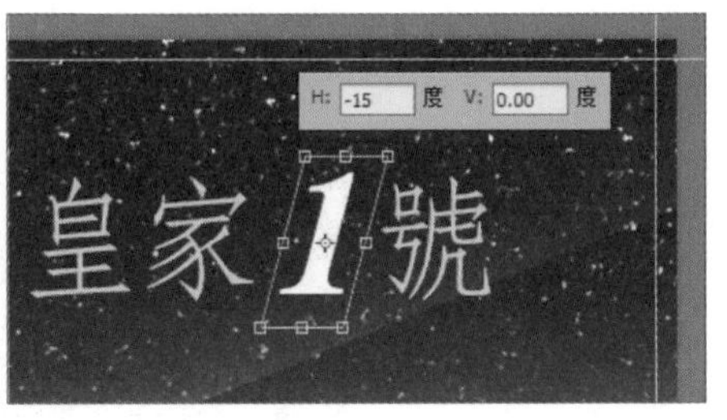

步骤 14 单击"图层"面板底部的"添加图层样式"按钮fx，在弹出的菜单中选择"渐变叠加"命令，在弹出的"图层样式"对话框中进行设置，如下左图所示。单击渐变条，在弹出的"渐变编辑器"对话框中设置渐变颜色，如下右图所示。

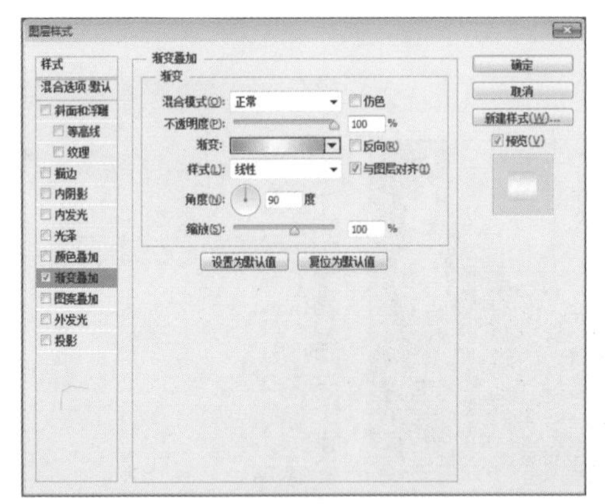

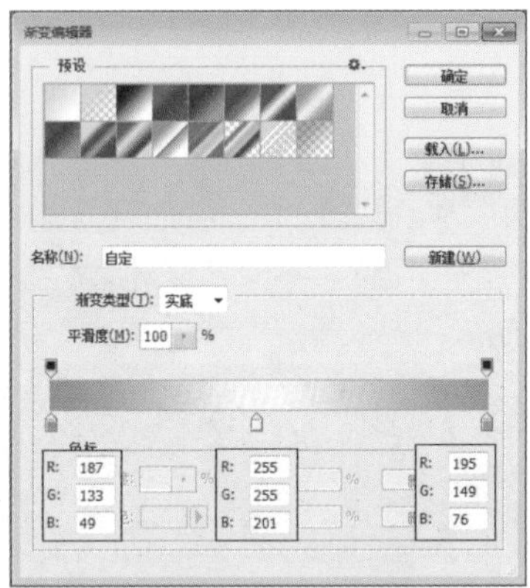

步骤15 选中繁星图层组的图层蒙版，如下左图所示。设置前景色为黑色，选择“画笔工具” 并在选项栏中调整画笔大小，如下右图所示。

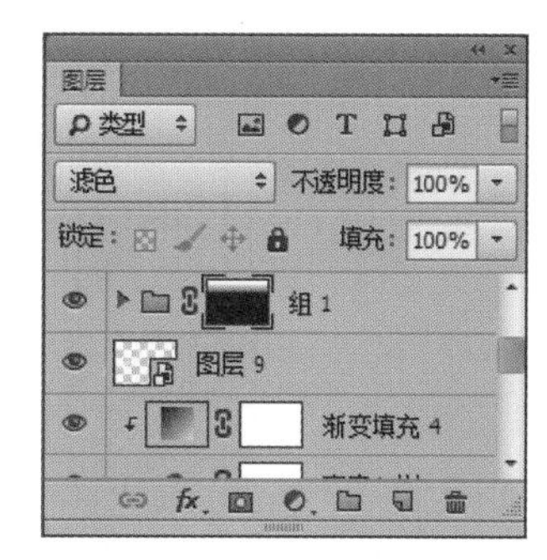
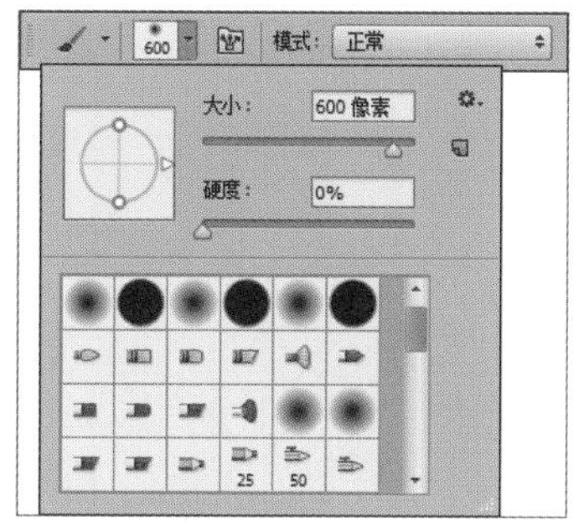

步骤16 在繁星上进行涂抹，使其与城市相接的地方不那么明显，增强渐变效果，如下图所示。

步骤17 添加文字信息，如下图所示。

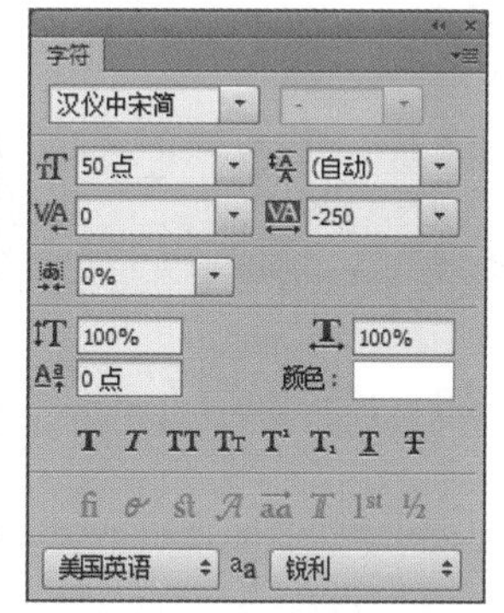

步骤18 按住Alt键拖动“1”文字图层的图层样式至“创造核心价值”文字所在图层，复制图层样式，如下左图所示。然后单击“图层”面板底部的“添加图层样式”按钮，在弹出的菜单中选择“投影”命令，在“图层样式”对话框中设置相关参数后单击“确定”按钮，如下右图所示，添加投影效果。

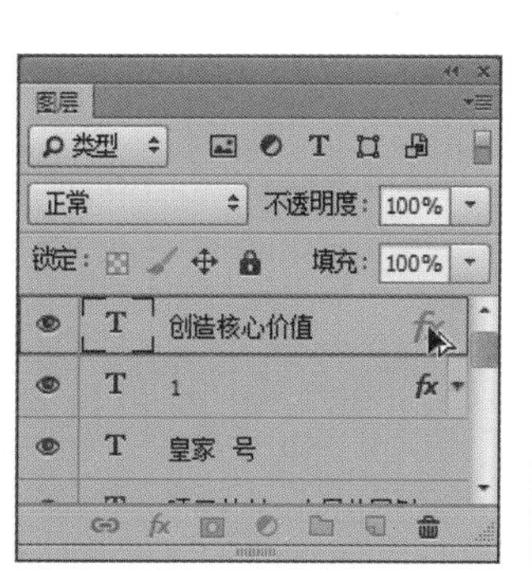
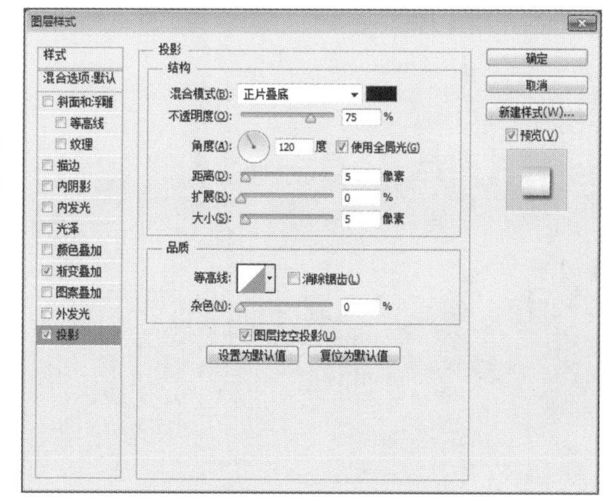

步骤19 打开 “电话图标.jpg” 文件，如下左图所示，使用 “魔棒工具” 在蓝色背景上单击创建选区，执行 “选择>反向” 命令，如下右图所示。

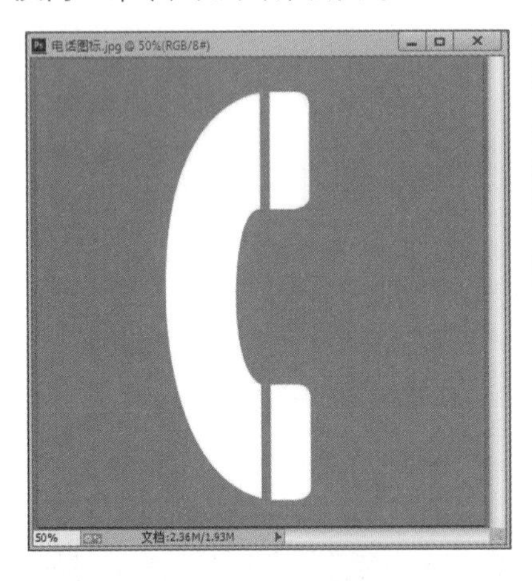

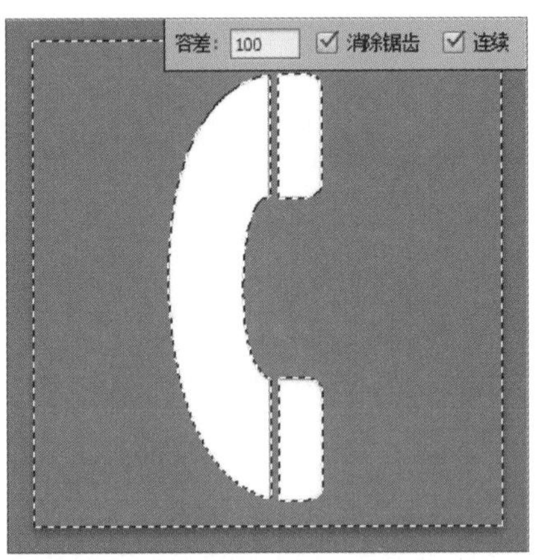

步骤20 使用 “移动工具” 拖动选区中的图像至当前正在编辑的文档，如下左图所示。然后执行 “编辑>自由变换” 命令，配合键盘上的Shift键等比例缩小并旋转图像，如下右图所示。

步骤21 选择 “椭圆工具” 并在选项栏中设置参数，然后配合键盘上的Shift键绘制正圆图形。至此，完成本实例的制作，最终效果如下图所示。

Chapter 10 宣传海报设计案例

本章概述

海报设计属于广告设计的范畴，是现实生活中非常实用的一种宣传方法，本章将带领读者一起来认识海报设计，学习海报设计制作中的技巧。通过对本章内容的学习，读者可以熟悉海报设计的原则，掌握海报设计的方法及应用特点。

知识要点

1. 海报设计的原则
2. 海报设计的分类
3. 如何制作培训班海报

10.1 行业知识向导

海报是一种信息传递的艺术，是一种大众化的宣传工具。海报设计总的要求是使人一目了然。一般的海报通常含有通知性，所以主题应该明确显眼、一目了然（如xx比赛、打折等），接着以最简洁的语句概括出如时间、地点、附注等主要内容。海报的插图、布局的美观通常是吸引眼球的很好方法。在实际应用中，海报有比较抽象和具体之分，如下图所示。

10.1.1 海报设计的原则

海报设计必须有相当的号召力与艺术感染力，要调动形象、色彩、构图、形式感等多种因素形成强烈的视觉效果。

那么如何设计一张具有感染力的海报，使观看到的人能够直接接触最重要的信息呢？下面就来介绍一些设计海报时最基本的原则。

（1）一致性原则

要让作品具有一致性，首先是采用关联原则，也可以称做分组。关联性是基于这样一个自然原则：物以类聚。

其次，各个部分放在一起比单独松散的结构能够产生更强的冲击力。当有几个物品非常相似时，这些物品就会组成一个视觉单元，能够给观众一个单独的信息而不是一种间接的信息。

（2）重复原则

当看到一个设计元素在一个平面里，其不同部分被反复应用，视线自然就会跟随着它们，有时就算它们并不是放在一起，但视觉仍会将它们视为一个整体。此时就会下意识地在它们之间画上连线。

应用重复最简单的方法就是在海报的背景中创造一个图案然后重复应用。在背景中这些重复的图案会产生一种很有趣的视觉及构图效果，之后将背景与前景的元素连接起来。

（3）延续性原则

延续性一般采用线性效果来达到。当看到一条线时，人的眼睛本能地就会跟随着它，想看看这条线会去到哪里。

这个方法可以用海报中的图片引导观众的眼睛去到所要传达的信息或品牌上，是一种不错的选择。

10.1.2　海报设计的分类

海报的分类方式很多，根据海报的宣传内容、宣传目的和宣传对象，海报可大致划分为商业宣传海报、活动类宣传海报、公益宣传海报和影视宣传海报四大类。下面将对商业宣传海报、公益宣传海报和影视宣传海报三种类型进行简单介绍。

（1）公益宣传海报

公益性质的宣传海报都是非营利性的，其主要是针对一些较为典型的社会问题，向人们提出警示、发出号召等，从而促进社会的发展和人类的进步。

（2）影视宣传海报

顾名思义，影视类宣传海报的宣传内容就是电影或是电视剧，其常常在影视作品发布之前或进行过程中向人们宣传，旨在扩大影视作品的影响力。

这一类型的海报作品与其他海报最大的不同，就是其具有很高的欣赏性。因为影视类作品不单纯是一种商品，有些影视作品具有很高的欣赏性，甚至作为艺术品被人们收藏。与此对应的是，这类电影的海报也受到人们的欢迎。

影视宣传海报的内容及色彩等元素都与影视作品的整体基调相协调，它的表现手法也是各类海报中最丰富的一种。

（3）商业宣传海报

用于商业目的宣传海报，此类海报的宣传对象一般是商品或是某种商业性服务。商家通过张贴海报的形式，将信息传达给用户。商品类的宣传海报在设计上要求客观准确，通常采取写实的表现手法，突出表现商品的特征，以此刺激消费者的购买欲望。

此类宣传海报，主要是将举办的商业或公益性质活动的内容、时间、地点等信息传达给受众，以扩大活动的影响力，吸引更多的参与者。在设计这一类的宣传海报时，一定要注意传达信息的准确性和完整性。

10.1.3　海报设计的要素

一张成功的海报设计离不开海报版面的结构编排和设计，海报设计需要从三个方面进行：海报字体设计需要简化、海报设计的模块式编排、海报设计的“货架式陈列”。

下面从三个方面详细介绍海报设计的要素。

（1）海报字体设计需要简化

从近几年获奖海报版面体现出的设计风格来看，字体设计的版面都在尽可能地舍去甩来甩去的走文，繁褥的花线，变来变去的字体，可有可无的花网，追求粗眉头（大标题）、小文章、大眼睛（大图片）、轮廓分明（块面结构）的阳刚直率之美，行文上很少拐弯，不化整为零，字体较少变化，线条又粗又黑。

此外，空白也可以使人在观看时产生轻松、愉悦之感，标题越重要，就越要多留空白。

（2）海报设计的模块式编排

美国密苏里新闻学院的莫恩教授对“模块式编排”作了这样的解释：“模块就是一个方块，最好是一个长方块，它既可以是一篇文章，也可以是包括正文、附件和图片在内的一组辟栏，字体设计的版面都由一个个模块组成。”这种设计最大的好处是方便阅读。从视觉心理上分析，模块式有其特定的优势，格式塔心理学的一个重要原理就是“整体大于部分之和”。

(3) 海报设计的“货架式陈列”

超市里的货物都是分门别类地陈列，而且很少变动，这样，顾客想买什么，就会熟门熟路直奔那个货架，减少浏览寻找的时间。同样，采用固定的编排形式，分门别类地“陈列”海报信息，也会减少浏览的时间，尽可能快地从版面上得到自己所需要的信息。国外有的海报设计不仅固定了各栏目在版面上的位置，而且连标题的字体、文字编排的格式、线条的号数、照片的尺寸等都一一设定，几乎每天的版式都是大致相同，阅读极为方便。这样就不会因为变化雕琢的版面设计转移人们的注意力，进而影响阅读理解。当然，这种形式的缺陷也是显而易见的，应该从量的方面加以限制，使之适可而止，同时以个体单元的简明、率直和醒目来保证整体效果，即以井然的秩序为版面增添简约静穆之美。

10.2 培训班海报设计

大部分培训类的海报都缺乏自己的特点和创意创新，都是如大字报一样一通文字，或者就是放几个带博士帽的不管大中小学的学生，基本上已经司空见惯。但是对于一个关于设计类的培训班就不能敷衍了事，海报本身就代表了该培训班的脸面和卖点。怎样用特殊的表现手法渲染一种氛围，设计出让看到的人能够身临其境，给人以遐想并富有美感和设计感的海报，是接下来我们要探讨的话题，如下图所示。

10.2.1 设计思路

我们将设计室看做是培训平面设计师的起点，是梦起航的地方，所以用船来代表机构。从这里走出的优秀毕业生如同有了翅膀的鸟儿在天空翱翔。船是在大海中前进，天空代表梦想实现的地方，所以采用大海、蓝天为背景。

10.2.2 设计过程

首先打开船素材，通过通道的应用抠出船图像，然后改变画布大小，并添加出血线。复制并调整船的位置作为主体图像，然后在此基础上添加天空背景，虽然背景添加的都是天空素材，但总体还是有区别的，上为天下为海，所以颜色上也是要有差别的，通过改变图层混合模式，调整这两块的颜色。因为以培训为目的，无规矩不成方圆，添加白色圆圈作为装饰，增强画面的设计感，也更直观地表达了设计本身。除了在视图上方添加培训的主要课程以外，在船帆之上添加了两只飞翔的色彩绚烂的鹦鹉，代表从这里走出来的优秀人才。（PS：为什么不用雄鹰呢？因为鹰的颜色较暗，放上去与画面不协调；其次鹦鹉身上的绚丽色彩正代表了设计当中运用到的缤纷色彩。）在视图的下方运用通道和滤镜相结合的手法制作石头主题文字，增强画面的设计感和视觉冲击力。最后运用调整图层混合模式的方法，为画面添加光照效果，使画面看上去更像好莱坞电影的海报，恢弘大气、富有满满的张力。

1. 调整文档的大小

下面将介绍如何在Photoshop CC软件中调整图像以及文档的大小。

步骤 01 启动Photoshop CC，打开“船.jpg”文件，在“通道”面板中选中“蓝”通道，并将其拖至面板底部的“创建新通道”按钮上，复制通道，如下图所示。

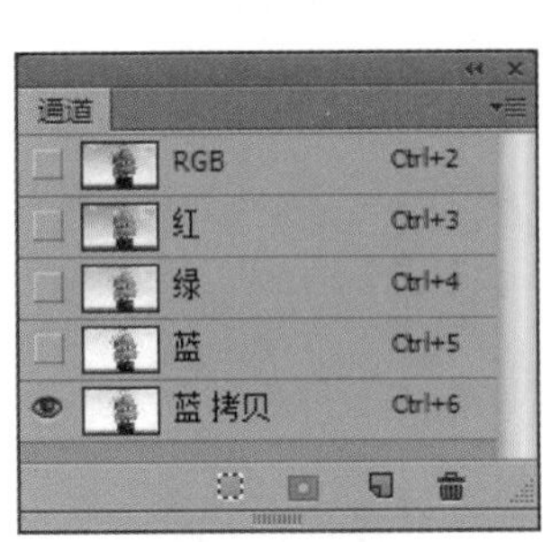

步骤 02 执行“图像>调整>色阶”命令，在弹出的“色阶”对话框中设置参数，如下左图所示，然后单击“确定”按钮，应用图像调整效果，如下右图所示。

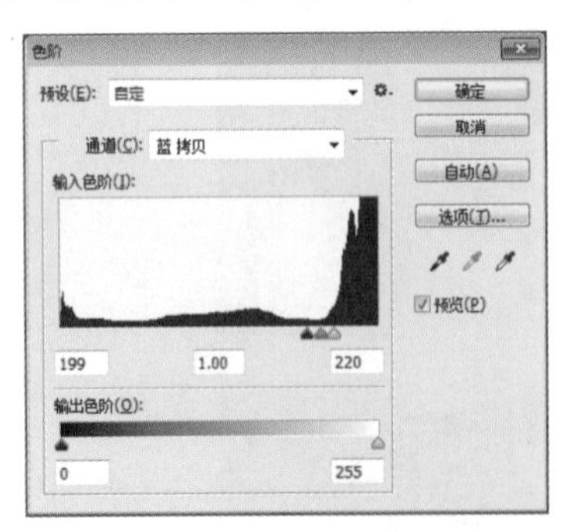

步骤 03 选择“画笔工具”并在选项栏中调整画笔大小及硬度，在船帆上进行绘制，如下左图所示。单击工具箱中的“切换前景色和背景色”按钮，切换前景色为白色，在背景图像上进行绘制，涂抹掉灰色图像，如下右图所示。

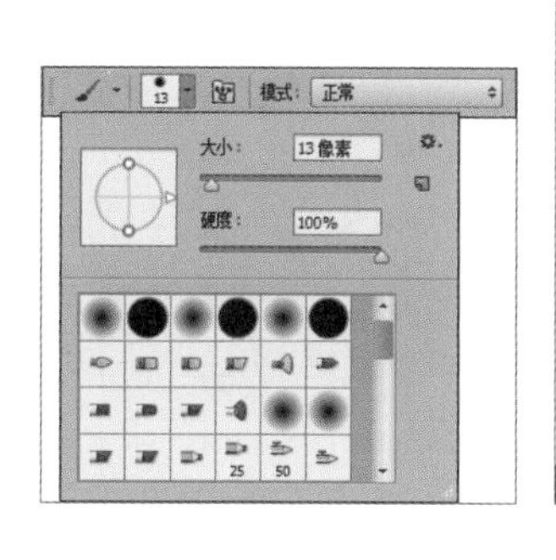

步骤04 单击“通道”面板底部的“将通道作为选区载入”按钮，将通道中的图像载入选区，如下左图所示。回到“图层”面板，执行“选择>反向”命令，调整选区，如下右图所示。

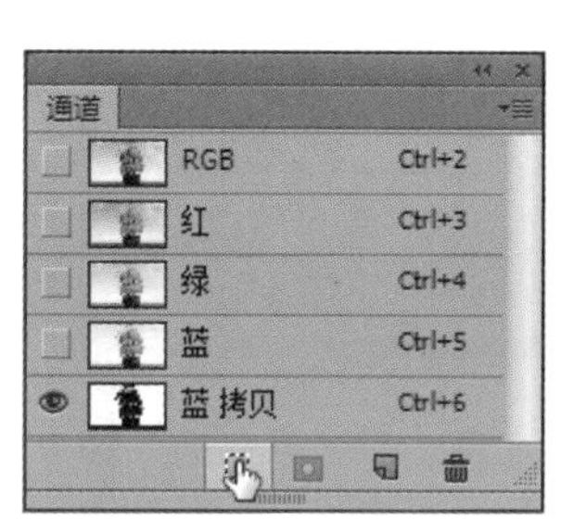

步骤05 使用快捷键Ctrl+J复制选区中的图像至新的图层，如下左图所示。执行“图像>图像大小”命令，在弹出的“图像大小”对话框中进行设置，然后单击“确定”按钮，应用大小的调整，如下右图所示。

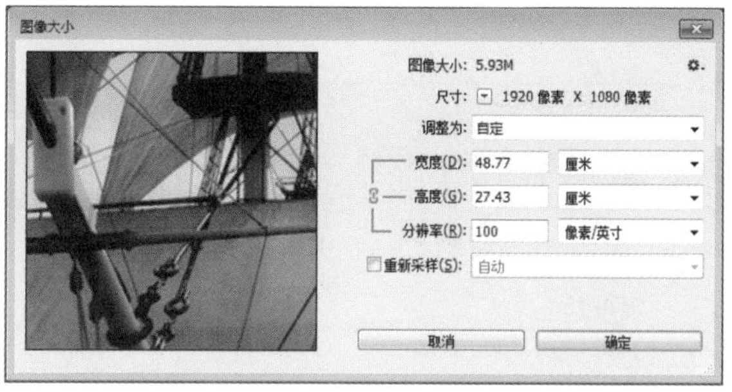

步骤06 执行“图像>画布大小”命令，在弹出的“画布大小”对话框中进行设置，如下左图所示，然后单击“确定”按钮，在弹出的提示对话框中单击“继续”按钮，裁切画布，如下右图所示。

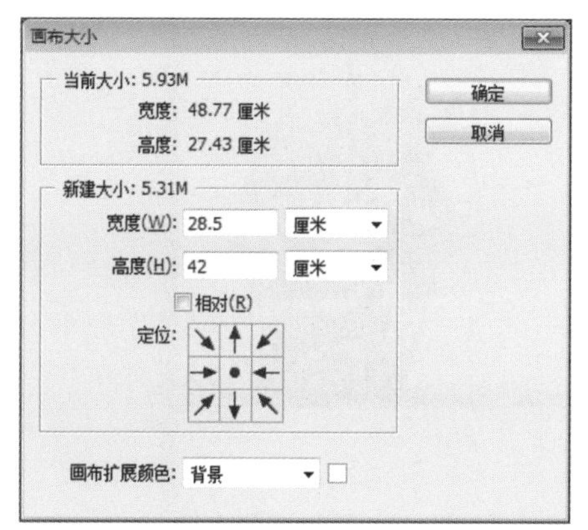

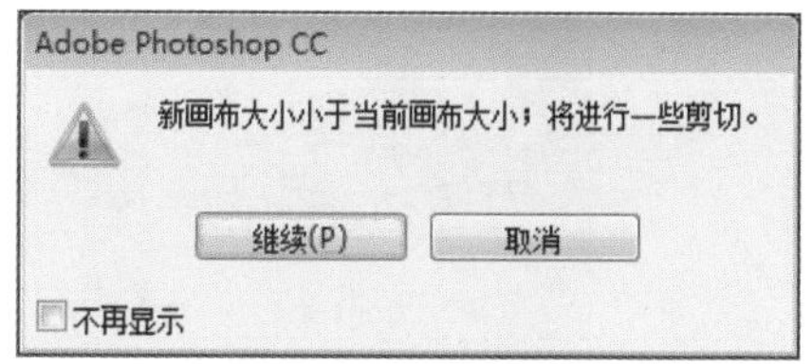

步骤07 执行“视图>标尺”命令打开标尺，从标尺上拖出参考线贴于画布周围，如下左图所示。

步骤08 执行“图像>画布大小”命令，在弹出的“画布大小”对话框中设置参数，然后单击“确定”按钮，如下右图所示。

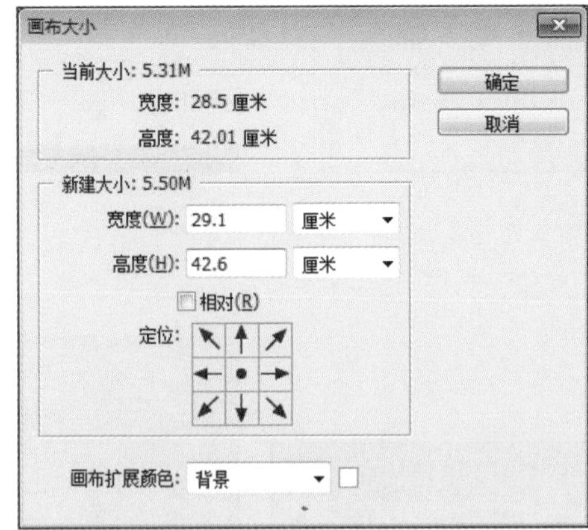

步骤09 在弹出的提示对话框中单击“继续”按钮，修剪画布，如下图所示。

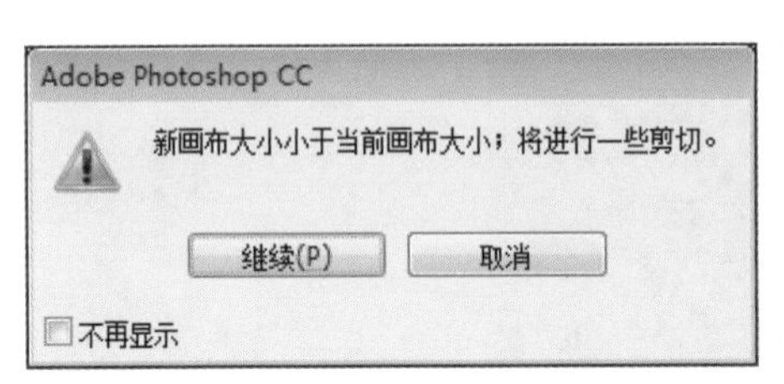

步骤10 选中“背景”图层，使用快捷键Alt+Delete填充背景为前景色，如下图所示。

步骤 11 选中“图层 1”，选择“橡皮擦工具” 并在选项栏中调整画笔（如下左图所示），擦除海面图像，如下右图所示。

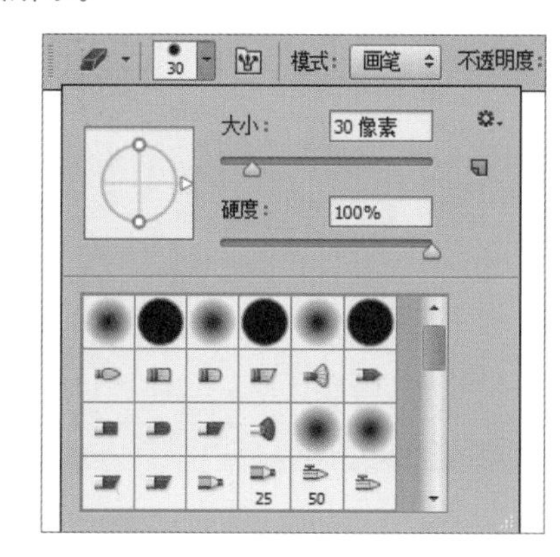

步骤 12 打开下左图所示的“船02.jpg”文件，使用“裁剪工具” ，框选所需图像后按Enter键完成裁剪，如下右图所示。

步骤 13 在“通道”面板中复制“蓝”通道，如下左图所示。然后执行“图像>调整>色阶”命令，在弹出的“色阶”对话框中进行设置，如下右图所示。

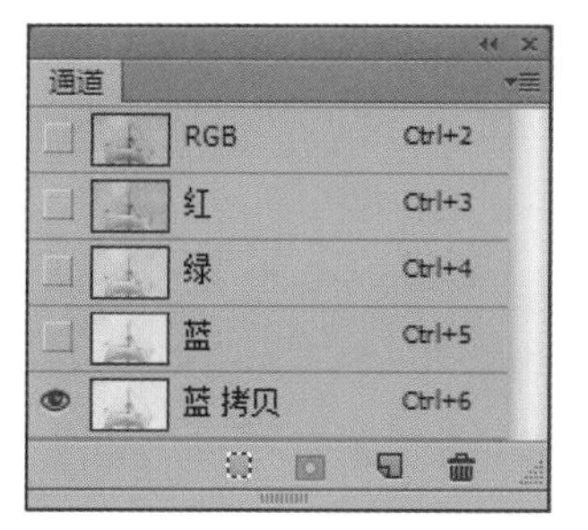

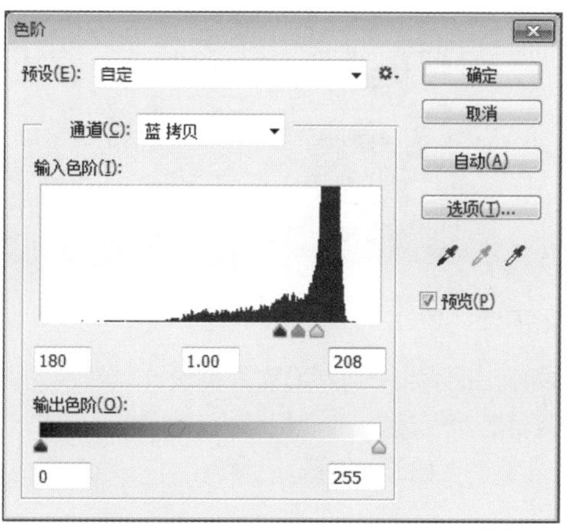

步骤 14 单击“色阶”对话框中的“确定”按钮，应用对图像的调整，效果如下左图所示。单击“通道”面板底部的“将通道作为选区载入”按钮，将通道中的图像载入选区，如下右图所示。

步骤 15 回到“图层”面板，选中“背景”图层，执行“选择>反向”命令，反转选区，然后使用“移动工具”将其拖至当前正在编辑的文档中，如下左图所示。

步骤 16 执行“编辑>自由变换”命令，在变换控制框中单击鼠标右键，在弹出的菜单中选择“水平翻转”命令，翻转图像。再配合键盘上的Shift键等比例放大图像并调整图像的位置，如下右图所示。

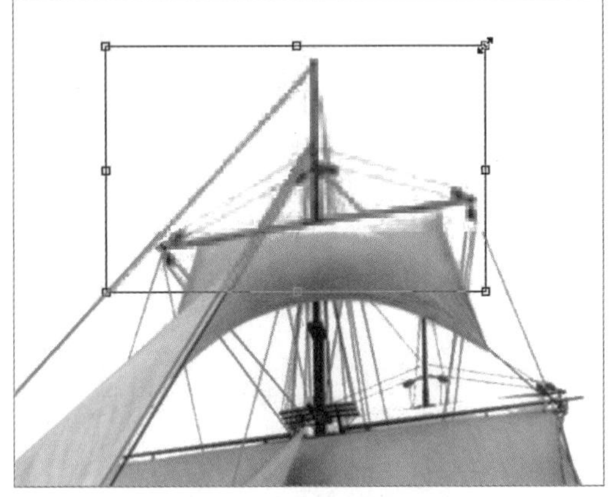

步骤 17 按下Enter键应用变换，选中船帆顶部图像所在图层，如下左图所示。然后执行“图层>向下合并”命令，合并图层，如下右图所示。

2. 制作主体图像

下面将介绍如何在Photoshop CC软件中设计以及制作海报的主体图像。

步骤 01 选择“裁剪工具”，拖动裁剪框，以裁切画布以外的图像，如下左图所示。执行“编辑>自由变换”命令，配合键盘上的Shift键等比例缩小并移动图像的位置，如下右图所示。

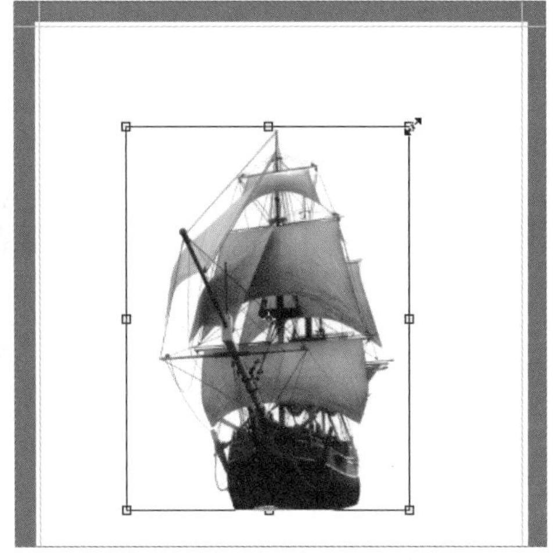

步骤02 将“图层1”拖至“图层”面板底部的“创建新图层”按钮上，复制图层，如下左图所示。使用快捷键Ctrl+T调出变换控制框，旋转并调整图像的位置，如下右图所示。

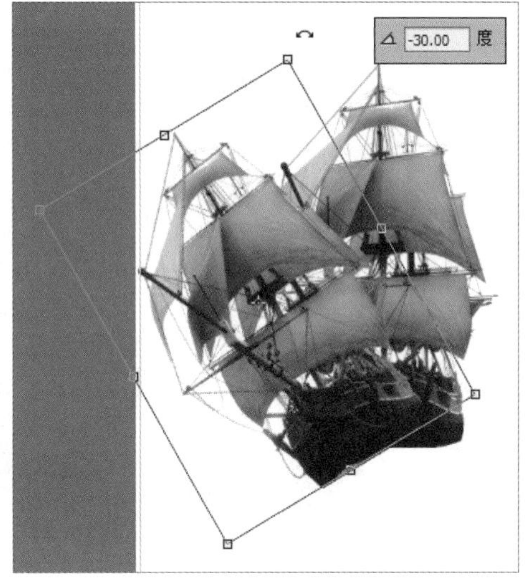

步骤03 配合键盘上的Shift+Alt键，由中心等比例缩小图像，如下左图所示，按下Enter键应用变换，调整图层顺序，如下右图所示。

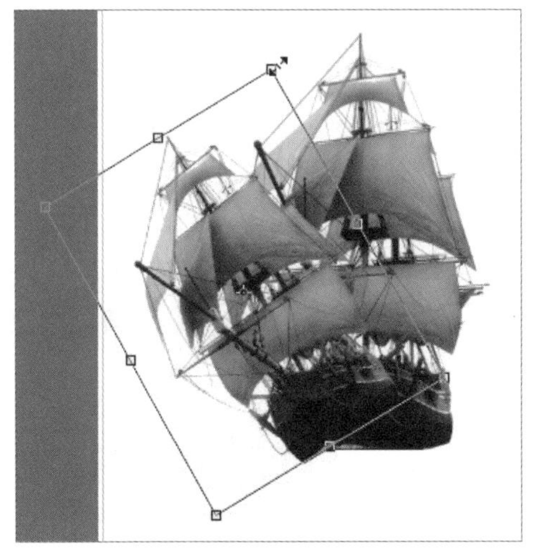

步骤 04 复制“图层 1 拷贝”图层，如下左图所示。继续使用快捷键Ctrl+T调出变换控制框，在变换控制框中单击鼠标右键，然后在弹出的菜单中选择“水平翻转”命令，翻转图像，如下右图所示。

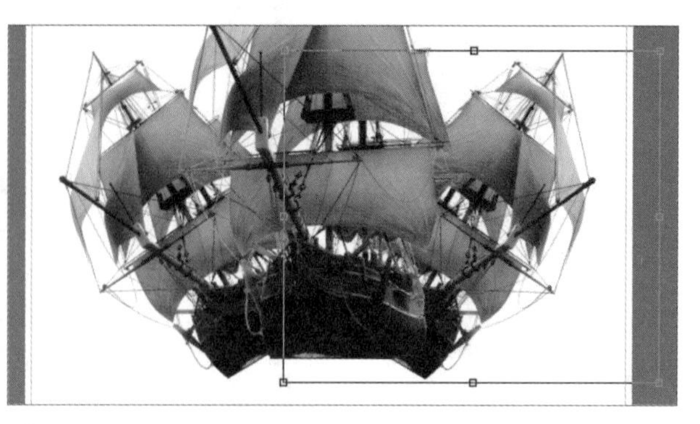

步骤 05 选中最上方的图层，隐藏“背景”图层，使用快捷键Ctrl+Shift+Alt+E盖印图层，并隐藏除该图层以外的所有图层，如下左图所示。

步骤 06 打开“云彩1.jpg”文件。使用“移动工具”将其拖至当前正在编辑的文档中，执行“编辑>自由变换”命令，配合键盘上的Shift键等比例缩小并移动图像的位置，如下右图所示。

步骤 07 执行“图像>调整>色彩平衡”命令，在弹出的“色彩平衡”对话框中设置参数，如下左图所示，然后单击“确定”按钮，调整图像的颜色，效果如下右图所示。

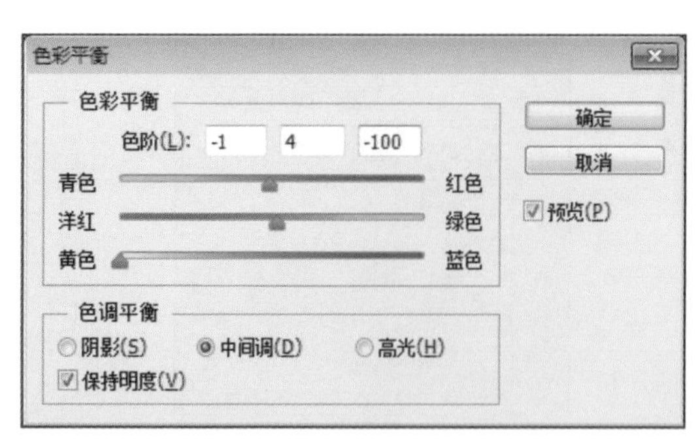

步骤 08 执行"图像>调整>照片滤镜"命令，在弹出的"照片滤镜"对话框中设置颜色，如下左图所示，然后单击"确定"按钮，应用照片滤镜效果，如下右图所示。

步骤 09 按住键盘上的Ctrl键单击"图层 3"的图层缩览图，将图像载入选区，如下图所示。

步骤 10 新建"图层 4"，填充选区为浅黄色，如下图所示。

步骤 11 调整“图层 4”的混合模式，然后执行“图层>向下合并”命令，合并图层，如下图所示。

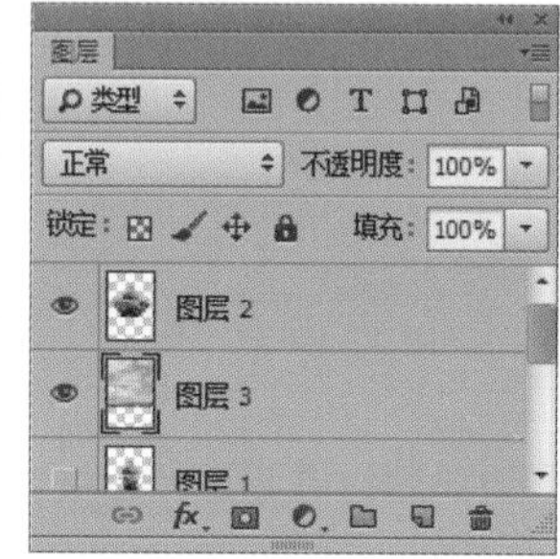

步骤 12 执行“图像>调整>亮度/对比度”命令，在弹出的“亮度/对比度”对话框中设置参数（如下左图所示），然后单击“确定”按钮，调整图像的亮度和对比度，如下右图所示。

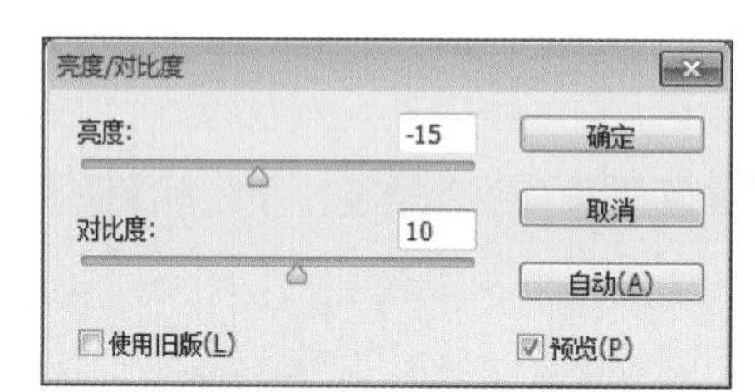

步骤 13 单击“图层”面板底部的“添加图层蒙版”按钮，为图层添加蒙版，如下左图所示。使用“渐变工具”在视图中单击鼠标，然后按住键盘上的Shift键垂直向下拖动鼠标，在蒙版中绘制从白到黑的渐变。

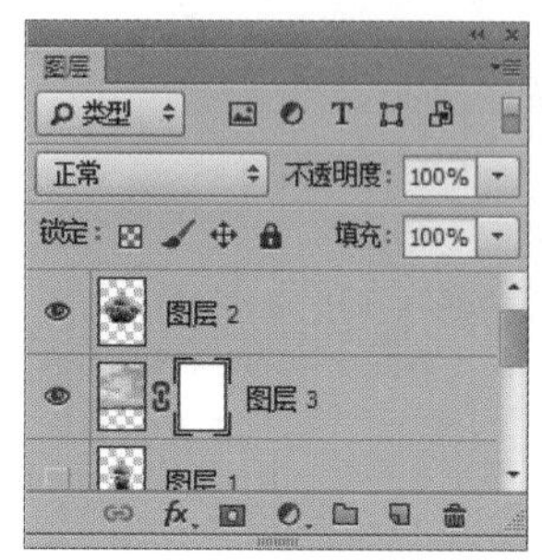

步骤 14 打开下左图所示的“云彩2.jpg”文件，将其拖至当前正在编辑的文档中，使用快捷键Ctrl+T调出变换控制框，配合键盘上的Shift键等比例放大图像，如下右图所示。

步骤 15 按住键盘上的Ctrl键单击“图层 4”的图层缩览图，将图像载入选区，新建“图层 5”，填充选区为湖蓝色，如下图所示。

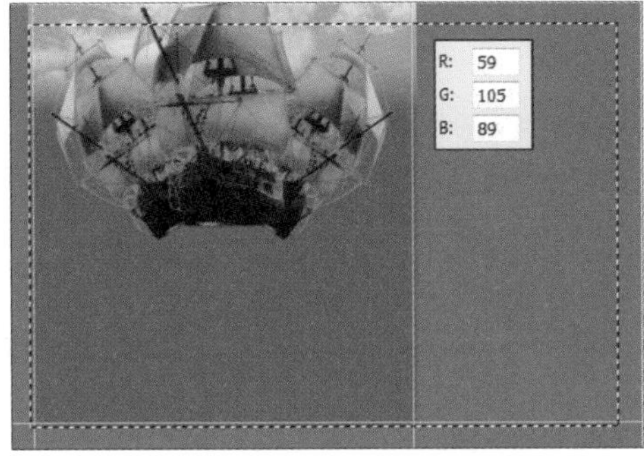

步骤 16 调整“图层 5”的混合模式，如下图所示。

步骤 17 新建“图层 6”，将船图像载入选区，填充选区为浅红色，如下图所示。

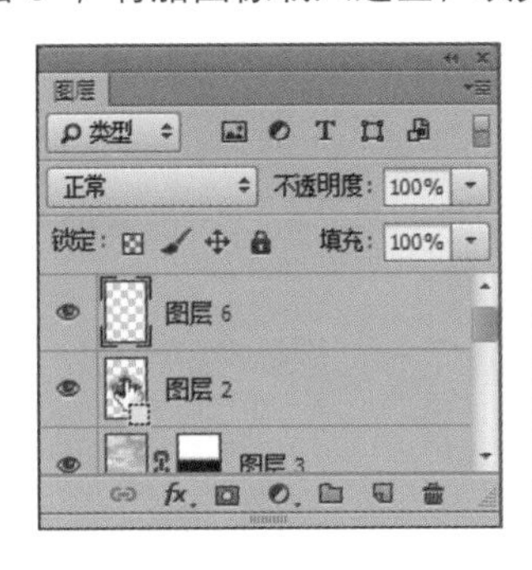

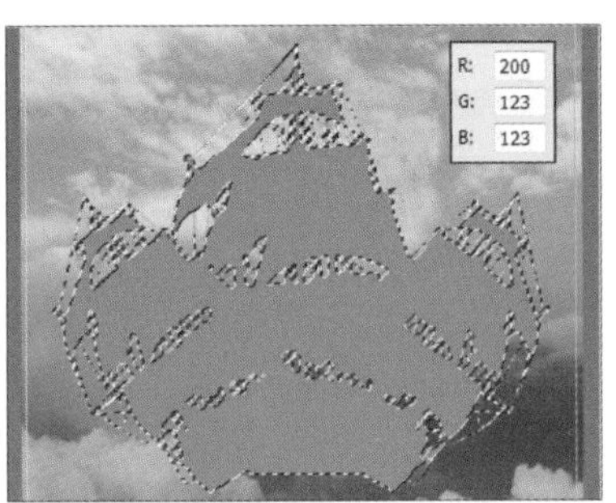

步骤 18 调整“图层 6”的混合模式，如下图所示。

步骤 19 打开“云彩 2.jpg”文件，在“通道”面板中复制“红”通道，如下左图所示。执行“图像>调整>色阶”命令，在弹出的“色阶”对话框中设置参数，然后单击“确定”按钮，调整图像颜色，如下右图所示。

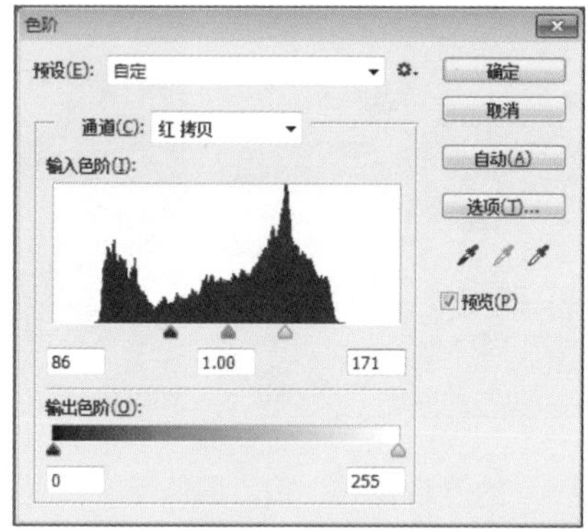

步骤 20 单击“通道”面板底部的“将通道作为选区载入”按钮，将通道中的图像载入选区，如下图所示。

步骤 21 回到“图层”面板，使用“移动工具”拖动选区中的图像至当前正在编辑的文档中，并使用快捷键Ctrl+T调出变换控制框，如下左图所示。配合键盘上的Shift键放大并旋转图像，如下右图所示。

步骤 22 选择“橡皮擦工具”并在选项栏中设置画笔大小，擦除部分云彩图像，如下图所示。

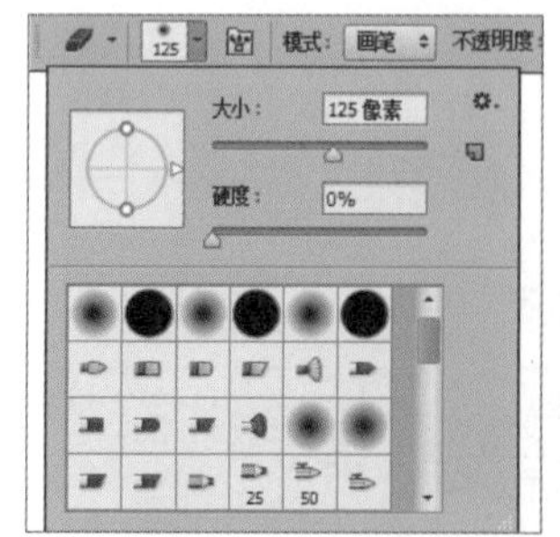

步骤23 配合键盘上的Alt键复制并移动云彩的位置，如下左图所示。选择“椭圆工具”并在选项栏中设置填充色、描边色和描边粗细，配合键盘上的Shift键绘制正圆图形，如下右图所示。

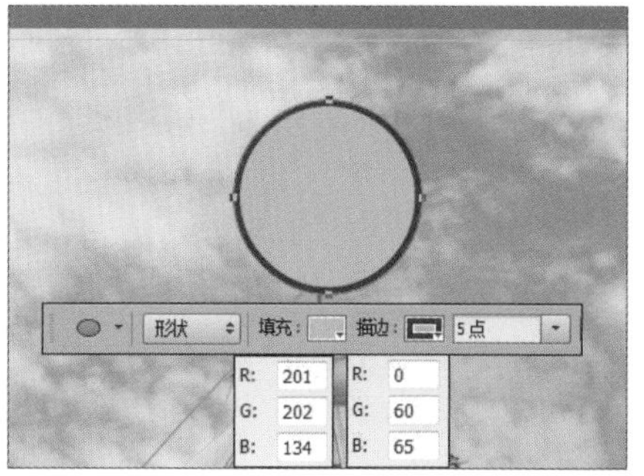

步骤24 复制上一步创建的图形，使用快捷键Ctrl+T调出变换控制框，如下左图所示。配合键盘上的Shift+Alt键由中心缩小图形，并在选项栏中调整正圆的描边大小，如下右图所示。

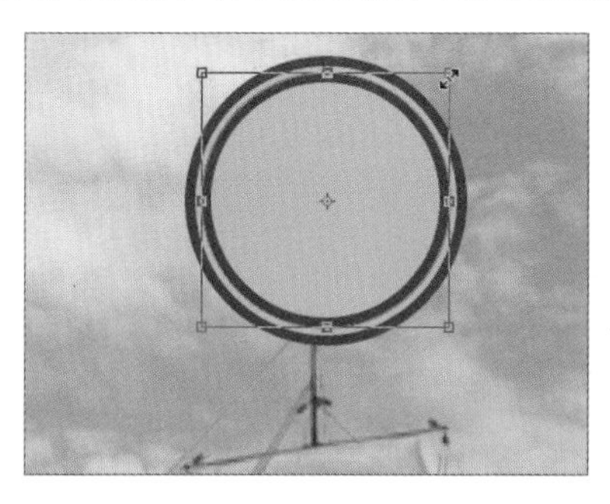
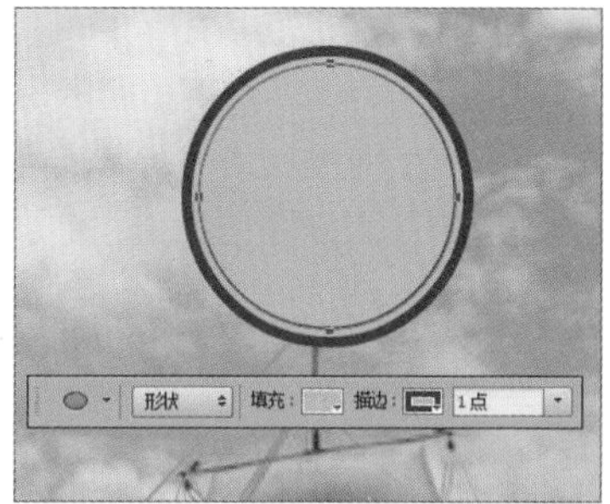

步骤25 使用“路径选择工具”选中路径，按快捷键Ctrl+C复制路径，再按快捷键Ctrl+V粘贴路径，然后按快捷键Ctrl+T调出路径变换控制框，如下左图所示。配合键盘上的Shift+Alt键由中心缩小路径，并在选项栏中调整路径，如下右图所示。

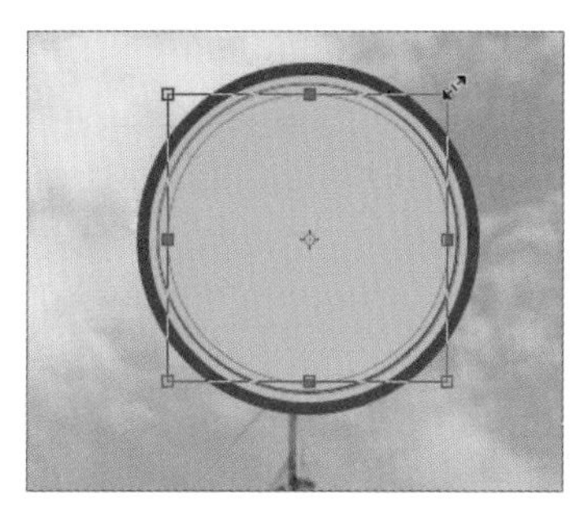
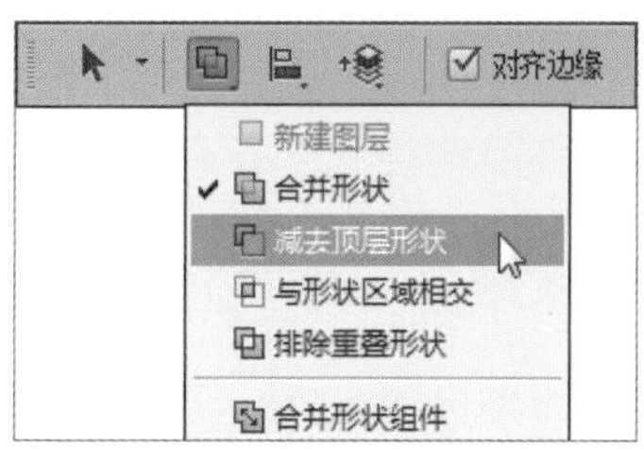

步骤26 使用前面介绍的方法复制并粘贴路径。然后执行“编辑>自由变换>再次”命令，变换路径，并在选项栏中调整路径，如下图所示。

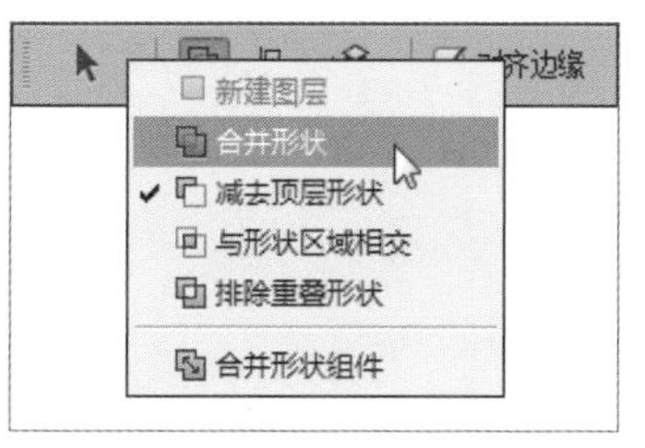

步骤 27 使用前面介绍的方法，继续复制并调整路径，将路径复制成下左图所示的效果。使用快捷键Ctrl+J复制最小的圆至新的图层，为了方便观察，这里隐藏了“椭圆 1”和“椭圆 1 拷贝”图层，如下中图所示。在选项栏中设置最小正圆的填充色与描边色相同，如下右图所示。

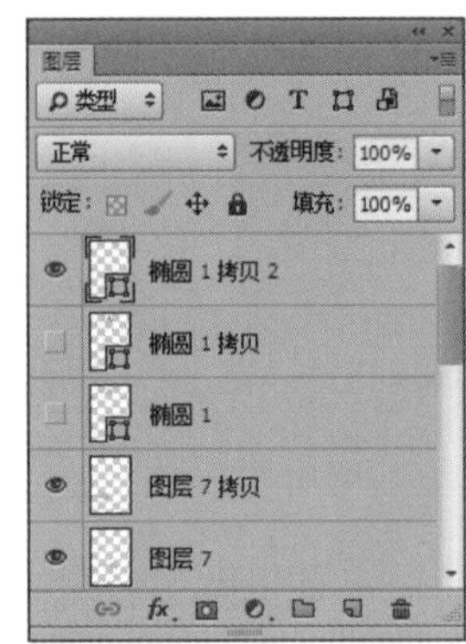

步骤 28 使用“横排文字工具”T添加文字信息，单击“图层”面板底部的“添加图层样式”按钮fx，在弹出的菜单中选择“描边”命令，如下图所示。

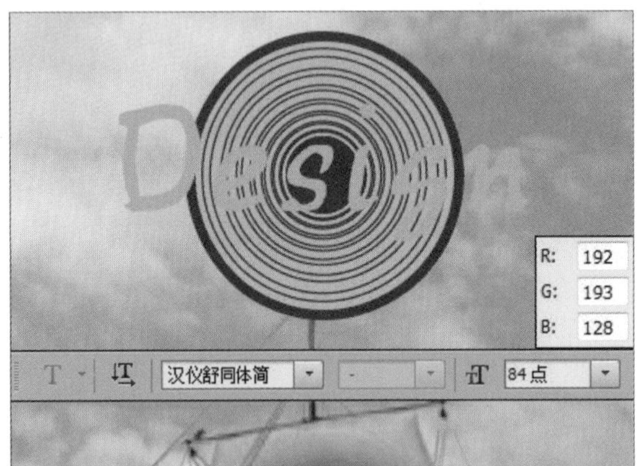

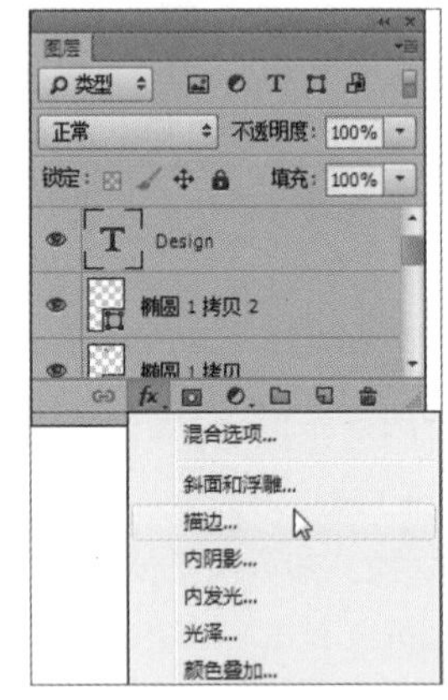

步骤 29 在弹出的“图层样式”对话框中设置描边参数，如下图所示。

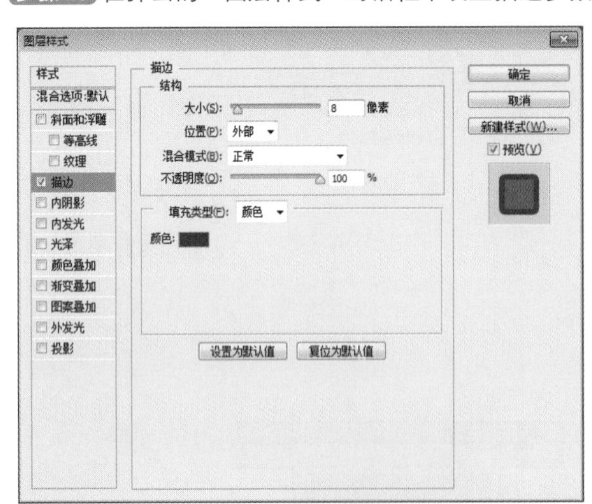

步骤 30 使用快捷键Ctrl+T调出变换控制框，配合键盘上的Shift键旋转文字，如下左图所示，然后继续创建文字信息，如下右图所示。

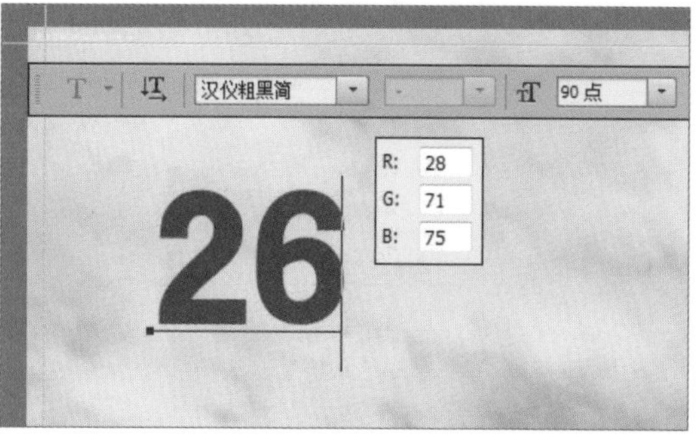

步骤 31 配合键盘上的Shift+Alt键复制并向右移动文字，如下左图所示。在图层上单击鼠标右键，在弹出的菜单中选择“转换为智能对象”命令，如下中图所示，将图层转换为智能图层，如下右图所示。

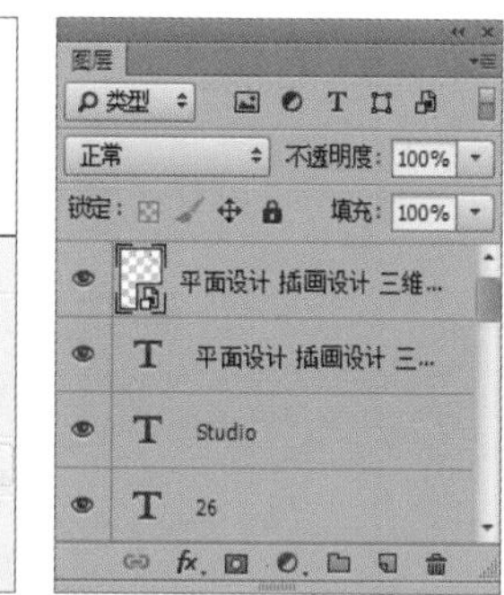

步骤 32 使用快捷键Ctrl+T调出变换控制框，在变换控制框中单击鼠标右键，如下左图所示，在弹出的菜单中选择“水平翻转”命令，翻转文字，如下中图所示。调整智能图层的不透明度，如下右图所示。

步骤 33 使用“椭圆工具”配合键盘上的Shift键绘制正圆图形，如下左图所示。使用“路径选择工具”选中正圆路径，按快捷键Ctrl+C复制路径，再按快捷键Ctrl+V粘贴路径，使用快捷键Ctrl+T调出路径变换控制框，配合键盘上的Shift+Alt键由中心等比例缩小正圆路径，如下右图所示。

步骤 34 如下左图所示，在选项栏中调整路径，效果如下右图所示。

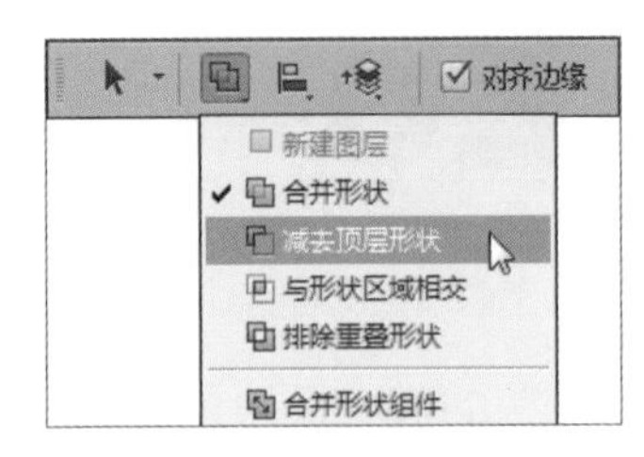

步骤 35 调整图层的不透明度，如下图所示。

步骤 36 为“椭圆 2”图层添加蒙版，如下左图所示。设置前景色为黑色，选择“画笔工具”并在选项栏中设置画笔大小，如下中图所示。然后在视图中单击，隐藏图像，效果如下右图所示。

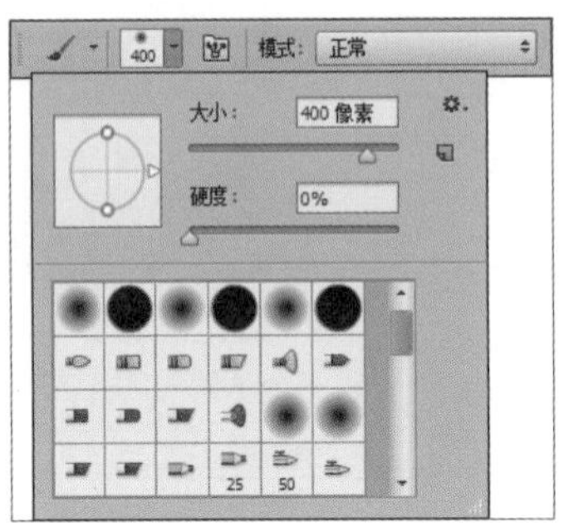

步骤 37 使用“移动工具”配合键盘上的Alt键复制并向下移动上一步创建的圆环图形，如下左图所示。使用“路径选择工具”同时选中圆环中的两个正圆路径，使用快捷键Ctrl+T调出自由变换控制框，配合键盘上的Shift+Alt键由中心等比例放大路径，如下右图所示。

步骤 38 在“椭圆 2 拷贝”图层蒙版中填充白色，继续使用“画笔工具”在“椭圆 2 拷贝”图层蒙版中进行绘制，隐藏部分图像，如下图所示。

步骤 39 打开“鹦鹉1.jpg”文件，使用“魔棒工具”在白色背景上单击，创建选区，接着选择“多边形套索工具”，单击选项栏中的“从选区减去”按钮，在选区上进行绘制，修剪选区，如下左图所示。修剪完毕的选区效果如下右图所示。

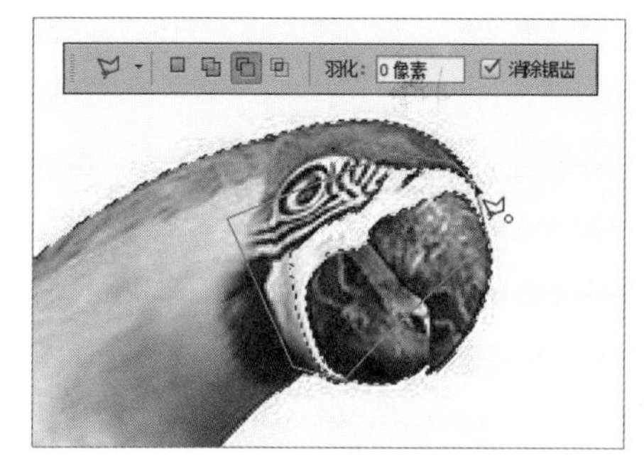

步骤 40 双击“背景”图层，在弹出的“新建图层”对话框中单击“确定”按钮，解锁图层，如下图所示，然后按Delete键删除选区中的白色背景。

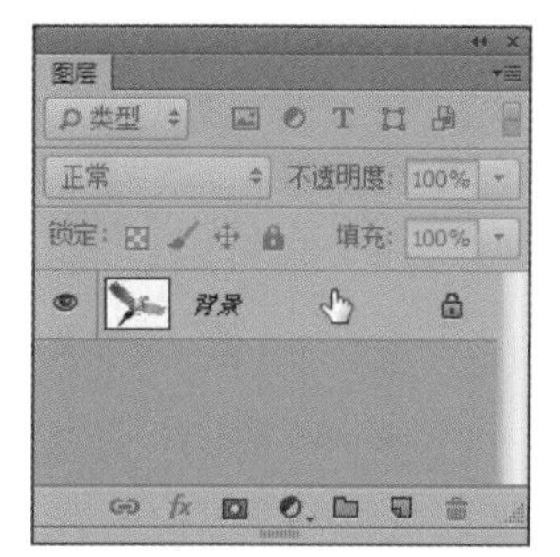

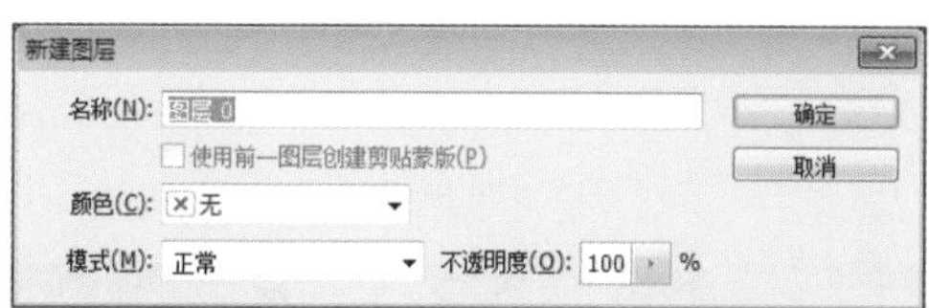

步骤 41 继续使用“魔棒工具”在鹦鹉脚部的白色区域单击创建选区并删除图像，如下左图所示。然后使用“移动工具”将鹦鹉拖至当前正在编辑的文档中，使用快捷键Ctrl+T调出变换控制框，配合键盘上的Shift键等比例缩小并移动图像的位置，如下右图所示。

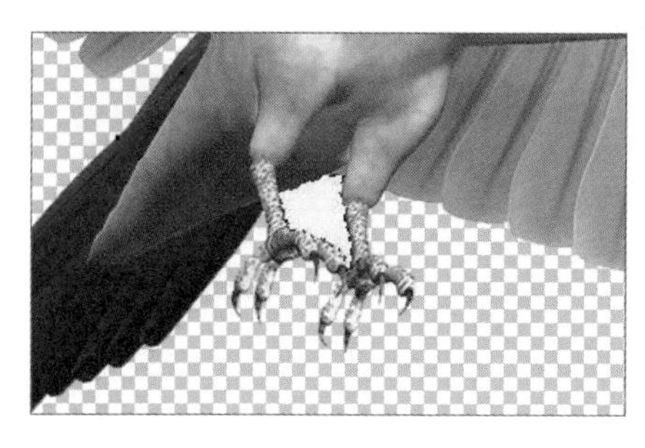

步骤42 打开“鹦鹉2.jpg”文件，使用“魔棒工具”在白色背景上单击创建选区，然后执行“选择>反向”命令，效果如下左图所示。使用“移动工具”将选区中的图像拖至当前正在编辑的文档中。

步骤43 使用快捷键Ctrl+T调出变换控制框，配合键盘上的Shift键等比例缩小并移动图像的位置。然后在变换控制框中单击鼠标右键，选择弹出菜单中的“水平翻转”命令，翻转图像，如下右图所示。

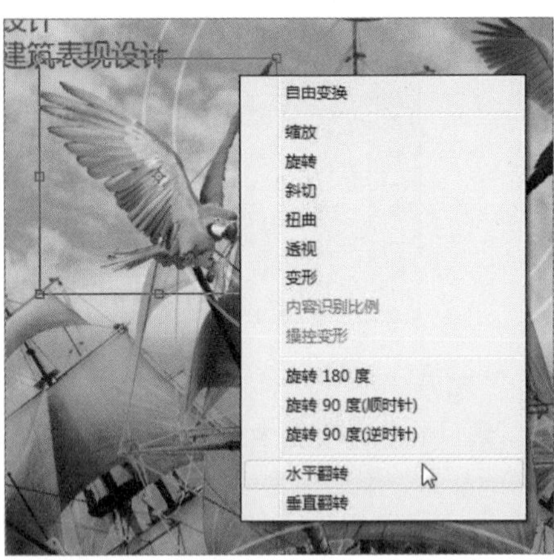

3. 制作主体文字

下面将介绍如何在Photoshop CC软件中制作海报中的主体文字。

步骤01 执行“选择>所有图层”命令，然后执行“图层>图层编组”命令，将之前创建的图层进行编组，如下图所示。

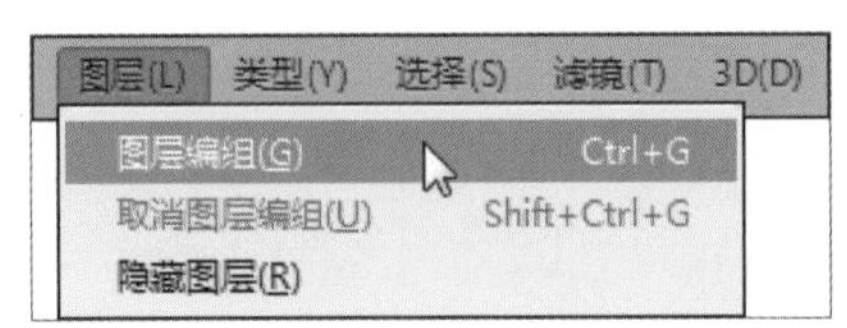

步骤02 单击“图层”面板底部的“创建新组”按钮，新建“组 2”图层组。然后使用“横排文字工具”添加文字信息，如下图所示。

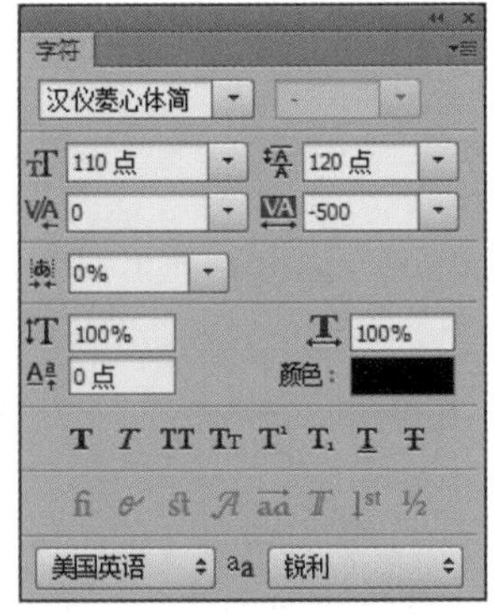

步骤03 单击选项栏中的“居中对齐文本”按钮，调整文字的对齐方式。配合键盘上的Ctrl键同时选中文字图层和“背景”图层，如下左图所示。执行“图层>对齐>水平居中”命令，将文字与画布对齐，如下右图所示。

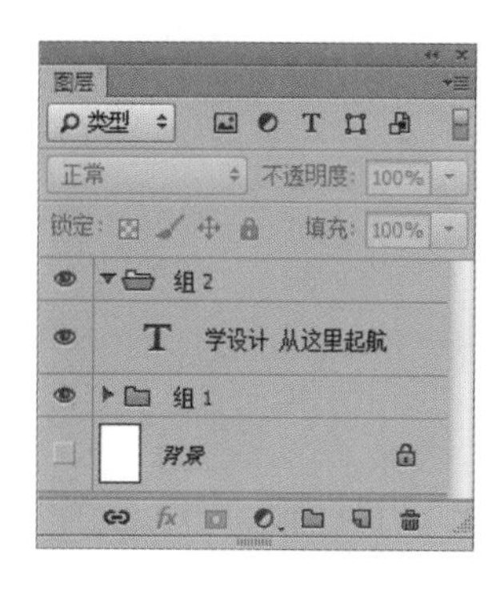

步骤 04 新建“图层 10”并填充白色，如下左图所示，单击“通道”面板底部的“创建新通道”按钮，新建“Alpha 1”通道，如下中图所示。执行“滤镜>渲染>云彩”命令，效果如下右图所示。

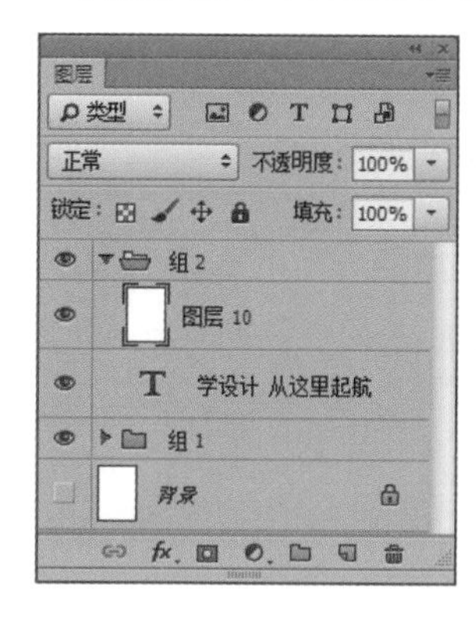

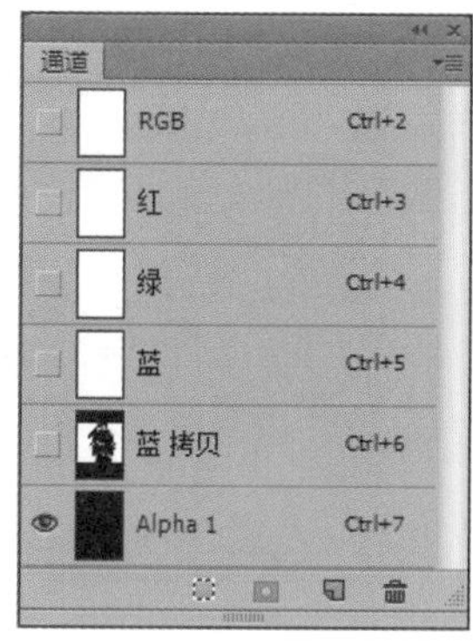

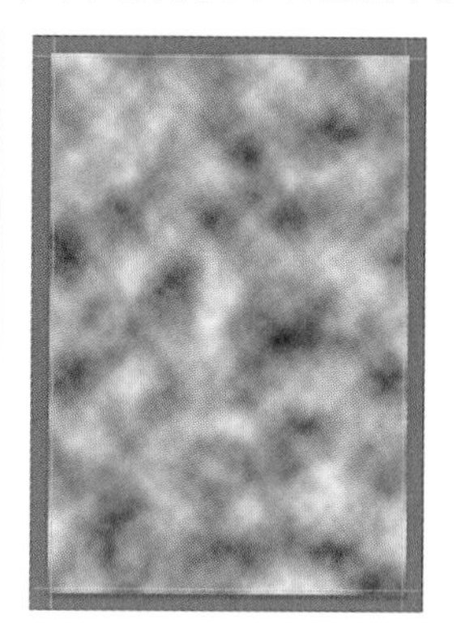

步骤 05 复制“Alpha 1”通道，如下左图所示，然后执行“滤镜>渲染>分层云彩”命令，效果如下中图所示。复制“Alpha 1 拷贝”通道，回到“图层”面板，隐藏“图层 10”，如下右图所示。

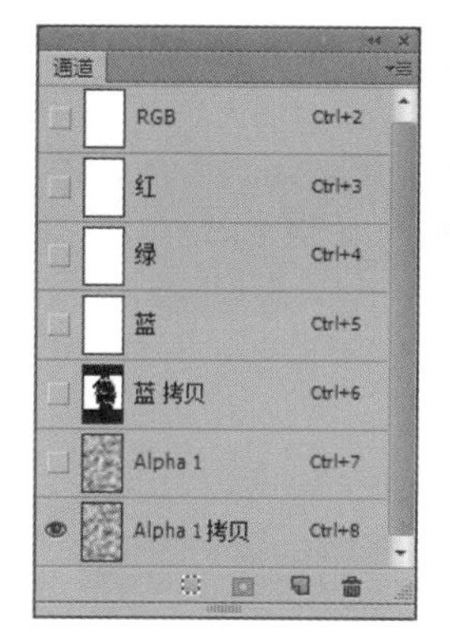

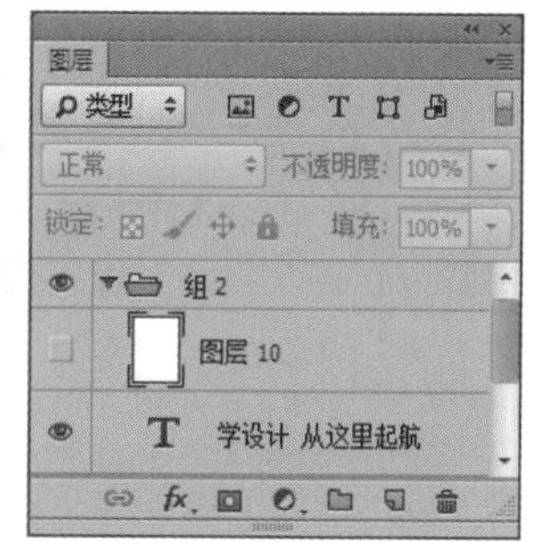

步骤 06 选中文字图层，并配合键盘上的Ctrl键单击文字所在图层的图层缩览图，将文字载入选区，如下图所示。

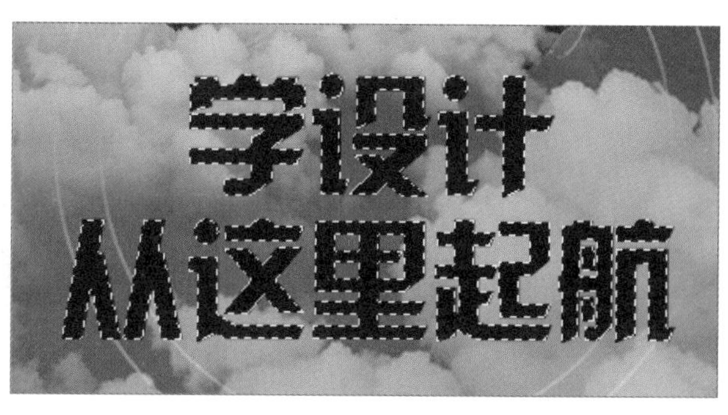

步骤 07 回到“通道”面板，执行“选择>修改>羽化”命令，在弹出的“羽化选区”对话框中设置参数，如下左图所示。然后单击“确定”按钮，应用羽化效果，如下右图所示。

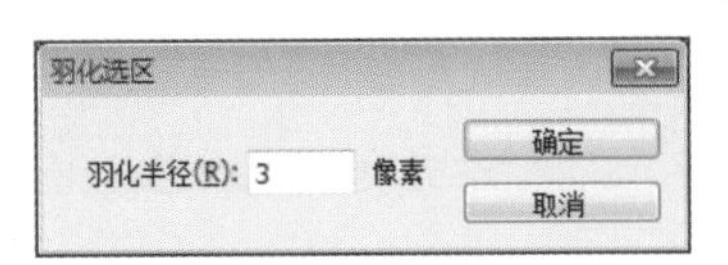

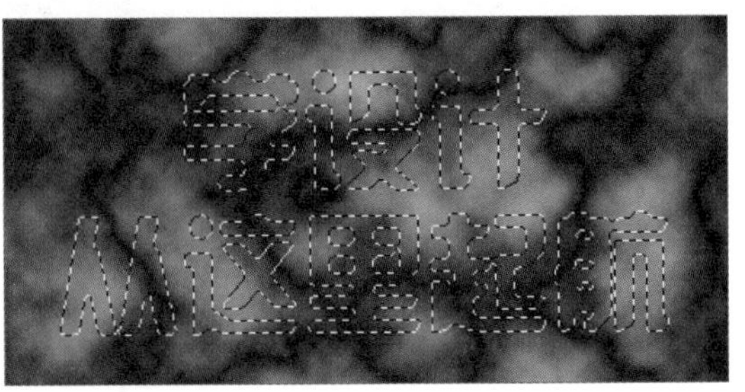

步骤 08 设置前景色为白色，然后选择“画笔工具” 并在选项栏中进行设置，如下左图所示。在通道的选区上进行绘制，缩小画笔，继续在文字选区的边缘进行绘制，如下右图所示。

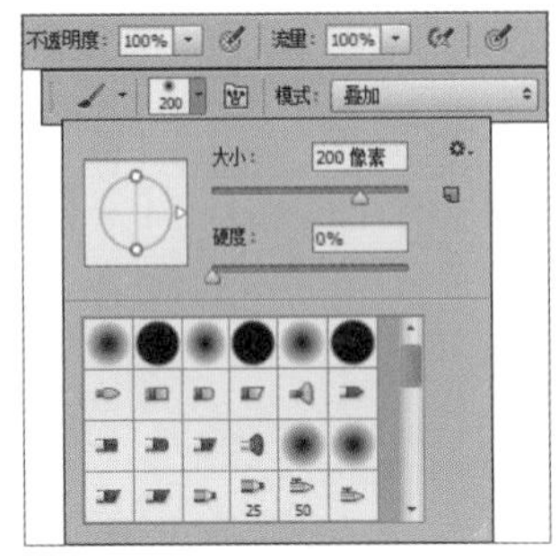

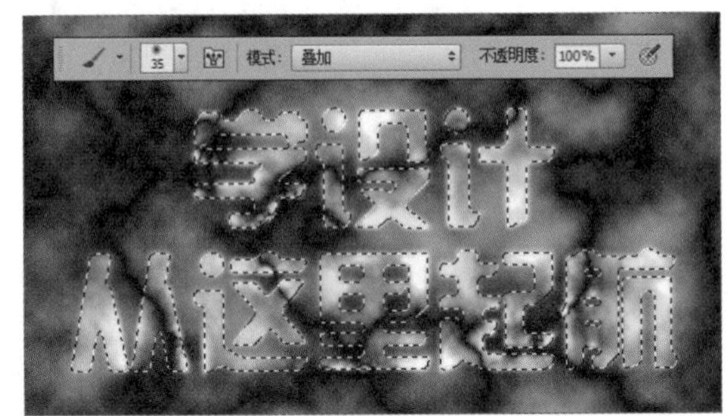

步骤 09 按快捷键Ctrl+D取消选区，显示“图层 10”图层，如下图所示。

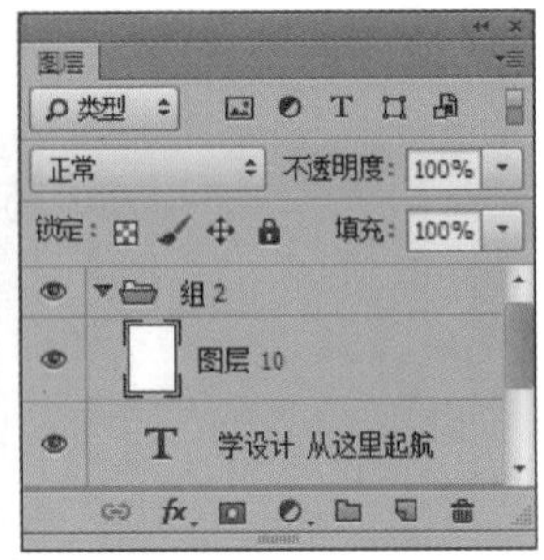

步骤 10 执行“滤镜>渲染>光照效果”命令，在“属性”面板中设置参数，如下图所示。

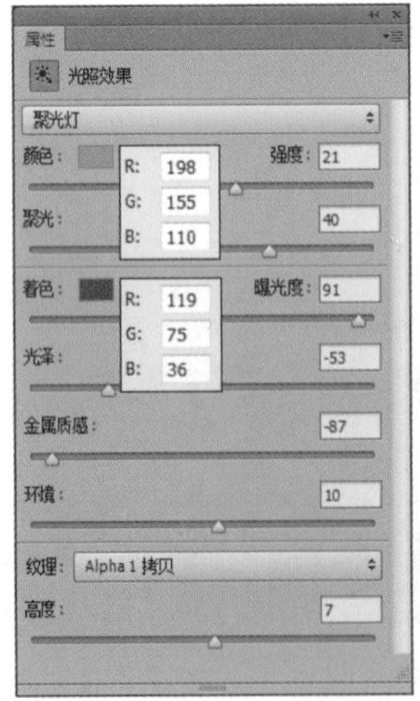

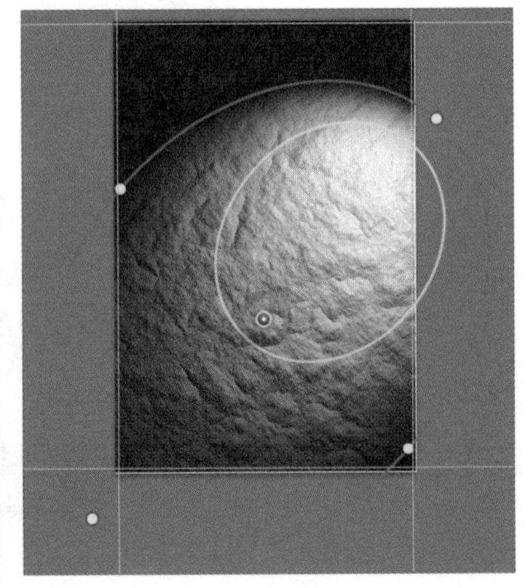

步骤 11 单击选项栏中的“确定”按钮，应用光照效果，复制“图层 10”图层，如下图所示。

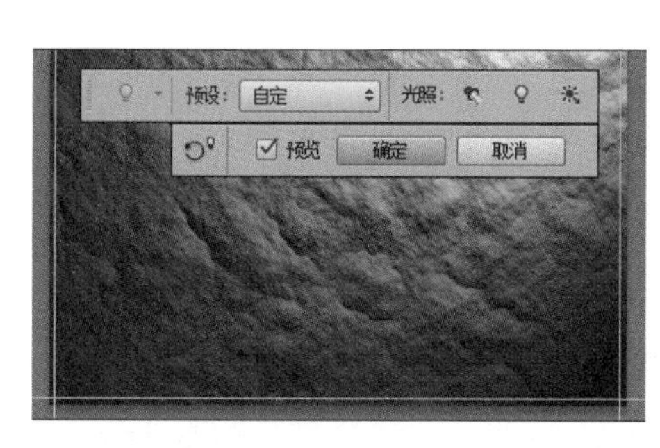

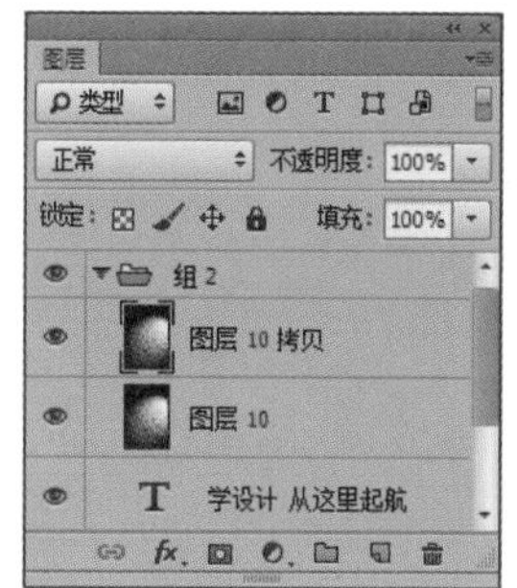

步骤 12 执行“滤镜>其他>高反差保留”命令，在弹出的“高反差保留”对话框中设置参数，如下左图所示，单击“确定”按钮，应用高反差效果。然后分别调整图层的混合模式和不透明度参数，如下右图所示。

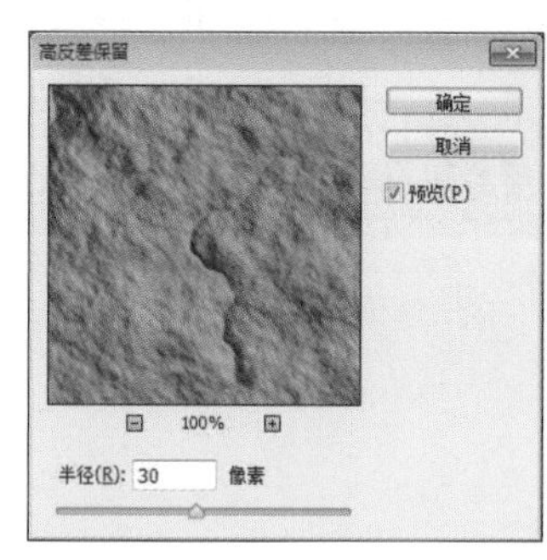

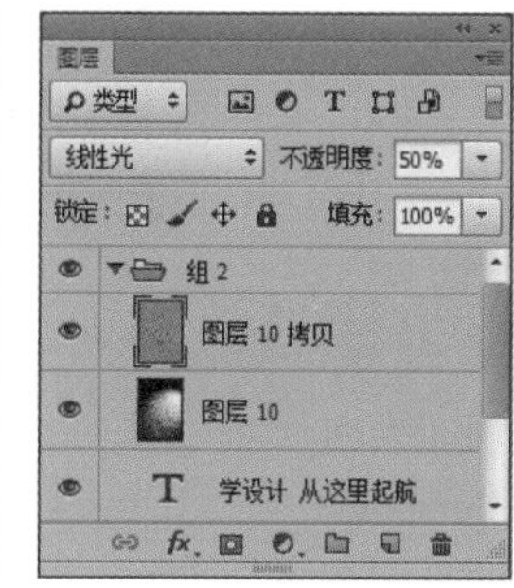

步骤 13 配合键盘上的Ctrl键单击文字图层的图层缩览图，将文字载入选区，如下左图所示。然后执行“选择>修改>扩展”命令，在弹出的“扩展选区”对话框中设置参数（将“扩展量”设为5），然后单击“确定”按钮，扩展选区，效果如下右图所示。

步骤 14 单击“图层”面板底部的“添加图层蒙版”按钮，添加图层蒙版隐藏选区以外的图像。如下左图所示选中“图层 10 拷贝”的图层蒙版，配合键盘上的Alt键将其拖至“图层 10”上，复制蒙版，如下右图所示。

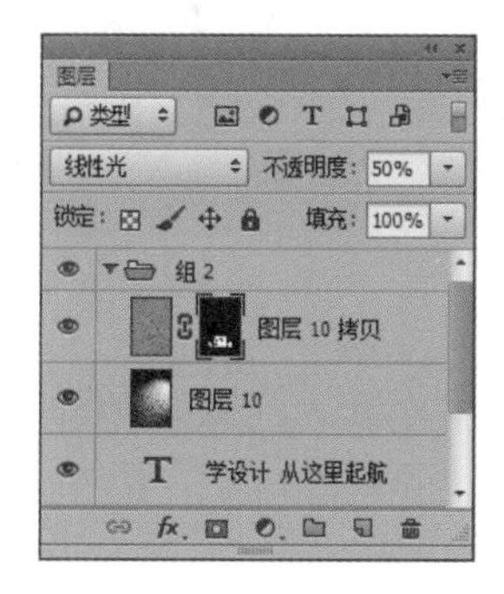

步骤 15 新建图层并填充白色，执行"滤镜>渲染>光照效果"命令，设置纹理为"Alpha 1 拷贝 2"，如下左图所示。单击选项栏中的"确定"按钮，应用光照效果，如下右图所示。

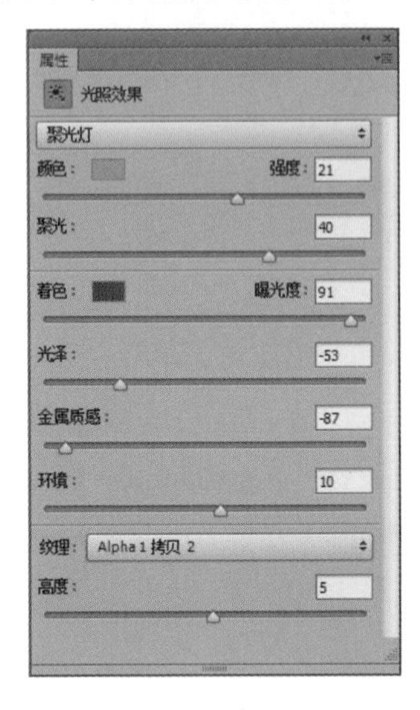

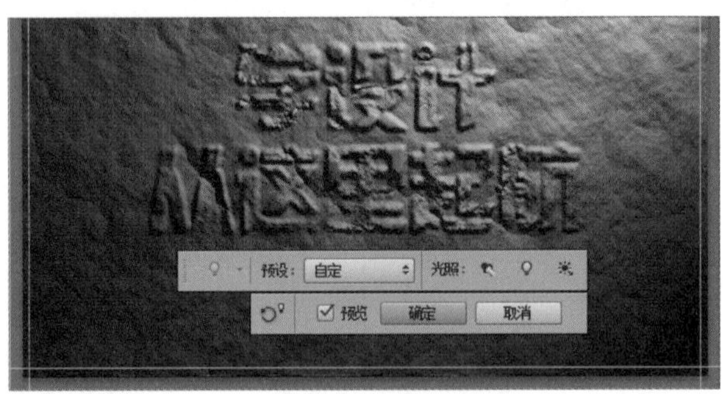

步骤 16 继续将文字图层载入选区，如下左图所示，执行"选择>修改>扩展"命令，在弹出的"扩展选区"对话框中设置参数，如下右图所示。

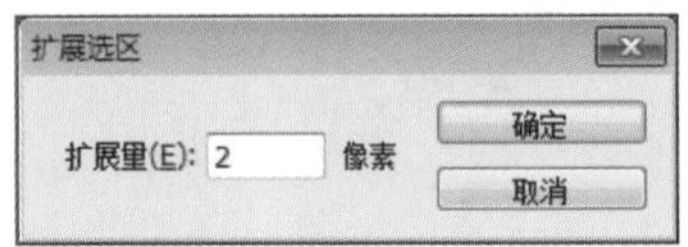

步骤 17 为"图层 11"添加蒙版，隐藏选区以外的图像，如下图所示。

4. 制作光照效果

下面将介绍在Photoshop CC软件中如何利用蒙版制作海报中的光照效果。

步骤 01 新建"组 3"并在该组中新建"图层 12"，如下左图所示，将图层填充为浅红色，如下中图所示。使用"多边形套索工具"创建选区，并删除选区中的图像，如下右图所示。

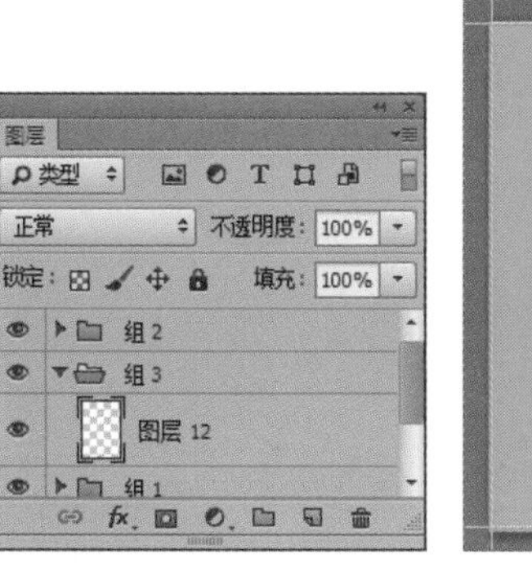

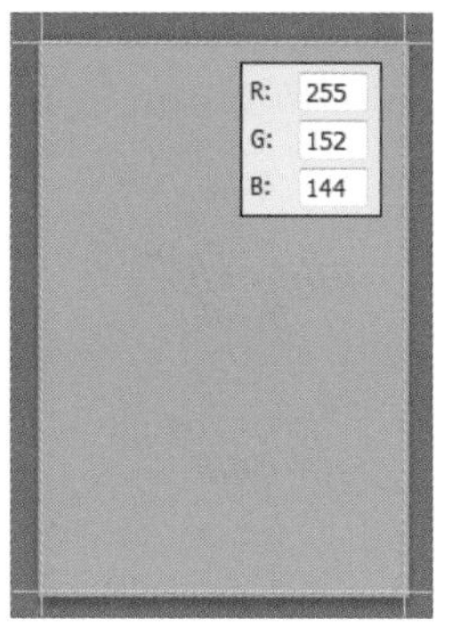

步骤 02 为该图层添加蒙版，选择“渐变工具” 并在选项栏中单击“径向渐变”按钮，再勾选“反向”复选框，如下左图所示。在蒙版中进行绘制，调整图像的透明效果，如下中图所示。然后调整图层混合模式，如下右图所示。

步骤 03 新建“图层 13”，如下左图所示。使用前面介绍的方法，绘制如下中图所示的三角形色块，然后调整图层混合模式，如下右图所示。

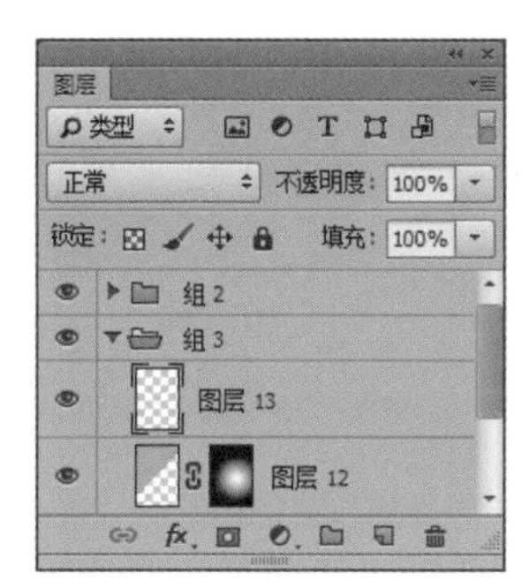

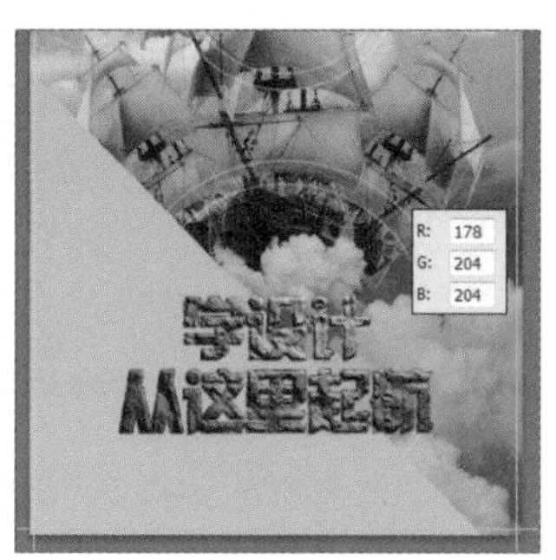

步骤 04 将“图层 13”中的图像载入选区，选择“矩形选框工具” 移动选区的位置，如下左图所示。继续新建图层，填充选区为浅蓝色，如下中图所示。调整图层的混合模式，如下右图所示。

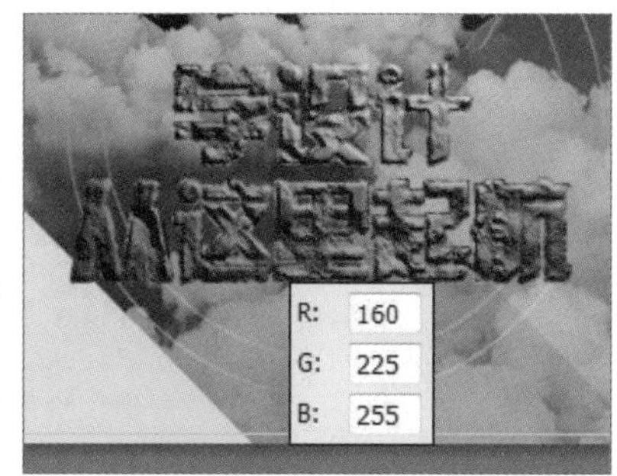

步骤 05 新建图层，使用前面介绍的方法绘制白色图像，如下左图所示。为该图层添加图层蒙版，并使用“渐变工具”在蒙版中绘制，如下中图所示。调整图像的透明度，如下右图所示。

步骤 06 调整图层的混合模式，然后配合键盘上的Alt键向下拖动并复制白色渐变图像，如下图所示。

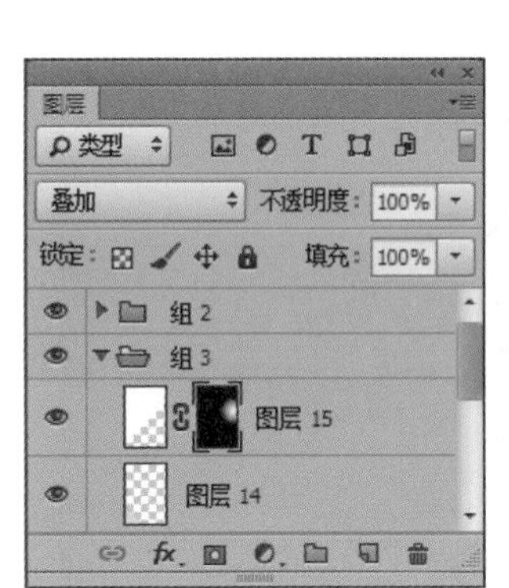

步骤 07 新建图层，如下左图所示，设置前景色为白色，选择“画笔工具”并在选项栏中调整画笔大小，然后在文字图形中绘制图像，如下右图所示。

步骤 08 调整上一步创建图层的混合模式，如下图所示。

步骤 09 使用快捷键Ctrl+Shift+Alt+E盖印图层，如下左图所示。执行“滤镜>渲染>镜头光晕”命令，在弹出的“镜头光晕”对话框中进行设置，然后单击“确定”按钮，应用镜头光晕效果，如下右图所示。

步骤 10 至此，完成本实例的制作，效果如下图所示。

产品包装设计案例

本章概述

包装设计是一门非常有意思的设计门类，不仅要设计出漂亮的画面，还要考虑面与面组成后的立体效果。本章将通过一个饮品的包装设计，来讲述在Photoshop中进行包装设计的方法和技巧。

知识要点

❶ 包装的概念
❷ 包装的分类
❸ 包装的选材
❹ 如何制作果汁包装

11.1　行业知识向导

商品包装盒是商品的重要组成部分，它不仅是商品不可缺少的外衣，起着保护商品，便于运输、销售和消费者购买的作用，而且也是企业商品的形象缩影。色彩作为商品包装设计中的重要元素，不仅起着美化商品包装的作用，而且在商品营销的过程中也有着不可忽视的功能。文字是传达思想、交流感情和信息，表达某一主题内容的符号。字体设计应反映商品的特点、性质，要有独特性，并具备良好的识别性和审美功能；文字的编排与包装的整体设计风格应和谐。

11.1.1　包装的概念

所谓包装，即指在流通过程中用于保护产品、方便贮运、促进销售，按一定技术方法而采用的容器、材料及辅助物等的总称。

包装在商品经济中扮演着一个特殊的角色，是非物质的，而产品是物质的。非物质的包装与物质的产品相结合，就演变成为了商品。商品使物质与非物质的力量交织在一起，在流通中展现出多姿多彩的面貌，从而给日常生活增添了一道亮丽的风景线，如下图所示。

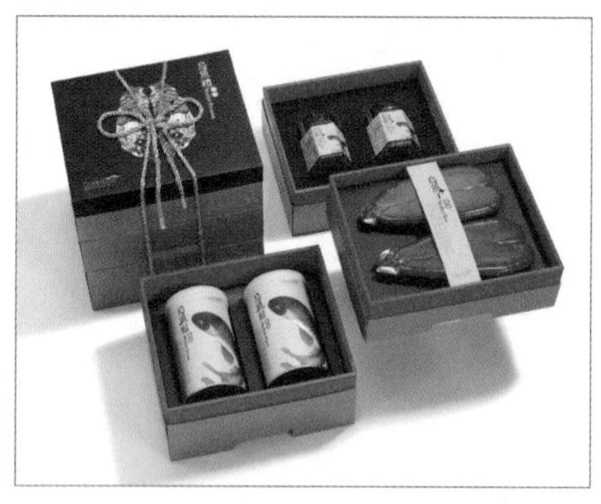

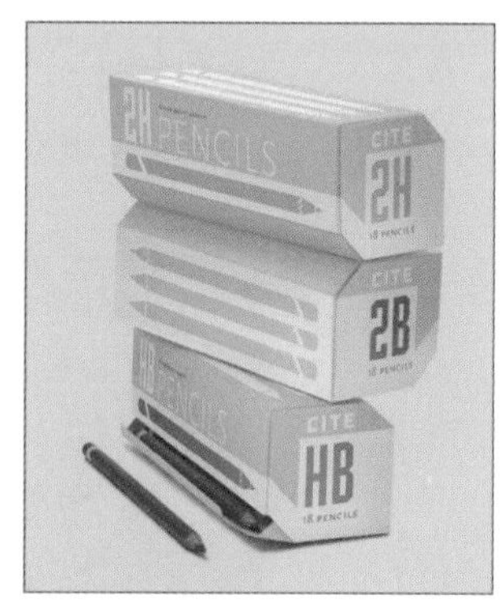

最初，包装只起到保护商品的作用，但随着观念的改变，包装的用途发生了一定的改变。下面将从几个方面进行分析。

（1）保护商品

保护商品可以说是包装最基本的作用，它可以使商品免受风吹、日晒、雨淋、灰尘沾染等自然因素的侵袭，防止挥发、渗漏、溶化、沾污、碰撞、挤压及散失等损失。

（2）实现和增加商品价值

包装可以帮助商品更好地实现其自身价值，并且是增加商品价值的一种手段，这个作用从实际买卖中就可发现，有着精美包装的商品往往比普通包装的商品更吸引人的眼球。

（3）方便管理

商品有了包装，就更便于管理，会为商品的各个流通环节带来方便，如装卸、盘点、发货、收货、转运、销售统计等。

11.1.2 包装的分类

包装的分类有很多种，在此将从造型设计上进行分类，这主要是因为包装的造型是比较直观形象的，例如盒式包装、袋式包装、瓶式包装、罐式包装、桶式包装、开放式包装、特殊材料包装等。

（1）盒式包装

盒式包装常见于商品的中、外包装，配合一些印刷工艺，可以产生独具风格的外观，盒式包装一般采用纸质作为包装材料。

（2）袋式包装

袋式包装是使用频率比较高的包装之一，造型相对比较简单，常以塑料为包装原材料，是一种使用起来十分方便的包装。

（3）瓶式包装

瓶式包装通常采用玻璃、陶瓷、塑料、金属等作为原材料，多用于食品、化妆品、化工、药品、工业类产品等的包装。

（4）桶式包装

桶式包装造型在结构上较为坚固，采用该包装形式的产品多为液体和粉状物。在针对化学品设计包装时，应特别注意材料的耐腐蚀程度，与温度、光线或外界的隔绝性，以确保商品、使用者和环境的安全性。

（5）特殊材料包装

该包装形式一般指吸塑成型材料的包装、木质材料的包装、编织材料的包装，以及自然形态材料的包装设计。由于包装的取材与其他包装类型的不同，而使其造型区别于常见的包装设计。

除上述分类方法外，包装还可以根据以下方法分类。

按被包装物可分为：食品包装、药品及保健品包装、化妆品包装、日用品包装、服装包装、化学物品包装、危险品包装等。

按行业分类可分为：商业包装、工业包装、农产品包装、军用包装、电子电器产品包装等。

商品的多样化造就了商品包装的多元化，并且同类的商品也有不同风格的包装。无论按哪一种标准分类，包装的宗旨都是一样的，都是在为产品服务，都体现了产品独具的特色，都起着不可忽视的宣传作用。

11.1.3 包装的选材

商品包装所用材料表面的纹理和质感往往会影响到商品包装的视觉效果。在进行设计的过程中，利用不同材料的表面变化或表面形状可以达到商品包装的最佳效果。包装材料的种类繁多，主要包括纸类材料、塑料材料、玻璃材料、金属材料、陶瓷材料、竹木材料以及其他复合材料等。

在选择包装材料时，需要考虑是否具备以下性能。

（1）安全性能

包装材料本身的毒性要小，以免污染产品和影响人体健康；包装材料应无腐蚀性，并具有防虫、防蛀、防鼠、抑制微生物等性能，以保护产品安全。

（2）经济性能

包装材料应来源广泛、取材方便、成本低廉，使用后的包装材料和包装容器应易于处理，不污染环境，以免造成公害。

（3）机械性能

包装材料应该可以有效地保护产品，所以需要具有一定的强度、韧性和弹性等机械性能，以适应压力、冲击、振动等静力和动力因素的影响。

（4）阻隔性能

根据对产品包装的不同要求，包装材料应对水分、水蒸气、气体、光线、芳香气、异味、热量等具有一定的阻挡作用。

（5）加工性能

包装材料应宜于加工，易于制成各种包装容器，还应该适应包装作业的机械化与自动化，最终投入到大规模的生产和印刷程序中。

11.2 果汁包装设计

果汁是我们生活当中必不可少的一种健康饮料，深受儿童和青年女性的青睐。给它“穿上”清新浪漫的外衣或许更能受到消费者的欢迎，包装上要体现产品特色，使消费者一看到包装盒的颜色就能知道这是哪一款饮料，如右图所示。

11.2.1 设计思路

由于是为草莓饮料设计包装盒，因此首先根据草莓的颜色选用粉色作为包装整体的颜色。用手绘的方法绘制产品的原始形态，使消费者一望便知里面装的是什么。

11.2.2 设计过程

首先添加参考线划分包装盒的各个面的区域，选中包装的正面图像区域开始设计。绘制出草莓的轮廓，然后通过通道和滤镜的相互结合，绘制出草莓。在草莓的底部绘制一辆颇具手绘风格的小汽车，小汽车的小与大草莓形成鲜明的对比，增强了视觉冲击力。在草莓的上方添加树枝，草莓的顶端跟树枝连在一起，一颗硕大的草莓压弯了树叉被小汽车托运走的场景向消费者展开，传达果汁是不经过任何加工，并新鲜采摘这一过程。背景采用水粉晕染的手法，烘托整个画面的清新风格，增强画面的层次感和美感。接下来在包装的左上角添加产品的名称标志，在右下角放置果汁的营养成分含量，增强产品的卖点。复制已经绘制好的正面图像添加到相对应的面，最后为包装盒的侧面添加产品信息。

1. 添加参考线

下面将使用Photoshop CC软件添加设计时所需的参考线。

步骤 01 启动Photoshop CC，执行“文件>新建”命令，在弹出的“新建”对话框中进行设置，如下左图所示，然后单击“确定”按钮，创建一个新文件，如下右图所示。

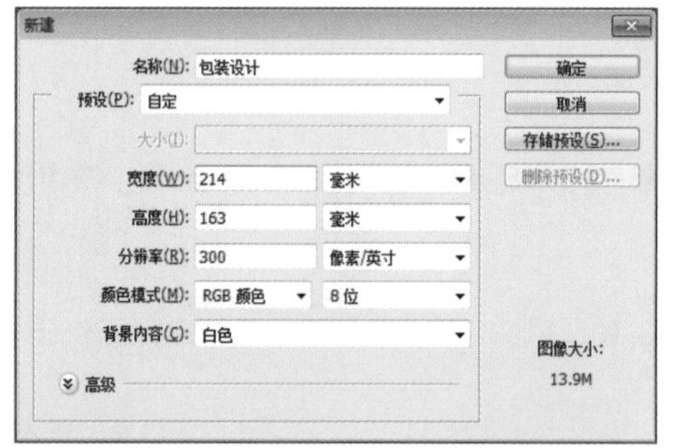

步骤 02 执行“视图>新建参考线”命令，在弹出的“新建参考线”对话框中设置参考线的位置，如下左图所示，然后单击“确定”按钮，添加参考线，如下右图所示。

步骤 03 用同样的方法按需要添加多条参考线，并执行“视图>锁定参考线”命令，锁定参考线（如下左图所示），以方便接下来的工作。下右图中标示的黄色区域即为包装盒的正面。

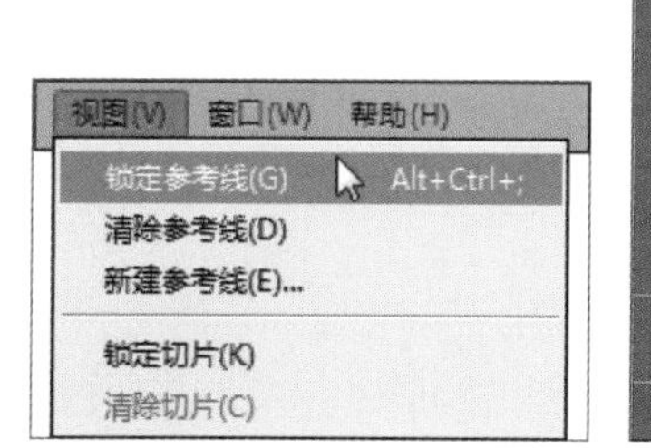

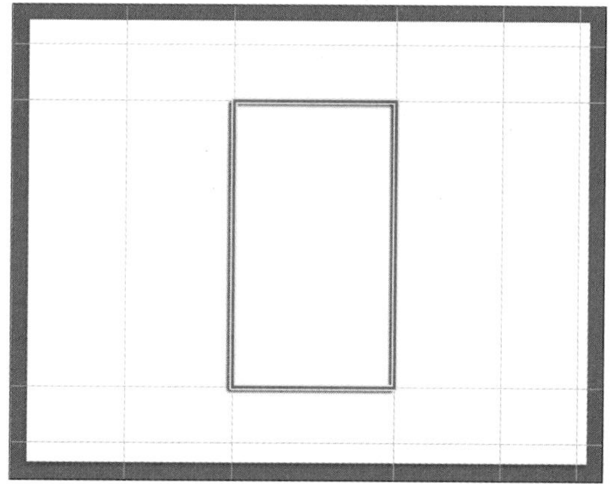

2. 制作草莓图像

下面将介绍使用Photoshop CC制作草莓图像的详细过程。

步骤 01 使用“钢笔工具”在包装盒的正面区域绘制草莓形状的路径，绘制过程如下图所示。

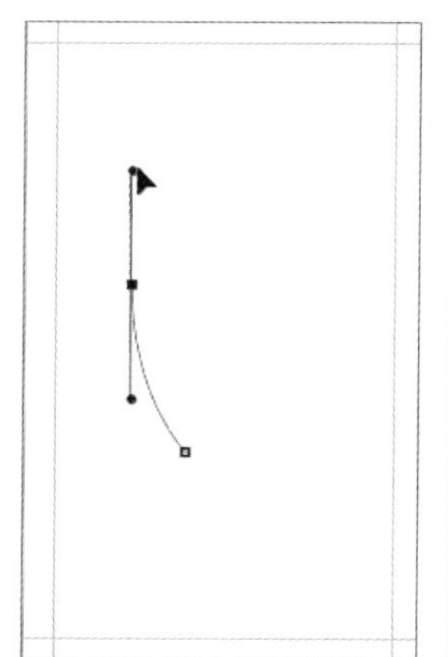
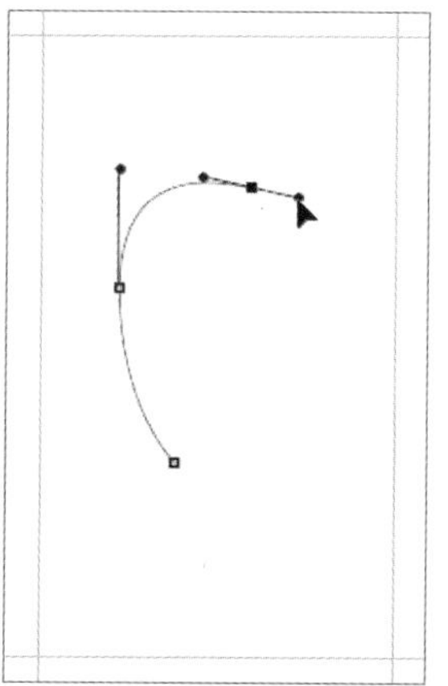
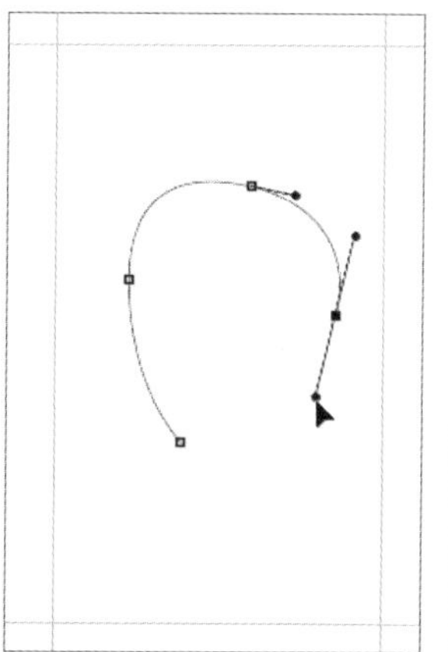
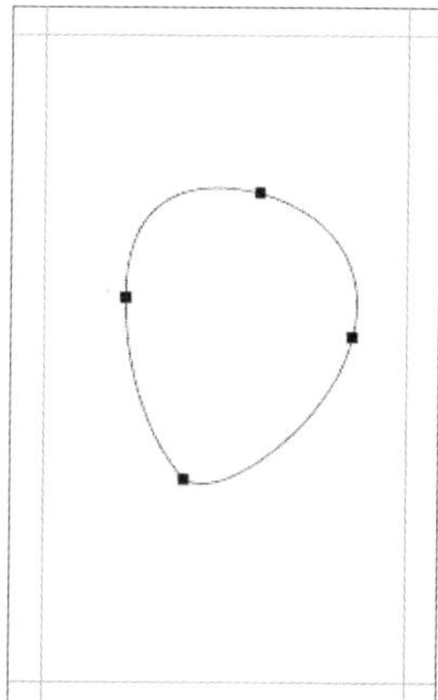

步骤 02 单击“图层”面板底部的“创建新图层”按钮，新建图层，如下左图所示。单击“路径”面板底部的“将路径作为选区载入”按钮，将路径载入选区，如下中图所示，载入选区效果如下右图所示。

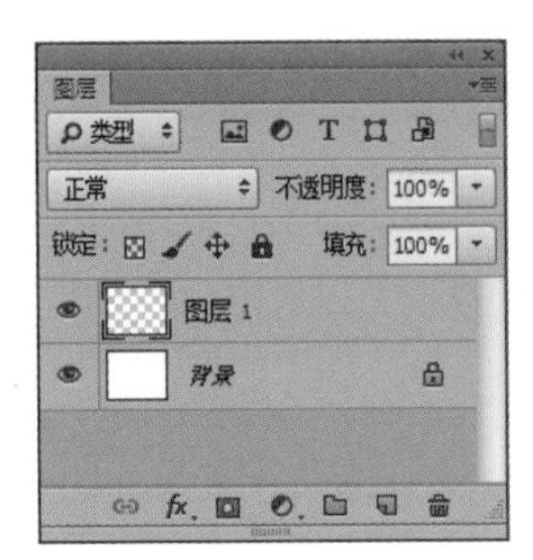

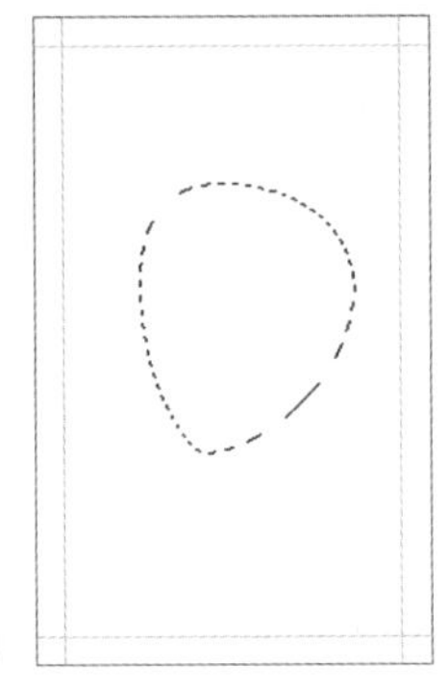

步骤03 单击工具箱中的前景色色块，在弹出的“拾色器（前景色）”对话框中设置前景色，然后单击“确定”按钮，应用设置，如下左图所示。最后使用快捷键Alt+Delete填充选区为前景色，并使用快捷键Ctrl+D取消选区，如下右图所示。

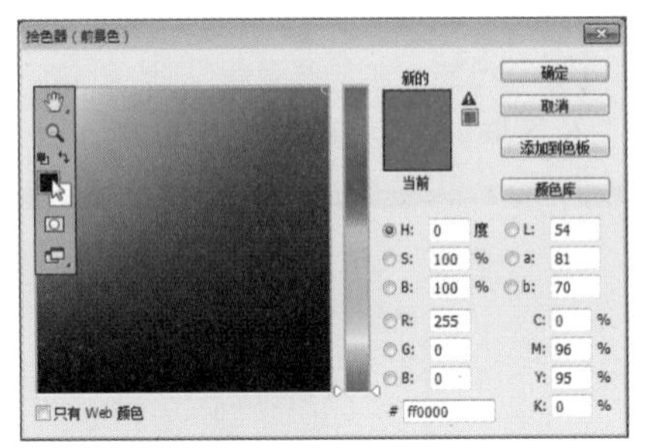

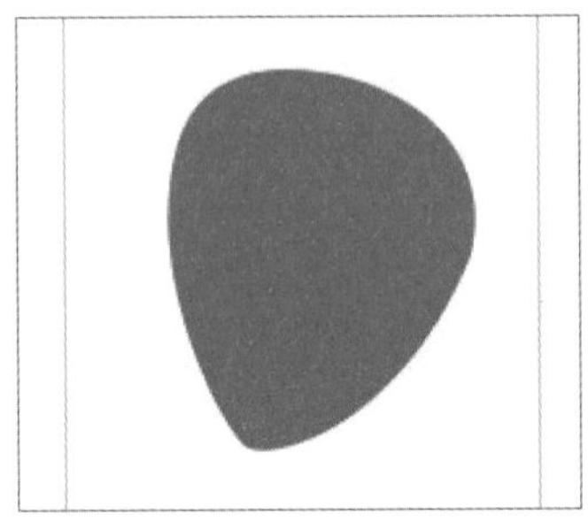

步骤04 选择“自定形状工具”，在选项栏中单击“形状”右侧的下拉按钮，打开“自定形状”拾色器，单击其中的按钮，在弹出的菜单中选择“自然”命令，如下左图所示。然后在弹出的提示对话框中单击“追加”按钮，载入自定义形状，如下右图所示。

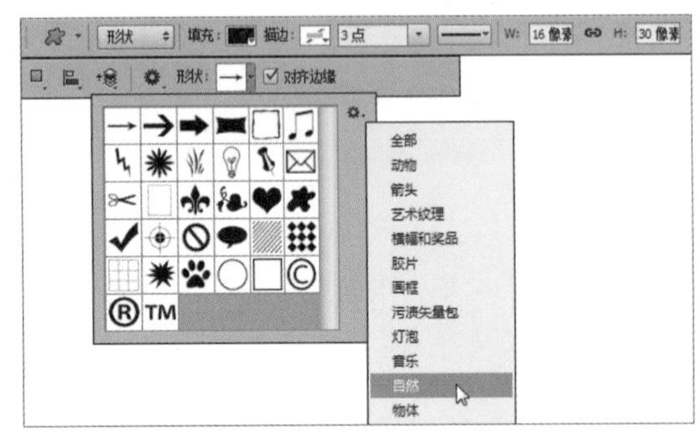

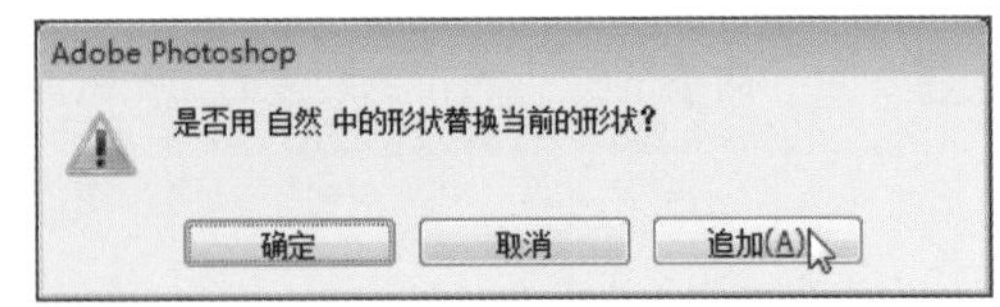

步骤05 选择“自定形状”拾色器中的“雨滴”形状，如下左图所示，在视图中绘制雨滴图形，效果如下右图所示。

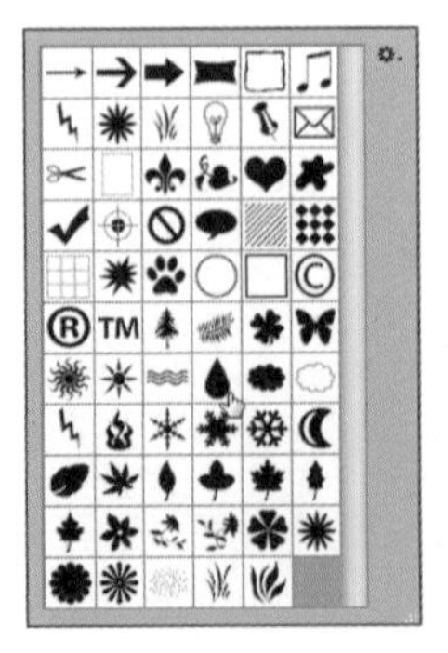

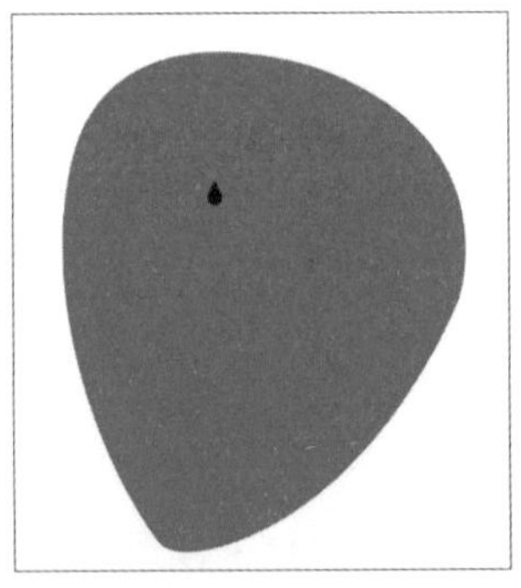

步骤06 执行"编辑>自由变换"命令，打开自由变换控制框，如下左图所示。在控制框内右击，选择弹出菜单中的"垂直翻转"命令，翻转图形，如下右图所示。

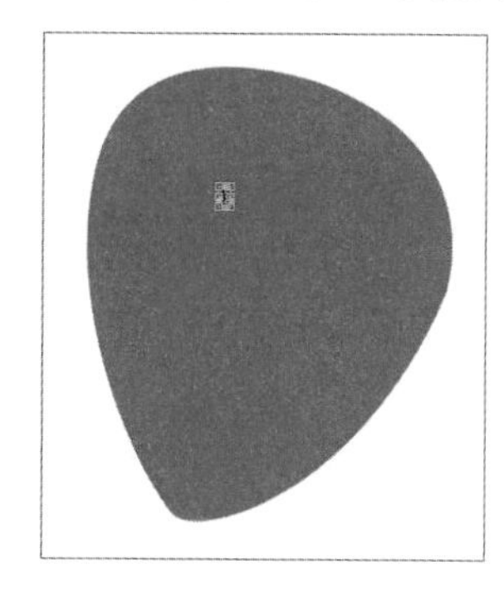

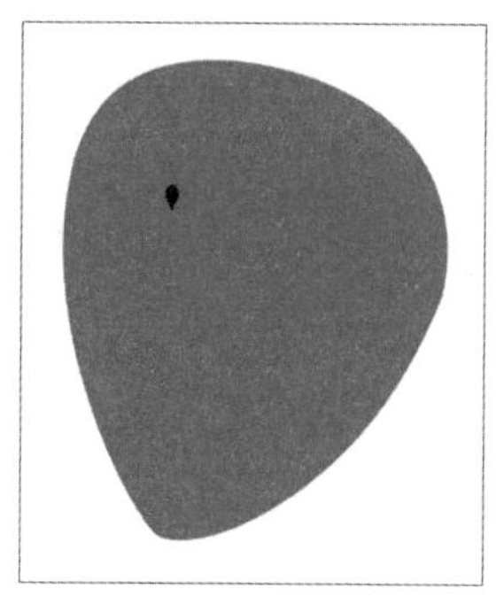

步骤07 在"形状 1"图层名称后的空白处单击鼠标右键，在弹出的菜单中选择"复制图层"命令，如下左图所示。在弹出的"复制图层"对话框中进行设置，然后单击"确定"按钮，新建并复制图层，如下右图所示。

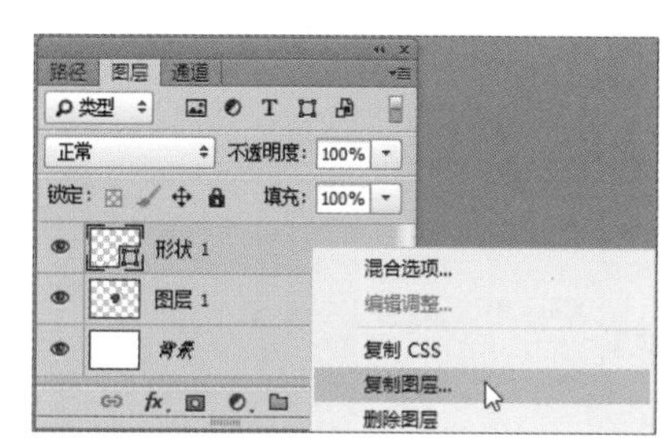

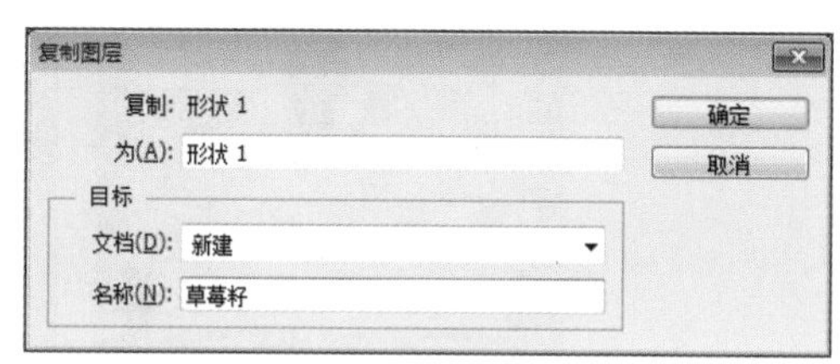

步骤08 执行"图像>画布大小"命令，在弹出的"画布大小"对话框中设置画布大小，然后单击"确定"按钮，如下左图所示。在弹出的提示对话框中单击"确定"按钮，修剪画布，如下右图所示。

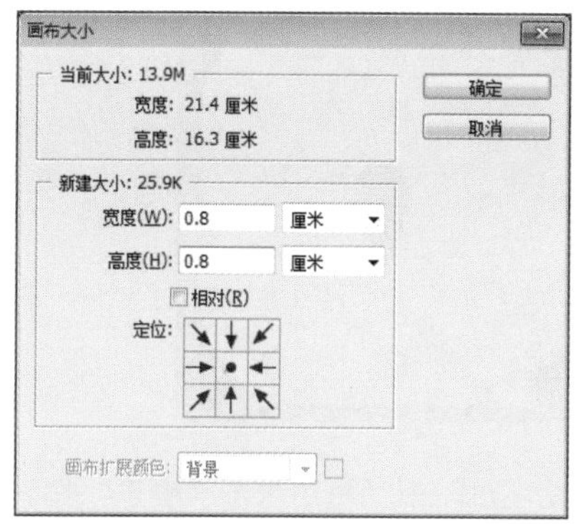

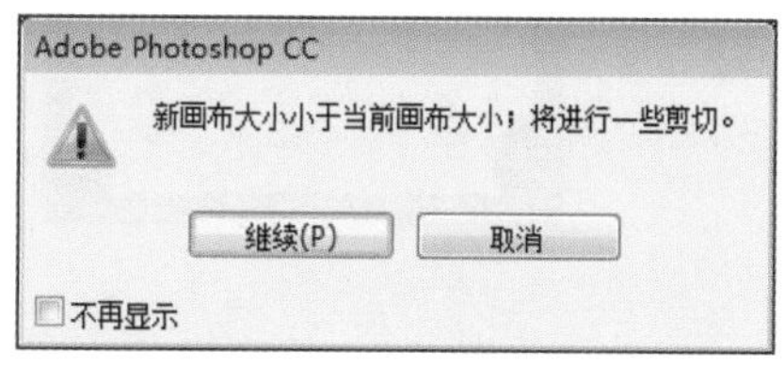

步骤09 执行"编辑>自由变换"命令，移动图像的位置，使其中心点与画布左上角对齐，如下左图所示。配合键盘上的Shift+Alt键水平向右复制并移动图形的位置，然后使用快捷键Ctrl+T调出变换控制框，移动图形使其中心点与画布右上角对齐，如下右图所示。

步骤 10 按住键盘上的Shift键同时选中两个“雨滴”图形，再配合键盘上的Shift+Alt键垂直向下复制并移动图形的位置。调出变换控制框，继续移动图形，使其中心点与画布底部对齐，如下图所示。

步骤 11 按Enter键确认变换，选中右上角的图形，配合键盘上的Alt键复制图形至画布中的空白位置，如下左图所示。单击“图层”面板底部的“创建新图层”按钮，新建图层，如下右图所示，并使用快捷键Ctrl+Delete填充背景色。

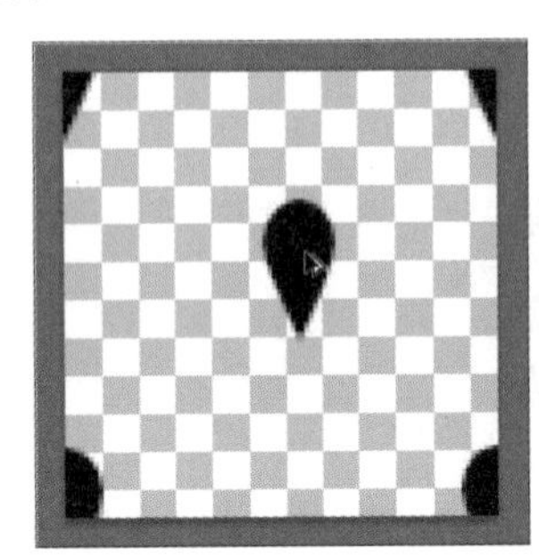

步骤 12 执行“图层>排列>置为底层”命令，调整图层顺序，同时选中中间的雨滴图形和白色背景，并执行垂直居中、水平居中对齐命令对齐图像，如下左图所示。最后删除白色背景图像，如下右图所示。

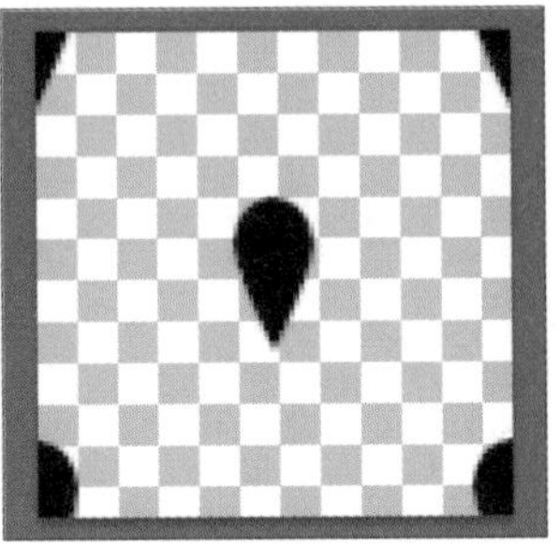

步骤 13 执行“编辑>定义图案”命令，在弹出的“图案名称”对话框中单击“确定”按钮，定义图案，如下左图所示。

步骤 14 返回到“包装设计.psd”文件中，单击“形状 1”图层前的“指示图层可见性”图标，隐藏图层。配合键盘上的Ctrl键单击“图层 1”的图层缩览图，将草莓图像载入选区，如下右图所示。

步骤15 单击“通道”面板底部的“创建新通道”按钮，新建通道Alpha 1，如下左图所示。在通道中使用快捷键Ctrl+Delete填充选区为背景色，并使用快捷键Ctrl+D取消选区，如下右图所示。

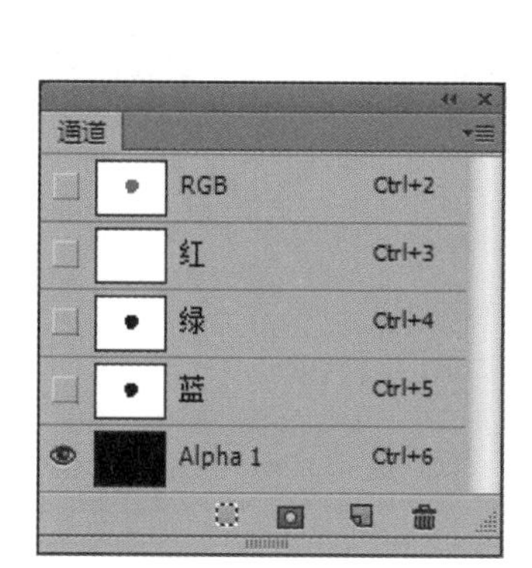

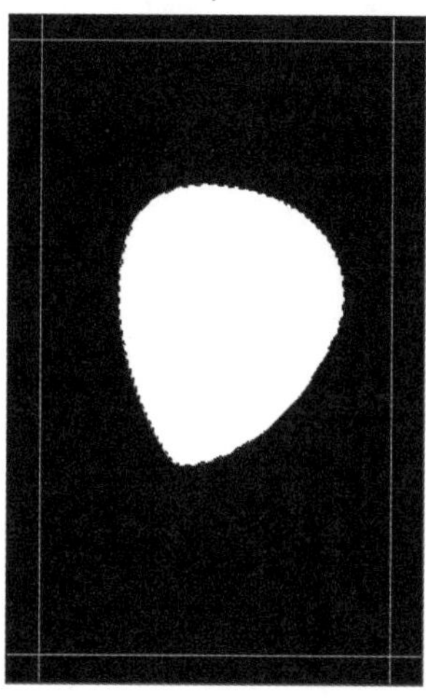

步骤16 单击“图层”面板底部的“创建新的填充或调整图层”按钮，在弹出的菜单中选择“图案”命令，在“图案填充”对话框中设置缩放参数，如下左图所示。单击“图案填充”对话框中的“确定”按钮，添加图案，如下右图所示。

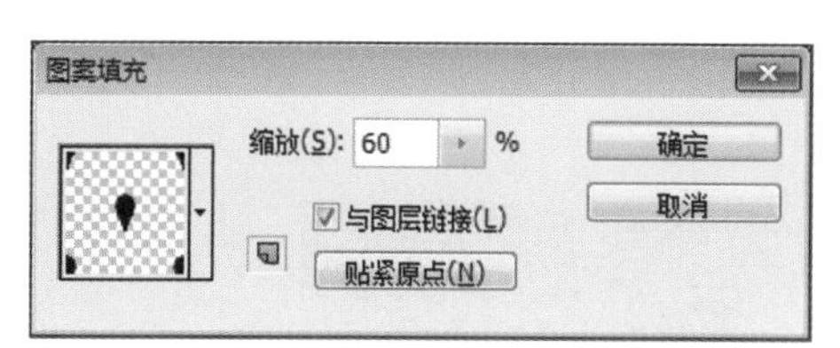

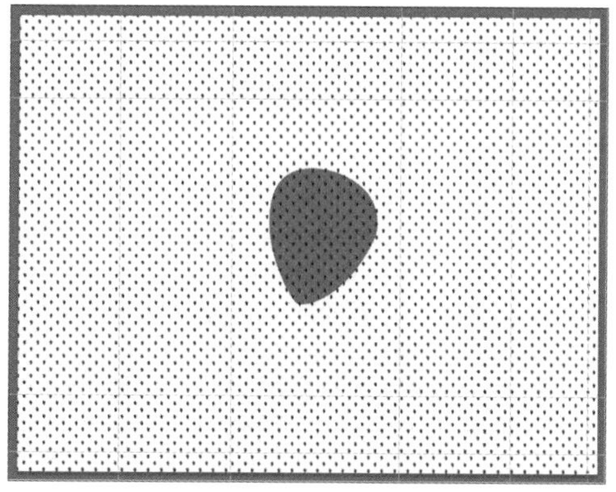

步骤17 在上一步创建的图案图层上单击鼠标右键，在弹出的菜单中选择“转换为智能对象”命令，将图案填充图层转换为智能图层，如下左图所示。执行“编辑>自由变换”命令，旋转图像，如下右图所示。

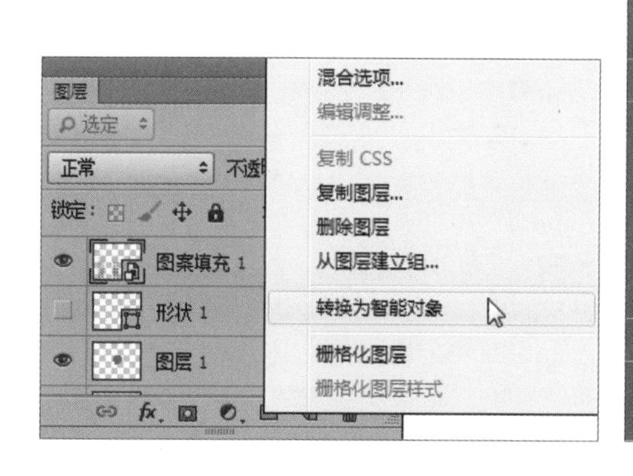

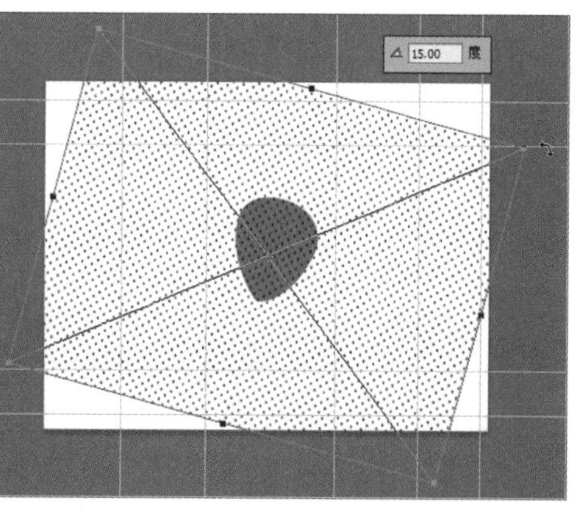

步骤18 配合键盘上的Ctrl键单击“图案填充 1”的图层缩览图，如下左图所示，将图案载入选区。回到“通道”面板，在“Alpha 1”通道中填充选区为黑色，然后使用快捷键Ctrl+D取消选区，如下右图所示。

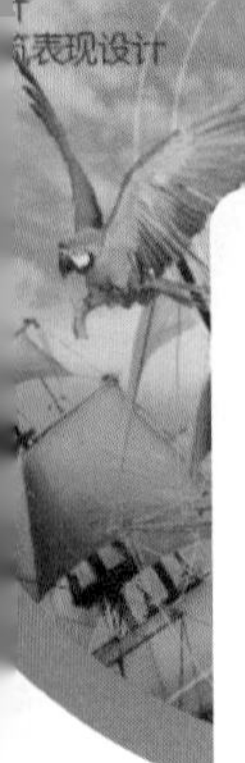

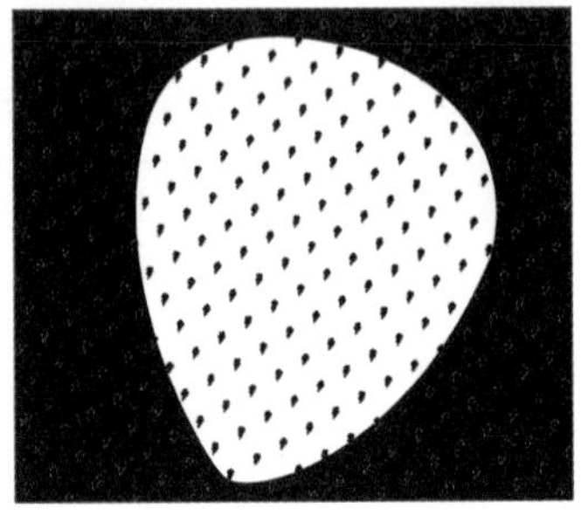

步骤 19 配合键盘上的Ctrl键单击“图层”面板中“图层 1”的图层缩览图，如下左图所示，将草莓图像载入选区。在“通道”面板中拖动 “Alpha 1”通道至面板底部的“创建新通道”按钮上，复制通道，如下右图所示。

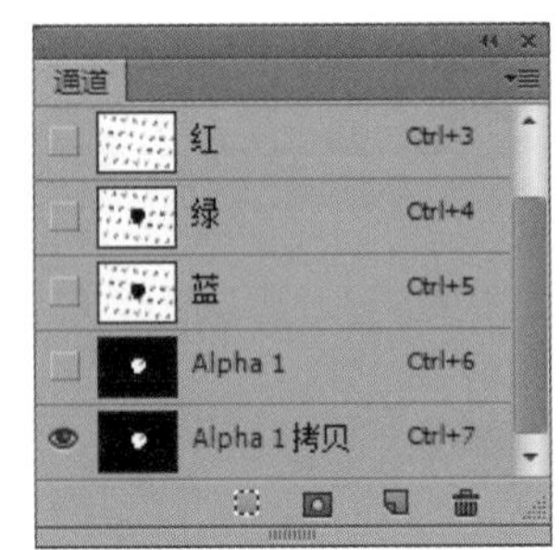

步骤 20 执行“滤镜>模糊>高斯模糊”命令，在弹出的“高斯模糊”对话框中设置参数，然后单击“确定”按钮，模糊图像，如下左图所示。

步骤 21 使用步骤19的方法继续复制“Alpha 1”通道，得到“Alpha 1 拷贝 2”通道，如下右图所示。

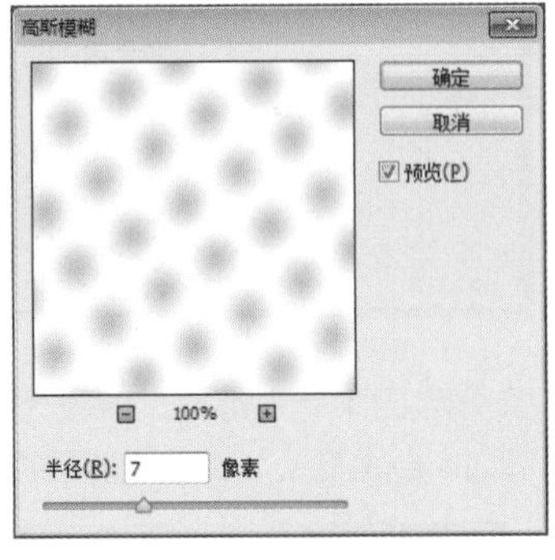

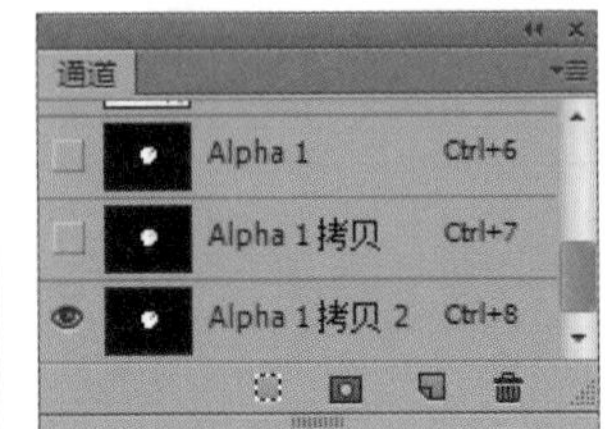

步骤 22 对“Alpha 1 拷贝 2”通道中的图像进行高斯模糊，如下左图所示。

步骤 23 执行“图像>计算”命令，在弹出的“计算”对话框中进行设置，然后单击“确定”按钮，应用计算命令，如下右图所示。

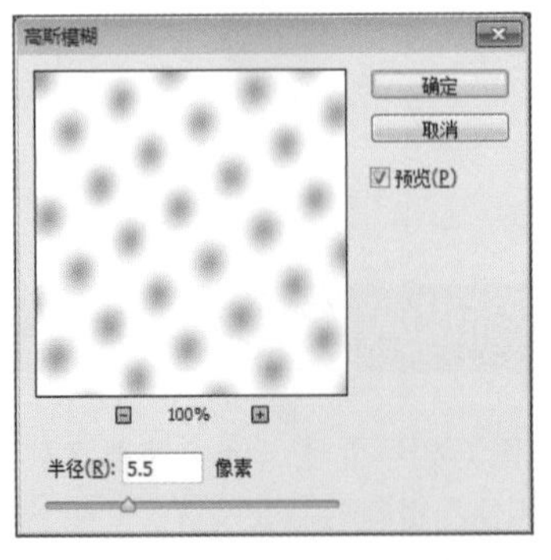

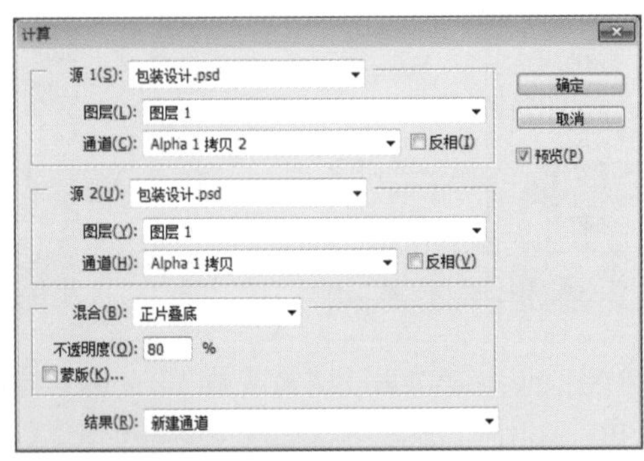

步骤 24 在“图层”面板中隐藏“图案填充 1”图层，然后选中“图层 1”。执行“滤镜>渲染>光照效果”命令，在“属性”面板中设置参数，然后单击选项栏中的“确定”按钮，应用光照效果，如下图所示。

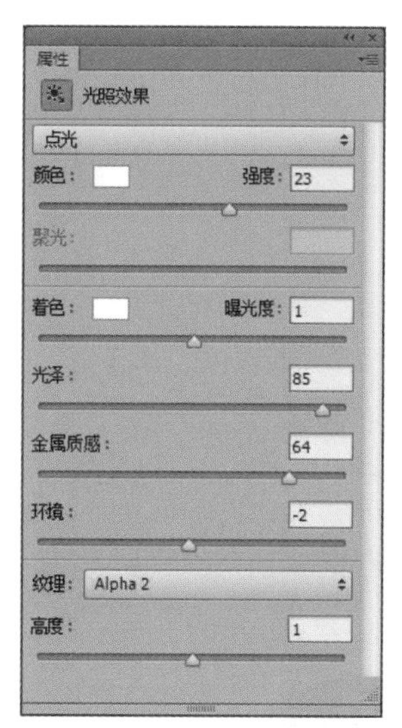

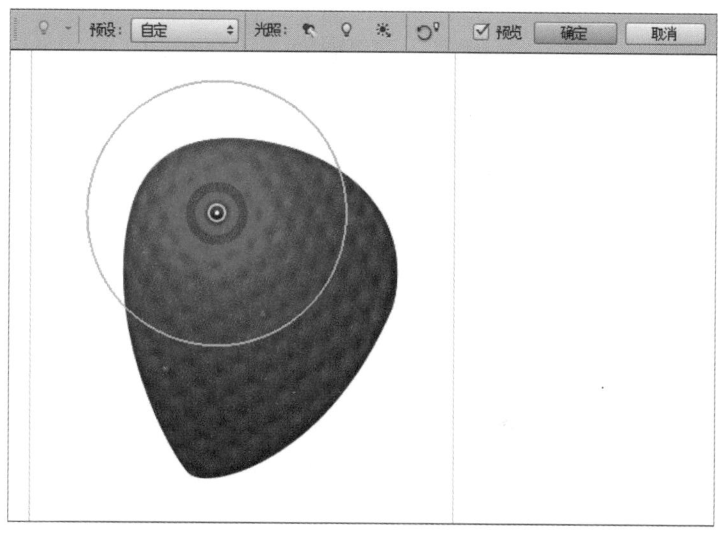

步骤 25 单击“通道”面板底部的“创建新通道”按钮，创建“Alpha 3”通道，如下左图所示。执行“滤镜>渲染>云彩”命令，为“Alpha 3”通道添加云彩效果，如下右图所示。

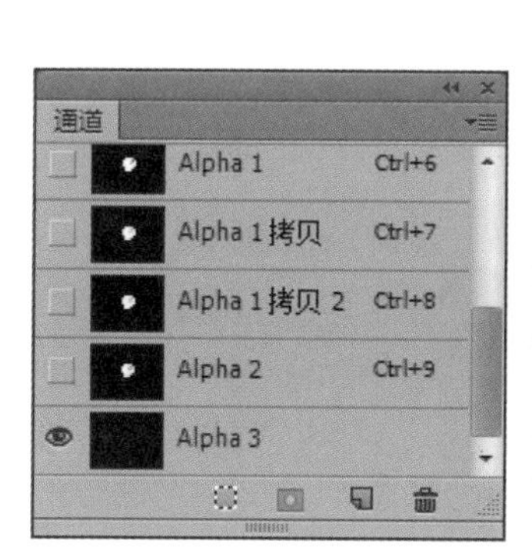

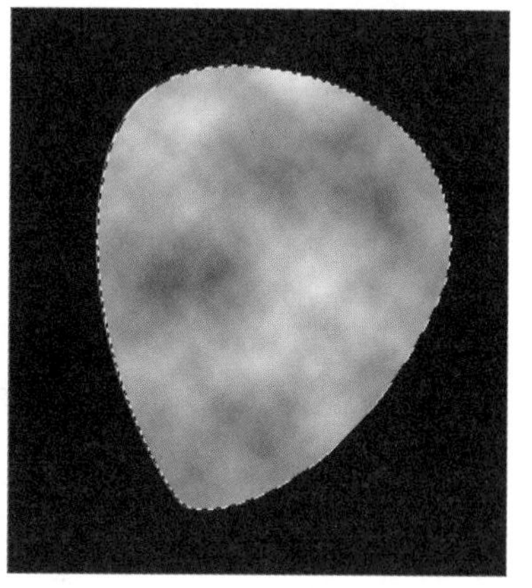

步骤 26 执行“图像>计算”命令，在弹出的“计算”对话框中进行设置，然后单击“确定”按钮，应用计算命令，得到“Alpha 4”通道，如下图所示。

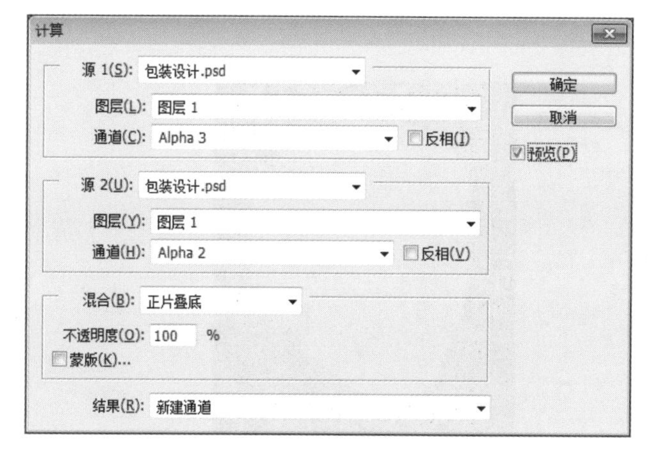

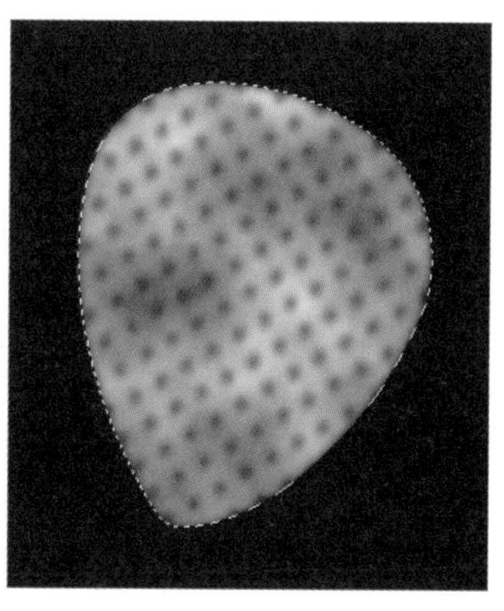

步骤 27 执行“滤镜>滤镜库”命令，在弹出的对话框中设置滤镜效果，然后单击“确定”按钮，应用效果，如下图所示。

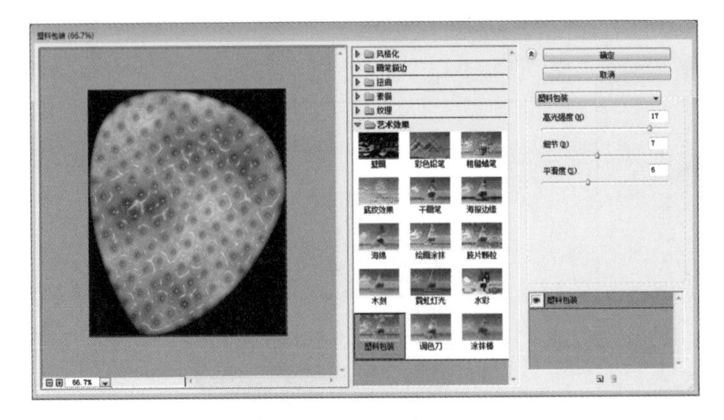

步骤 28 返回到“图层”面板，执行“图像>应用图像”命令，在弹出的“应用图像”对话框中进行设置，如下左图所示，然后单击“确定”按钮，应用图像，如下右图所示。

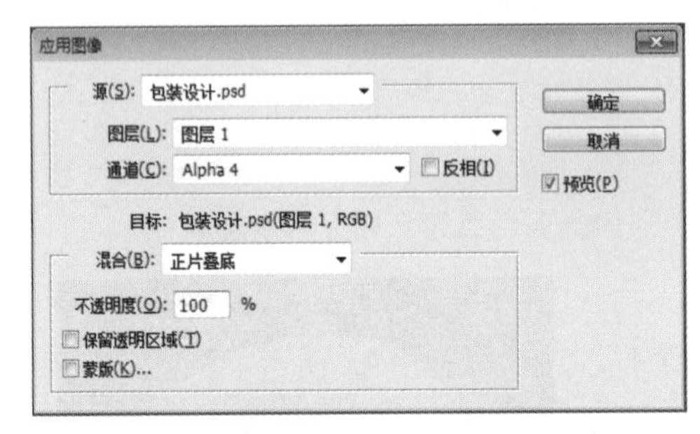

步骤 29 再次复制Alpha 1通道，得到“Alpha 1 拷贝 3”通道，如下图所示。

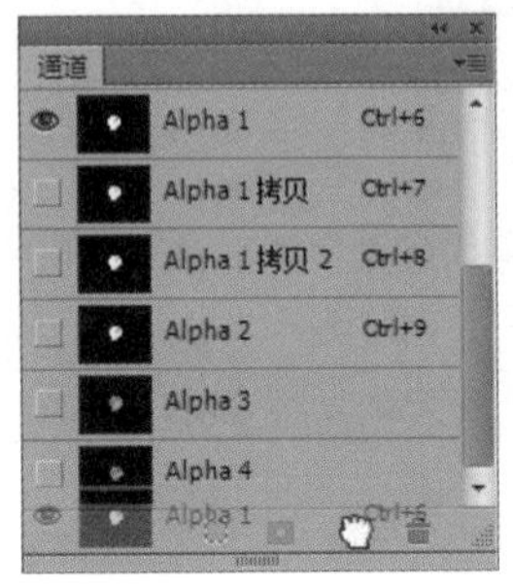

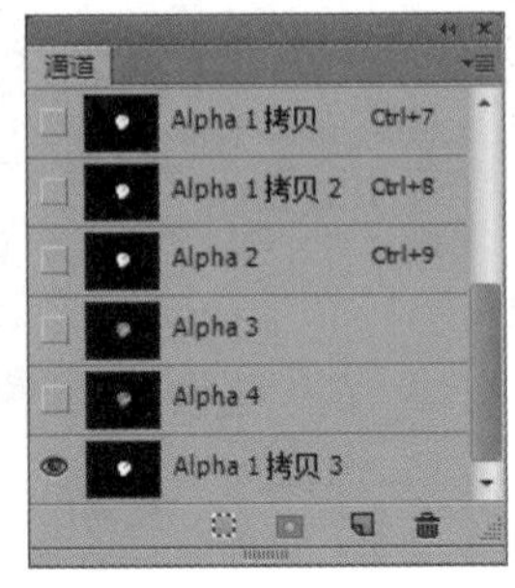

步骤 30 执行“滤镜>风格化>浮雕效果”命令，在弹出的“浮雕效果”对话框中进行设置，如下左图所示。单击“确定”按钮，应用浮雕效果，如下右图所示。

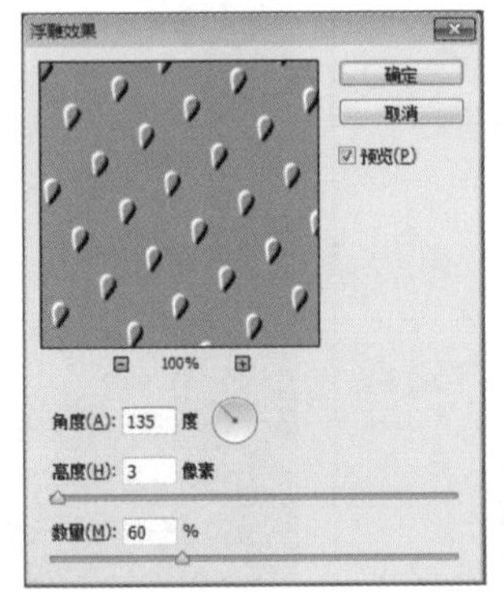

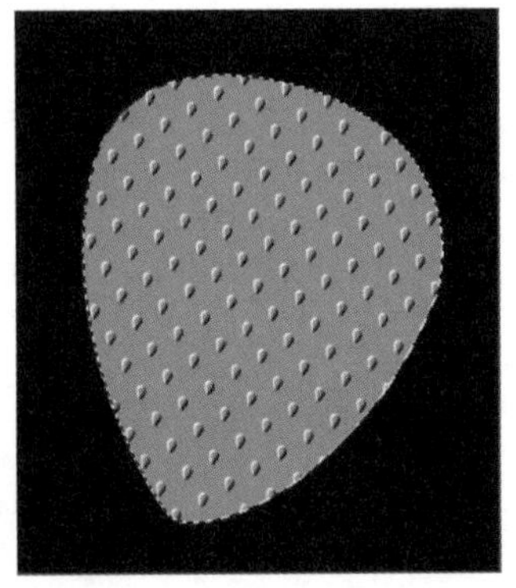

步骤31 在“图层”面板中新建“图层2”，并填充选区为白色，如下图所示。

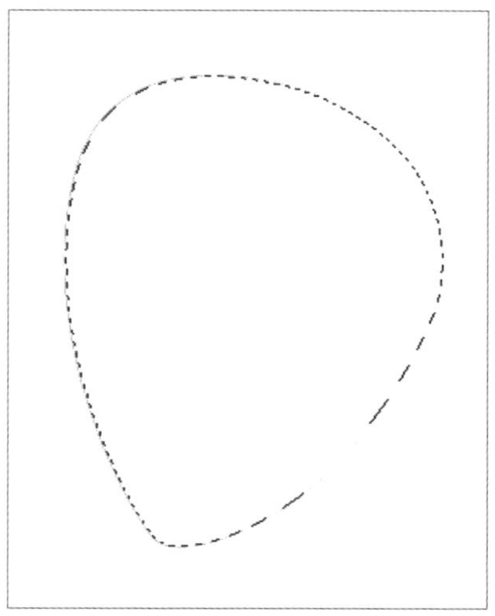

步骤32 执行“图像>应用图像”命令，在弹出的“应用图像”对话框中进行设置，如下左图所示。单击“确定”按钮，应用图像，如下右图所示。

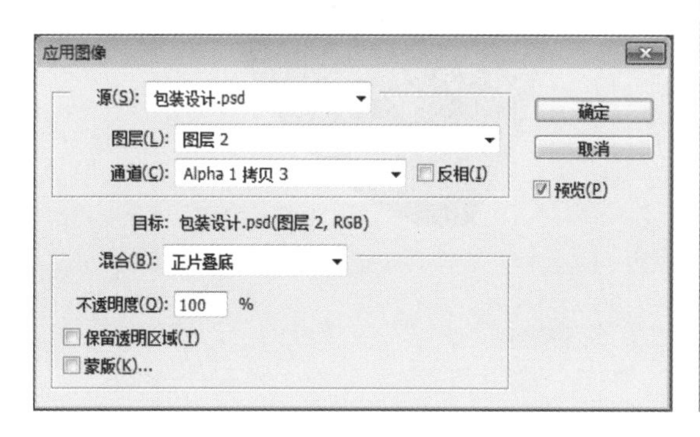

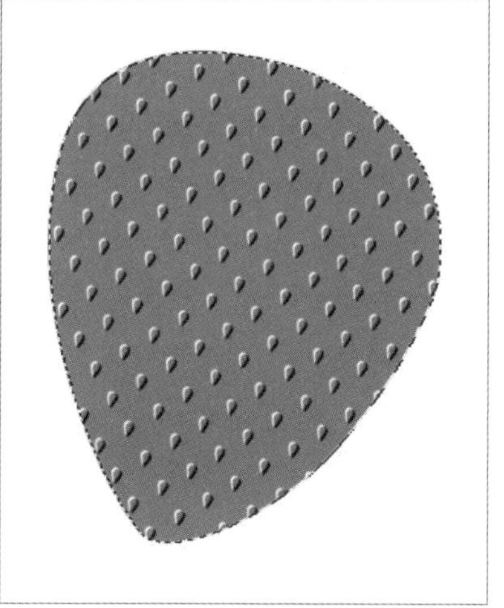

步骤33 配合键盘上的Ctrl+Shift+Alt键单击“通道”面板中“Alpha 1”通道的缩览图，创建相交的选区，按键盘上的Delete键删除选区中的图像，然后使用快捷键Ctrl+D取消选区，如下图所示。

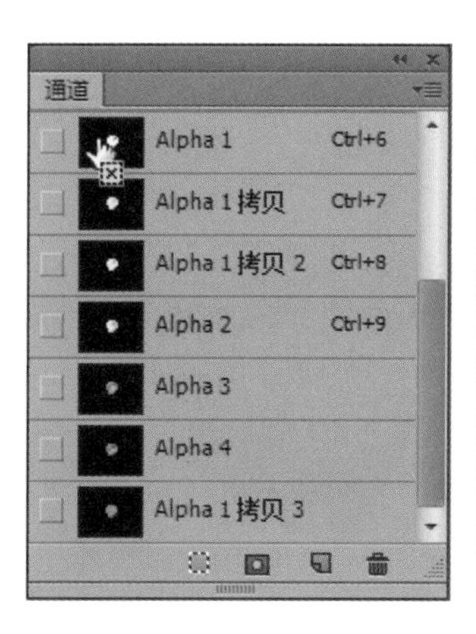

步骤 34 调整“图层 2”的图层混合模式，如下图所示。

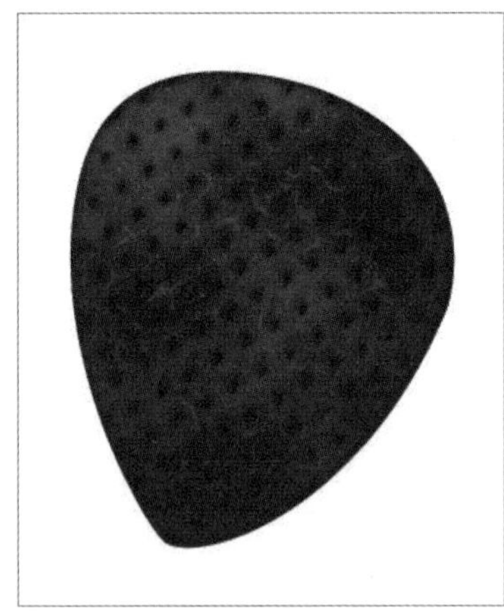

步骤 35 选中“路径”面板中的“工作路径”路径，如下左图所示，单击面板底部的“将路径作为选区载入”按钮，将路径载入选区，如下右图所示。

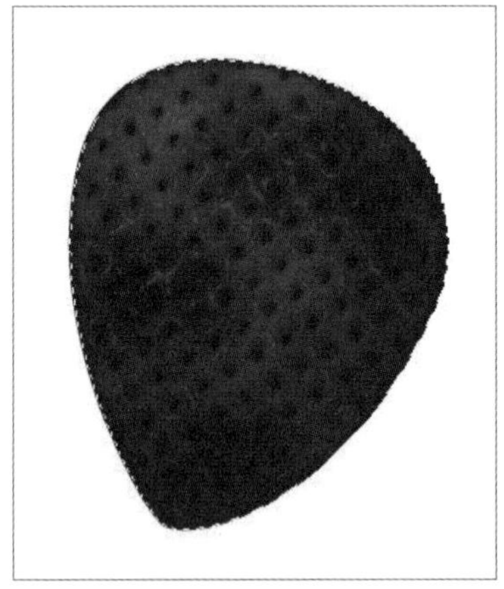

步骤 36 选择“矩形选框工具”并单击选项栏中的调整边缘...按钮，在弹出的“调整边缘”对话框中设置参数，如下左图所示。单击对话框中的“确定”按钮，应用调整边缘效果，如下右图所示。

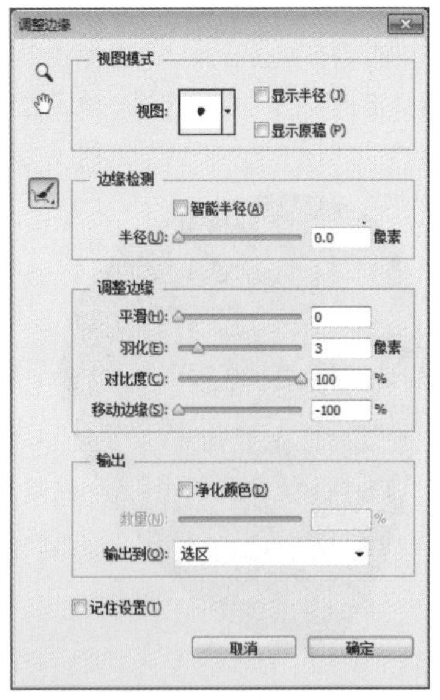

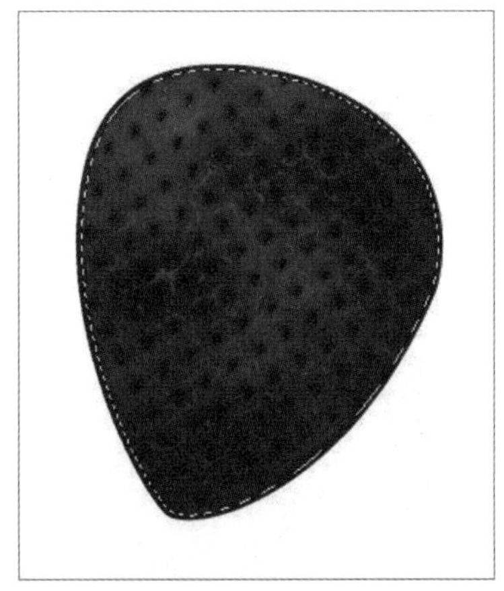

步骤37 在“图层”面板中，选中“图层 1”，然后单击面板底部的“添加图层蒙版”按钮，添加图层蒙版，隐藏选区以外的图像，如下图所示。

步骤38 选中上一步创建的图层蒙版，配合键盘上的Alt键将其拖至“图层 2”图层上，复制蒙版，如下图所示。

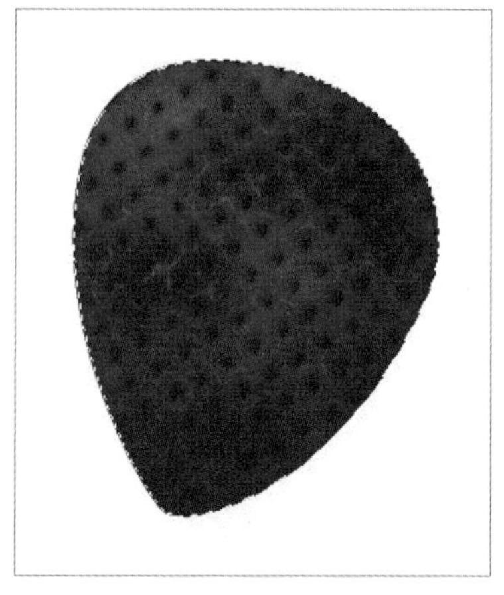

步骤39 单击“图层”面板底部的“创建新的填充或调整图层”按钮，在弹出的菜单中选择“色相/饱和度”命令，在“属性”面板中进行设置，调整图像的色相及饱和度，如下图所示。

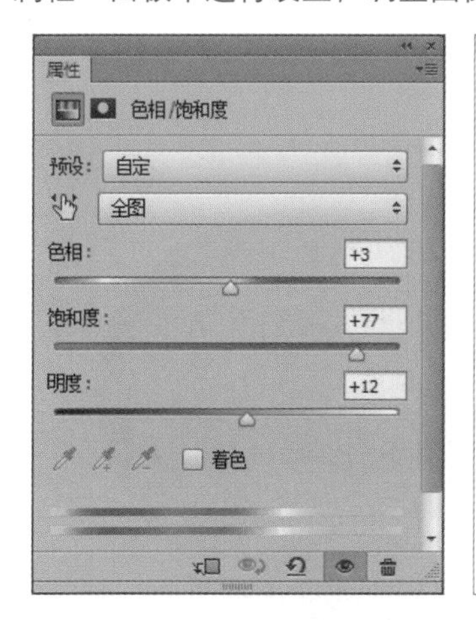

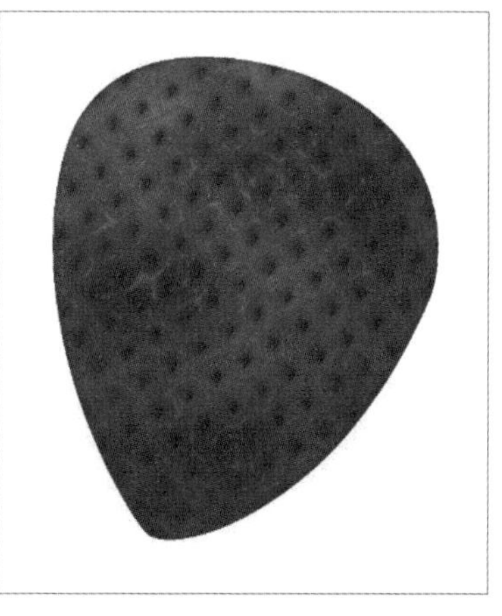

步骤40 复制“图层 1”，单击鼠标右键，在弹出的菜单中选择“转换为智能对象”命令，继续单击鼠标右键，在弹出的菜单中选择“栅格化图层”命令，将图层转换为普通图层，如下左图所示。

步骤41 执行“图像>应用图像”命令，在弹出的“应用图像”对话框中设置参数，单击“确定”按钮，如下右图所示。

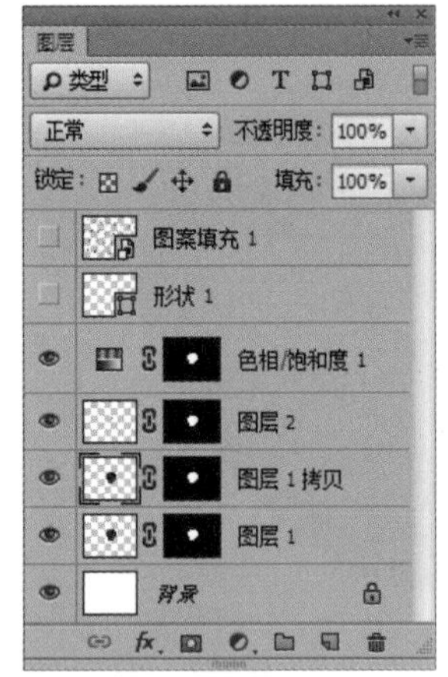

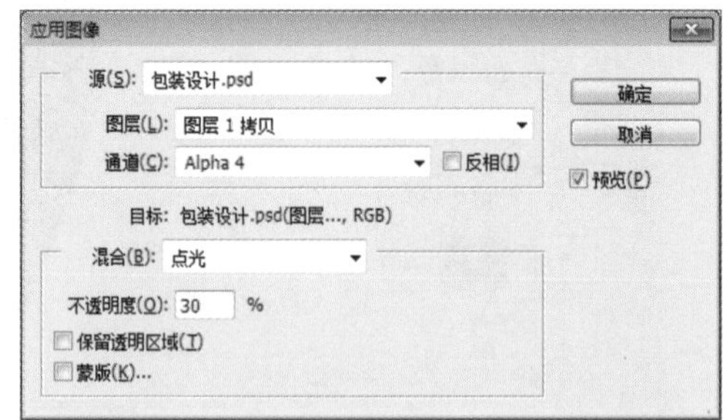

步骤42 选择“套索工具”并在选项栏中单击“与选区相交”按钮，设置羽化参数，然后在草莓选区上绘制相交选区，如下左图所示。

步骤43 执行“图像>调整>亮度/对比度”命令，在弹出的“亮度/对比度”对话框中设置参数，然后单击“确定”按钮，调整选区中的图像，如下右图所示。

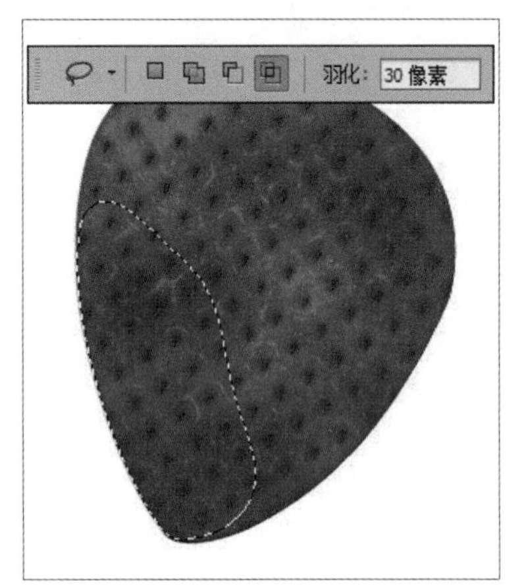

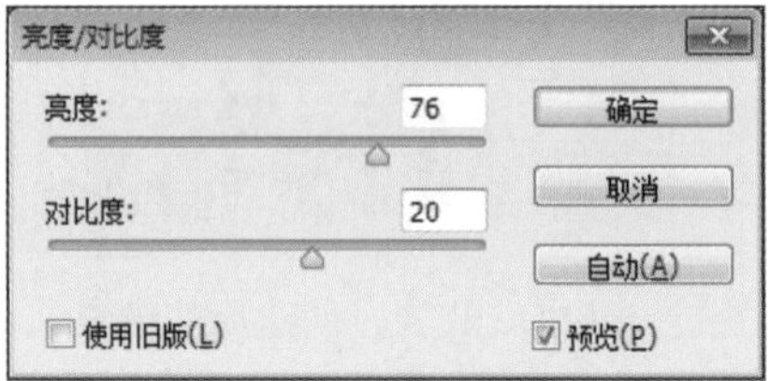

步骤44 在“路径”面板中将“工作路径”载入选区（如下左图所示），继续使用“套索工具”创建如下右图所示的相交选区。

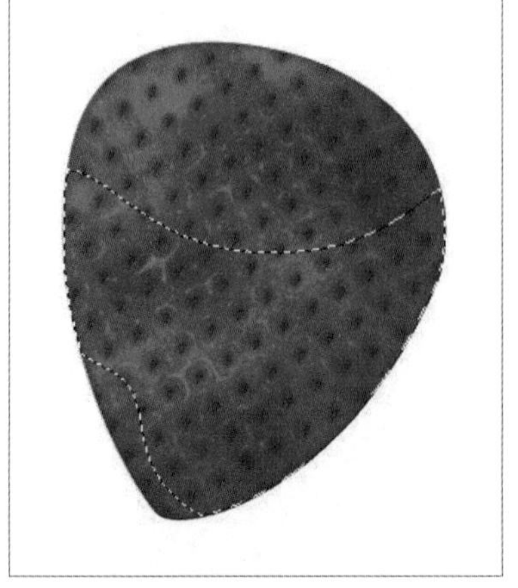

步骤 45 单击“图层”面板底部的“创建新的填充或调整图层”按钮，在弹出的菜单中选择“色彩平衡”命令，然后在“属性”面板中调整图像的颜色，如下图所示。

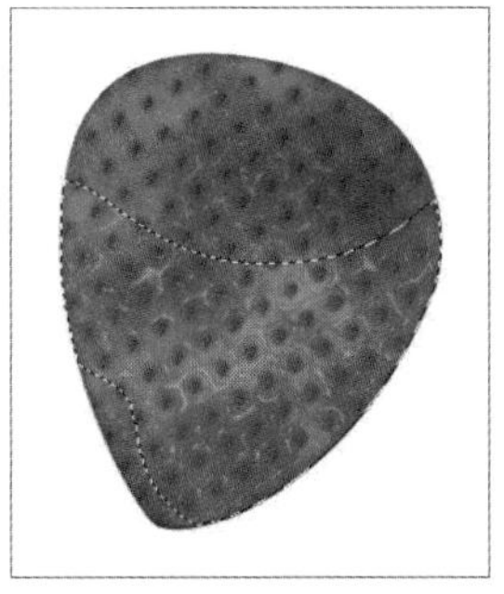

步骤 46 配合键盘上的Ctrl键单击“图层 2”的图层缩览图，将图像载入选区，如下图所示。

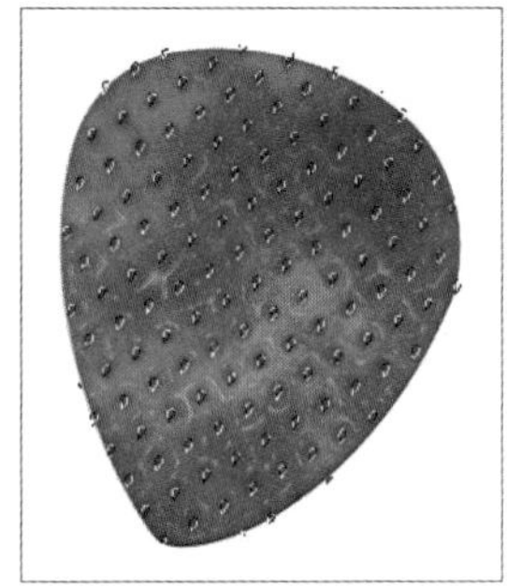

步骤 47 新建图层并填充选区为黄色，如下图所示。

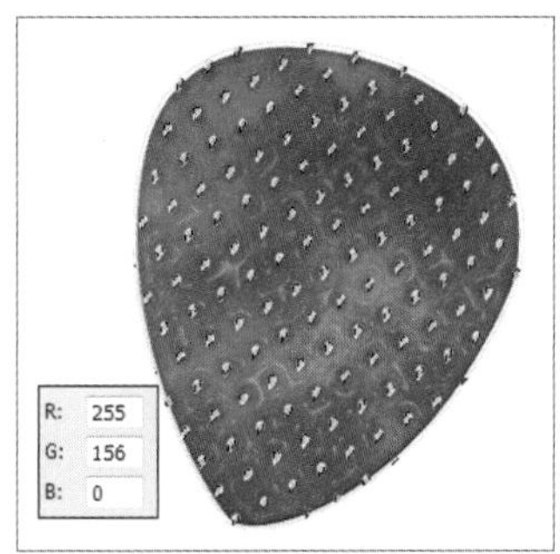

步骤 48 调整“图层 3”的混合模式，如下图所示。

步骤 49 为“图层 3”添加图层蒙版，如下左图所示。使用“套索工具”绘制选区，在“图层 3”蒙版中填充选区为黑色，隐藏选区中的图像，如下右图所示。

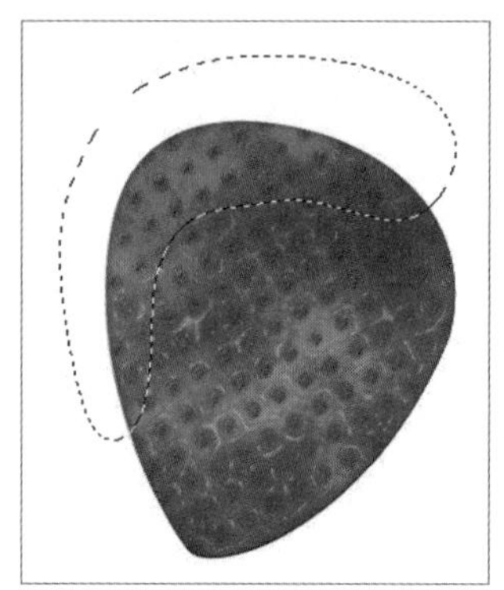

步骤 50 单击“路径”面板底部的“创建新路径”按钮，新建“路径 1”路径。使用“钢笔工具”绘制路径，并将路径载入选区，如下图所示。

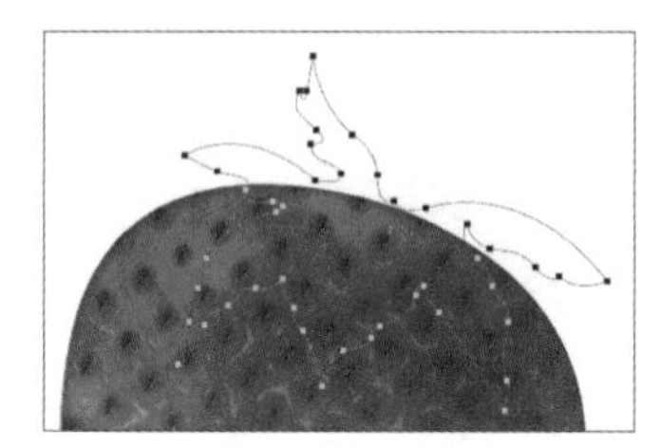

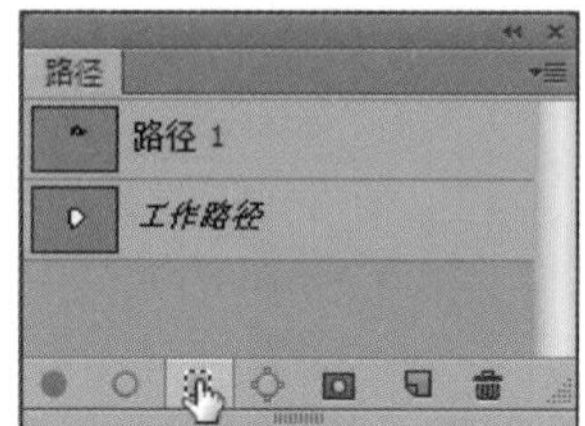

步骤 51 单击“图层”面板底部的“创建新的填充或调整图层”按钮，在弹出的菜单中选择“渐变”命令，单击“渐变填充”对话框中的渐变条，在弹出的“渐变编辑器”对话框中设置渐变颜色，然后单击“确定”按钮关闭“渐变编辑器”对话框，如下图所示。

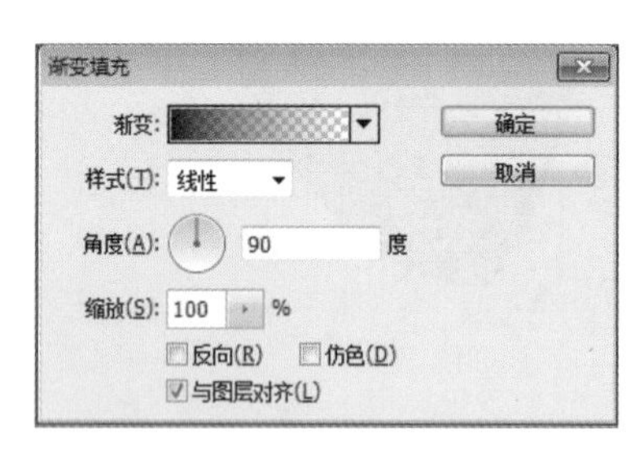

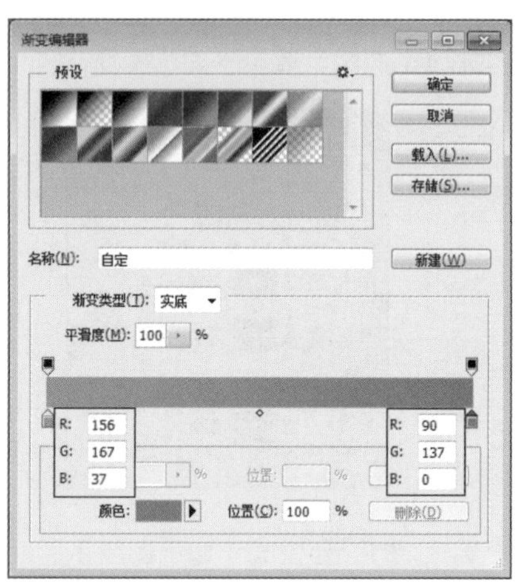

步骤 52 在“渐变填充”对话框中设置渐变类型，单击“确定”按钮，应用渐变填充效果，如下图所示。

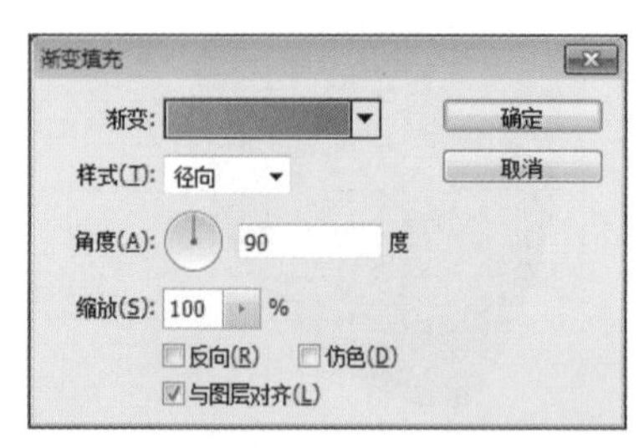

步骤 53 单击“图层”面板底部的“添加图层样式”按钮 fx，在弹出的菜单中选择“内发光”命令，然后在弹出的“图层样式”对话框中设置参数，单击“确定”按钮，添加内发光图层样式，如下图所示。

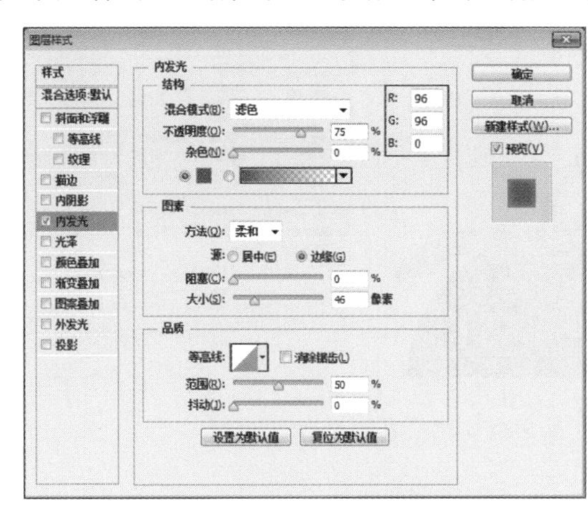

步骤 54 新建“路径 2”，如下左图所示。使用“钢笔工具”绘制路径，如下右图所示。

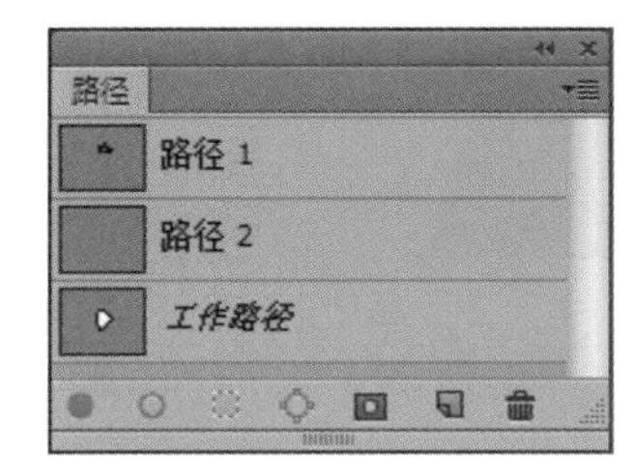

步骤 55 将路径载入选区，配合键盘上的Ctrl+Shift+Alt键单击“路径 1”的路径缩览图，创建相交选区，如下图所示。

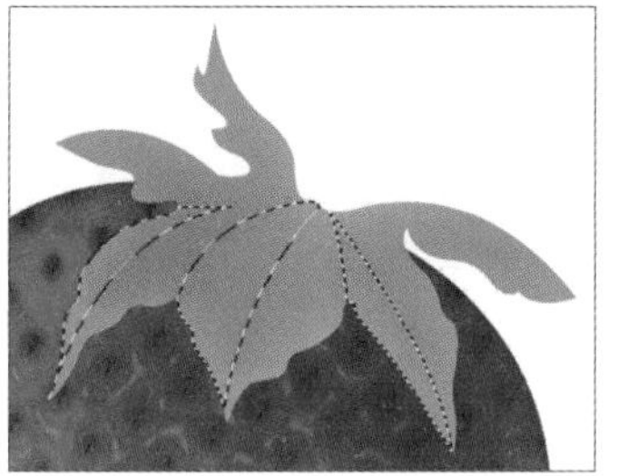

步骤 56 为选区添加渐变填充效果，如下图所示。

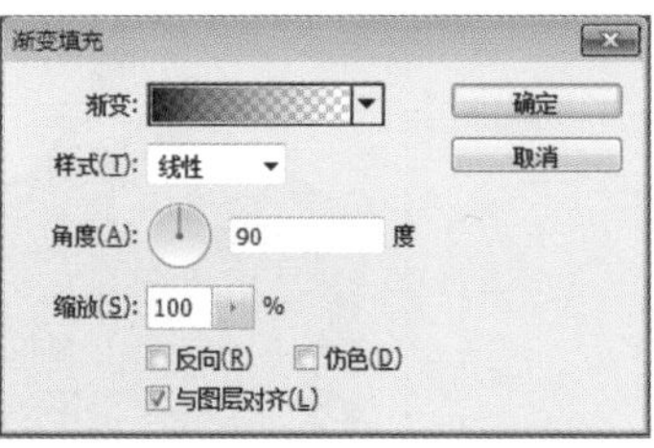

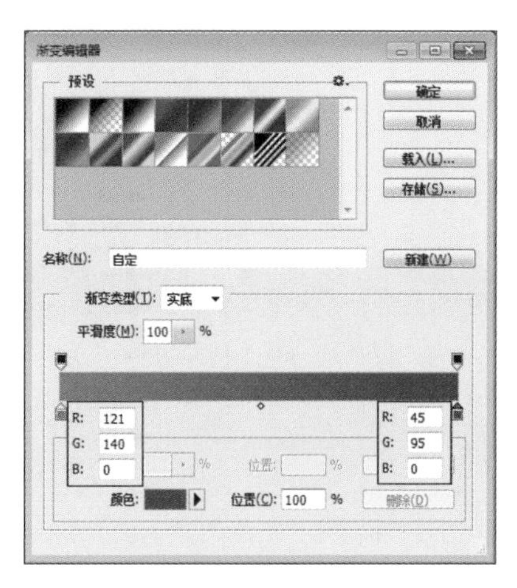

步骤 57 调整渐变样式，并使用前面介绍的方法为创建的“渐变填充 2”图层添加“内发光”图层样式，如下图所示。

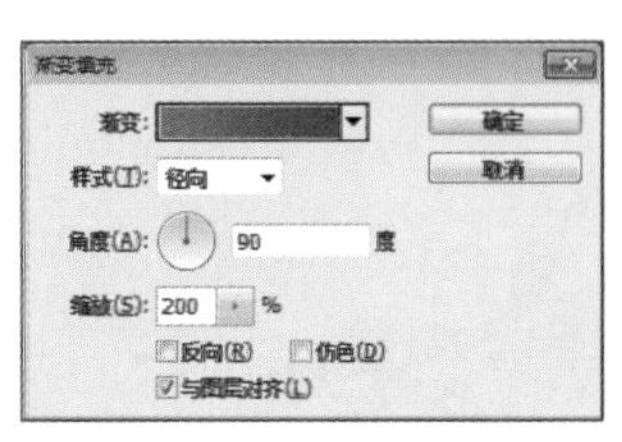

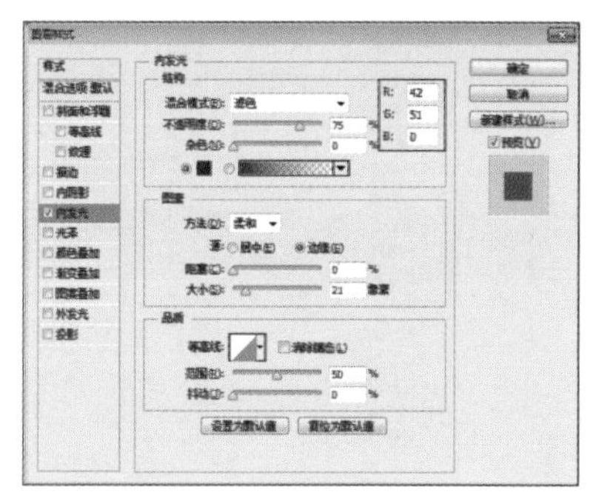

步骤 58 为“渐变填充 2”图层添加“内发光”图层样式后的效果如下图所示。

步骤 59 继续将“路径 1”图层上的路径载入选区，执行“选择>变换选区”命令，配合键盘上的Shift+Alt键由中心放大选区，如下图所示。

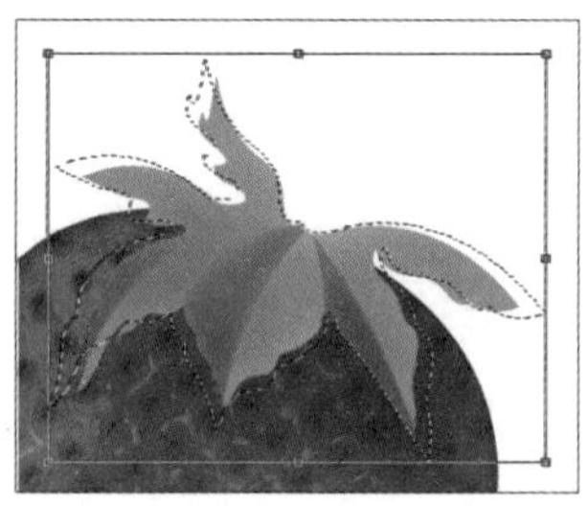

步骤 60 选中“矩形选框工具”并单击选项栏中的“调整边缘”按钮，在弹出的“调整边缘”对话框中进行设置，如下左图所示。然后单击“确定”按钮，羽化选区，如下右图所示。

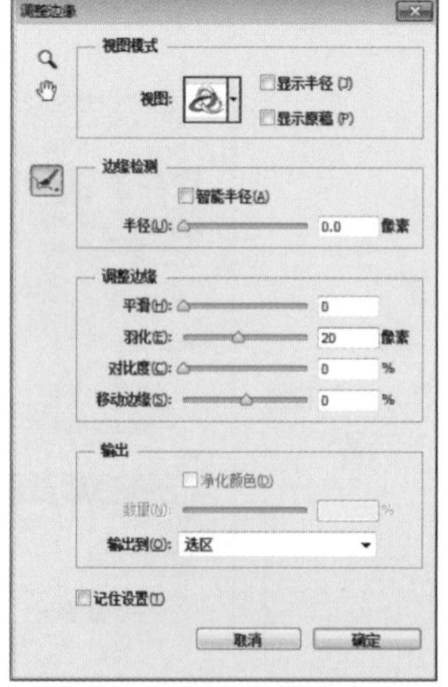

步骤61 选中“图层 1 拷贝”图层，如下左图所示。执行“图像>调整>色相/饱和度”命令，在弹出的“色相/饱和度”对话框中进行设置，单击“确定”按钮，应用图像调整效果，如下右图所示。

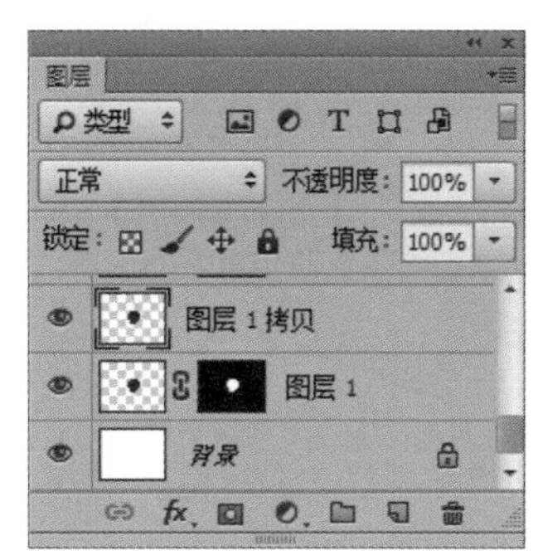

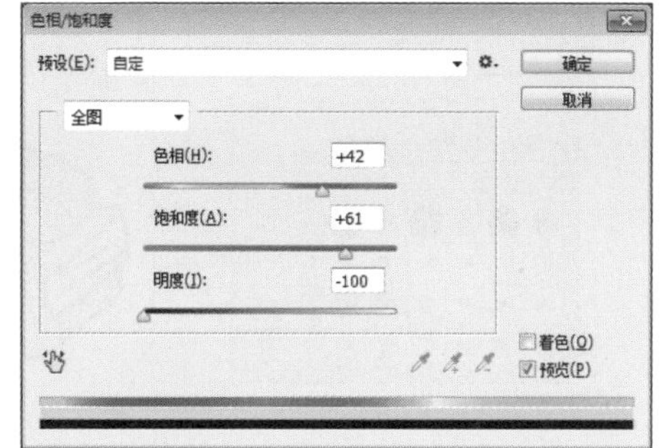

步骤62 选中除“背景”图层以外的所有图层，将其拖至面板底部的“创建新组”按钮上，将图层进行编组，以方便接下来的操作。然后单击“创建新组”按钮，新建“组 2”图层组，如下图所示。

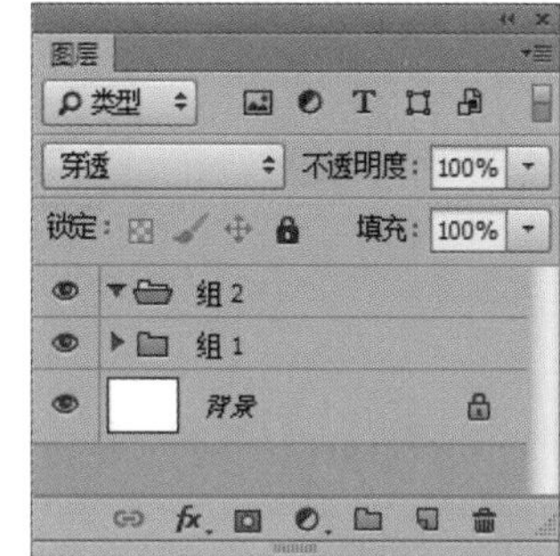

3. 制作小汽车图像

下面将介绍如何使用Photoshop CC软件中的钢笔工具制作小汽车图像。

步骤01 选择“钢笔工具”，在选项栏中进行设置，如下图所示。

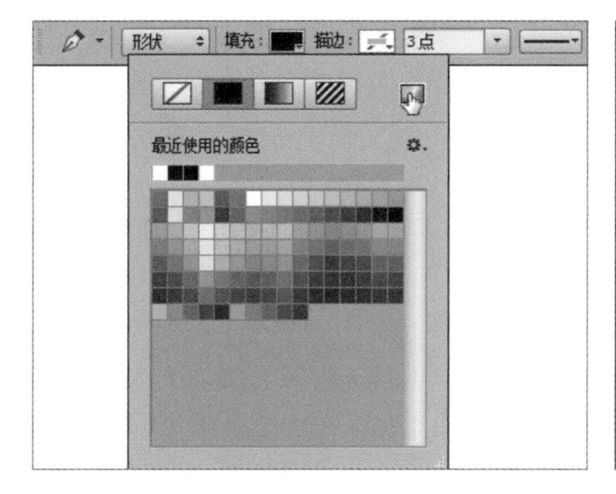

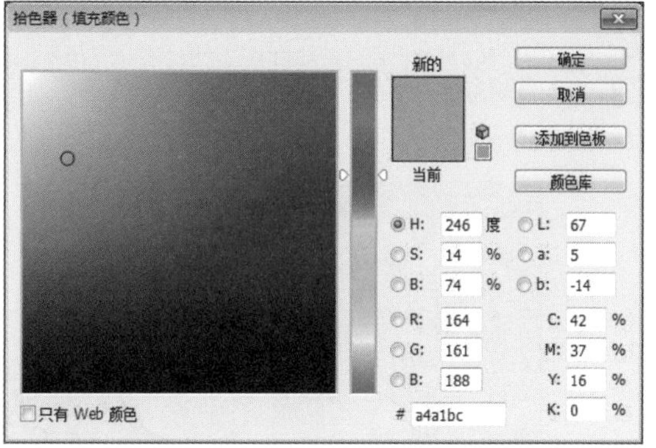

步骤02 在视图中绘制小汽车图形，如下图所示。

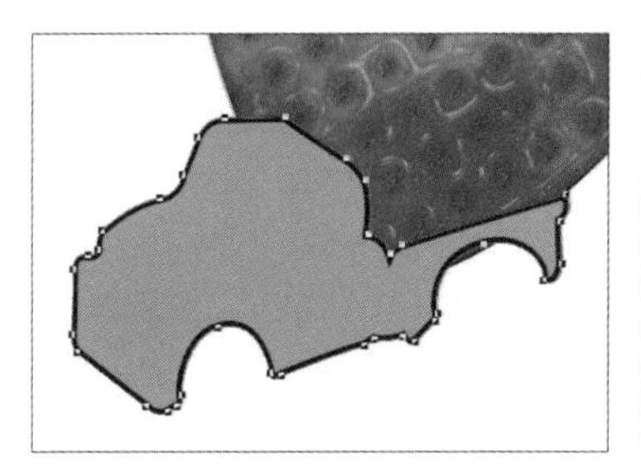
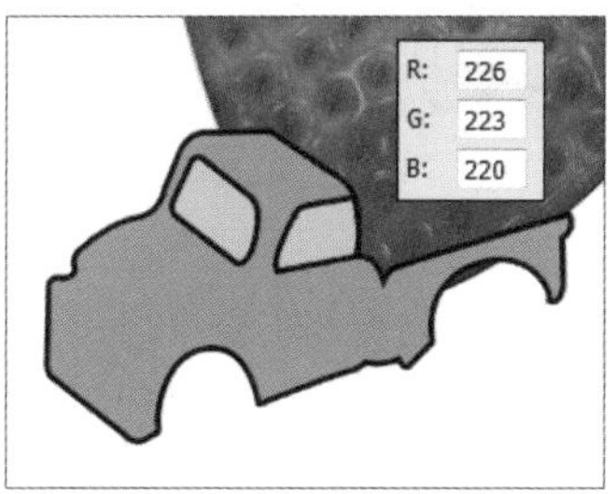

步骤03 选择“画笔工具”，如下左图所示在选项栏中调整画笔，设置前景色为黑色，新建图层绘制小汽车上的线条，如下右图所示。

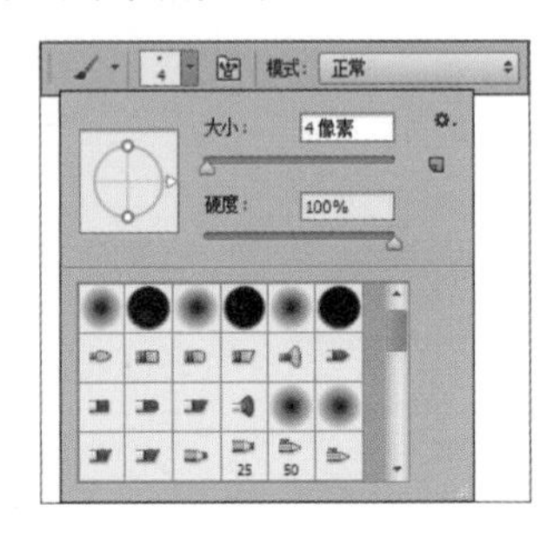

步骤04 使用“椭圆工具”绘制椭圆图形，如下图所示。

步骤05 配合键盘上的Shift键同时选中上一步创建的椭圆图形，按住键盘上的Alt键拖动并复制椭圆，执行“编辑>自由变换”命令，配合键盘上的Ctrl键倾斜图形，如下图所示。

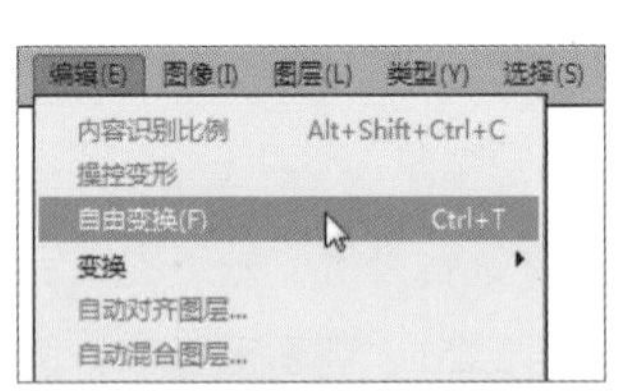

步骤06 选中“图层 4”图层，向上调整图层顺序，如下左图所示。使用“画笔工具”绘制轮胎上的纹理，绘制效果如下中图所示。使用“矩形选框工具”沿参考线绘制矩形，如下右图所示。

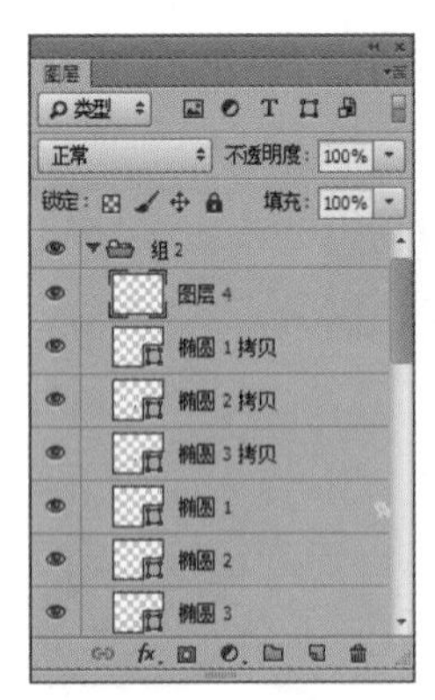

4. 制作水彩背景

下面将介绍如何使用画笔工具与图层混合模式制作水彩背景。

步骤01 新建“组 3”并新建“图层 5”，如下左图所示，隐藏“组 1”和“组 2”，选择“画笔工具”并在选项栏中设置画笔大小，如下右图所示。

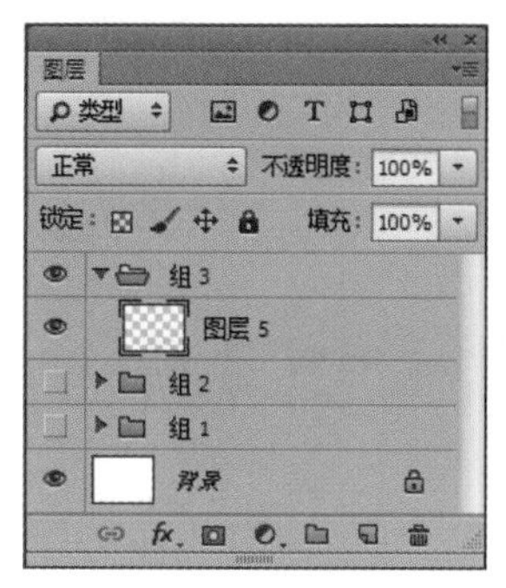

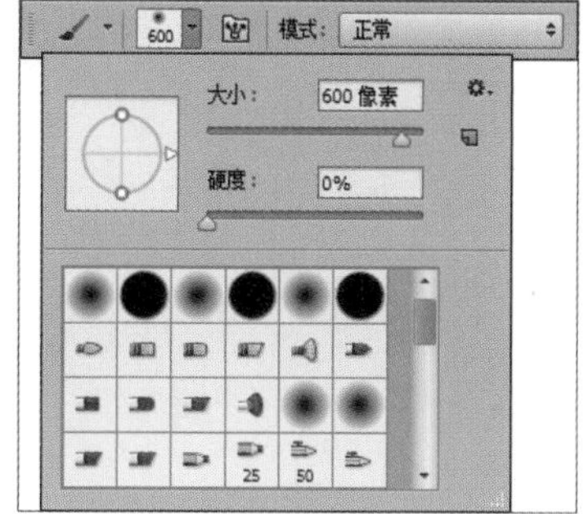

步骤 02 在选区中绘制图像，如下图所示。

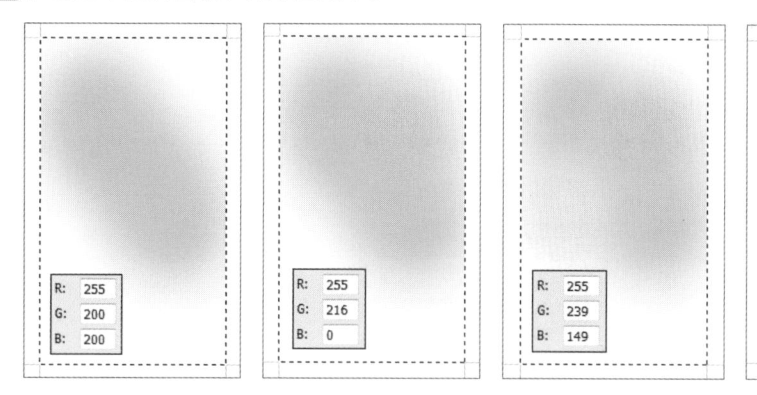

步骤 03 单击工具箱中的按钮，恢复默认的前景色和背景色，如下左图所示。执行“滤镜>渲染>云彩”命令，创建云彩图像，如下右图所示。

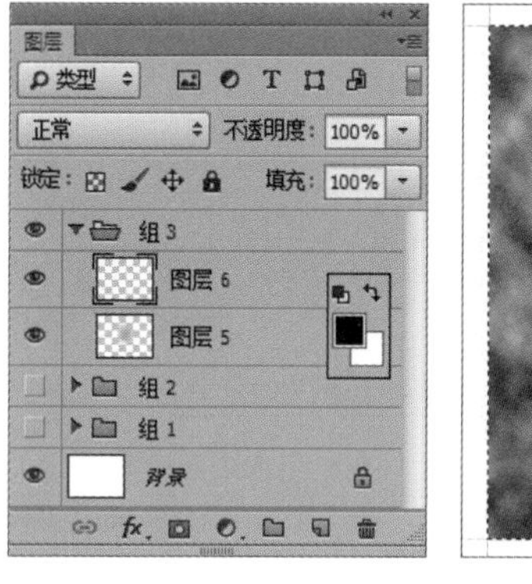

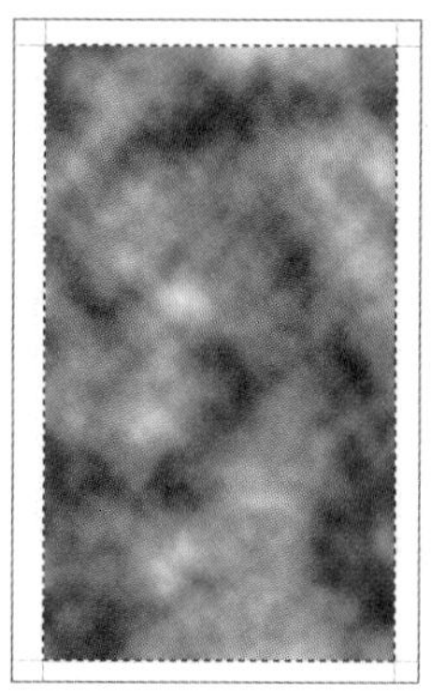

步骤 04 执行“图像>调整>亮度/对比度”命令，在弹出的“亮度/对比度”对话框中进行设置，然后单击“确定”按钮，调整图像的对比度，如下图所示。

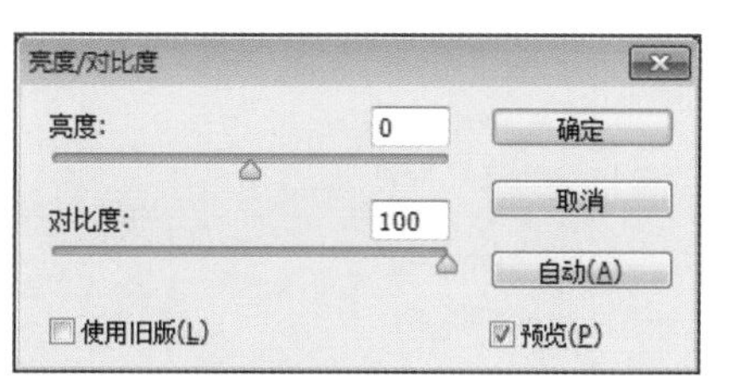

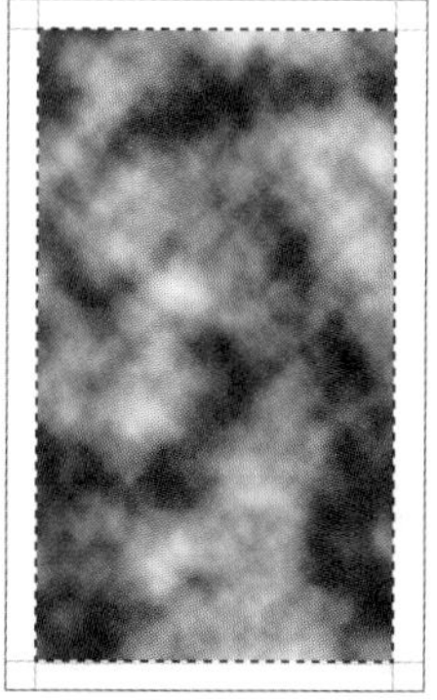

步骤 05 调整图层混合模式及不透明度，显示“组1”和“组2”并调整图层顺序，如下图所示。

5. 添加装饰图像

下面将介绍制作装饰图像的详细过程。

步骤 01 使用“钢笔工具”绘制树枝形状，如下左图所示，然后新建图层，如下中图所示。使用“椭圆选框工具”配合键盘上的Shift键绘制正圆选区，并填充选区为黑色，如下右图所示。

步骤 02 配合键盘上的Shift键水平向右移动选区的位置，如下左图所示。执行“选择>反向”命令，如下中图所示。调整选区，按Delete键删除图像，效果如下右图所示。

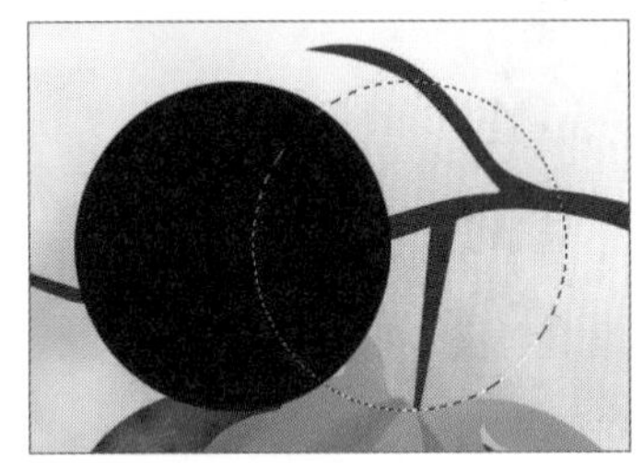
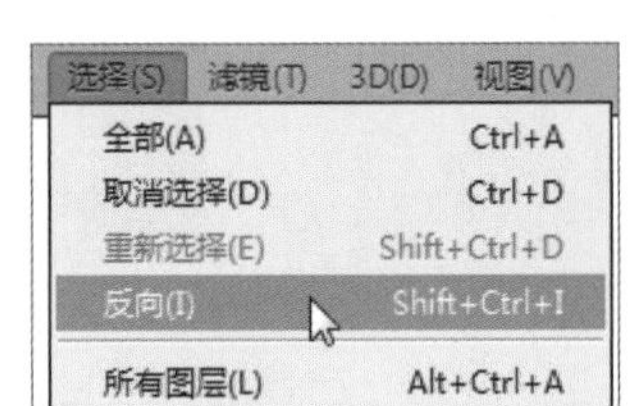

步骤 03 在“图层 7”上单击鼠标右键，在弹出的菜单中选择“复制图层”命令，如下左图所示。在弹出的“复制图层”对话框中进行设置，然后单击“确定”按钮，复制图层并新建文件，如下右图所示。

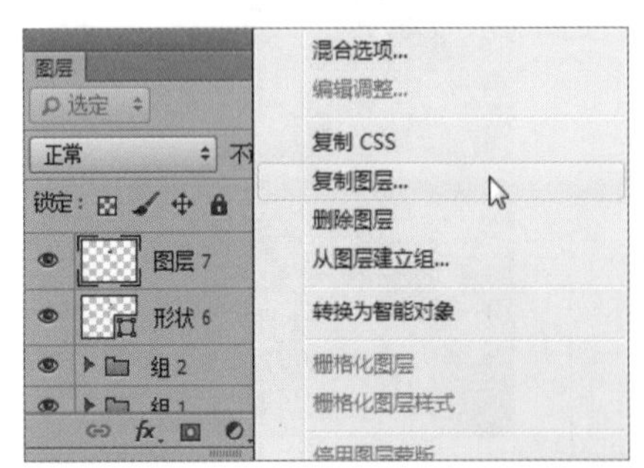
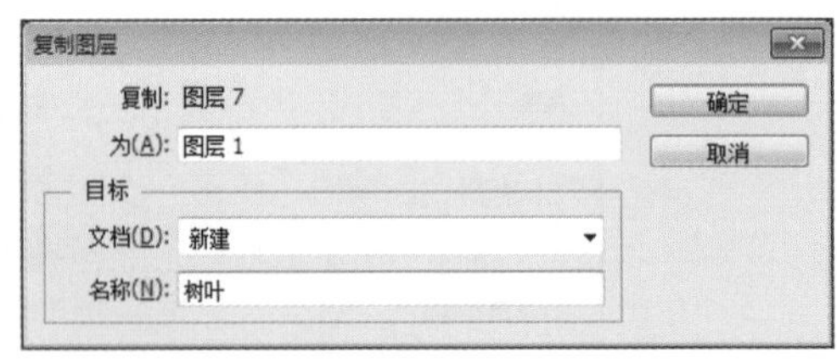

步骤04 执行“图像>裁切”命令，在弹出的“裁切”对话框中进行设置后单击“确定”按钮，裁切透明像素，如下左图所示。使用“矩形选框工具”创建选区，并删除选区中的图像，如下中图所示。

步骤05 选择“多边形套索工具”并单击选项栏中的“添加到选区”按钮，在视图中绘制选区，按Delete键删除创建的选区中的图像，如下右图所示。

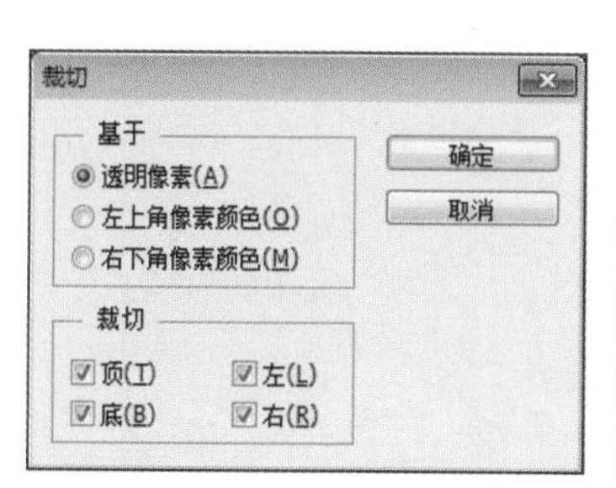

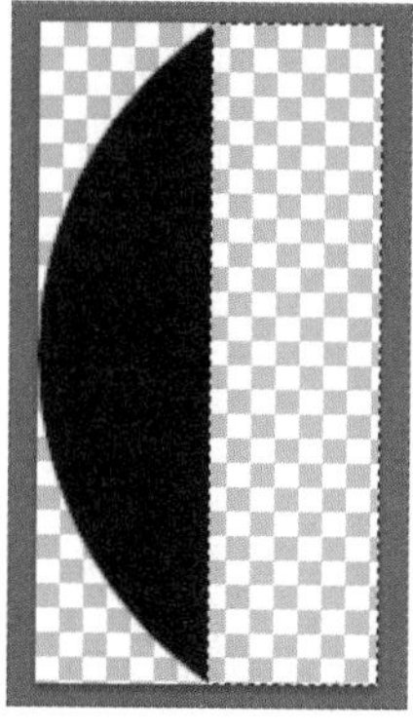

步骤06 复制“图层 7”，按快捷键Ctrl+T调出变换控制框，单击鼠标右键，在弹出的菜单中选择“水平翻转”命令，翻转图像并移动图像的位置，如下图所示。

步骤07 执行“编辑>定义画笔预设”命令，如下左图所示，在弹出的“画笔名称”对话框中单击“确定”按钮，新建画笔，如下右图所示。

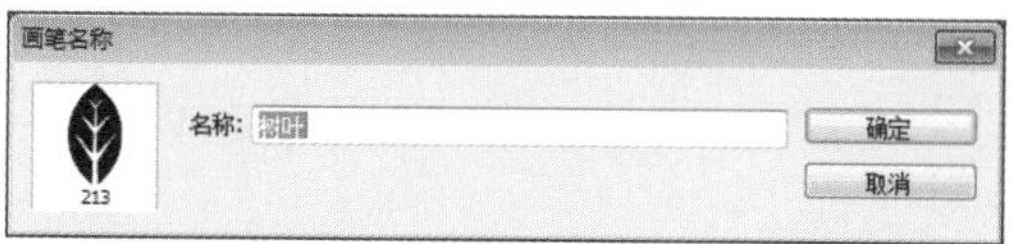

步骤08 回到“包装设计.psd”文件中，使用“矩形选框工具”创建选区，如下左图所示，并删除选区中的黑色图像，然后选择“画笔工具”并在选项栏中选中“树叶”画笔，如下右图所示。

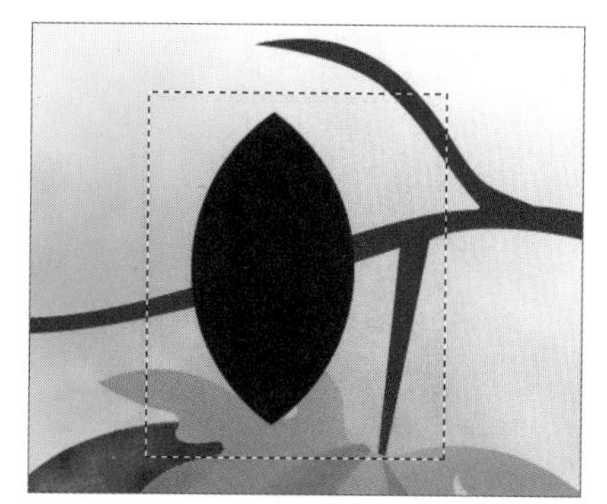

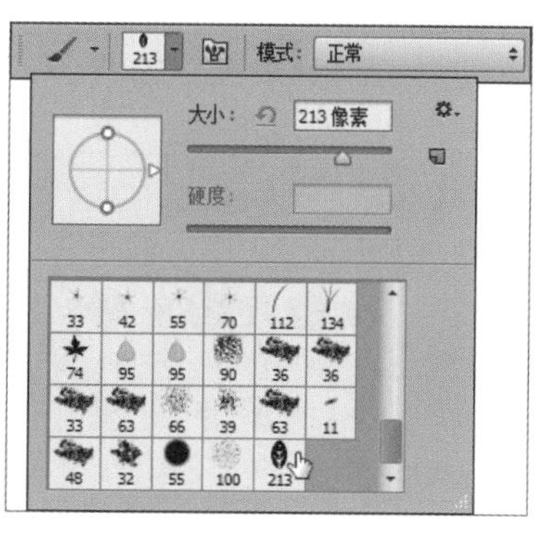

步骤 09 单击“切换画笔面板”按钮，在弹出的“画笔”面板中进行设置，如下图所示。

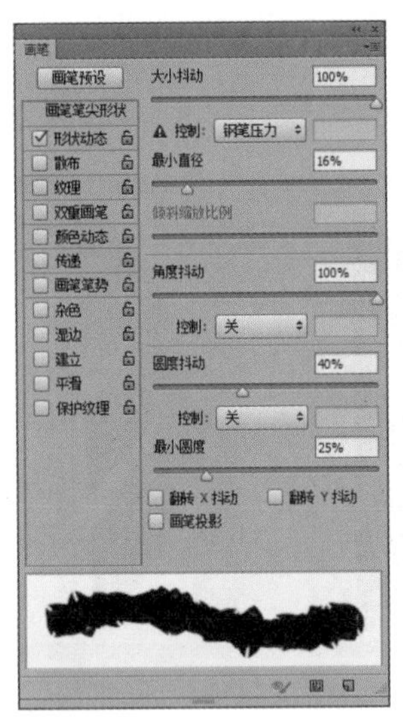

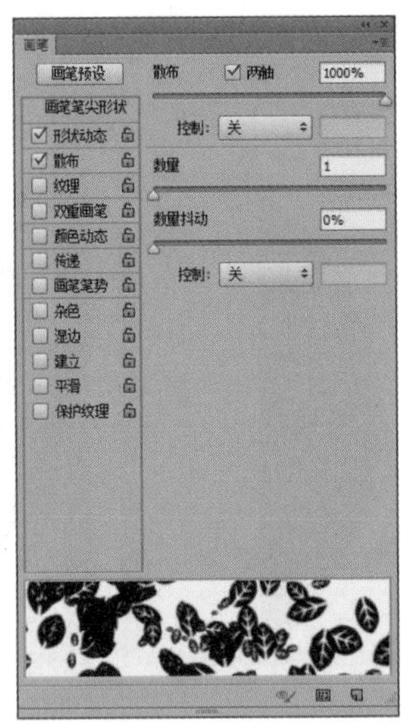

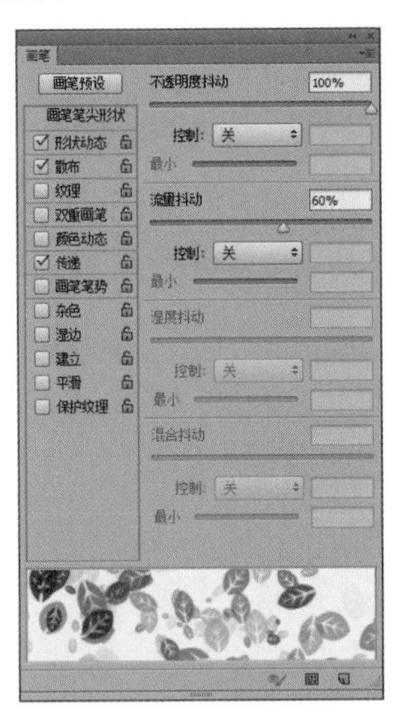

步骤 10 在“色板”面板中选择颜色，如下左图所示。使用“矩形选框工具”沿参考线周围绘制矩形选区，然后使用“画笔工具”在选区中绘制图像，如下右图所示。

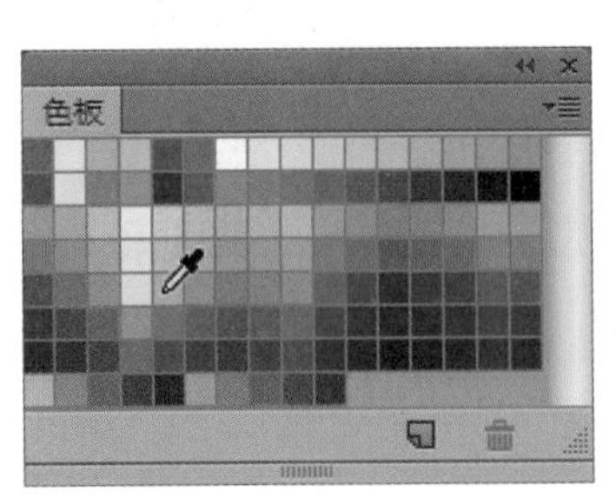

步骤 11 选择“橡皮擦工具”，在选项栏中设置画笔大小，如下左图所示。然后擦除多余的树叶图像，如下右图所示。

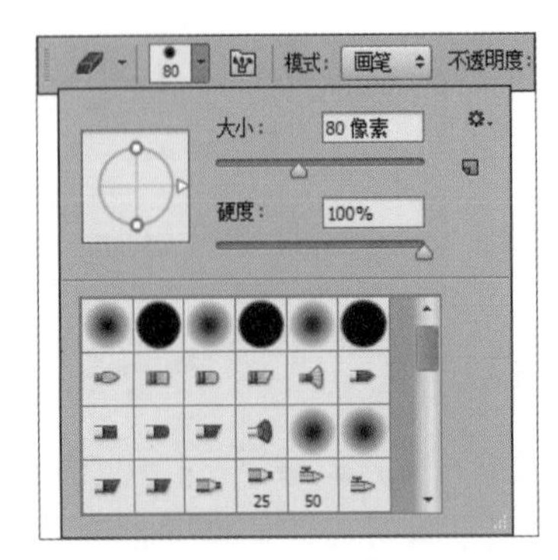

步骤 12 复制树叶图像所在图层并调整图层不透明度，如下左图所示。使用“圆角矩形工具”绘制圆角矩形，如下右图所示。

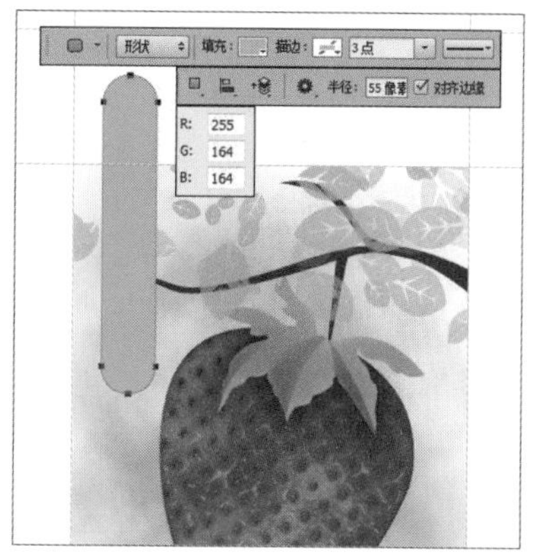

步骤 13 使用“矩形选框工具”绘制选区，如下左图所示，单击“图层”面板底部的“添加图层蒙版”按钮，为“圆角矩形 1”图层添加图层蒙版，隐藏选区以外的图像，如下右图所示。

步骤 14 分别使用“直排文字工具”和“横排文字工具”在视图中创建文字，如下图所示。

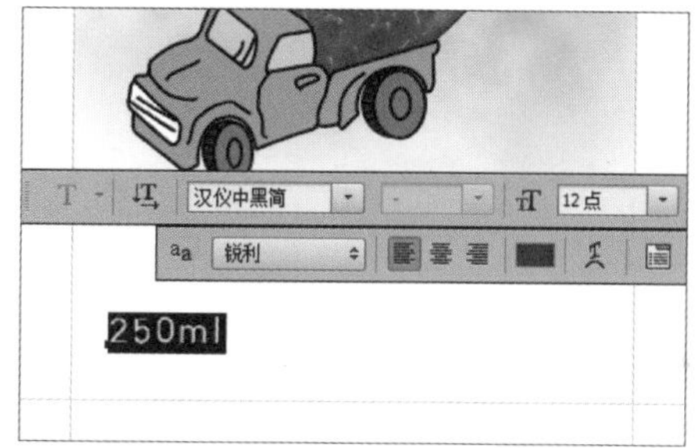

步骤 15 使用“圆角矩形工具”绘制图形，并在选项栏中设置参数，如下图所示。

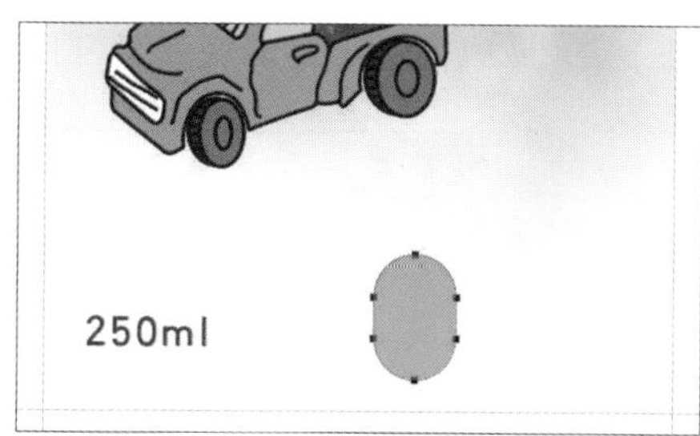

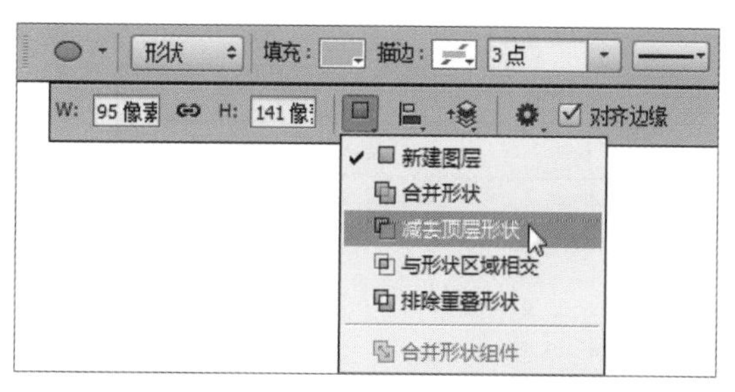

步骤 16 配合键盘上的Shift键绘制正圆图形。配合键盘上的Shift键同时选中路径，使用快捷键Ctrl+C复制路径，并使用快捷键Ctrl+V粘贴路径，如下图所示。

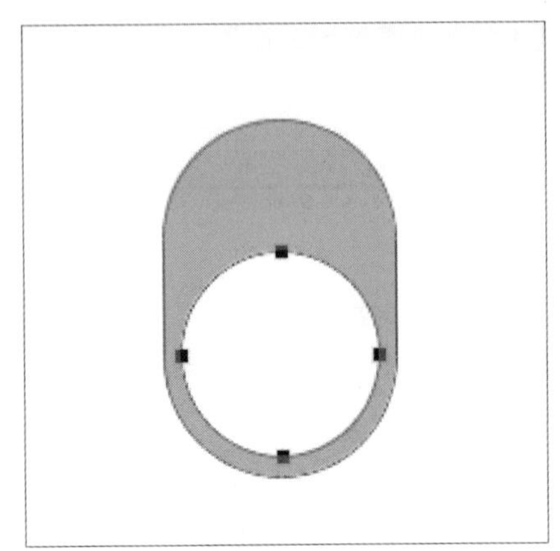

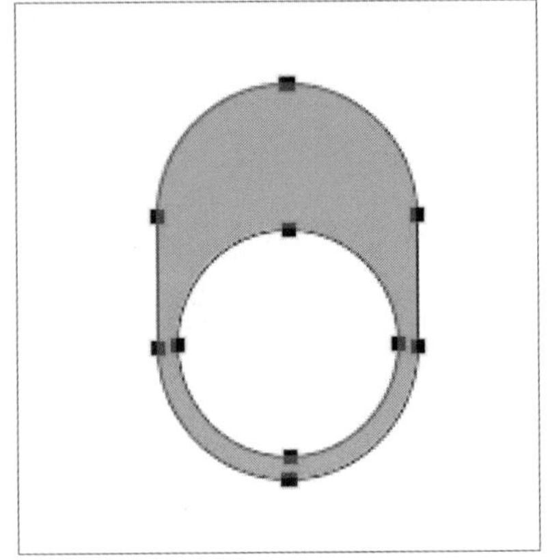

步骤17 执行“编辑>自由变换路径”命令，配合键盘上的Shift键水平向右移动路径的位置，按下键盘上的Enter键应用变换效果，最后使用快捷键Ctrl+Shift+Alt+T再次复制并移动路径的位置，如下图所示。

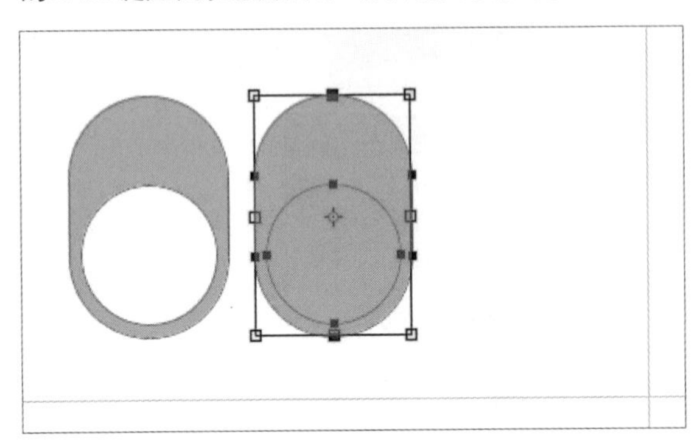

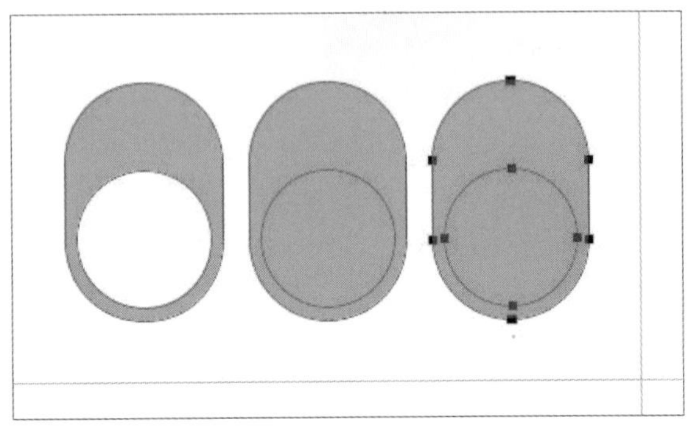

步骤18 使用“路径选择工具”选中正圆路径，在选项栏中进行设置，调整图形，如下图所示。

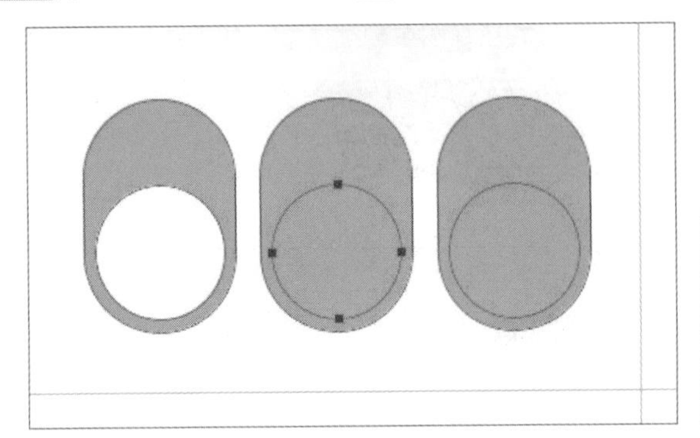

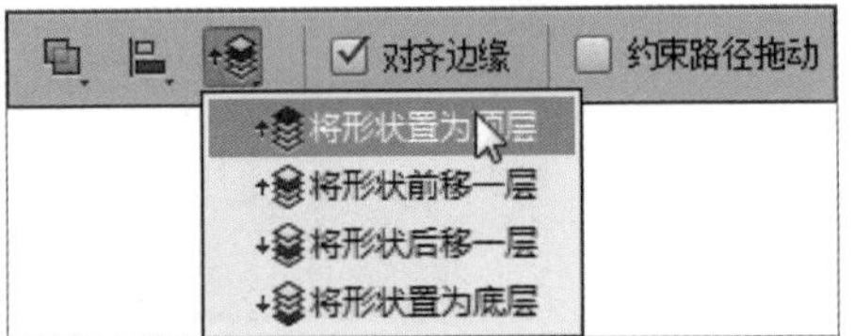

步骤19 用同样的方法继续对图形进行调整。随后使用“横排文字工具”添加文字信息，如下图所示。

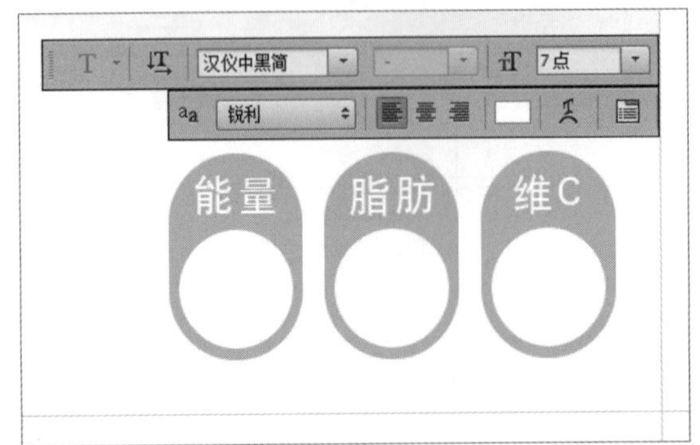

步骤 20 将“组 2”上的所有图层进行编组，复制“组 1”至“组 4”图层组，将其拖至“图层”面板底部的“创建新组”按钮上，创建“组 5”图层组，如下图所示。

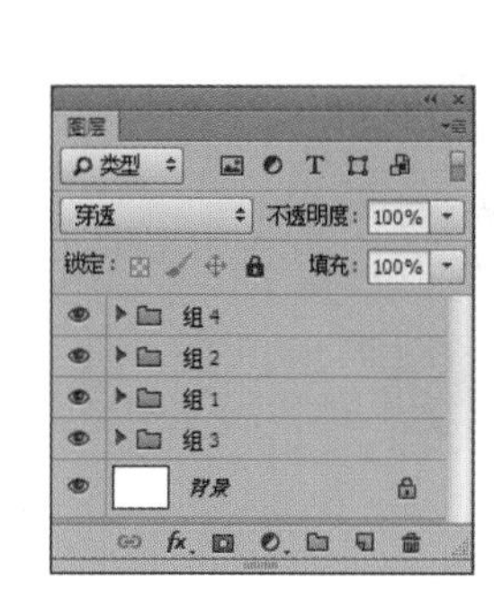

步骤 21 移动图像的位置，然后使用快捷键Ctrl+J复制图层组，并移动图像的位置，如下图所示。

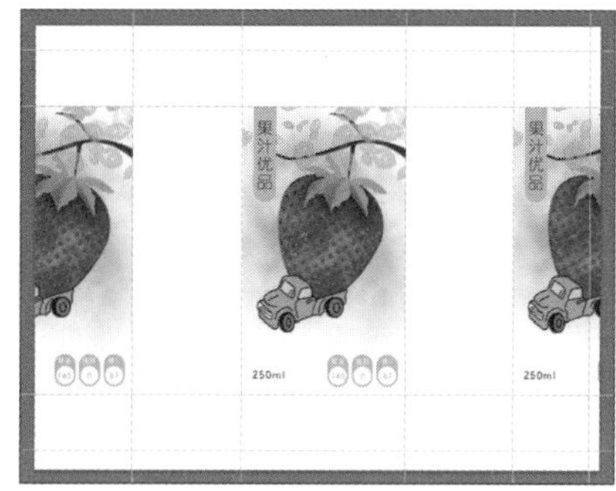

步骤 22 复制“组 3”图层组，移动图像的位置，如下图所示。

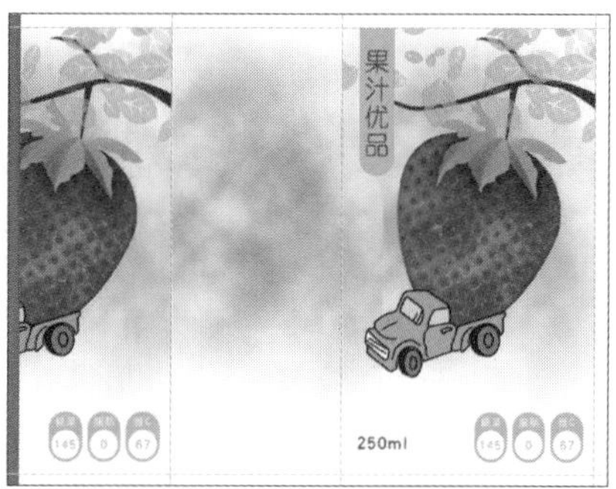

步骤 23 使用“矩形选框工具”沿参考线周围绘制选区，如下左图所示。单击“图层”面板底部的“添加图层蒙版”按钮，为“组 3 拷贝 2”图层组添加蒙版，隐藏选区以外的图像，如下右图所示。复制并移动“组 3 拷贝 2”中的图像。

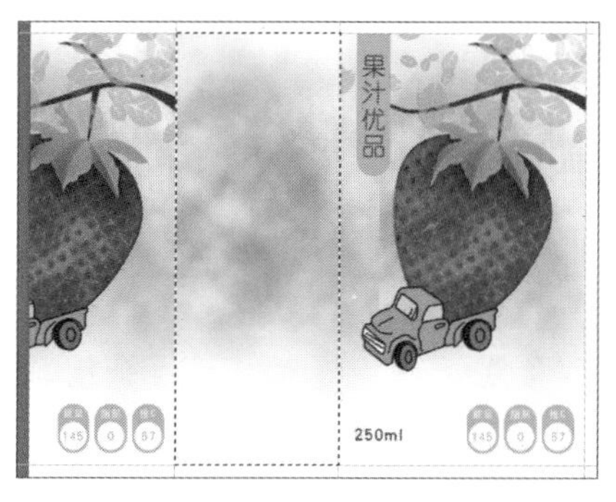

步骤 24 使用“圆角矩形工具”绘制圆角矩形，如下左图所示。使用“路径选择工具”选中圆角矩形路径，配合键盘上的Shift+Alt键水平向右复制并移动圆角矩形，然后执行“编辑>自由变换路径”命令，缩小圆角矩形路径的高度，如下右图所示。

步骤 25 使用“横排文字工具”在圆角矩形区域添加文字信息，并在“字符”面板中调整文字，如下图所示。

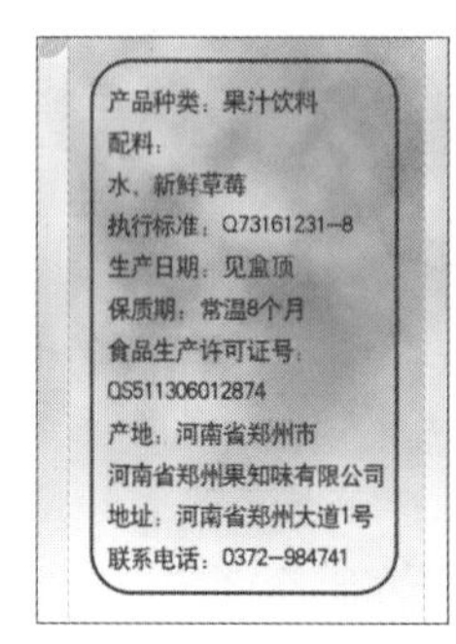

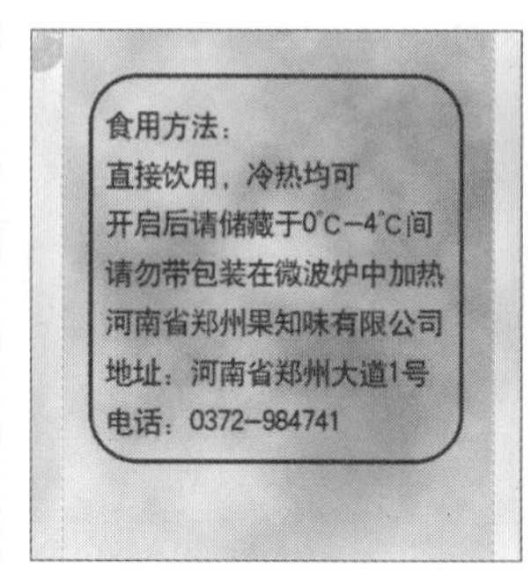

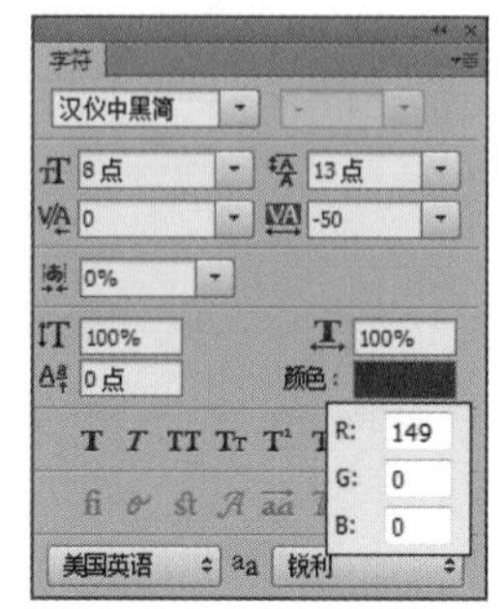

步骤 26 继续使用“横排文字工具”创建文字信息，在“字符”面板中调整文字，如下图所示。

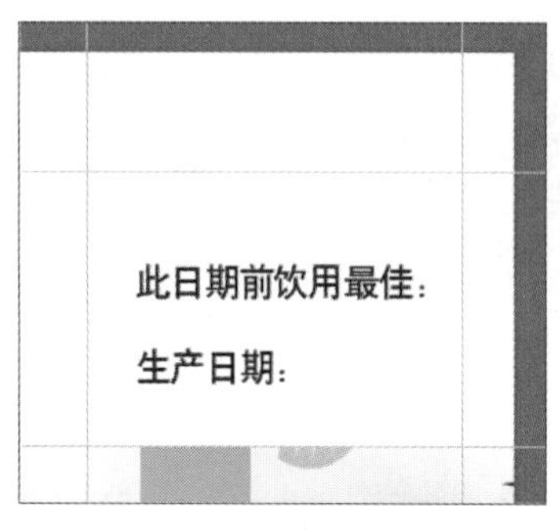

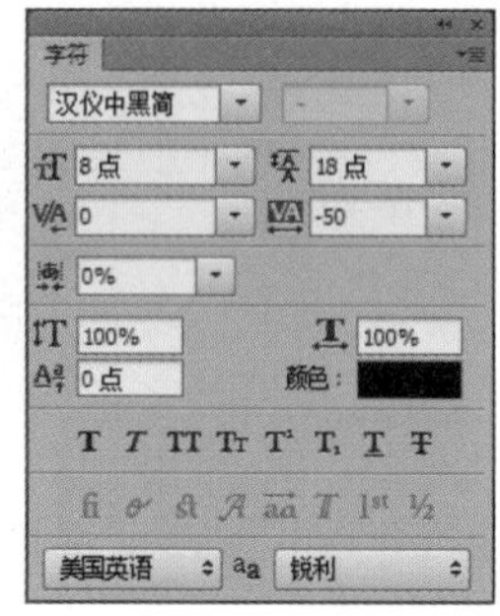

步骤 27 执行“编辑>自由变换”命令，打开变换控制框。分别在变换控制框中单击鼠标右键，在弹出的菜单中依次选择“水平翻转”和“垂直翻转”命令，旋转并调整文字的位置，如下图所示。

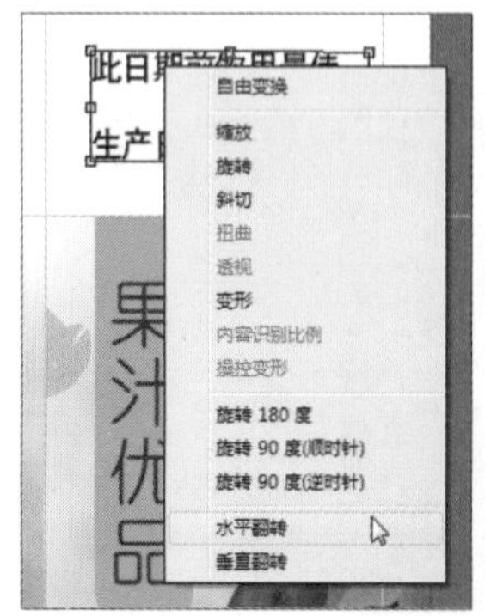

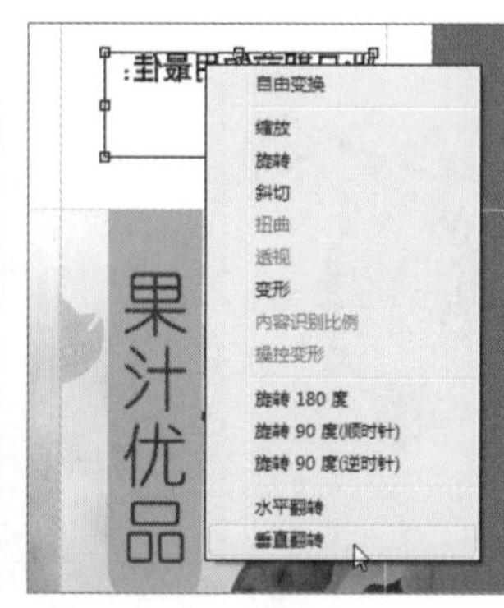

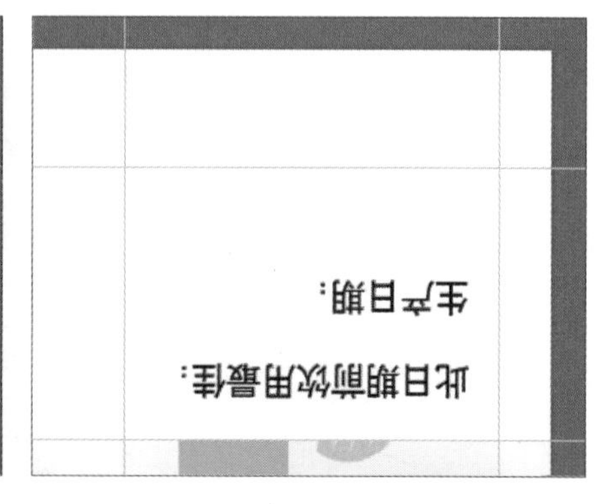

步骤 28 使用“椭圆工具”配合键盘上的Shift键绘制正圆图形，然后使用“横排文字工具”添加文字信息，如下图所示。

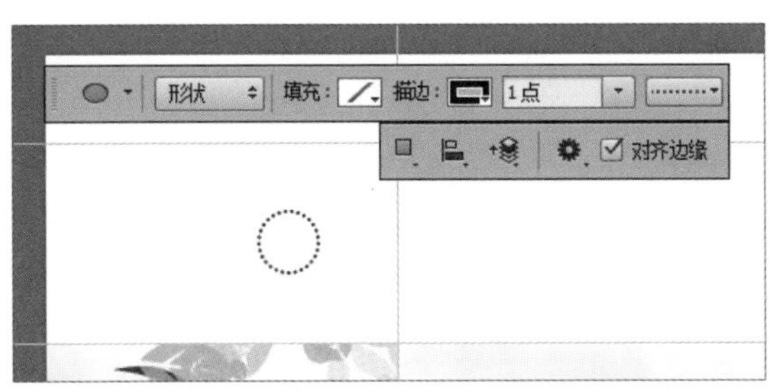

步骤 29 执行“编辑>自由变换”命令，打开变换控制框，分别在变换控制框中单击鼠标右键，在弹出的菜单中依次选择“水平翻转”和“垂直翻转”命令，旋转并调整文字的位置，如下图所示。

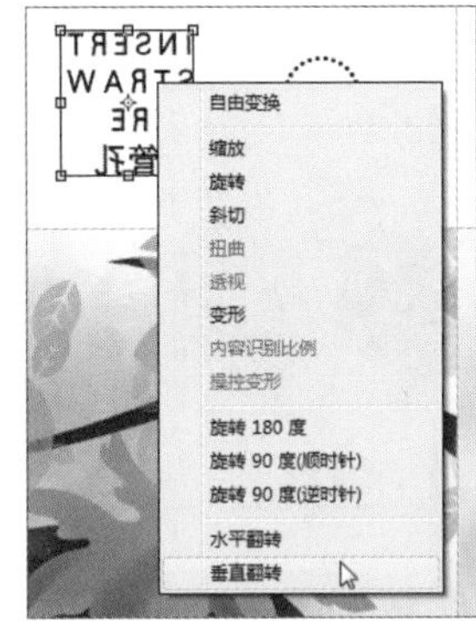

步骤 30 选择“自定形状工具”，在选项栏中单击“形状”下拉按钮，在弹出的“自定义形状”拾色器中单击右上角的按钮，在弹出的菜单中选择“形状”命令，在弹出的提示对话框中单击“追加”按钮，如下图所示。然后选中“自定义形状”拾色器中的方块图形。

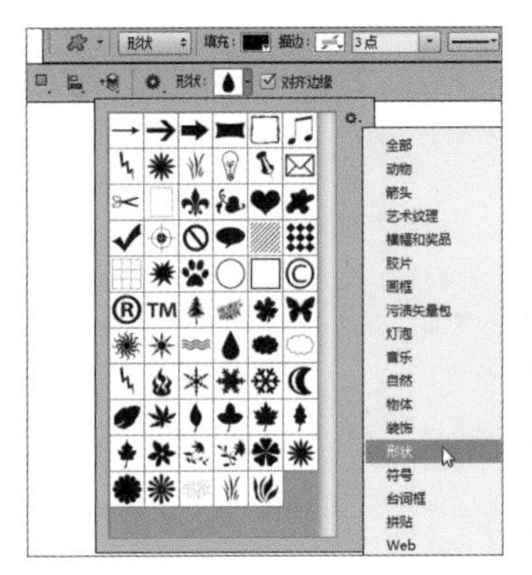

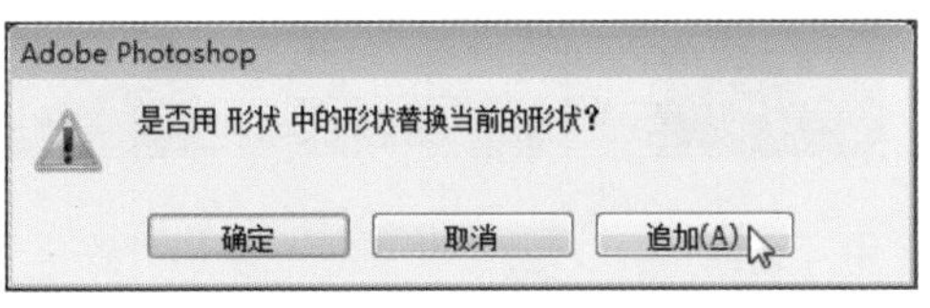

步骤 31 在视图中绘制方块图形，然后选择“矩形工具”并在选项栏中单击“路径操作”按钮，在弹出的菜单中选择“减去顶层形状”命令，最后在方块图形上绘制图形，修剪方块图形，如下图所示。

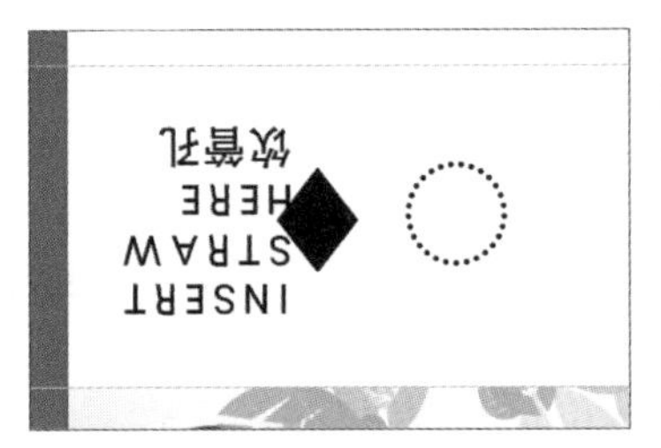

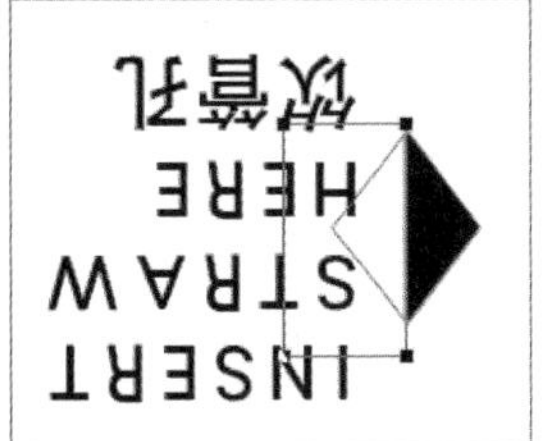

步骤 32 选择“直线工具”并单击选项栏中的“设置形状描边类型”按钮，在弹出的面板中单击“更多选项...”按钮，如下左图所示。在弹出的“描边”对话框中进行设置，然后单击“确定”按钮，新建描边选项，如下右图所示。

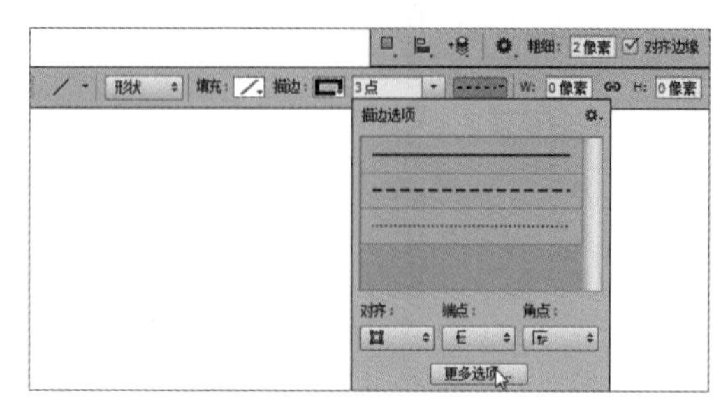

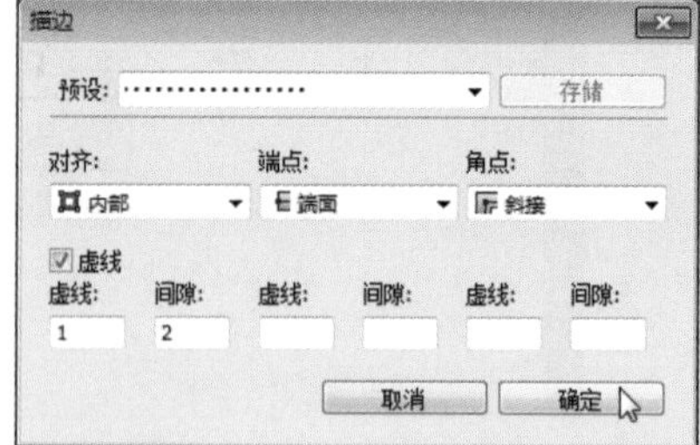

步骤 33 继续在选项栏中单击“路径操作”按钮，在弹出的菜单中选择“合并形状”命令，如下左图所示，然后使用“直线工具”配合键盘上的Shift键沿参考线绘制直线，如下右图所示。

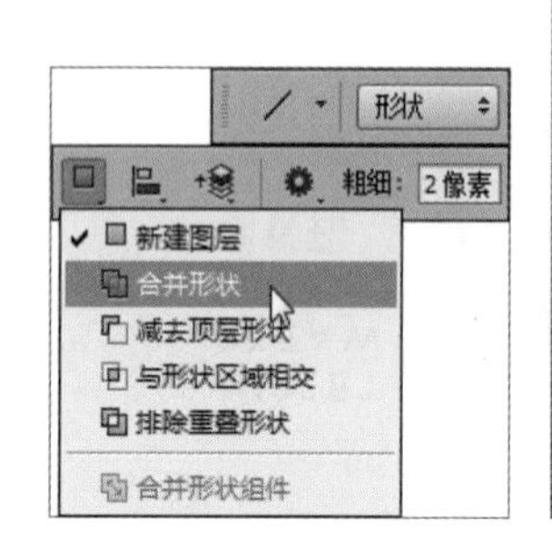

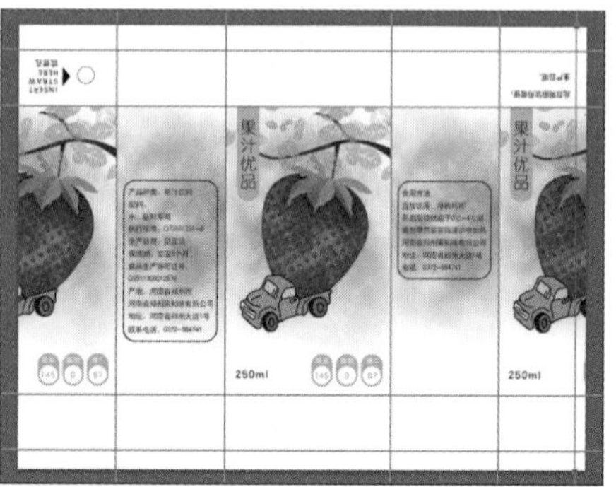

步骤 34 使用“矩形选框工具”绘制矩形选区，执行“选择>变换选区”命令，显示变换控制框，从视图左侧拖出参考线贴齐变换控制框的中心点，然后按下键盘上的Enter键应用变换效果，如下图所示。

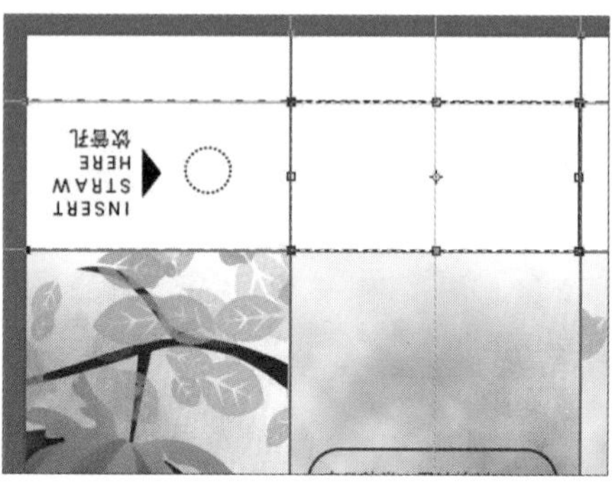

步骤 35 继续使用“直线工具”绘制直线，使用“路径选择工具”选中上一步绘制的直线路径，如下左图所示。移动路径的位置，然后配合键盘上的Shift+Alt键水平向右复制并移动路径，如下右图所示。

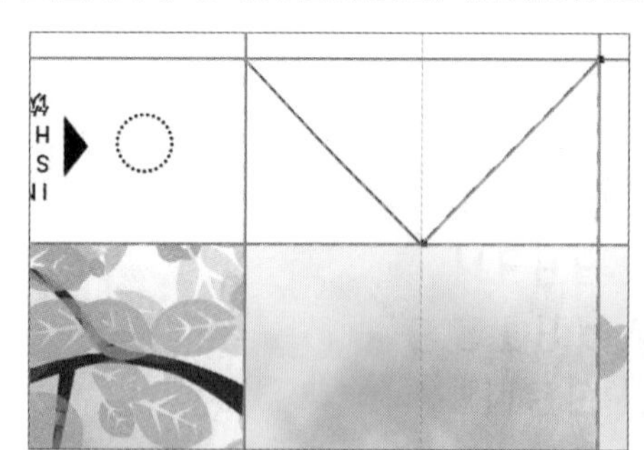

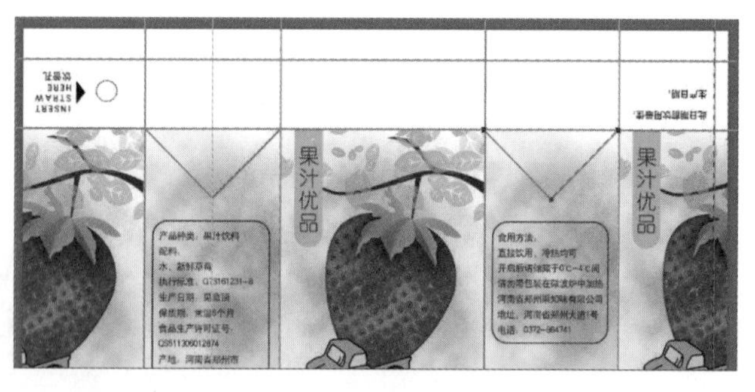

步骤 36 使用上一步的方法，继续垂直向下复制并移动路径，效果如下图所示。

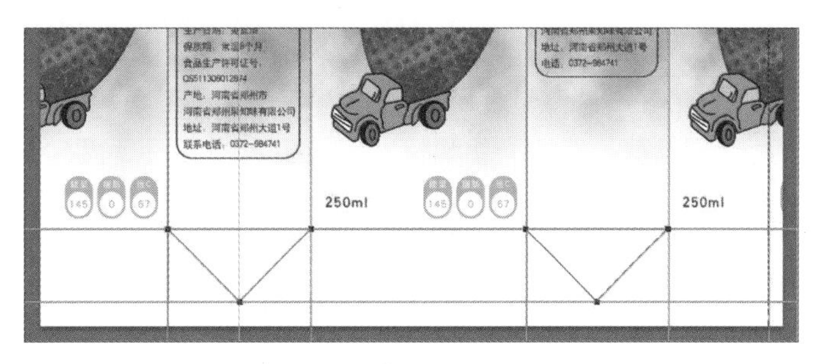

步骤 37 为了方便看清楚绘制的虚线，执行“视图>显示>参考线”命令，隐藏参考线。打开如下左图所示的“条形码.psd”文件，分别拖动素材放置在“包装设计.psd”文件中，隐藏虚线所在图层，效果如下右图所示。

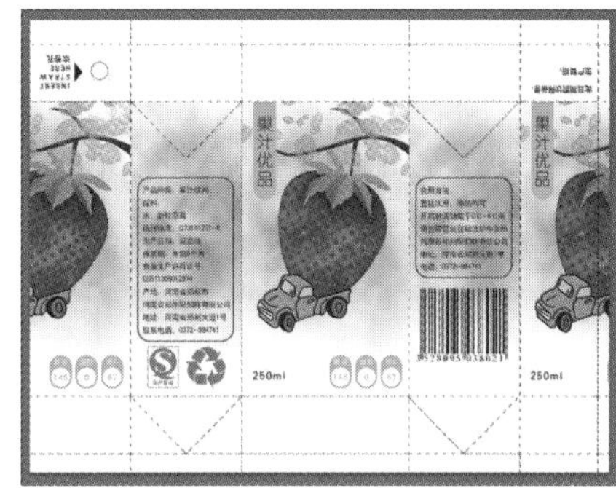

步骤 38 选中“图层”面板中最上方的图层，然后使用快捷键Ctrl+Shift+Alt+E盖印图层，如下图所示。

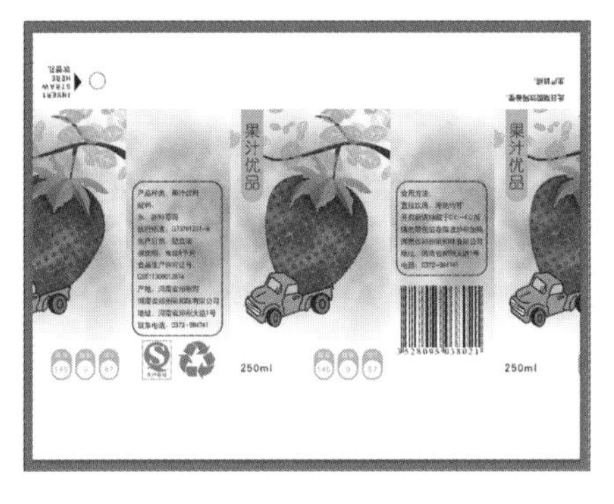

6. 制作效果图

下面介绍如何制作包装的整体效果图。

步骤 01 按快捷键Ctrl+;显示参考线，使用“矩形选框工具”绘制选区，如下图所示。

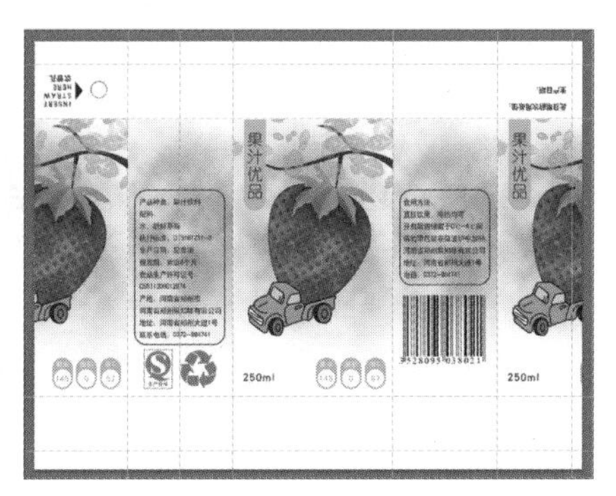

步骤 02 打开如下左图所示的“饮料包装盒.jpg” 素材文件，在“包装设计.psd”文件中，使用“移动工具”拖动选区中的内容至当前文件。使用快捷键Ctrl+T调出变换控制框，配合键盘上的Ctrl或Ctrl+Shift+Alt键变换图像，如下右图所示。

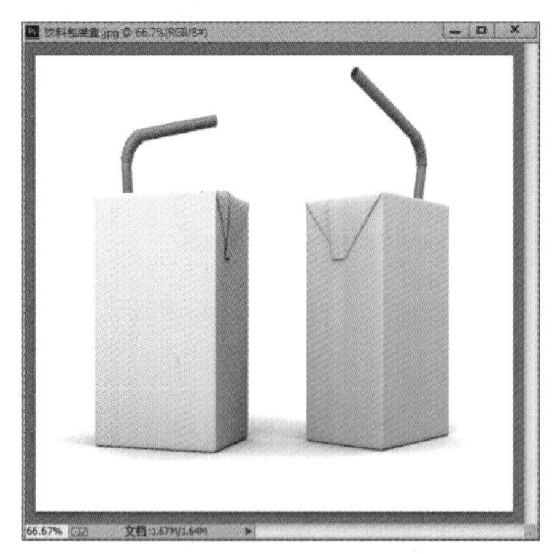

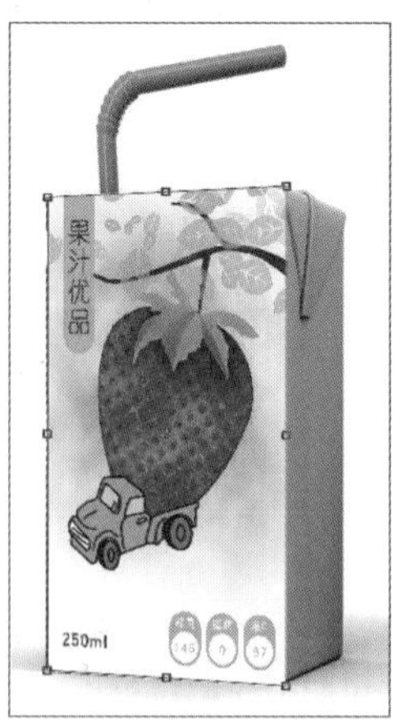

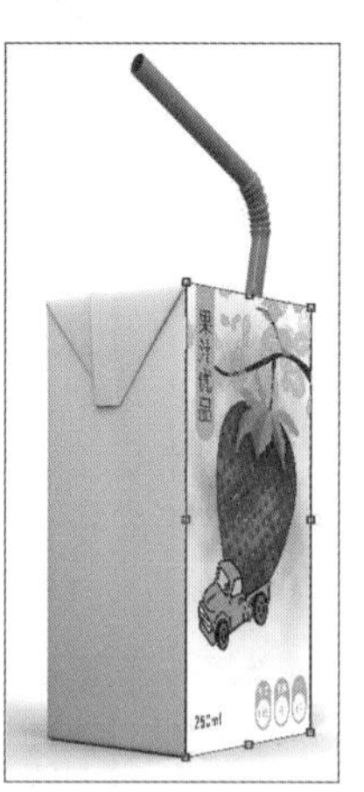

步骤 03 继续截取“包装设计.psd”文件中的图像，将其拖至“饮料包装盒. jpg”文件中变换图像，如下图所示。

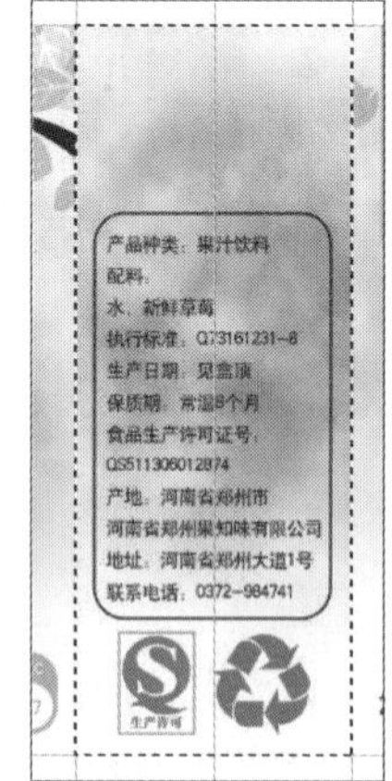

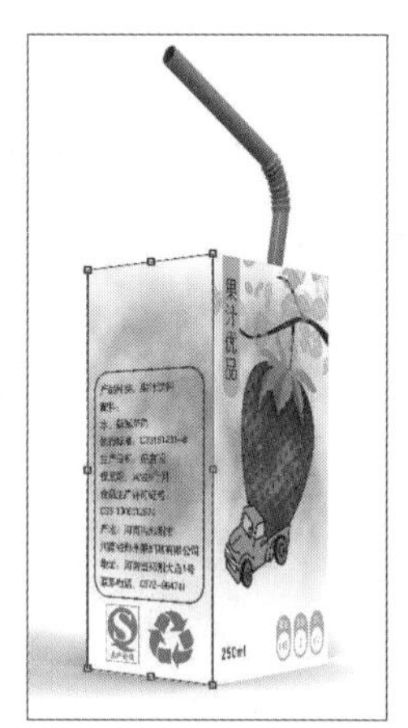

步骤 04 选中除“背景”以外的所有图层，调整图层混合模式，如下左图所示。至此，完成包装设计的制作，效果如下右图所示。

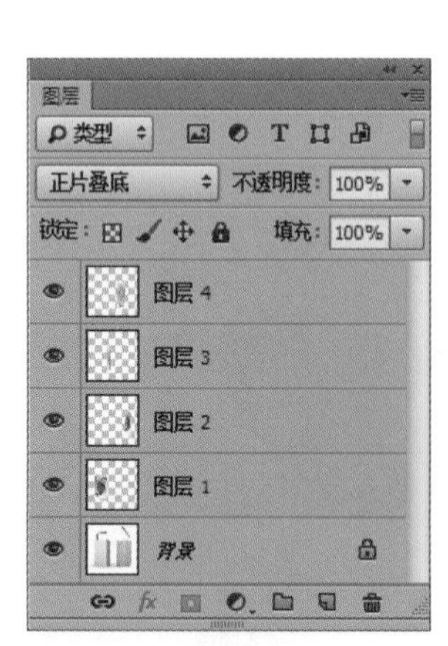